云安全联盟丛书

5G安全
数智化时代的网络安全宝典

余晓光　李雨航　邱　勤　编著

電子工業出版社
Publishing House of Electronics Industry
北京·BEIJING

内 容 简 介

本书结合国内、国外 5G 网络研究技术和应用实践经验，深入分析了 5G 网络在行业应用过程中所面临的安全风险，并给出了针对性的防护思路，目的是能够更好地指导运营商、toB 行业用户安全地建设和使用 5G 网络。

为了满足不同层次读者的需求，本书前 4 章主要介绍了 5G 网络中涉及的基础知识；第 5～9 章分别介绍了 5G 无线接入网、传输网和核心网面临的安全问题及防护思路，其中也考虑了 5G 所应用到的虚拟化技术的安全及 5G 下沉到企业园区所涉及的边缘计算安全；第 10～13 章主要侧重 5G 网络应用安全，包括身份认证鉴权、终端安全、用户信息安全及 5G 网络切片安全；第 14～19 章介绍了 5G 网络的安全运营和管理、网络能力开放安全、5G 网络常用安全工具和 5G 安全渗透测试，同时给出了典型行业 5G 的安全与实践，并对 5G 安全未来发展进行了展望。

图书在版编目（CIP）数据

5G 安全：数智化时代的网络安全宝典 / 余晓光，李雨航，邱勤编著. —北京：电子工业出版社，2023.1
（云安全联盟丛书）
ISBN 978-7-121-44813-3

Ⅰ. ①5… Ⅱ. ①余… ②李… ③邱… Ⅲ. ①第五代移动通信系统－网络安全 Ⅳ. ①TN915.08

中国版本图书馆 CIP 数据核字（2022）第 255012 号

责任编辑：李树林　　文字编辑：底　波
印　　刷：北京捷迅佳彩印刷有限公司
装　　订：北京捷迅佳彩印刷有限公司
出版发行：电子工业出版社
　　　　　北京市海淀区万寿路 173 信箱　邮编：100036
开　　本：787×1 092　1/16　印张：21.5　字数：550 千字
版　　次：2023 年 1 月第 1 版
印　　次：2024 年 4 月第 3 次印刷
定　　价：138.00 元

凡所购买电子工业出版社图书有缺损问题，请向购买书店调换。若书店售缺，请与本社发行部联系，联系及邮购电话：（010）88254888，88258888。

质量投诉请发邮件至 zlts@phei.com.cn，盗版侵权举报请发邮件至 dbqq@phei.com.cn。

本书咨询和投稿联系方式：（010）88254463，lisl@phei.com.cn。

“云安全联盟丛书”概述

云安全联盟大中华区（以下简称“联盟”）是著名国际产业组织云安全联盟（CSA）的四大区之一，于 2016 年在中国香港注册，并且是在中国公安部注册备案的境外非政府组织。联盟自成立以来，致力于云计算和下一代数字技术安全领域的理论研究、标准制定和最佳实践的输出。

联盟受电子工业出版社邀请，组织编写了“云安全联盟丛书”。丛书的编写坚持理论与实践并重的原则，既保证理论知识的准确严谨，又注重实践方案的价值落地。丛书编委会成员由国内外具有丰富产业实践经验的专家组成，负责把前沿领域的理论知识与实践技能通过产教融合，以系列丛书的形式呈现给读者，内容涵盖云安全、大数据安全、物联网安全、零信任安全、5G 安全、人工智能安全和区块链安全等新兴技术领域。本丛书既可作为高等院校和社会相关培训机构的教材或教学参考书，也可作为业界的专业读物。

“云安全联盟丛书”编委会

序

我国 5G 与发达国家同期商用，至今已有三年。自 5G 商用之始，关于 5G 安全的热点一直持续，而且上升为一些国家的战略。2019 年 5 月，美国联合部分国家在布拉格召开 5G 安全大会并发布《布拉格提案》；2020 年 3 月，美国白宫发布了《国家 5G 安全战略》，美国总统特朗普签署了《2020 年 5G 安全保障法》；2020 年 8 月，美国国土安全部网络安全和基础设施安全局（CISA）发布了《CISA 5G 战略》；2020 年 12 月，美国国防部发布了《5G 技术实施方案》报告，提出了 5G 安全路线图；2021 年 2 月，美国国家标准与技术研究院（NIST）发布了《5G 网络安全实践指南》；2021 年 5 月，美国国家安全局（NSA）与国家情报总监办公室（ODNI）和 CISA 联合发布了《5G 基础设施的潜在威胁向量分析报告》。2019 年 10 月，欧盟国家网络安全协作组（NIS）发布了《欧盟 5G 网络安全风险评估报告》；2019 年 11 月，欧洲网络和信息安全局发布了《5G 网络安全威胁全景图》；2020 年 1 月和 7 月，欧盟国家网络安全协作组（NIS）先后发布了《5G 网络安全风险消减措施工具箱》和《欧盟成员国 5G 网络安全工具箱实施进展》。

事实上，5G 在安全技术上比 4G 有较多的改进和加固，但以下方面使得 5G 安全问题凸显：一是 5G 技术更复杂，导致影响安全的因素增多；二是 5G 推动新一代信息技术无缝融合，数据安全问题因 5G 而被更多关注；三是 5G 扩展应用从消费到工业，这些领域对网络与信息安全更为敏感；四是一些国家对 5G 安全借题发挥，掺杂了冷战思维，给 5G 安全贴上政治标签。

关于 5G 的安全技术，在接入认证方面，5G 用户终端号码从明文改为加密传输，去除了基于手机用户识别码（IMSI）对用户非法跟踪威胁，5G 用户面和控制面的数据均加入了完整性保护。5G 的通用认证机制（GBA）较传统的短信认证和账密认证等方式有更高的安全性，适合车联网等对安全要求高的场景。在网间访问安全方面，增加了 5G 访问地网络与归属地网络间的安全边缘保护。5G 支持网络切片，为指定业务提供 VPN 通道，实现安全隔离。5G 基于服务化架构（SBA）实现核心网用户面与控制面功能分离，其用户面功能（UPF）可下沉到客户所在地，并利用 IPv6 地址的多归属特性实现业务按目的地地址分流，保证客户敏感数据不外泄。

5G 与 4G 相比，在网络架构上采用了不少新技术，在增加网络配置灵活性和效率的同时，也存在安全隐患。在 2021 年 5 月美国国家安全局（NSA）等发布的《5G 基础设施的潜在威胁向量分析报告》中分析了 5G 系统架构涉及软件/配置、网络安全、网络切片、传统通信基础设施、多址边缘计算、频谱共享、软件定义网络七方面的威胁。软件定义网络（SDN）将传送与控制分离，集中控制选路会成为网络安全攻击的重点，恶意攻击者可能会在 SDN 控制器应用程序中嵌入代码来控制网络资源。传统依赖物理边界防护的安全机制在虚拟化下难以应用，大量使用的开源软件会引入安全风险。SBA 使网络功能以通用接口的方式对外开放，这与传统移动网络封闭的业务管理相比，恶意第三方容易通过获得的网络操控能力对网络发起攻击。网络切片增加了网络的复杂性，并且切片的隔离也可能面临非授权用户接入的风险。

5G 的安全问题还体现在 5G 与新一代信息技术的融合上。5G 的高带宽、低时延、大连接使得物联网感知的数据能快速上云，AI 的决策也能第一时间反馈到物联网执行，5G 成为融合新一代信息技术的纽带，贯穿了数据从采集到分析的全过程，发挥了数据作为生产要素的作用。但万物互联使得大量简易且缺乏足够安全保障的传感器连接到 5G，扩大了 5G 被攻击的暴露面。诺基亚发布的《2020 年威胁情报报告》显示，2019 年全球受感染的物联网设备占总数的 32.7%。边缘计算造成网络及用户数据下沉至网络边缘，边缘计算节点的安全机制缺失或策略错误配置可能导致非授权的边缘计算网关接入、边缘节点过载和边界开放 API 滥用等风险。企业为了服务的多样化会使用多云，多云协同增加了安全管理的复杂性，云网融合使得网络物理边界模糊，给 5G 核心网的可靠性与稳定性保障带来挑战。

5G 开拓了工业互联网与智慧城市的应用领域，这些新的应用领域尤其是关键基础设施的重要性被黑客所看重，甚至会被敌对势力选为实施网络战的目标。企业和社会经济的重要信息系统如果受到黑客入侵，轻则被勒索使财产遭遇很大的损失，重则使基础设施瘫痪，一旦发生系统中断和数据泄露，会对社会经济稳定带来严重危害。社会经济对 5G 的依赖越深，5G 安全的责任越大。

关于 5G 安全还有技术之外的考虑。《5G 基础设施的潜在威胁向量分析报告》提出，在 5G 系统架构之外还有政治标准与供应链两大影响要素，以意识形态画线来判断 5G 设备供应商是否安全，“司马昭之心路人皆知”。该报告提到人为干预供应链的做法提醒我们关注 5G 设备的底层安全，包括芯片与操作系统，需要以零信任的理念来防范我们尚不能自主可控的核心器件及软件的安全漏洞。应对 5G 安全问题需要技术与管理并重，2020 年 11 月、2021 年 4 月和 6 月在德国、加拿大和法国先后发生的移动网络中断事故，都与软件升级有关。5G 网络复杂，运维人员缺乏网络功能虚拟化、软件定义网络的技能，网络的错误配置会激活漏洞，运维经验不足导致安全风险难以被及时有效处置。

尽管 5G 存在安全风险，但网络安全总是在不安全环境中走过来的，“魔高一尺，道高一丈”，网络安全永远在路上。而且我们还要看到 5G 具有支撑社会和产业安全的重要作用，5G 物联网在社会治安管理和经济运行安全监测等方面得到广泛的应用，2022 年 2 月，国务院印发的《“十四五”国家应急体系规划》就提到要充分利用物联网、工业互联网、遥感、视频识别、5G 等技术提高灾害事故监测感知能力。

“云安全联盟丛书”将 5G 安全作为重点，丛书编委会及本书作者李雨航院士等都有丰富的网络安全研究开发实践经验，他们来自 5G 领域研究领先或应用先行的企业，包括华为技术有限公司、云安全联盟大中华区、中国移动通信集团公司、中国南方电网有限责任公司、中国信息通信研究院等。本书从网络组成（接入网、传输网和核心网）、安全技术（身份认证、终端安全、信息安全、切片安全）和运维管理（运营、业务开放、测试和工程建设）等多个维度来介绍 5G 安全，给出了安全方案与应用案例。本书内容全面，深入浅出，适合从事电信行业、安全行业、应用 5G 的各行业技术与管理人员及高校学生阅读。希望本书能激发更多从业者关注 5G 安全，投身 5G 安全创新研究与开发工作，创造更多的 5G 安全管理及运维经验，为 5G 所支撑的各行各业的运行提供安全保障。

中国工程院院士 邬贺铨

前　　言

第五代移动通信技术（5G）是在 4G 之后具有高速率、低时延和大连接特点的新一代宽带移动通信技术，是实现人机物互联的网络基础设施。5G 基于全新的架构，引入网络功能虚拟化、网络切片、多接入边缘计算等新型关键技术，大幅提升移动网络业务能力，支持增强型移动宽带、超可靠低时延通信、海量机器类通信等场景应用，使传统的人与人通信延伸覆盖到人与物、物与物之间智能互联，将全方位、深层次地创新、变革、颠覆传统的社会生产、人民生活和社会治理模式，开启泛在智能的产业互联网新时代。

5G 作为实现万物互联的关键信息基础设施，应用场景从移动互联网拓展到工业互联网、车联网、物联网等更多领域，能够支撑更广范围、更深程度、更高水平的数字化转型，释放信息通信技术对经济发展的放大、叠加、倍增作用。与此同时，5G 的安全性也被多国重点关注。以美国、欧盟为首的各国纷纷制定自己的 5G 安全战略、法律法规，各学术机构、智囊也纷纷制定标准、策略，安全成为各国的热点话题，也就是说，全球各国的 5G 发展都绕不开安全这一主题。

除了传统的人与人语音通信，5G 延伸覆盖到人与物、物与物之间智能互联。5G 网络为用户提供增强现实、虚拟现实、超高清（3D）视频等身临其境的极致业务体验，满足移动医疗、车联网、智能家居、工业控制、环境监测等物联网应用需求，成为支撑经济社会数字化、网络化、智能化转型的关键新型基础设施，如果在安全方面不给予足够重视，那么 5G 安全引起的问题将影响经济社会的各行业、各领域。

当前，5G 与云计算、大数据、人工智能等技术融合应用，有助于形成以数据为驱动的科学决策机制，推进政府管理和社会治理模式创新。而 5G 网络作为工业互联网的重要基础设施，可以在 5G 融合过程中提供终端接入安全、用户数据安全、网络隔离安全、边缘计算安全等解决方案安全能力。

本书论述了国内外 5G 安全的形势，从 5G 的由来开始，分析 5G 现状、安全挑战、网络安全架构及组成，进而分析 5G 各个层面的安全需求，最后对 5G 与垂直行业的典型融合应用进行了安全案例分析，并对未来第六代移动通信技术安全发展方向进行了展望，是一本全面分析 5G 安全的技术专著，能够对 5G 的从业人员、使用人员、测试人员等起到一定的帮助作用。

在本书的撰写过程中，华为技术有限公司的余滢鑫、阳陈锦剑、杨洪起、姚博龙，云安全联盟大中华区的李岩，中国移动通信集团有限公司信安中心的张滨、袁捷、张峰、徐思嘉、王光涛，中国移动通信集团广东有限公司的刘钢庭、李启文、任若冰、王丹弘，中国南方电网有限公司的曹杨、张国翊、陈立明、王健，中国信息通信研究院的杨红梅、袁绮等专家向作者提供了大量的素材和宝贵建议，在此致以诚挚的感谢。

同时，本书在出版过程中，电子工业出版社给予了大力支持，“云安全联盟丛书”编委会组织了多次评审，在此特别感谢电子工业出版社的编辑李树林，云安全联盟大中华区的石文昌、李岩、郭鹏程、许木娣等的帮助。

编著者

目　　录

第1章 初识5G

第五代移动通信技术（The 5th Generation Mobile Communication Technology，5G）是具有高速率、低时延和大连接特点的新一代宽带移动通信技术，是实现人机物互联的网络基础设施。本章通过介绍移动通信系统的发展历程，首先让读者对 5G 有个初步的认知。而后结合 5G 的应用现状及 5G 网络的架构，初步分析 5G 网络所面临的安全挑战。

1.1 5G的由来

什么是5G？这是在接触5G概念时，首先要考虑的问题。我们不妨先回顾一下1G到4G。

第一代移动通信系统（The 1st Generation Mobile Communication System，1G）就是曾经的“大哥大”，是模拟通信系统，具有终端体积大、系统容量低、业务功能单一的特点，仅能实现打电话的功能。

第二代移动通信系统（The 2nd Generation Mobile Communication System，2G）就是我们经常说的 GSM。该系统是第一代数字化通信系统，但仅支持语音和慢速的数据业务。

第三代移动通信系统（The 3rd Generation Mobile Communication System，3G），如中国移动使用的就是 TD-SCDMA 系统。从 3G 开始，移动通信进入了分组交换的时代，即每次通信流程不会为用户分配固定的通信链路资源，而是采用包交换的方式，通过路由选择的方式发送到目的地址。由此，也拉开了移动互联网的序幕。

第四代移动通信系统（The 4th Generation Mobile Communication System，4G）就是我们现在广泛使用的长期演进（Long Term Evolution，LTE）系统，更大的吞吐量，更好的用户上网体验，更高的系统效率，让我们迎来了移动互联网时代。手机上层出不穷的新业务，也极大地改变了我们的生活。

第五代移动通信技术给我们带来的变化是更加巨大的。5G 的设计初衷，已不再局限于如何为人们提供更好的无线上网业务体验，而是希望设计一个无线网络，能够将社会上所有的有数字化需求的物体进行连接，进而成为一个为数字化社会服务的基础网络。因此，国际电信联盟（International Telecommunication Union，ITU）在进行5G网络征求意见时，专门对5G网络可能要服务的业务类型进行了分类，认为：如果一个网络能够具备同时服务以下业务场景的通信能力，那么这个网络就可以称为5G网络。于是，在2015年的ITU会议上，全球主要运营商和设备商共同定义了5G的三大典型应用场景。

一是增强型的移动宽带（Enhanced Mobile Broadband，eMBB）。在这种应用场景下，智能终端用户上网峰值速率要达到10 Gbps甚至20 Gbps，为虚拟现实VR/AR、无处不在的视频直播和分享、随时随地的云接入等大带宽应用提供支持。

二是海量机器类通信（Massive Machine Type Communication，mMTC）。在这种场景下，5G网络需要支撑100万/平方千米规模的人和物的连接。

三是超高可靠低时延通信（Ultra Reliable Low Latency Communication，uRLLC）。这种场景要求5G网络的时延达到1 ms，为智能制造、远程机械控制、智能电网、智能医疗、辅助驾驶和自动驾驶等低时延业务提供强有力的支持。

为了满足这三类典型业务，5G网络的关键能力指标也显得苛刻。提到5G，许多人的第一反应肯定是“快”，这是必然的。目前4G网络的峰值速率约为75 Mbps，从速率上来说，5G的目标速率将是4G网络速率的100倍以上。因此，5G网络的下载速率可达1～10 Gbps。也就是说，在5G网络下，一部2 GB左右的高清电影，1s左右即可下载完成。

另外，5G网络的时延理论上能够低至1 ms，这是人类所不能够察觉的，比4G网络快了约50倍。其可靠性相当于光纤连接，能够保证突然中断的情况不再出现，这对安全至关重要。

从4G开始，智能家居行业已经兴起，但只是处于智能生活的初级阶段，4G距离真正的“万物互联”还有很大的距离，而5G极大的流量将能为“万物互联”提供必要条件。5G网络带来的改变远不止于此，智慧城市、智慧电网、智能放牧/种植、物流实时追踪、远程驾驶、工业控制等都有可能随着5G时代而到来。

1.2 5G的现状

1.2.1 全球各国5G政策

随着全球5G技术研发和商用步的伐进一步加快，5G安全已成为各国关注的焦点。美国、欧盟等纷纷发布5G战略，甚至将5G网络的安全性与国家安全、经济安全、其他国家利益，以及全球稳定性相关联。

2019年4月3日，美国国防部国防创新委员会发布了《5G生态系统：对美国国防部的风险与机遇》（*THE 5G ECOSYSTEM: RISKS & OPPORTUNITIES FOR DoD*）报告（以下简称报告）。该报告重点分析了 5G 发展历程、目前全球竞争态势及 5G 技术对美国国防部的影响与挑战，重点分析了中国在 5G 领域的发展情况以及未来对国防安全的影响，并在频谱政策、供应链和基础设施安全等方面提出了建议。

2020 年 2 月 5 日，美国国防部下属的前沿高科技研发机构国防高级研究计划局（Defense Advanced Research Projects Agency，DARPA）发布了《开放可编程安全 5G（OPS-5G）项目意见征集书》，正式启用开放可编程安全 5G（Open Programmable Secure 5G，OPS-5G）计划。该项目的目标是构建一个源代码开放、可编程、安全的 5G 软件系统，减少对不信任设备的依赖。

2020 年 5 月 13 日，应美国国务院的要求，美国战略和国际问题研究中心发布了《电信网络和服务的安全和信任标准》（*Criteria for Security and Trust in Telecommunications Networks and Services*），提出了判断电信供应商可信性的 31 条评估标准，要求政府或电信运营商应慎重考虑存在风险因素的供应商。该标准在欧盟布拉格提案和 5G 工具箱的基础上，进一步细化了对供应商的限制条件，重点评估了供应商所在国家的政治体制、法律制度等内容。

2021 年 5 月 10 日，美国国家安全局（National Security Agency，NSA）与国家情报总监办公室（Office of the Director of National Intelligence，ODNI）、美国国土安全部网络安全和基础设施安全局（Cybersecurity and Infrastructure Security Agency，CISA）联合发布《5G 基础设施的潜在威胁要素分析报告》，本报告的发布正是落实 2020 年《国家 5G 战略》第二项工作的成果。美国这三大职能机构首次就 5G 基础设施威胁发布报告，说明美国已经将 5G 安全放在了重要地位，表明美国既要维护在全球的情报能力、网络空间作战能力、关键信息基础设施保护的领先优势，又要遏制对手发展的意图。

2022 年 3 月 16 日，欧盟网络安全局（European Union Agency for Cybersecurity，ENISA）发布《5G 网络安全标准：支持网络安全政策的标准化要求分析》报告，该报告基于现有 5G 生态系统网络安全相关标准、规格和指南等文献，通过评估文献中网络安全健壮性及弹性的实现情况，寻找技术及组织方面的标准化差距，最终制定 5G 网络安全领域的标准化建议。

我国自 2019 年发布《“5G+工业互联网”512 工程推进方案》以来，“5G+工业互联网”在建项目已超过 1500 个，覆盖 20 余个国民经济重要行业，在实体经济数字化、网络化、智能化转型升级进程中发挥了重要作用。在此背景下，2021 年 5 月 31 日，工业和信息化部再度发布《“5G+工业互联网”十个典型应用场景和五个重点行业实践》，具体介绍 10 个典型应用场景及 5 个重点行业“5G+工业互联网”的实际应用情况。

2021 年 6 月 7 日，为拓展能源领域 5G 应用场景，探索可复制、易推广的 5G 应用新模式、新业态，支撑能源产业高质量发展，国家发展和改革委员会（以下简称国家发展改革委）、国家能源局、中共中央网络安全和信息化委员办公室（以下简称中央网信办）、工业和信息化部联合印发了《能源领域 5G 应用实施方案》。该方案结合发展总体要求、主要任务和保障措施，为能源领域 5G 应用提供了重要指引。

加快推进 5G 规模化应用，是助力千行百业数字化转型、激发经济社会高质量发展新动能的关键举措。2022 年的政府工作报告明确提出："促进数字经济发展。加强数字中国建设整体布局。建设数字信息基础设施，逐步构建全国一体化大数据中心体系，推进 5G 规模化应用，促进产业数字化转型，发展智慧城市、数字乡村。加快发展工业互联网，培育壮大集成电路、人工智能等数字产业，提升关键软硬件技术创新和供给能力。完善数字经济治理，培育数据要素市场，释放数据要素潜力，提高应用能力，更好赋能经济发展、丰富人民生活。"

2021 年 7 月，工业和信息化部联合九部门印发《5G 应用"扬帆"行动计划（2021—2023 年）》，重点推进 5G 在工业互联网、金融、教育、医疗等 15 个行业的应用。2022 年以来，为了更好地推进《5G 应用"扬帆"行动计划（2021—2023 年）》的落地，加快 5G 规模化应用，全国多地相继出台针对性政策。

2022 年 1 月，湖北省正式发布《湖北省 5G+工业互联网融合发展行动计划（2021—2023 年）》，提出到 2023 年，湖北省网络基础设施、产业能力体系、应用场景示范取得明显成效，初步建成全国前列、中部领先的 5G+工业互联网融合创新发展新高地。

2022 年 2 月，河南省印发了《2022 年推进 5G 网络建设和产业发展实施方案》，提出到 2022 年年底，河南 5G 产业规模将突破 1000 亿元，5G 终端用户数突破 4500 万户。在场景应用方面，5G 应用的广度和深度进一步拓展，5G 应用场景试点示范项目突破 100 个；在基础设施方面，新建 5G 基站 4 万个，5G 基站总量突破 13.5 万个。

2022 年 3 月，上海市印发了《5G 应用"海上扬帆"行动计划（2022—2023 年）》，提出明确发展目标：2022 年和 2023 年各新增 5G 基站 1 万个，到 2023 年年底，5G 基站密度将提升至每平方千米 10 个，每万人拥有基站数将提升至 28 个，80%楼宇实现 5G 室内覆盖，5G 个人用户普及率将超过 50%，5G 用户数超过 2100 万。在此基础上，上海市还将围绕重点领域，深度推进 5G 融合应用发展，将上海市打造成全国重要的 5G 应用创新发展高地、5G 发展引领区和示范区，逐步形成 5G 应用"海上扬帆远航"的良好局面。

2022 年 3 月，江苏省印发《江苏省 5G 应用"领航"行动计划（2022—2024 年）》，明确三年主要发展目标：全省 5G 个人用户普及率超过 50%，5G 网络接入流量占比超过 60%；大型工业企业 5G 应用渗透率超过 40%；每万人拥有 5G 基站数超过 26 个，建设超过 500 个 5G 行业虚拟专网；打造不少于 3 个 5G 应用创新引领区、不少于 3 个 5G 虚拟专网创新发展先行区。《江苏省 5G 应用"领航"行动计划（2022—2024 年）》启动实施"5G

促进消费升级、5G 赋能智改数转、5G 服务社会民生”三个重大支撑工程。同时，围绕 5G+智慧家庭、5G+文化旅游、5G+工业互联网、5G+车联网、5G+智慧港口、5G+智慧电力、5G+智慧物流、5G+智慧教育、5G+智慧医疗、5G+智慧城市等 14 个应用主导方向融合推进。

1.2.2　5G 相关标准

3GPP SA3（隐私与安全组）自 2016 年开始启动 5G 安全的设计工作，于 2017 年正式开展 5G 安全架构、需求和解决方案的研究，已于 2019 年 3 月正式完成 Rel-15 标准中关于安全的主要安全框架、需求和机制的制定工作，并于 2020 年 7 月发布 Rel-16 标准。

ITU-T 基于 ITU-T X.805 的 5G 通信系统安全导则，主要研究 3GPP 和非 3GPP 网络架构下，结合多接入边缘计算、网络虚拟化、网络切片等特点的 5G 通信系统的安全威胁和安全能力。

ISO 于 2013 年至 2016 年发布了 ISO/IEC 27036 供应商关系信息安全系列标准，提出了关于供应商关系管理的信息安全要求和指南；于 2018 年启动 ISO/IEC 27033-7 网络虚拟化安全研究，针对网络虚拟化的特点、用例和安全风险，为 5G 等网络设施建设运维提供参考。5G 安全国际标准与 5G 发展相关标准基本保持同步。5G 安全国际标准化工作主要在 3GPP（第三代合作伙伴）、GSMA（全球移动通信系统协会）、ITU-T（国际电信联盟电信标准分局）、ISO（国际标准化组织）、欧洲电信标准化协会（European Telecommunications Standards Institute，ETSI）等国际组织中开展。ITU 主要定义 5G 愿景和关键能力，3GPP、ETSI 等重点制定 5G 安全架构和流程、5G 安全技术方案，GSMA 聚焦产业需求和实现，目标是推动产业发展。另外，还有一些国家或区域性组织，如中国通信标准化协会（China Communications Standards Association，CCSA）、日本的无线工业及商贸联合会（Association of Radio Industries and Businesses，ARIB）、韩国的电信技术协会（Telecommunications Technology Association，TTA）等，都在积极推动国家与区域性 5G 安全标准发展，抢占新技术战略制高点。

1. 3GPP 标准

3GPP 分阶段制定 5G 安全标准。其中，Rel-15 版本规定 5G 安全基本机制与功能，于 2018 年 6 月完成了 eMBB 场景的相关安全标准；由于受到 Rel-15 版本冻结时间推迟及疫情影响，Rel-16 版本的完成时间比原计划推迟了 6 个月，于 2020 年 7 月正式冻结。Rel-16 版本是历史上第一个通过线上会议审议完成的技术标准，它基于 Rel-15 安全基础架构，提升原有能力并拓展新能力，面向 mMTC 和 uRLLC 场景进行安全优化，覆盖了三大场景的安全技术要求，包括切片安全、固移融合、垂直行业&局域网（Local Access Network，LAN）安全、5G 物联网（Internet of Thing，IoT）安全、安全能力服务开放等，并提供 5G 网络设备的安全保障能力，为我国 5G 新基建注入了新动能。Rel-17 阶段围绕多接入边缘计算（Multi-access Edge Computing，MEC）平台安全解决方案、5G 垂直行业安全、5G 统一安全认证标准演进开展研究工作。

2. GSMA 标准

为了协助运营商确定网络设备的安全水平，降低商业风险，GSMA 联合 3GPP 共同制定了网络设备安全保障计划（Network Equipment Security Assurance Scheme，NESAS）。该计划包含产品管理流程安全审计和产品安全检测两部分内容。

GSMA 管理整个 NESAS，定义并维护 NESAS 规范，侧重评估活动的管理和程序要求，包括供应商开发和产品生命周期过程的认证、测试实验室认证，以及网络设备的安全评估。另外还定义了争议解决流程，于 2019 年 10 月发布了 1.0 版本，NESAS 2.0 将对 1.0 版本进行补充完善，并在第三方组件漏洞管理、漏洞修复、供应链安全审计需求等方面开展研究。

产品管理流程安全审计部分涉及的标准有：《网络设备安全保障计划（NESAS）总体概述》（GSMA FS.13）、《安全测试实验室认证需求及流程》（GSMA FS.14）、《设备商开发及产品生命周期审计方法》（GSMA FS.15）、《设备商开发及产品生命周期安全需求》（GSMA FS.16）等。

3GPP 在安全保障规范（Security Assurance Specification，SCAS）中规定了实现移动网络功能的网络产品的安全要求和测试用例，该系列标准已于 2019 年 9 月完成。SCAS 系列标准中的测试内容主要包括安全技术基线要求、操作系统安全、万维网（World Wide Web）服务安全、网络设备安全、基本脆弱性。

3. ITU

国际电信联盟是联合国的一个重要专门机构，也是联合国机构中历史最长的一个国际组织，简称“国际电联”、“电联”或“ITU”。ITU 的组织结构主要分为电信标准分局（ITU-T）、无线电通信部门（ITU-R）和电信发展部门（ITU-D）。ITU-T SG17 研究组（数据网络和电信软件研究组）聚焦安全、网络、通信软件相关研究。在 5G 安全方面，该研究组重点研究 5G 通信系统安全指南，提供有关信息安全治理的概念和原则；研究电信运营商数据生命周期的各个阶段面临的安全威胁及风险，并提出相应的安全技术要求；此外还涉及 5G MEC 安全、信任模型和量子算法等方向。

4. ETSI

ETSI 由其安全技术委员会负责网络安全领域相关工作，包括研究网络安全需求、制定网络安全标准、与外部团体如欧盟网络安全局（ENISA）协作，以及响应网络安全和信息与通信技术部门安全相关的政策要求等。

目前，ETSI 已发布了一系列网络功能虚拟化（Network Functions Virtualization，

NFV）安全相关标准，涵盖 NFV 存在的安全问题、NFV 相关开源管理软件安全使用建议、敏感数据的保护机制和建议等。此外，ETSI 还研究 VNF 套件、NFV 系统的自动动态安全策略管理、安全功能生命周期管理以及安全监测功能等的安全需求。

5. ISO

安全方面，ISO 主要提出了针对加密算法、设备和服务之间的连接安全建议，开展网络虚拟化安全的风险分析，提供网络虚拟化安全的框架并提出实施指南以及供应链安全管理体系规范等。

在我国，全国信息安全标准化技术委员会（TC260）针对 5G 安全专门立项研究项目《5G 安全标准体系》，并持续推动网络关键新技术、垂直应用相关重点标准的立项。全国通信标准化技术委员会（TC485）也积极开展 5G 通信网络安全标准化工作，2019 年 12 月 24 日，经工业和信息化部批准正式发布并实施《5G 移动通信网 通信安全技术要求》《5G 移动通信网 核心网总体技术要求》等行业标准。

在国内行业标准上，5G 安全国内通信行业标准推进主要由中国通信标准化协会下设的 TC5/WG5（无线通信技术工作委员会/无线安全与加密工作组）组织开展，通信行业标准约 10 余项，主要涉及 5G 移动通信网、网络功能虚拟化、5G 网络及设备安全保障要求等，已发布的 5G 安全要求以网元安全规范为主。5G 安全相关国内标准组织主要有中国通信标准化协会（CCSA）、全国通信标准化技术委员会（TC485）、全国信息安全标准化技术委员会（TC260）等。

CCSA TC5/WG5、TC8（网络与信息安全委员会）以及 NTC4（电信网安全防护特设组）研究制定 5G 安全相关研究报告和行业标准。全国通信标准化技术委员会（TC485）和全国信息安全标准化技术委员会（TC260）研究制定 5G 安全相关国家标准。

2019 年 11 月，IMT-2020（5G）推进组成立了安全工作组，重点推进 5G 安全技术研究与标准化相关工作，组织开展 5G 设备、网络及应用安全测试验证，促进 5G 安全标准与产品成熟。推进组规范经测试验证成熟后，将成果输入 TC260、TC485 和 CCSA 等组织，从而形成国家或行业标准。

2020 年 5 月，安全工作组发布了 5G 设备安全系列测试规范：《5G 安全试验设备安全保障测试规范-通用部分》《5G 安全试验设备安全保障测试规范-核心网设备》及《5G 安全试验设备安全保障测试规范-基站》。依据该系列测试规范，中国信息通信研究院牵头，组织运营商、设备商共同开展 5G 设备安全性测试。

安全工作组后续研究方向包括 5G 安全评测体系、5G 行业应用安全分级指南、5G 组网安全、切片安全、MEC 安全、业务安全及伪基站检测与防御等。

各主要标准组织 5G 安全重点成果见表 1-1。

表 1-1　各主要标准组织 5G 安全重点成果

标 准 组 织	关 注 领 域	重 点 成 果
3GPP	安全架构、协议	TS 33.501《5G 系统安全架构和过程》 TS 33.511～519《5G 安全保证规范（SCAS）》 TS 33.535《5G 系统（5GS）中基于 3GPP 凭证的应用认证和密钥管理》 TS 33.112《3GPP 北向 API 的通用 API 框架（CAPIF）的安全防护》 TS 33.434《服务激活体系结构（SEAL）：垂直领域安全防护》
ITU-T	网络安全、应用安全	X.5Gsec-q《5G 系统中应用量子安全算法安全指南》 X.5Gsec-t《5G 生态系统中基于信任关系的安全框架》 X.5Gsec-guide《基于 ITU-T X.805 的 5G 通信系统安全指南》 X.5Gsec-ecs《5G MEC 服务安全框架》
ISO	网络虚拟化、供应链安全	ISO/IEC 27036《供应关系信息安全》 ISO/IEC 27033-7《信息技术 网络安全 第 7 部分：网络虚拟化安全指南》
TC260	信息安全、数据安全等	GB/T 36637—2018《信息安全技术 ICT 供应链安全风险管理指南》 《5G 安全标准体系建设指南》
CCSA	通信安全	YD/T 3628—2019《5G 移动通信网 安全技术要求》

除以上标准外，我国也积极启动了 5G 安全相关认证和评测标准及相关工作的研究和推进。

（1）NESAS 评估认证。

GSMA 为了促进产业相关方对网络设备的安全性达成共识，确保网络设备制造与运营安全良性发展，牵头制定了网络设备安全保障计划（NESAS），推动开展 NESAS 评估认证工作。

NESAS 评估认证相关工作推进情况：标准方面，NESAS 管理规范及 3GPP SCAS 标准已启动产业实施，标准新版本持续演进；落地实施方面，在欧洲获得产业支持，但目前审计机构及检测实验室数量较少，审计机构有 ATSEC、NCC Group，检测实验室有西班牙的 Epoche 等，国际认可度有待提高。

（2）我国 5G 安全评测。

我国设备及网络安全检测与审查相关工作主要分以下几大类：设备进网检测、网络关键设备安全检测、关键信息基础设施安全保护、网络安全等级保护、网络安全审查等。

依据的相关文件有《电信设备进网管理办法》《网络关键设备安全检测实施办法》《关于关键信息基础设施安全保护工作有关事项的通知》《网络安全等级保护条例》《网络安全审查办法》等。

目前，我国正在研究制定 5G 安全评测相关制度政策、实施办法、技术标准等，积极推进相关工作进展，以确保 5G 安全与 5G 发展同步推进。

5G 安全评测相关工作推进情况：2020 年 5 月，IMT-2020（5G）推进组安全工作组正式启动了 5G 设备安全测试工作，为后续 5G 设备安全相关评测工作奠定基础。5G 网络安全、业务安全等相关标准和评估测试工作也在加快推进过程中。

1.2.3　5G 行业应用

在 5G 三大典型应用场景中，eMBB 场景业务应用包括 5G 消息、增强现实/虚拟现实（Augmented Reality/Virtual Reality，AR/VR）、智慧校园等，uRLLC 场景业务应用包括智能制造、智慧交通、智慧电网等，mMTC 场景业务应用包括智慧园区、智慧城市等。

1. 5G 消息

5G 消息业务基于终端原生短信入口，为用户提供文本、图片、音频、视频等融合多媒体消息的发送和接收。5G 消息业务功能包括点对点消息、群发消息、群聊消息和行业消息等，支持多种媒体格式，支持在线和离线消息、消息转短信。5G 消息满足了用户信息沟通的多样化需求，使行业用户、个人用户之间的信息交互更丰富和便捷。

2. AR/VR

AR/VR 借助近眼显示、感知交互和渲染处理等技术，结合视觉、听觉、触觉等构建虚实融合的沉浸体验，为用户带来身临其境的服务。5G 可有力提升 AR/VR 产品体验，未来 AR 办公、AR 购物、VR 直播、远程手术等将使用户的工作和生活更加便利，市场发展空间巨大。

3. 智慧校园

智慧校园利用摄像头、无线传感器等采集设备，结合人工智能、物联网和大数据等技术手段，对校园环境和人群信息进行严密采集和全面分析，并将分析结果运用于学校的教学、管理、科研等方面，从而提升各项工作的效率和质量。5G 新技术赋能智慧校园建设后，不仅会改变教育传授方式，同时也将使学校的管理工作更加精细化。

4. 智能制造

智能制造作为制造业变革的重要方向，受到了全球重视，很多国家都在积极部署和发展智能制造，如中国“制造强国战略”、德国“工业 4.0 平台”、美国“工业互联网计划”等。5G 能有效地满足智能工厂建设过程中的多样化需求，随着 5G 技术的发展，将使能工业 AR 应用、工厂无线自动化控制、工厂云化机器人等。

5. 智慧交通

智慧交通可获取实时路况和车辆信息等，并结合 5G 通信技术同步信息至控制中心，从而对交通状况进行迅速决策和及时调整。通过摄像头和传感器的协助，智慧交通将监测到人工难以感知到的车辆、实时路况以及安全隐患等信息，当行车系统发现环境异常时能迅速响应，进而避免发生严重的交通拥堵、事故等，提升人们的出行体验。

6. 智慧电网

智慧电网作为新一代电力系统，结合数字信息技术和自动控制技术，能实现供电各环节的双向信息交流，为用户提供优质可靠的电力网络系统。5G 技术将更好地满足智慧电网业务的安全需求，为不同电网业务场景提供差异化的网络服务，增强电网企业的自主管控力，从而促进未来智慧电网取得更大的技术突破。

7. 智慧产业园区

智慧产业园区是以产业聚集为目的的园区，园区内楼宇和人员等分布密集，其通常需要融合多方需求，具有较高的管理难度。5G 将借助网络的海量连接性能，与人工智能、移动边缘计算等技术手段融合，助力产业园区实现统一和谐的管理，优化园区的公共服务能力，满足园区企业的生产、运营和发展需要，助力产业园区实现经济转型升级。

8. 智慧城市

为了实现城市化的可持续发展，我国许多城市提出了智慧城市相关规划与设计。智慧城市覆盖了环境监控、物流跟踪和公共政务等诸多领域，为城市生活带来更加便捷的各项服务，能有效地促进社会智能高效运转。面向智慧城市未来低功耗大连接场景下海量机器类终端等的应用需求，5G 将通过与物联网技术结合将城市底层感知设备与城市运营管理中心互联，对城市智慧化、城市整体管理与运营效率的提升产生积极作用。

1.3 5G 网络架构及组成

5G 网络架构整体延续 4G 网络的特点，包括接入网、核心网和上层应用。5G 网络架构如图 1-1 所示。

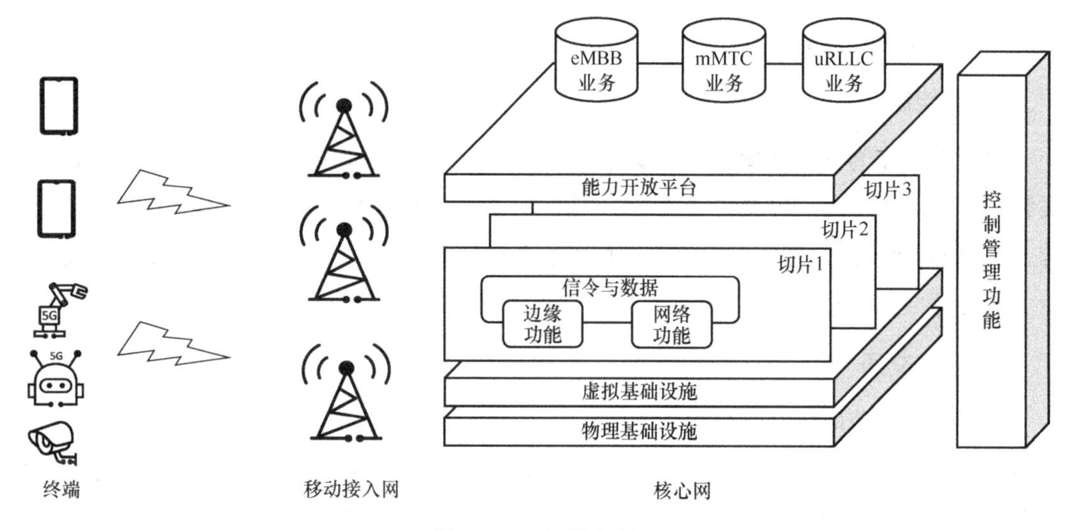

图 1-1 5G 网络架构

为满足 5G 移动互联和移动物联的多样化业务需求，5G 网络在核心网和接入网均采用了新的关键技术，实现了技术创新和网络变革。5G 在网络设计上进行了软件和硬件解耦、控制与转发分离，并引入网络切片和网络能力开放等新技术以提升网络灵活性、可扩展性、可重构能力。

运营商业务纷繁复杂，有面向家庭用户的宽带业务、固话业务、网络电视（Internet Protocol TV，IPTV）业务；还有面向个人的手机通话、手机上网业务；也有面向企业的专线、专网业务。那么种类如此复杂的网络业务是通过什么样的网络来承载的呢？

运营商业务网络总体可以分为六大网络。

无线接入网：由一个个基站组成，作为移动终端接入 5G 网络的起点，通过无线电波和插有用户识别模块（Subscriber Identity Module，SIM）卡的 5G 终端（如 5G 手机、5G 摄像头、5G 工业路由器等）通信。无线接入网通过 5G 基站控制 5G 终端的接入，并提供空口加密和数据完整性保护的功能。

移动回传网：由路由器/光传输设备组成，用于承载基站间、基站-MEC 和基站-5G 核心网（5G Core，5GC）之间的业务/信令流量。

互联网协议（Internet Protocol，IP）承载网：由路由器组成，用于将各地区的流量汇聚到核心网。

5G 核心网：由各类控制面网元和业务面网元组成，主要是提供用户连接、对用户的管理以及对业务完成承载，为承载网络提供到外部网络的接口。

城域网：承载宽带、固话、IPTV 等传统业务的网络。

骨干网：连接各省网络、承载各种跨省流量的网络。

运营商网络架构如图 1-2 所示。

其中，无线接入网、移动回传网、IP 承载网、核心网都属于移动宽带（Mobile Broadband，MBB）业务；城域网属于固定宽带（Fixed Broadband，FBB）业务。MBB 业务包括移动电话语音&流量业务、政企 5G 专网/专线业务等；FBB 业务包括家庭宽带、IPTV、固话、专线等。

5G 网络业务一般分为两大类，toC 业务和 toB 业务。运营商 5G 端到端组网如图 1-3 所示。

对于 toC 业务，终端通过无线接入网访问运营商网络，由移动回传网将终端产生的信令数据和业务数据传递到 IP 承载网。IP 承载网会把信令数据和业务数据分流：信令数据通过 IP 承载网传送到 5G 核心网；业务数据通过 5G 业务网关用户面功能（User Plane Function，UPF）转发到运营商骨干网，进而访问互联网（Internet）。

对于 toB 业务，和 toC 业务的差别在于 UPF 的位置。当企业园区内有专属的 MEC 时，终端业务数据在移动回传网内传送到 MEC，经由企业 UPF 转发到企业园区内部。

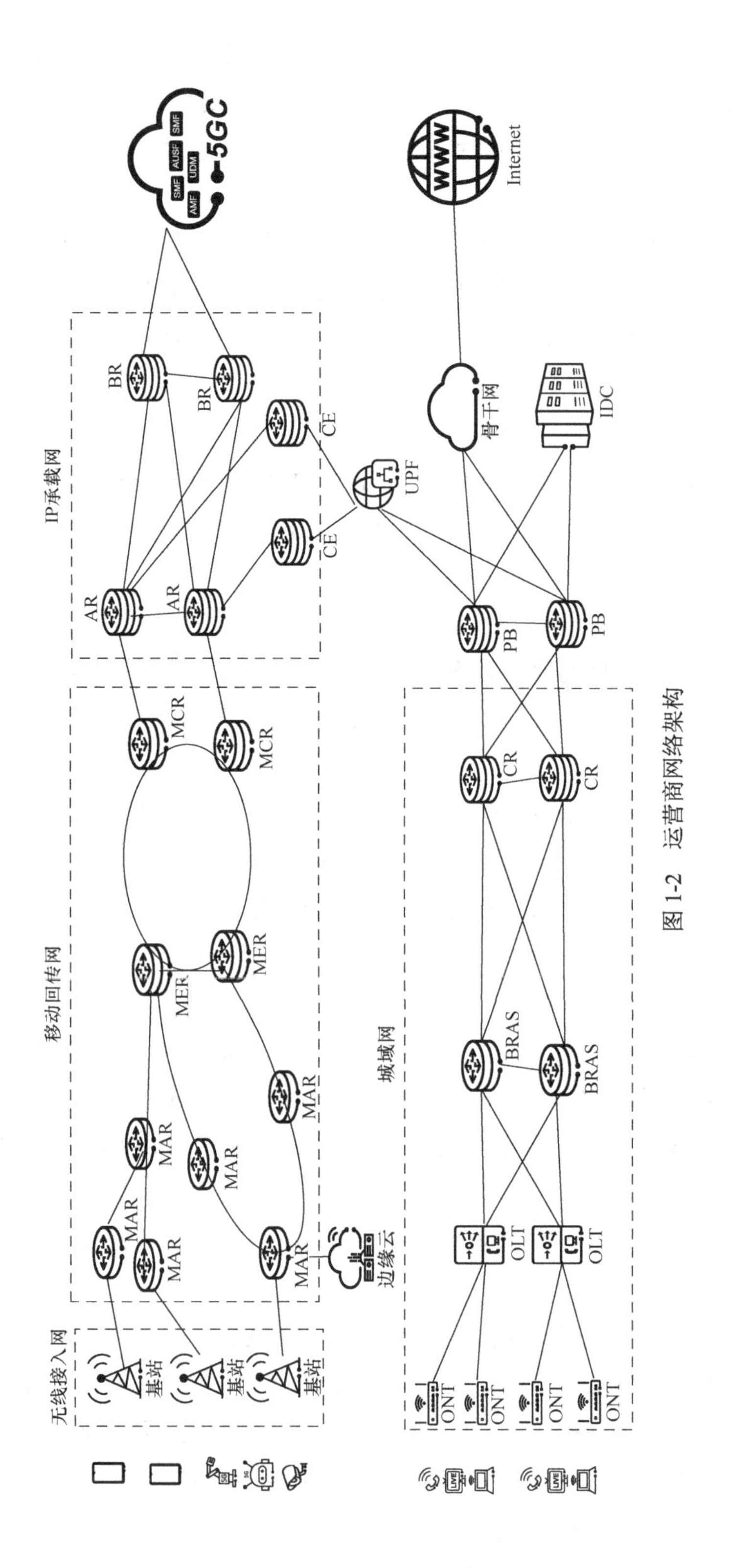
5GC
AMF
SMF
AUSF
UDM
SMF
Internet
IP承载网
BR
BR
CE
CE
AR
AR
UPF
骨干网
IDC
PB
PB
移动回传网
MCR
MCR
MER
MER
MAR
MAR
MAR
MAR
MAR
MAR
边缘云
城域网
CR
CR
BRAS
BRAS
OLT
OLT
无线接入网
基站
基站
基站
ONT
ONT
ONT
ONT

图 1-2 运营商网络架构

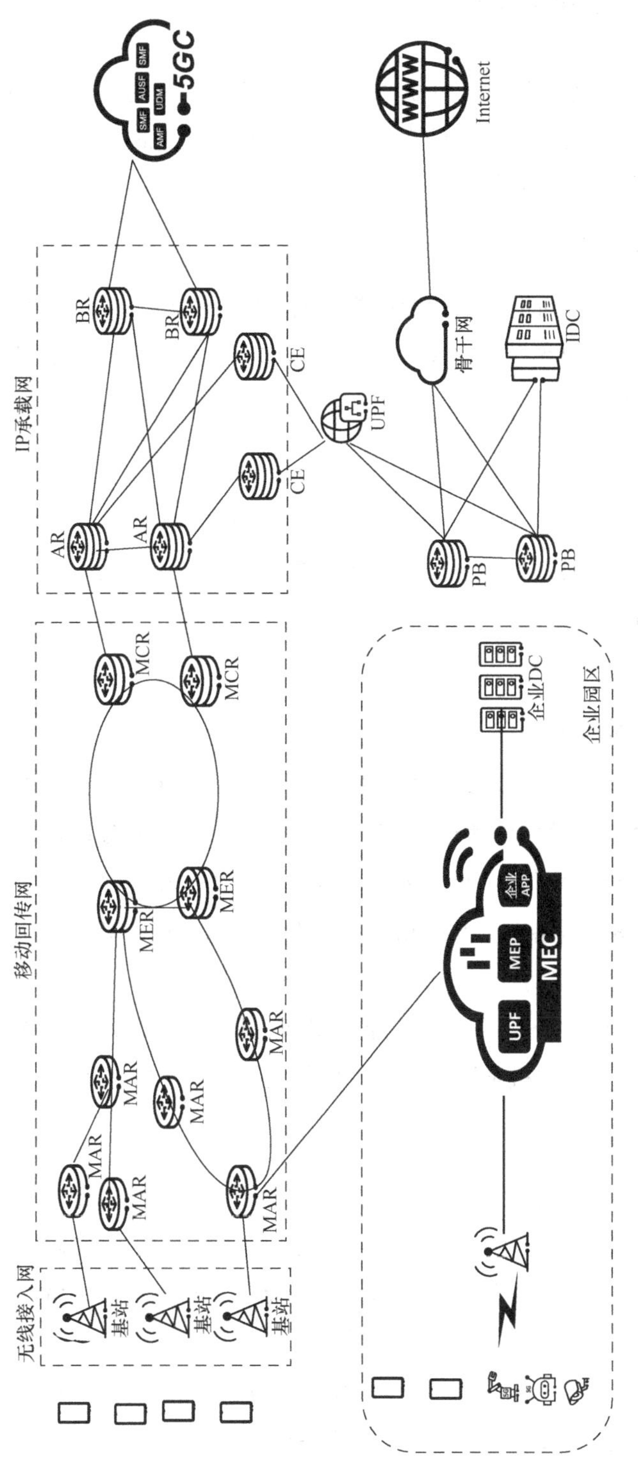

图 1-3　运营商 5G 端到端组网

1.4　5G 安全面临的挑战

5G 网络采用了新的服务化架构，并引入了一些新的技术，为了满足不同行业及用户的需求，分为三大主要应用场景，不可避免地伴生了新的安全风险。另外，产业链支撑层面也对 5G 安全提出了比较大的挑战。

1. 新架构带来的安全挑战

5G 服务化架构在满足不同垂直行业应用需求的同时，也引发了一些新的安全风险与挑战，主要表现在安全防护对象发生变化、信任关系由二元变为多元、集中管理带来了安全风险及新服务交付模式安全。

1）安全防护对象发生变化

5G 网络基础设施云化和虚拟化，使得资源利用率和资源提供方式的灵活性大大提升，但也打破了原有以物理设备为边界的资源提供模式。3G、4G 网络中以物理实体为核心的安全防护技术在 5G 网络中不再适用，需要建立起以虚拟资源和虚拟化网络功能为目标的安全防护体系。

2）信任关系由二元变为多元

3G、4G 网络的价值链中只有终端用户和网络运营商两个角色，并没有明确而完整地提出信任管理体系。5G 网络与垂直行业应用的结合使得一批新的参与者、新的设备类型加入价值链。例如，传统移动网络中网络运营商通常也是基础设施供应商，而在 5G 网络时代，可能会引入虚拟移动网络运营商的角色。虚拟移动网络运营商需要从移动网络运营商/基础设施提供商中购买网络切片。与传统网络的终端用户相比，5G 网络用户除手机用户外，还有各种物联网（IoT）设备用户、交通工具等。因此，5G 网络需要构建新的信任管理体系、研究身份和信任管理机制以解决各个角色之间的多元信任问题。

3）集中管理带来了安全风险

3G、4G 网络较少地采用集中管理方式，除少数网元外，其他网元之间的管理更多依赖于自主协商。5G 网络使用不同的网络切片来满足不同的行业应用需求，不同的网络切片需要分配不同的网络资源。网络切片管理以及与网络切片相关的网络资源管理不可能再基于自主协商方式，因此集中管理将成为主要方式。5G 网络中使用网络功能虚拟化管理和编排（Management and Orchestration，MANO）、软件定义网络（Software Defined Network，SDN）控制器等对网络进行集中管理和编排。MANO 和 SDN 属于网络中枢，一旦被非法控制或遭受攻击，将对网络造成严重影响，甚至使网络瘫痪。集中管理网元的安全防护问题迫切需要解决。

4）新服务交付模式安全

5G 网络为了更好地应对各种不同的业务需求，接纳了新的参与角色并将其加入网络价值链与生态系统中，由此产生了新的服务交付模式。5G 网络通过将能力开放，同时配合资源动态部署与按需组合机制，为垂直行业提供灵活、可定制的差异化网络服务。能力开放改变了传统网络以能力封闭换取能力提供者自身安全的思路，使得能力使用者通过控制协议对能力提供者发起攻击成为可能。一旦能力使用者被恶意入侵，利用能力开放接口的可编程性，经由控制接口对 5G 网络进行恶意编排，将会造成严重后果，因此新服务交付模式需要解决网络能力开放的安全防护问题。

2. 新技术带来的安全挑战

5G 网络引入了一些新技术，如网络功能虚拟化、网络切片、边缘计算、网络能力开放等，这些新技术也带来了一些新的安全挑战。

1）网络功能虚拟化

网络功能虚拟化采用虚拟化技术将传统网络的专用网元进行软硬件解耦，构造出基于统一虚拟设施的网络功能，实现资源的集中控制、动态配置、高效调度和智能部署，有利于网络运营的业务创新周期控制、动态配置、高效调度和智能部署，缩短网络运营的业务创新周期。

在虚拟环境下，管理控制功能高度集中，一旦其功能失效或被非法控制，将影响整个系统的安全稳定运行。多个虚拟化网络功能（Virtualized Network Function，VNF）共享下层基础资源，若某个虚拟化网络功能被攻击将会波及其他功能。此外，由于网络虚拟化大量采用开源和第三方软件，引入安全漏洞的可能性加大。对于网络功能虚拟化安全风险，建议首先进行系统安全加固，对管理控制操作进行安全跟踪和审计，提升防攻击能力；其次是需提供端到端、多层次资源的安全隔离措施，对关键数据进行加密和备份；此外，需要加强开源第三方软件安全管理。

2）网络切片

网络切片可在一个物理网络上切分出功能、特性各不相同的多个逻辑网络，同时支持多种业务场景。基于网络切片技术，可以提高网络资源利用率，隔离不同业务场景所需的网络资源。

网络切片基于虚拟化技术，在共享的资源上实现逻辑隔离，如果没有采取适当的安全隔离机制和措施，当某个低防护能力的网络切片受到攻击时，攻击者可以此为跳板攻击其他网络切片，进而影响其正常运行。针对上述安全风险，可使用云化、虚拟化隔离措施，如物理隔离、虚拟机（Virtual Machine，VM）资源隔离、虚拟防火墙等，实现精准、灵活的网络切片隔离，保证不同网络切片使用者之间资源的有效隔离，同时要做好网络切片运维和运营安全的管理，确保相应的技术措施得到落实。

3）边缘计算

边缘计算是在网络边缘、靠近用户的位置，提供计算和数据处理能力，以提升网络数据处理效率和数据处理能力，满足垂直行业对网络低时延、大流量以及安全等方面的需求。

边缘计算节点下沉到5G核心网边缘，当部署到相对不安全的物理环境时，受到物理攻击的可能性变大。另外，在边缘计算平台上可部署多个应用，共享相关资源，一旦某个应用防护被攻破，将会影响在边缘计算平台上其他应用的安全运行。对于上述安全风险，首先应对边缘计算设施加强物理保护和网络防护，充分利用已有的安全技术进行平台加固并增强边缘设施自身的防盗防破坏措施。其次需要加强应用的安全防护，完善应用层接入边缘计算节点的安全认证与授权机制，在部署第三方应用时，要根据部署模式明确各方安全责任划分并协作落实。

4）网络能力开放

5G网络可以通过能力开放接口将网络能力开放给第三方应用，以便第三方按照各自的需求设计定制化的网络服务。

网络能力开放将带来相应的安全风险与挑战。首先，网络能力开放将用户个人信息、网络数据和业务数据等从网络运营商内部的封闭平台中开放出来，网络运营商对数据的管理控制能力减弱，可能会带来数据泄露的风险。其次，网络能力开放接口采用互联网通用协议，会进一步将互联网已有的安全风险引入5G网络。对于上述安全风险挑战，需要加强5G网络数据保护，强化安全威胁监测与处置。此外，还需要加强网络开放接口安全防护能力，防止攻击者从开放接口渗透进入运营商网络。

3. 新应用带来的安全挑战

前面我们了解到，5G的应用场景主要包括eMBB、uRLLC和mMTC三大场景，这三个新的应用场景所面临的安全挑战可以总结为三点。

1）eMBB应用安全

eMBB场景主要应用包括4K/8K超高清移动视频、沉浸式的增强现实（Augmented Reality，AR）/虚拟现实（Virtual Reality，VR）业务。对eMBB应用而言，eMBB场景下的超大流量对现有网络安全防护手段形成挑战。由于5G数据传输速率较4G增长10倍以上，网络边缘数据流量将大幅提升，现有网络中部署的防火墙、入侵检测系统等安全设备在流量检测、链路覆盖、数据存储等方面将难以满足超大流量下的安全防护需求，面临较大挑战。

基于上述eMBB业务安全挑战，应升级现有不良信息安全管控系统的管控能力，满足超大流量管控需求；5G网络下的大流量业务成为常态，应升级现有安全设备管控能力，以适应超大流量业务发展。

2）uRLLC 应用安全

uRLLC 场景的典型应用包括工业互联网、车联网自动驾驶等。uRLLC 能够提供高可靠、低时延的服务质量保障。对 uRLLC 而言，其主要安全风险在于低时延需求造成复杂安全机制部署受限。安全机制的部署，如接入认证、数据传输安全保护、终端移动过程中切换、数据加解密等均会增加时延，过于复杂的安全机制不能满足低时延业务的要求。

基于上述 uRLLC 业务安全挑战，针对低时延业务需求造成的复杂的高级别安全机制部署受限问题，应有效评估安全措施对有国家重要基础设施的垂直行业安全的影响，防止安全措施缺失导致社会、国家安全受影响。

3）mMTC 应用安全

mMTC 场景的应用覆盖领域广，接入设备多，应用地域和设备供应商标准分散，业务种类多。对 mMTC 而言，泛在连接场景下的海量多样化终端易被攻击利用，对网络运行安全造成威胁。5G 时代将有海量物联网终端接入，预计到 2025 年全球物联网设备联网数量将达到 252 亿个。其中大量功耗低、计算和存储资源有限的终端难以部署复杂的安全策略，一旦被攻击则容易形成僵尸网络，将会成为攻击源，进而引发对用户应用和后台系统等的网络攻击，带来网络中断、系统瘫痪等安全风险。

基于上述 mMTC 业务安全挑战，针对大量功耗低、计算和存储资源有限的终端难以部署复杂的安全策略，终端易被控制形成僵尸网络等问题，应建立对僵尸网络等的监测手段，及时发现异常终端，防止僵尸网络对用户、业务关键基础设施、社会等发起网络攻击。

4. 产业链带来的安全挑战

除新架构、新技术及新应用所引入的安全风险外，5G 网络在网络部署运营、垂直行业应用和产业链供应等层面也存在较多的安全挑战。

1）网络部署运营

5G 网络的安全管理贯穿于网络部署运营的整个生命周期，网络运营商应采取措施管理安全风险，保障这些网络提供服务的连续性：一是在 5G 安全设计方面，由于 5G 网络的开放性和复杂性，对权限管理、安全域划分隔离、内部风险评估控制、应急处置等方面提出了更高要求；二是在 5G 网络部署方面，网元分布式部署可能面临系统配置不合理、物理环境防护不足等问题；三是在 5G 网络运行维护方面，5G 网络具有运维粒度细和运营角色多的特点，细粒度的运维要求和运维角色的多样化意味着运维配置错误的风险提升，错误的安全配置可能导致 5G 网络遭受不必要的安全攻击。此外，5G 网络运营维护要求高，对从业人员操作规范性、业务素养等带来了挑战，也会影响 5G 网络的安全性。

2）垂直行业应用

5G 网络与垂直行业深度融合，行业应用服务提供商与网络运营商、设备供应商一起，成为 5G 产业生态安全的重要组成部分。一是 5G 网络安全、应用安全、终端安全问题相互交织、互相影响，行业应用服务提供商由于直接面对用户提供服务，在确保应用安全和终端安全方面承担主体责任，需要与网络运营商明确安全责任边界、强化协同配合，从整体上解决安全问题；二是不同垂直行业应用存在较大差别，安全诉求存在差异，安全能力水平不一，难以采用单一化、通用化的安全解决方案来保障各垂直行业安全应用。

3）产业链供应

5G 技术门槛高、产业链长、应用领域广泛，产业链涵盖系统设备、芯片、终端、应用软件、操作系统等，其安全基础技术及产业支撑能力的持续创新性和全球协同性，对 5G 及其应用产生重大影响。如果不能在基础性、通用性和前瞻性安全技术方面加强创新，不能在产业链各环节同步更新完善 5G 网络安全产品和解决方案，不能持续提供更为安全可靠的 5G 技术产品，则会增加网络基础设施的脆弱性，影响 5G 安全体系的完善。根据 5G 网络生态中不同的角色划分，5G 网络生态的安全应充分考虑各主体不同层次的安全责任和要求，既需要从网络运营商、设备供应商的角度考虑安全措施与保障，也需要垂直行业如能源、金融、医疗、交通、工业等行业应用服务提供商采取恰当的安全措施。

第2章 5G网络安全威胁、漏洞及风险

在网络安全领域，网络安全威胁、漏洞及风险是老生常谈的话题。网络安全防护的目标就是消减安全威胁、识别安全漏洞并及时采取加固措施，降低网络安全威胁利用漏洞攻击网络系统所产生的风险。

2.1 威胁、漏洞和风险概述

网络安全威胁是一定存在的，而网络安全漏洞也是不可避免的，所以不存在零风险的网络，我们只能通过相应安全措施的部署和实施将风险减低到可接受的范围内。如何尽可能地去发现网络中的安全漏洞，以及如何正确分析识别网络所面临的安全威胁，是正确合理的安全措施部署的关键。

2.1.1 网络安全的核心理念

网络安全是指保护网络系统中的软件、硬件及信息资源，使之免受偶然或恶意的破坏、篡改和泄露，保证网络系统的正常运行、网络服务不中断。

从广义上说，网络安全包括网络硬件资源和信息资源的安全性。硬件资源包括通信线路、通信设备（如交换机、路由器）、主机等。要实现信息快速、安全地交换，一个可靠的物理网络是必不可少的。信息资源包括维持网络服务运行的系统软件和应用软件，以及在网络中存储和传输的用户数据等。信息资源的保密性、完整性、可用性、真实性等是网络安全研究的重要课题。参考《信息安全技术 术语》（GB/T 25069—2010）标准可知，网络信息有下面三个基本的安全属性。

1. 保密性

保密性是指使信息不泄露给未授权的个人、实体、进程，或者不被其利用的特性。

2. 完整性

完整性是指保卫资产准确性和完整的特性。

3. 可用性

可用性是指已授权实体一旦需要即可访问和使用的数据和资源的特性。

2.1.2 威胁

《信息安全技术 信息安全风险评估规范》（GB/T 20984—2007）将威胁定义为：可能导致对系统或组织危害的不希望事故潜在起因。排除由于环境因素所致的如断电、静电、灰尘、潮湿、温度、鼠蚁虫害、电磁干扰、洪灾、火灾、地震、意外事故等环境危害或自然灾害等威胁外，网络安全领域的威胁主要来源于人为因素，包括恶意人员的攻击，非恶意人员的不规范操作或误操作等。恶意人员带来的网络安全威胁主要包括以下几方面。

1. 窃听

攻击者通过监视网络数据获得敏感信息，从而导致信息泄露。主要表现为网络上的信息被窃听，这种仅窃听而不破坏网络中传输信息的网络侵犯者被称为消极侵犯者。

2. 重传

攻击者事先获得部分或全部信息，以后将此信息发送给接收者。

3. 篡改

攻击者对合法用户之间的通信信息进行修改、删除、插入，再将伪造的信息发送给接收者。

4. 拒绝服务攻击

攻击者通过某种方法使系统响应减慢甚至瘫痪，阻止合法用户获得服务。

5. 抵赖

通信实体否认已经发生的行为。

6. 电子欺骗

通过假冒合法用户的身份来进行网络攻击，从而达到掩盖攻击者真实身份、嫁祸他人的目的。

7. 非授权访问

没有预先经过同意就使用网络或计算机资源即非授权访问。

8. 传播病毒

通过网络传播计算机病毒，其破坏性非常高，而且用户很难防范。

所谓的安全威胁是指某个实体（人、事件、程序等）对某一资源的机密性、完整性、可用性在合法使用时可能造成的危害。这些可能出现的危害，是某些别有用心的人通过一定的攻击手段来实现的。

2.1.3 漏洞

漏洞是指一个系统存在的弱点或缺陷，系统对特定威胁攻击或危险事件的敏感性，或进行攻击的威胁作用的可能性。漏洞可能来自应用软件或操作系统设计时的缺陷或编码时产生的错误，也可能来自业务交互处理过程中的设计缺陷或逻辑流程上的不合理之处。这些缺陷、错误或不合理之处可能被有意或无意地利用，从而对一个组织的资产或运行造成不利影响，如信息系统被攻击或控制、重要资料被窃取、用户数据被篡改、系统被作为入侵其他主机系统的跳板。从目前发现的漏洞来看，应用软件中的漏洞远远多于操作系统中的漏洞，特别是 Web 应用系统中的漏洞更是占信息系统漏洞中的绝大多数。

2.1.4 风险

《信息安全技术 信息安全风险评估规范》（GB/T 20984—2007）将网络安全领域的风险定义为：人为或自然的威胁利用信息系统及其管理体系中存在的脆弱性导致安全事件的发生及其对组织造成的影响。

风险分析中主要涉及资产、威胁、脆弱性三个基本要素，通俗地讲就是威胁利用脆弱性破坏资产，导致风险。威胁对资产脆弱性的利用过程可以简单地理解为网络安全攻击过程，常见的网络安全攻击如下。

1. 命令注入攻击

命令注入攻击是利用命令注入漏洞所进行的攻击行动。命令注入攻击是一种针对应用系统的广泛存在的攻击方式，攻击可以执行任意 Shell 命令，如任意删除/变更文件、添加账号、关机/重新启动等后果。

2. SQL 注入攻击

程序中如果使用了未经校验的外部输入来拼接 SQL 语句，则攻击者可以通过构造恶意输入来改变原本的 SQL 逻辑或执行额外的 SQL 语句，如拖库、获取管理员、获取 WebShell 权限等。

3. 权限提升攻击

权限提升是黑客常用的攻击方法，攻击可以利用无权限或低权限，通过设计、配置、编码漏洞获取到更高的权限。

4. 暴力破解攻击

暴力破解又称穷举法，是一种针对资产（信息、功能、身份）密码/认证的破解方法。暴力破解攻击是常见的攻击方法，攻击可以导致非法获取他人认证信息（如密码），通过密文获取明文密码等。

5. 内容欺骗——仿冒 GPS 信号

硬件攻击的目标侧重于计算系统中使用的物理硬件的芯片、电路板、设备端口或包括计算机系统及嵌入式系统在内的其他组件的破坏、替换、修改和利用。仿冒 GPS 信号是其中的一种攻击方法。

6. 嗅探网络流量

攻击者监视公共网络或内网之间的网络流量，通过网络嗅探流量，可能会获取被攻击者的机密信息，如未加密协议的认证信息。

7. 中间人攻击

中间人（Man-in-the-Middle，MITM）攻击是一种“间接”的入侵攻击，这种攻击模式是通过各种技术手段将自己变为“中间人”，当两组件通信时就可以获取所有通信信息，这类攻击可导致信息泄露、内容篡改、越权等安全风险。

8. 植入恶意软件

供应链攻击通过操纵计算机系统硬件、软件或服务来破坏供应链生命周期，以进行间谍活动、窃取关键数据或技术、破坏关键任务或基础设施。在供应链中植入恶意软件是其中的一种攻击方法。

9. 钓鱼攻击

社会工程学是黑客凯文·米特尼克悔改后在《欺骗的艺术》中所提出的，是一种利用人的薄弱点，通过欺骗手段而入侵计算机系统的一种攻击方法。钓鱼攻击是社会工程学攻击的一种方式。

2.2 5G 网络安全威胁分析

5G 网络面临的网络安全威胁与现有 3G/4G 网络威胁的重要区别在于威胁潜在影响的性质和强度不同。特别是在经济和社会功能对 5G 网络依赖程度较大的行业和领域，如果发生网络中断或网络异常，则可能会带来比 3G/4G 网络更恶劣的负面后果。因此，除了现有的保密性和隐私性要求，这些网络的完整性和可用性也将成为主要问题。表 2-1 归纳了 5G 网络安全威胁场景所需的安全保障。可见，这些安全保障需求跟 3G/4G 没有任何特别之处，只是 5G 网络的应用面和影响面更加凸显了这些安全保障需求。

表 2-1　5G 网络安全威胁场景所需的安全保障

序　号	威 胁 场 景	安 全 保 障
1	本地或全球 5G 网络中断	可用性
2	在 5G 网络基础设施中监视流量/数据	保密性
3	修改或重路由 5G 网络基础设施中的流量/数据	完整性、保密性
4	通过 5G 网络破坏或改变其他数字基础设施或信息系统	可用性、完整性

对于 5G 网络安全威胁者，参考 2020 年《欧盟 5G 网络安全风险评估报告》内容，着重从威胁者的能力（能调动的资源）和动机（攻击的意图）两个方面进行了评估，认为国家或国家支持的威胁者构成的威胁具有最高的危险性。其原因是这类威胁者有动机和意图，同时也有能力对 5G 网络进行持续而复杂的攻击。另外，内部人员或分包商（被视为潜在的威胁者）以 5G 网络为目标来服务于利益组织，这些威胁者也不容小觑。5G 网络安全威胁类型见表 2-2，该表描述了评估的各种安全威胁类型，从这些类型来看，主要威胁是人为威胁。

表 2-2　5G 网络安全威胁类型

类　型	说　明
无意/意外	人为错误、自然现象和系统故障导致的事件
个人黑客	业余犯罪或业余黑客驱动的经济动机等
黑客组织	有政治目的，他们的目标是要么制造公共攻击来帮助他们进行宣传，要么对他们反对的组织造成损害
有组织犯罪集团	获取经济利益
业内人士	移动网络运营商或移动网络供应商内部工作人员。内部工作人员可能为有组织的犯罪集团、黑客组织或国家行动者工作，但也不排除个人动机
其他可能攻击者：网络恐怖分子和企业实体	网络恐怖分子的动机是政治目的，具备与有组织犯罪集团相似的能力。企业实体可能寻求通过知识产权（IP）窃取敏感的商业数据或通过网络攻击对其全球竞争对手造成声誉或业务损害，在技术领域获得竞争优势

为应对上述威胁，在 5G 发展中各方应秉持合作互信的理念，推动建立增强互信的双边或多边框架；增进各方战略互信，进一步完善对话协商机制，加强 5G 网络威胁信息的共享，有效协调处置重大网络安全事件；加快 5G 安全国际标准制定，建立互信互认的评测认证体系，探索最佳实践，共同分享应对 5G 安全风险的先进经验和做法。

2.3　5G 安全知识库

2021 年 12 月 6 日，在 IMT-2020（5G）大会“5G 应用安全高峰论坛”上，IMT-2020

（5G）推进组与中国信息通信研究院（以下简称“中国信通院”）联合发布了《5G 安全知识库》（以下简称《知识库》）。《知识库》由中国信通院、中国移动、中国电信、中国联通、华为、中兴等单位共同编制。

《知识库》聚焦 5G 发展阶段关键技术、基础设施、网络和应用数据等面临的安全问题，制定面向 5G 网络基础设施建设的安全措施集；针对 5G+行业应用核心安全需求，提出与之匹配的 5G 网络原子化安全能力和模板供给。旨在为全行业 5G 网络建设和应用安全提供更加精准、易实施的技术指引，有效促进 5G 安全保障水平进一步提升。

《知识库》凝聚了电信行业和垂直行业关于 5G 网络安全的最佳实践经验，主体内容包括 5G 网络安全知识库、5G 应用安全知识库、知识库使用方法和知识库总结及展望四部分。

1. 5G 网络安全知识库

5G 网络安全知识库围绕 5G 端到端网络资产类型和参与主体，提出了面向终端安全、接入网安全、边缘计算安全、核心网安全、网络切片安全、安全管理、数据安全和运维安全 8 大安全模块，细分成 45 项安全措施，给出了精细化的 188 项安全子措施供运营商、设备商等在 5G 网络建设、运营和维护过程中参考。5G 安全措施全景图如图 2-1 所示。

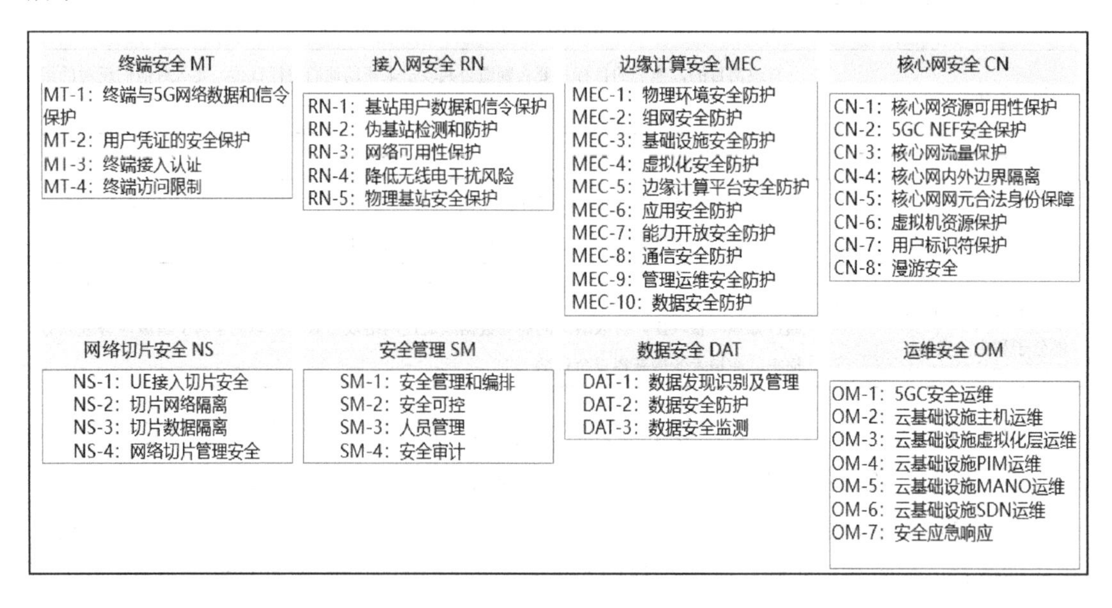

图 2-1　5G 安全措施全景图

《5G 安全知识库》的附录部分给出了 5G 网络安全知识库所涉及的各项安全措施，表 2-3 以终端安全措施中用户凭证的安全保护为例，介绍了这部分内容的表述方式。

表 2-3　用户凭证的安全保护

<table>
<tr><td>措施编号</td><td colspan="3">MT-2</td></tr>
<tr><td>措施名称</td><td colspan="3">用户凭证的安全保护</td></tr>
<tr><td>安全需求</td><td colspan="3">保护终端存储、处理和传输 5G 网络中凭证的安全性，保障终端唯一凭证的合法性。</td></tr>
<tr><td rowspan="2">措施作用（CIA）</td><td>机密性</td><td>完整性</td><td>可靠性</td></tr>
<tr><td>√</td><td>√</td><td></td></tr>
<tr><td rowspan="8">措施详细描述</td><td colspan="3">MT-2-1：终端使用防篡改的安全硬件组件，对终端内的用户凭证进行完整性保护</td></tr>
<tr><td colspan="3">MT-2-2：终端内用户凭证的认证算法应在防篡改安全硬件组件内执行</td></tr>
<tr><td colspan="3">MT-2-3：终端内用户凭证的长期密钥（即 K 值）使用防篡改安全硬件组件进行机密性保护，如采用加密存储、通过 HTTPS/SFTP 安全协议传输等</td></tr>
<tr><td colspan="3">MT-2-4：终端在与 5G 网络的通信过程中采用用户隐藏标识（Subscription Concealed Identifier，SUCI）和 5G 全球唯一临时标识符（5G Globally Unique Temporary UE Identity，5G-GUTI）对用户永久标识（Subscription Permanent Identifier，SUPI）信息进行保护，除了未经认证的紧急呼叫等场景，终端不能在 NG-RAN 传输 SUPI 明文</td></tr>
<tr><td colspan="3">MT-2-5：归属网络公钥和 SUPI 保护方案应存储在终端 UICC 中，标识应存储在 UICC 中</td></tr>
<tr><td colspan="3">MT-2-6：UICC 配置和更新归属网络公钥、UICC 开启 SUPI 隐私保护机制应由归属运营商网络控制</td></tr>
<tr><td colspan="3">MT-2-7：通过尝试访问次数限制等措施防止物理 UICC 被暴力破解攻击访问</td></tr>
<tr><td colspan="3">MT-2-8：终端具备 GSMA 安全规则定义的唯一合法 IMEI 标识</td></tr>
<tr><td>适用的资产</td><td colspan="3">终端</td></tr>
<tr><td rowspan="2">实施主体</td><td>运营商</td><td colspan="2">MT-2-6</td></tr>
<tr><td>设备厂商（终端厂商）</td><td colspan="2">MT-2-1, MT-2-2, MT2-3, MT-2-4, MT-2-5, MT-2-7, MT-2-8</td></tr>
<tr><td>是否已有标准要求</td><td colspan="3">是</td></tr>
<tr><td rowspan="3">标准名称</td><td colspan="3">3GPP TS 33.501: Security architecture and procedures for 5G System</td></tr>
<tr><td colspan="3">YD/T 3628—2019 《5G 移动通信网 安全技术要求》</td></tr>
<tr><td colspan="3">GB/T 35278—2017 《信息安全技术 移动终端安全保护技术要求》</td></tr>
<tr><td>实施难度</td><td colspan="3">4</td></tr>
</table>

5G 网络安全知识库共包括 45 项安全措施，表 2-3 仅给出了一个示例。如果想了解更多的内容，读者可到中国信通院官网下载《5G 安全知识库》，此处不再赘述。

2. 5G 应用安全知识库

5G 应用安全知识库聚焦 5G+行业应用核心关注的网络安全隔离、网络安全边界防护、终端接入安全、安全测试评估等 9 大安全需求，总结出适用于 5G+行业应用的 9 大项通用安全能力，并细分为 53 项安全原子能力，以精细化、易实施的安全能力匹配行业应用安全实际需要。在此基础上，结合 5G 行业应用安全优秀解决方案和最佳实践相关经验，通过安全原子能力编排组合，总结形成 5G+工业互联网、5G+电力、5G+矿山、5G+医疗、5G+港口、5G+智慧城市和 5G+教育 7 个关键行业的安全模板，为 5G+行业应用安全解决方案规模化复制推广提供参考。

5G 应用安全知识库总结出的面向行业的 5G 安全原子能力包括端到端网络切片隔离能

力、网络边界安全防护能力、增强的终端接入认证能力、开放的网络管理和安全管控能力、边缘/本地园区的数据安全防护能力、面向行业应用的安全监测能力、基于蜜罐技术的5G 安全防护能力、服务于多租户的虚拟专网能力和面向行业应用的 5G 安全测评能力这 9 大安全原子能力。表 2-4 以增强的终端接入认证能力为例，给出了这 9 大安全原子能力的表述方式。

表 2-4　增强的终端接入认证能力

安全能力编号	安全能力编号 SeCAP-3
能力名称	增强的终端接入认证能力
安全能力目标	5G 网络提供满足行业需求的认证鉴权能力，保障垂直行业终端接入 5G 网络的合法性
能力详细描述	SeCAP-3-1：5G 网络提供 3GPP 定义的主认证机制，并支持 EPS AKA'和 5G AKA 认证机制对终端接入进行认证
	SeCAP-3-2：5G 网络支持二次认证机制，实现行业终端与外部鉴权、授权、计费（Authentication-Authorization-Accounting，AAA）认证服务器的认证，二次认证信令中包含的用户身份认证信息，可通过基于多协议标签交换虚拟专用网络（Multi-Protocol Label Switching Virtual Private Network，MPLS VPN）或 IPSec 专线进行保护
	SeCAP-3-3：5G 网络提供 GBA 认证机制，智能终端或网关可通过 GBA 机制与外部 AAA 进行认证
	SeCAP-3-4：5G 网络提供 AKMA 认证机制，通过 AUSF 与外部 AAA 生成 KAF，并使用密钥进行数据完整性和机密性保护
	SeCAP-3-5：5G 网络提供 SECAPIF 框架下的 5G 功能开放能力，垂直行业调用 5G 网络开放 API 时，需要进行认证鉴权
	SeCAP-3-6：5G 网络提供 UDM 定制化能力，在专网场景下实现对行业特定用户的认证鉴权过程
	SeCAP-3-7：5G 网络支持定制 DNN 及切片，终端号码签约行业定制 DNN+切片，UPF 仅支持该 DNN 及切片接入，实现仅允许授权用户接入用户网络功能
	SeCAP-3-8：终端内置专用安全芯片、SIM 卡、SDK 等，实现终端与 5G 应用之间的安全认证与数据传输加密
	SeCAP-3-9：支持基于电子围栏的终端安全接入能力，通过对 AMF 进行小区 TA 和终端绑定配置，实现专网只允许合法授权终端接入
	SeCAP-3-10：通过部署零信任安全网关进行终端接入统一的认证管理，避免非法设备接入进行攻击、窃听，建立基于环境和行为感知的持续动态认证和权限控制
所需的安全措施	MT-3, MT-4, RN-3, MEC-5, CN-5, CN-7, CN-8, NS-1
垂直行业主体措施	VER-SeCAP-2-1：垂直行业终端设备支持二次认证、GBA 认证、AKMA 机制等增强安全接入认证能力，并具备符合 AKA 的二次认证机制的外部 AAA 服务器
	VER-SeCAP-2-2：垂直行业根据其接入认证算法、流程、参数需求，与运营商确定增强认证机制的实现方案，如 5G 网络是否支持定制化的认证算法和流程、电子围栏位置粒度、安全 SIM 卡的算法和密钥长度等

表 2-4 仅给出了一个示例，如果想了解更多的内容，读者可到中国信通院官网下载《5G 安全知识库》，此处不再赘述。

3. 知识库使用方法

“知识库使用方法”这部分针对《知识库》中提出的安全措施、原子能力和安全模板内容，总结了在具体实践过程中运营商、设备商、垂直行业使用知识库安全措施的方法和流程。

4. 知识库总结及展望

运营商和垂直行业等主体需要准确评估网络和应用面临的安全威胁，充分实现 5G 安全的“供需”能力匹配，加强合作，发挥知识库所提出安全措施的最大价值。知识库将随着各行业主体在实践过程的经验积累、5G 网络技术的持续演进、5G 融合应用的发展以及新型安全技术的成熟，持续迭代更新。

第3章 5G网络安全架构

3GPP 定义了 5G 网络安全架构和流程，对应的国际标准为《5G 系统的安全架构和流程》（TS 33.501）。同时中国通信标准化协会（CCSA）参考 TS 33.501 编制了我国第一个 5G 安全行业标准《5G 移动通信网 安全技术要求》（YD/T 3628－2019）。该标准对 5G 的安全性进行了全方位画像，同时针对垂直行业应用的 5G 网络切片技术安全也做了相应的规定。本章结合 3GPP 和 CCSA 相关标准，详细阐述 5G 网络安全架构和流程。

3.1 国际标准中的 5G 网络安全架构

TS 33.501 主要规定了 5G 移动通信网的安全技术要求，包括 5G 网络的安全架构、安全需求、安全功能要求以及相关安全流程等。

5G 网络安全架构由网络接入域安全、网络域安全、用户域安全、应用域安全、基于服务化架构（Service-Based Architecture，SBA）的信令域安全与安全的可视性和可配置性组成，如图 3-1 所示，下面对各安全域进行说明介绍。

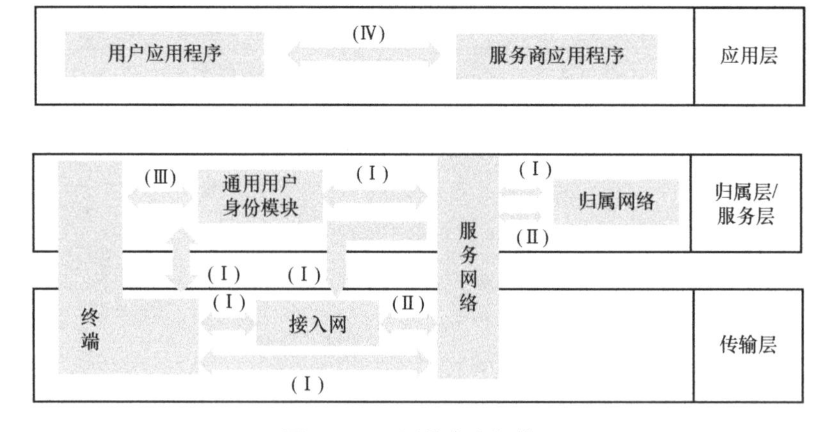

图 3-1 5G 网络安全架构

网络接入域安全（I）：一组安全功能，使得用户设备（User Equipment，UE）能够安全地通过网络进行认证并接入（包括 3GPP 接入和非 3GPP 接入），特别是防止对无线接口的攻击。此外，针对接入安全，它还包括从服务网络到接入网络的安全上下文传输。

网络域安全（II）：一组安全功能，使得网络节点/功能能够安全地交换信令数据和用户面数据。

用户域安全（III）：一组安全功能，对用户接入移动设备进行安全保护。

应用域安全（IV）：一组安全功能，使得用户域和应用域中的应用能够安全地交换消息。应用域安全不属于本书讨论的范围。

3.2　5G 系统架构引入的安全实体

5G 系统架构引入了安全边缘保护代理（Security Edge Protection Proxy，SEPP）作为位于网络边界的实体，SEPP 为跨两个不同公共陆地移动网（Public Land Mobile Network，PLMN）的两个网络功能（Network Function，NF）之间交换的所有服务层信息实现应用层安全保护。SEPP 接收来自网络功能的所有服务层消息，并在 N32 接口发送出去之前对其进行保护；接收 N32 接口上的所有消息，在验证安全性后将其转发到相应的网络功能。

5G 系统架构在 5G 核心网中还引入了以下安全功能。

（1）认证服务器功能（Authentication Server Function，AUSF）。AUSF 用于接收接入和移动性管理功能（Access and Mobility Management Function，AMF）对 UE 进行身份验证的请求，通过向统一数据管理（Unified Data Management，UDM）功能请求密钥，再将 UDM 下发的密钥转发给 AMF 进行鉴权处理。

（2）认证凭证库和处理功能（Authentication credential Repository and Processing Function，ARPF）。认证服务器功能/认证凭证库和处理功能（AUSF/ARPF）网元可完成传统可扩展认证协议（Extensible Authentication Protocol，EAP）框架下的认证服务器功能，接入管理功能 AMF 网元可完成接入控制和移动性管理功能。

（3）用户标识去隐藏功能（Subscription Identifier De-concealing Function，SIDF）。SIDF 负责从用户隐藏标识（Subscription Concealed Identifier，SUCI）中隐藏用户永久标识（Subscription Permanent Identifier，SUPI）。当归属网络公钥用于 SUPI 的加密时，SIDF 将使用安全存储在归属运营商网络中的私钥来解密 SUCI。在 UDM 中调用 SIDF 将 SUCI 解密并得到 SUPI，然后通过 SUPI 来配置手机所需的鉴权算法。

（4）安全锚点功能（SEcurity Anchor Function，SEAF）是 5G 核心网（5G Core，

5GC）功能之一，其作用是创建统一的锚点，提供给 UE 使用，在网络中用于主要的认证和后续通信保护。

3.3 用户隐私保护

隐私保护是指使个人或集体等实体不愿意被外人知道的信息得到应有的保护。隐私保护的范围很广，对于个人来说，一类重要的隐私是个人身份信息，即利用该信息可以直接或间接地通过连接查询追溯到某个人；对于集体来说，隐私一般是指代表一个团体各种行为的敏感信息。虽然隐私保护与网络安全关注的重点不同，但两者之间存在一定的联系，隐私保护尤其与信息安全或数据安全密切相关。5G 网络中用户的隐私保护主要通过对用户身份标识和用户身份保护来实现。

3.3.1 用户身份标识

前几代移动通信网络在初始接入时需要用户在开放的无线环境中以明文形式传递用户永久身份标识，这些标识可能被攻击者窃听从而跟踪定位用户。为解决这一问题，5G 移动通信网络引入多种用户身份标识，并采用了安全措施来保护用户永久身份标识的传递。

5G 移动通信网络引入了多种用户身份标识，下面分别介绍。

1. 用户永久身份标识

在 5G 系统中，全球唯一的 5G 用户永久身份标识为 SUPI。SUPI 通过使用定义的 SUCI 进行隐私保护。SUPI 包含两种格式，即包含 IMSI 的 SUPI 和采用网络接入标识（Network Access Identifier，NAI）形式的 SUPI。

2. 用户隐藏标识

用户隐藏标识（SUCI）是包含隐藏 SUPI 且对 SUPI 进行隐私保护的标识。UE 使用公钥（归属网络公钥）的保护方案生成 SUCI，该公钥是在归属网络的控制下安全地提供的。UE 将 SUPI 的用户标识部分作为构造保护方案的一个输入。UE 根据所构造的保护方案的输入来执行保护方案，并将输出作为保护方案的输出。UE 不应隐藏归属网络标识和路由指示符。

3. 用户临时身份标识

5G 全球唯一临时标识（5G Globally Unique Temporary UE Identity ，5G-GUTI）是核心网（AMF）给终端（UE）分配的临时标识。GUTI 是一个 80 bit 长的核心网临时标识，它包括三部分网络标识：PLMN + AMF ID + TMSI，它不是固定给特定用户或移动设备的。5G-GUTI 可用于保障 AMF 范围内 3GPP 和非 3GPP 网络上下文的安全，在特定条件下，AMF 可为 UE 在任何时间重新分配一个新 5G-GUTI。

3.3.2　用户身份保护方案

用户身份保护方案通过 SIDF 对用户身份进行保护，通过 SUPI 的形式来完成。SIDF 负责从 SUCI 中隐藏 SUPI。当归属网络公钥用于 SUPI 的加密时，SIDF 应使用安全存储在归属运营商网络中的私钥来解密 SUCI。用户身份标识隐藏在 UDM 中。应定义 SIDF 的访问权限，以便仅允许归属网络的网络功能请求访问 SIDF。一个 UDM 可以包含多个 UDM 实例。

运营商通过在通用用户身份模块（Universal Subscriber Identity Module，USIM）卡中预先设置归属网络的公钥及其他相关信息，使用户终端可以使用归属网络的公钥对永久用户标识进行加密保护，仅归属网可获知永久用户标识明文信息。UE 使用归属网络的预配公钥，然后通过归属网络提供的集成加密参数产生新生成的椭圆曲线加密（Elliptic Curve Cryptography，ECC）临时公钥/私钥对。UE 侧的加密流程如图 3-2 所示。

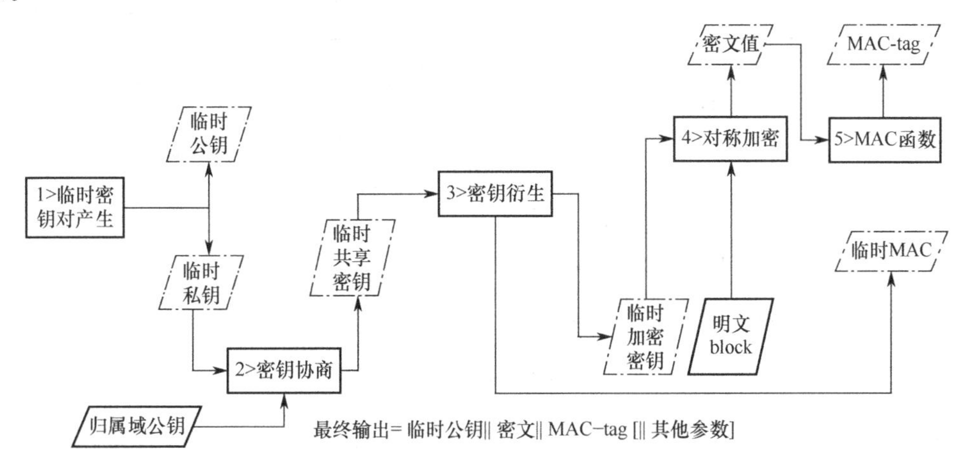

图 3-2　UE 侧的加密流程

在此方案中，归属网络应能使用从 UE 接收的 ECC 临时公钥和归属网络私钥解密 SUCI，归属网络的处理应根据规定的解密操作完成。图 3-3 说明了归属网络侧的解密流程。

空方案不提供隐私保护。当使用空方案时，SUCI 不隐藏 SUPI，因此不需要新生成的 SUCI。UE 仅在以下情况中使用“空方案”生成 SUCI：

（1）UE 正在进行未经认证的紧急会话且没有所选 PLMN 的 5G-GUTI；

（2）归属网络配置为“null-scheme”；

（3）归属网络没有提供生成 SUCI 所需的公钥；

（4）如果在 USIM 中没有提供归属网络公钥或优先级列表，则 ME 应使用空方案计算 SUCI。

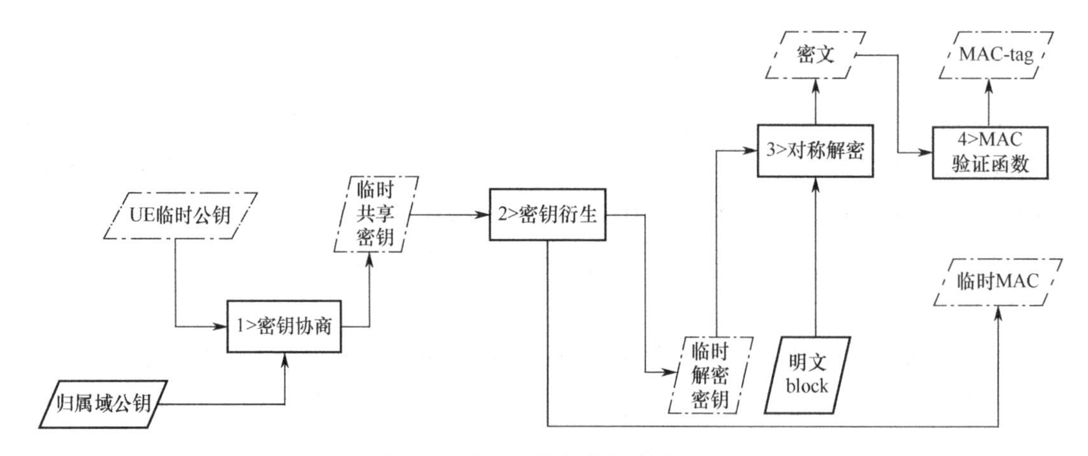

图 3-3　归属网络侧的解密流程

3.3.3　用户识别流程

用户识别机制允许通过 SUCI 在无线接口上识别 UE，具体流程如图 3-4 所示。

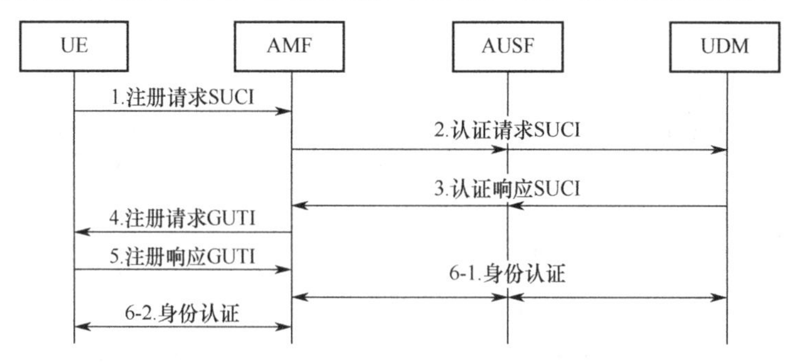

图 3-4　用户识别流程

步骤 1，当 UE 尝试首次注册时，UE 将 SUPI 加密为 SUCI 并发送 SUCI 请求的初始注册。

步骤 2，AMF 将此 SUCI 转发给 AUSF＆UDM 以检索带有身份认证请求的 SUPI。

步骤 3，UDM 解密 SUCI 中的 SUPI，AUSF 应使用 SUPI 信息回复身份认证响应。

步骤 4，AMF 会为此 SUPI 生成 GUTI，并保留 GUTI 到 SUPI 的映射，以进行进一步的注册或协议数据单元（Protocol Data Unit，PDU）会话请求 GUTI。

步骤 5，在随后的注册请求中，UE 以 GUTI 发送注册响应。

步骤 6，现在有两种可能的情况。

一是 AMF 不能使用 GUTI 和 SUPI 的映射关系产生。在这种情况下，AMF 使用 GUTI 生成 SUPI，并且可以使用 SUPI 完成对 AUSF 的身份认证。

二是 AMF 不能产生 SUPI。在这种情况下，当无法使用 AMF 处的 GUTI 标识 UE 时，AMF 请求 UE 进行身份认证，然后 UE 可以使用包含 SUCI 的身份消息进行响应。

第4章 密码技术在5G网络中的应用

密码技术是指对信息进行加密、分析、识别和确认，以及对密钥进行管理的技术。密码技术及其研究和应用是持续发展的。密码技术最初只用来保护信息，或者通过破译密码获取有价值的情报。在早期的密码体制中，密码算法和密钥没有明显区分，随着密码保护的需求越来越高，二者逐渐分离开来，从而使得密钥管理在保密系统设计中也极为重要。

4.1 密码学概述

在 5G 网络通信过程中，大量的数据在网络中传输可能会涉及较多的用户隐私和敏感数据，为了保障用户隐私和敏感数据不被泄露，需要考虑高效的数据保护及隐私保护技术的应用。因此，密码学在 5G 网络中扮演了非常重要的角色。

4.1.1 典型密码算法

在 5G 网络中，空口数据传输、控制面信令传输等众多过程都会用到密码算法，常见密码算法分类如图 4-1 所示。

现代密码算法主要分为对称密码算法和非对称密码算法。在对称密码算法中，加密密钥和解密密钥是一样的，或者彼此之间容易相互确定。

下面介绍几种常见的密码算法。

1. 分组密码算法

分组密码算法将明文分成固定长度的分组，如 64 bit 或 128 bit 一组，用同一密钥和算法对每一个分组加密，输出也是固定长度的密文。在实际加密应用中，通常需要加密任意长度的消息（数据），而分组密码算法通常处理的消息（数据）长度是固定的，因此就引入了分组密码算法的工作模式来解决该问题。

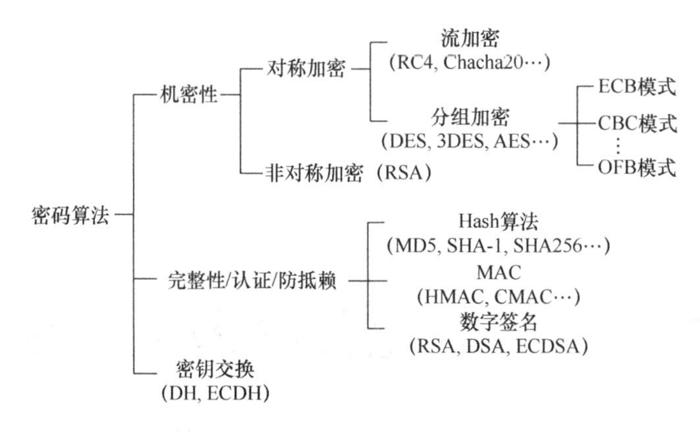

图 4-1　常见密码算法分类

高级加密标准（Advanced Encryption Standard，AES）在密码学中又称为 Rijndael 加密算法，是美国政府采用的一种分组加密标准，现已经被多方分析且广为全世界所使用。图 4-2 所示为 AES-GCM 模式的加密流程。

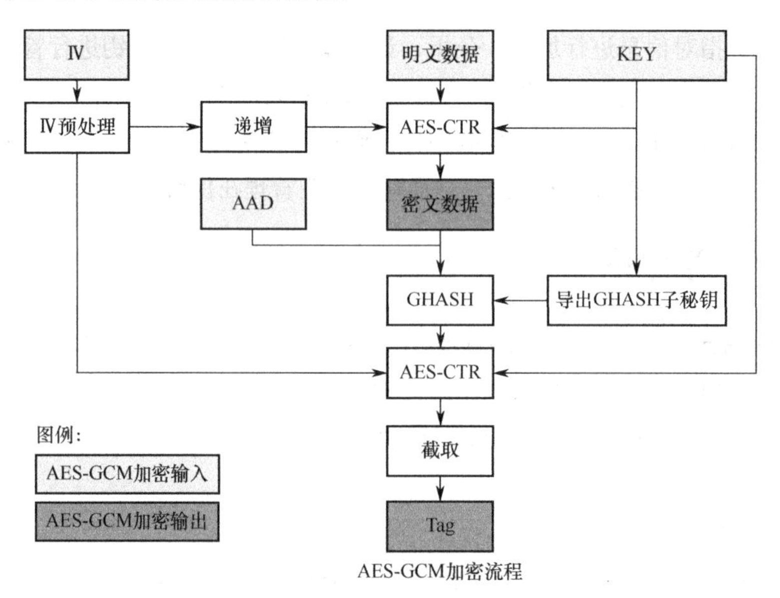

图 4-2　AES-GCM 模式的加密流程

AES 算法有多种加密模式，见表 4-1。不同的加密模式有一定的差异，一般来说，当前推荐使用 GCM 模式，该模式可以较好地保障数据的秘密性和完整性。

表 4-1　AES 算法加密模式

模　　式	模式简介（NIST SP 800-38 Series 中提到）	应 用 场 景
CFB	与 CBC 模式类似，不同的是 CFB 将密文单元反馈到下一个分组	适应于数据库加密、无线通信加密等对数据格式有特殊要求或密文信号容易丢失、出错的应用环境
OFB	与 CFB 基本相同，只是加密算法的输入是上一次加密算法的直接输出，不是密文	适用于噪声信道上的数据流传输的情形，如卫星通信、图像加密、语音加密等

（续表）

模　式	模式简介（NIST SP 800-38 Series 中提到）	应 用 场 景
CTR	每个明文分组都与一个加密计数器异或，对每个后续计数器递增	普通目的的面向分组的传输；用于高速需求
CCM	用 CTR 模式来提供保密服务，并用 CBC_MAC 模式来提供认证服务的混合模式	IEEE 802.11 的无线局域网的加密工作模式，已在 RFC 3601 标准化
GCM	一种使用计数器模式（CTR）和二元有限域上的泛哈希函数来提供认证加密的分组密码工作模式	高速光纤接入网
XTS-AES	一种基于 XEX 和密文窃取技术的调整密码本模式（TCB），用于存储设备加密	存储设备加密

2. 流密码算法

流密码算法是将明文按字符逐比特地与密钥流进行异或运算的一类对称密码算法。流密码算法是对称密码算法的一种，它使用算法和密钥一起产生一个随机码流（密钥流），将其与数据流进行异或运算产生加密后的密文数据流。实践中数据通常是一个比特位（bit），加解密使用相同的密钥流。

典型的流密码算法 RC4 于 1987 年由 RSA 公司的 Rivest 开发，密钥长度在 40～256 bit 之间，应用于 Remote Desktop、Skype 等软件，安全套接层（Secure Sockets Layer，SSL）协议也支持 RC4 算法。但是所有的流密码算法都存在结构上的弱点（密钥流容易被重用、易遭受 Bit-flipping 攻击等），NIST 至今还没有推荐的流密码算法。

替代方案：NIST 推荐使用 AES 算法的流加密工作模式（CTR 或 OFB）来代替流加密。

3. 非对称密码算法

非对称密码算法又称公钥密码算法，该算法使用两个密钥，一个公钥、一个私钥。公钥可以向所有使用者公开，私钥需要保密。非对称密码算法广泛应用于密钥协商、数字签名、数字证书等安全领域。常用的非对称密码算法有 RSA、DSA、DH 和 ECC 等。

1977 年，三位数学家 Rivest、Shamir 和 Adleman 设计了一种算法，可以实现非对称加密。这种算法以他们三个人的名字命名，叫作 RSA 算法。RSA 算法是第一个既能用于数据非对称加密也能用于数字签名的算法。

4. 椭圆曲线密码算法

椭圆曲线密码算法（ECC 算法）是基于椭圆曲线数学的一种公开密钥加密方法。ECC 算法也同时提供非对称加密和数字签名两种功能。常见的 ECC 算法包括 ECDSA 和 ECDH，以及国密的 SM2 算法。

ECC 算法的主要优势是在某些情况下能比其他算法（如 RSA）使用更小的密钥、更少的计算量，但提供同样甚至更高的安全性，所以在嵌入式系统等处理和存储能力受限的环境下更受欢迎。例如，iOS 集成了证书颁发中心（Certification Authority，CA）的 ECC 证书。

RSA 算法适用于校验频度高而签名频度低的场景，ECDSA 算法适用于签名和校验频度相当的场景。

5. DH 密钥交换算法

Diffie-Hellman 算法也叫 DH 密钥交换算法（简称 DH 算法），由 Whitfield Diffie 和 Martin Hellman 于 1976 年发布，它是世界上第一个公开密钥算法。其安全性取决于在有限域上计算离散对数比计算指数更为困难的数学事实。DH 算法大大简化了以往对称密钥体制实现密钥分发的工作。它可以让通信双方在完全没有对方任何预先给予信息的条件下通过不安全信道协商双方共享的对称密钥。加密通信信道建立前可以采用该 DH 算法，保证密钥分发的机密性。OpenSSL 支持 DH 作为密钥协商算法。DH 算法容易受到“中间人”攻击，需要与签名或身份认证机制配合使用。

6. 哈希算法

在密码学中，哈希算法（Hash Function）常用于构造 MAC 或在数字签名方案中提取数字指纹，也经常应用于数字签名、软件完整性保护、密钥导出、口令单向保存等场景。

常见的哈希算法有消息摘要算法第五版（Message Digest Algorithm 5，MD5）、安全散列算法-1（Secure Hash Algorithm 1，SHA-1）、安全散列算法 256（Secure Hash Algorithm 256，SHA256）等，MD2、MD4 和 MD5 均已经被证明是不安全的哈希算法，SHA-1 已被证明用于数字签名时其安全强度不足（ 破解复杂度 263 ），在数字签名场景下禁用。

7. HMAC 算法

使用一个密钥作用于消息，生成一个固定大小的数据块，加入消息中，称为 MAC，用于对消息的完整性进行认证，防止消息被篡改。

HMAC（Hash-based Message Authentication Code）利用一个哈希函数和一个密钥 K，计算一个消息的 MAC 值，用于校验消息的完整性和身份认证。HMAC 是 MAC 算法的一种。特定的 HMAC 实现需要选择一个特定的哈希函数，这些不同的 HMAC 实现通常标记为 HMAC-MD5、HMAC-SHA1 和 HMAC-SHA256 等。HMAC 引入了密钥，其安全性依赖于密钥及所选择的哈希函数，密钥的长度至少应与哈希函数输出摘要值的长度一样。应选择安全的哈希函数，如 SHA256 及以上。

8. 针对密码算法的攻击方式

针对密码算法的攻击方式有唯密文攻击、选择明文攻击、选择密文攻击和已知明文攻击四种，见表 4-2。

表 4-2　针对密码算法的攻击方式

攻击方式	介　绍	案　例	常用手段
唯密文攻击	在仅知已加密文字的情况下进行穷举攻击，此方式同时用于攻击对称密码体制和非对称密码体制	暴力破解	• 穷举法 • 统计法 • 特殊字符法
选择明文攻击	事先任意选择一定数量的明文，让被攻击的加密算法加密，并得到相应的密文，是对密码系统最有威胁的一种攻击	公钥密码方案破解	
选择密文攻击	事先任意搜集一定数量的密文，让这些密文透过被攻击的解密算法解密，由此计算出加密者的私钥并恢复所有的明文	RSA 密码的选择密文攻击	
已知明文攻击	已知明文攻击是指密码分析者除了有截获的密文，还有一些已知的“明文—密文”用来推出加密的密钥或某种算法，并对使用该密钥加密的任何新的消息进行解密	中途岛美军破译日军密码	

9. 密钥长度

在密码算法中，密钥长度与算法的安全性有较大的关联，目前建议使用的密钥长度见表 4-3。

表 4-3　建议使用的密钥长度

安全强度（密钥长度）	应用方式	2013 年年底前	2014—2030 年	2031 年以后
80 bit	加密	不建议使用	禁止使用	禁止使用
	解密	继承性使用		
112 bit	加密	可以使用	可以使用	禁止使用
	解密	可以使用	可以使用	继承性使用
128 bit	加密/解密	可以使用	可以使用	可以使用
192 bit		可以使用	可以使用	可以使用
256 bit		可以使用	可以使用	可以使用

4.1.2　加密与解密

计算机与计算机之间进行通信时，发送方的计算机通常通过加密将明文消息变成密文消息，然后通过网络将加密的密文消息发送到接收方。接收方的计算机对加密的密文消息采用相反的过程，即通过解密还原成明文消息。注意，要加密明文消息，需要发送方进行加密，即采用加密算法；要解密收到的加密消息，需要接收方进行解密，即采用解密算法。显然，加密算法和解密算法相同，否则无法通过解密得到原先的消息。其中每个加密与解密过程都有两个方面：加密与解密的算法与密钥。一般来说，加密和解密过程中使用的算法通常是公开的，但加密与解密所使用的密钥能够保证加密过程的安全性。

4.1.3　散列

加密散列能够以一种较短长度的独特指纹（散列值）来代表任意长度的消息，因此它们被应用于多种安全功能中。加密散列具有以下特征。

（1）不会泄露散列处理的与原始数据相关的任何信息。

（2）不会发生对两条不同的消息进行散列计算，得到相同散列值的情况。

（3）能够生成看似高度随机的值。

考虑到这些特性，散列函数经常用于实现以下目标。

（1）通过对口令和其他认证素材进行散列计算（然后，原始口令无法通过反向还原得到，除非利用字典攻击），得到一个看似随机的摘要值，实现对其进行保护的目的。

（2）通过存储适当的数据及其散列值，并在稍后重新计算该散列值（通常由另一方来进行该操作），以检查一个大型数据集合或文件的完整性。任何对数据或其散列值的修改都将被检测出来。

（3）实施非对称数字签名。

（4）为某些消息认证码提供基础支撑。

（5）实施密钥导出。

（6）生成伪随机数，数字签名。

4.1.4 随机数生成

密码学对随机数发生器的性质是极其敏感的，因为安全性与随机数发生器有很大的关系。密码学需要的是安全随机数，安全随机数的要求是不可预测的，密码学中随机数的性质有三种，分别是随机性、不可预测性、不可重现性。

常见的随机数生成器有两种：使用数学算法软件实现的伪随机数发生器和使用物理随机量作为发生源的真随机数生成器。前者的研究较为深入，除了常见的线性同余发生器（Liner Congruence Generator，LCG）和反馈移位寄存器法（Feedback Shift Register Methods，FSR）等，还有很多基于混沌、数论等的随机数生成器法，当然有些算法会有一些缺陷，如稀疏网格、周期性依赖于字长、不居中现象等，要获取真正随机的真随机数，常常使用硬件随机数生成器。

4.1.5 密码套件

密码学知识有趣的地方是，可以将一种或更多的上述算法类型组合起来，从而实现特殊需求的安全属性。在很多通信协议中，这些算法集群通常被称为密码套件。根据当前所用协议的不同，密码套件指定了算法的特殊集合、可能的密钥长度及每一种算法的使用方法。

密码套件可以以不同的方式来指定和列举。例如，传输层安全性（Transport Layer Security，TLS）协议提供了一系列的密码套件为网络服务，以及通用超文本传输协议（Hypertext Transfer Protocol，HTTP）通信流量、实时协议（Real-Time Protocol，RTP）和很多其他场景提供网络会话保护。下面对 TLS 密码套件（TLS_RSA_WITH_AES_128_GCM_SHA256）进行列举和解析。通过对该套件进行解读可知，它使用了如下算法。

（1）RSA 算法，用于服务器公钥证书认证（数字签名）。RSA 算法也被用于基于公钥的密钥传输（为了将客户端所生成的预主密钥传送到服务器端）。

（2）AES 算法（使用 128 bit 长度的密钥），用于加密所有通过 TLS 协议通道进行传输的数据。

（3）AES 算法，加密过程利用伽罗瓦计数器模式实现，这为每一个 TLS 协议数据报提供通道密文及消息认证码。

（4）SHA256 算法，用作散列算法。

利用密码套件中所指示的每一种密码算法，TLS 协议连接及其建立过程所需的特定安全属性得以实现。

（1）客户端通过验证服务器的公钥证书上一个基于 RSA 算法实现的签名（事实上，RSA 签名是通过对公钥证书进行 SHA256 散列计算来实现的）来对服务器进行身份验证。

（2）现在需要一个会话密钥来加密通道。客户端利用服务器的 RSA 公钥来加密它随机生成的大数（所谓的预主密钥），然后将其发送给服务器，即只有服务器能够解密，从而防止中间人攻击。

（3）客户端和服务器使用预主密钥来计算一个主密钥。双方都可以实现密钥导出过程，从而得到一个完全相同的密钥分组，其中就包含将用于加密通信流量的 AES 密钥。

（4）AES-GCM 算法被用于 AES 加密/解密过程——AES 算法的这种特别模式还可以计算附加于每个 TLS 协议报文之后的 MAC 消息认证（需要注意的是，某些 TLS 协议的密码套件使用 HMAC 算法来实现该功能）。

（5）其他密码协议使用了类似的密码套件类型，如互联网安全协议（Internet Protocol Security，IPSec），但关键在于不管采用哪种协议（无论是物联网还是其他类型的网络），密码算法均以不同的方式组合到一起，来应对协议预期应用环境中的特定威胁（如中间人攻击）。

4.2　密钥管理基础

密钥管理是指管理加密密钥的密码系统，包括处理密钥的生成、交换、存储、使用、加密粉碎（销毁）和替换等。成功的密钥管理对于密码系统的安全性而言至关重要。从某种意义上说，这是密码学更具挑战性的一面，它涉及社会工程的各个方面，如系统策略、用户培训和部门交互等，以及所有这些元素之间的协调，与可以自动化的纯数学实践形成对比。

4.2.1　密钥生成、建立和导出

常见的密钥生成方式有两种：第一种是用随机数生成密钥，在可能的情况下最好使用

能够生成密码学上的随机数的硬件设备，使得密钥具备不易被人推测出来的性质，现在一般使用伪随机数生成器来专门地产生密钥；第二种是用口令生成密钥，使用人类可以记住的口令来生成密钥，这也是一种常见方法，在使用口令生成密钥时，为了防止字典攻击（攻击者使用一本公用的密钥字典，在试图登录时，把加密的口令文件复制下来进行离线攻击），我们都会使用基于口令加密（Password-Based Encryption，PBE）的算法来生成密钥。

密钥建立就是进行以下两种活动，即针对一个特定的密钥进行协商，或者在密钥从一方传送到另一方的过程中，分别充当发送方和接收方的角色。具体地说，密钥建立指的是以下过程。

（1）密钥协商是指通信双方根据算法为一个共享密钥的生成过程提供素材的行为。换言之，就是一方所生成或存储的公共值发送到另一方（通常以明文格式发送），并且输入互补算法过程中进行处理，最终生成共享秘密因素。用户将这个共享秘密因素（在传统上，这是密码实现的最优方法）输入一个密钥导出函数（通常是基于散列实现的）中，从而得到一个密钥或密钥集合（密钥分组）。

（2）密钥传输是指一方使用一个密钥加密密钥对密钥或其生成要素进行加密，然后将其传送给另一方的行为。密钥加密密钥可以是对称的（如一个 AES 算法密钥），也可以是非对称的（如一个 RSA 算法的公钥）。在前一种情况下，密钥加密密钥必须通过安全的方式与接收方进行预先共享，或者利用某种同样类型的密码方案来建立。在后一种情况下，密钥加密密钥就是接收方的公钥，而只有接收方能够利用他们的私钥（非共享）来对传输的密钥进行解密。

密钥导出指的是一个设备或软件如何利用其他密钥和变量，包括口令（这种方式被称为基于口令的密钥导出），来构建生成密钥。密钥导出过程通常会在很多安全通信协议（如 TLS 协议和 IPSec 协议）中实现，它从一个已建立的共享秘密、已传输的随机数（如 SSL/TLS 协议中的预主密钥）或当前密钥中导出实际使用的会话密钥。

4.2.2 密钥存储、托管和生命周期

密钥存储指的是如何实现密钥的安全存储（通常利用密钥加密密钥进行加密），以及存储于何种设备。安全存储可能通过对数据库进行加密（数据库加密密钥能够提供完善的保护），或者其他类型的密钥存储方式来实现。

密钥托管通常是一种不得不采取的措施。考虑到如果密钥丢失，加密数据就无法解密，所以很多实体组织通常选择异地的方式来对密钥进行存储和备份，以备后续使用。密钥托管所伴随的风险简单明了，复制密钥并将其存储在另一个位置，将增加数据保护的攻击面。针对托管密钥进行攻击突破与针对原始副本进行攻击同样有效。

密钥生命周期是指密钥在被销毁（清零）之前，能够使用（即用于加密、解密、签

名、消息认证等）多长时间。一般来讲，考虑到非对称密钥（如 PKI 证书）用于建立新的唯一会话密钥的功能（能够实现很好的前向安全性），它可以在很长的时间段内使用，而对称密钥一般会有更短的密钥生命周期。

4.2.3　密钥清零、记录和管理

未经授权的私有密钥或算法状态泄露，将在极大程度上导致密码应用无效化。加密会话可以被捕获存储，而且如果用来保护会话的密钥被一个恶意实体得到，则会话可能在几天、几个月或几年之后被解密。

将密钥从内存中安全销毁是清零方面的内容。很多密码算法库同时提供了一定条件下的简单的清零例程，它们被设计用于从运行时内存环境中以及长期静态存储环境下安全地擦除密钥。根据内存位置的不同，需要使用不同类型的清零操作。通常，安全擦除不仅仅是针对内存中对密钥的间接访问（将指针或引用变量设置为空）；清零操作必须使用全零（这就是清零这一术语的含义）或随机生成的数据来主动覆盖密钥所在的内存位置。为了使得某些类型的内存攻击（如内存冻结）彻底无法复原密码变量，可能需要进行多次覆盖。如果一个物联网制造商使用了密码算法库，那么势必要遵循其应用程序接口（Application Programming Interface，API）函数的正确用法，包括所有密钥素材在使用后都需要进行清零操作（很多算法库都为基于会话的协议，如 TLS 协议，自动完成这项工作）。

对密钥素材在实体之间的生成、分发和销毁过程进行识别、跟踪和记录，这就是需要记录和管理功能发挥作用的地方。平衡安全与性能同样重要，这项工作应在建立密钥生命周期时进行实现。通常，密钥的生命周期越短，攻击获取密钥的影响就越小，即依赖于密钥的数据面就越小。然而，生命周期越短，越会增加密钥素材的生成、建立、分发和记录的相对开销。这就是公钥密码（它使得前向安全性成为可能）显得无比重要的原因。对非对称密钥的更换不需要像对称密钥那样频繁。它们有能力独立创建一个崭新的对称密钥集合。

4.2.4　密钥管理相关建议总结

鉴于以上的定义和描述，5G 网络在涉及密钥管理相关的问题时，同样应该考虑如下建议。

（1）确保经过验证的密码模块能够将所配置的密钥安全存储在 5G 设备中——对安全信任存储中的密钥进行物理和逻辑保护，将得到安全方面的好处。

（2）确保密钥足够长。若算法和密钥长度在面对最先进的攻击技术时不再拥有足够的强度，应定期对其进行更新。

（3）确保对安全清除（清零）使用完毕或过期的密钥这一过程进行适当的技术和过程

控制。如非必要，绝不留存任何密钥。众所周知，除非主动清除，否则明文密码变量将在内存中存在很长时间。经过精心设计的密码算法库可能会在某些情形下对密钥进行清零，但一些算法库会将这项工作留给使用算法库的应用程序来完成，允许其在需要时调用清零API 函数。基于会话的密钥，如在一个 TLS 协议所建立的会话中使用的加密和 HMAC 密钥，应该随着会话的终止而立刻清除。

（4）以能够提供完美前向安全性（Perfect Forward Secrecy，PFS）的方式使用密码算法和协议选项。PFS 是在很多使用密钥建立算法（如 Diffie-Hellman 算法和椭圆曲线 Diffie-Hellman 算法）的通信协议中提供的一个选项。PFS 具有一个有利的特性，即一组会话密钥被攻陷，不会导致后续生成的会话密钥随之被攻陷。例如，利用 DH/ECDH 算法的 PFS 特性能够确保为每次使用生成短期（一次使用）的私有/公用密钥对。这意味着相邻会话的共享秘密值（密钥由这些值导出）之间不会存在任何后向关系。当前密钥被攻陷时，不会为针对未来密钥的前向对抗性计算分析提供条件，因此未来的密钥能够得到更好的保护。

严格限制密钥管理系统的角色、服务和访问。必须在物理和逻辑两个方面对密钥管理系统的访问行为加以限制。

4.3 数据加密和完整性保护

UE、5G 无线接入网（5G Radio Access Network，5G RAN）和 5GC 支持 128 bit 密钥长度的加密和完整性保护算法对接入层（Access Stratum，AS）和非接入层（Non Access Stratum，NAS）进行保护。网络接口支持 256 bit 密钥的传输。用于用户面、NAS 和 AS 保护的密钥长度取决于其使用的算法。

1. 用户和信令数据机密性

UE 和 5G 基站（NR Node B，gNB）支持在 UE 和 gNB 之间的用户数据机密性保护。UE 和 gNB 之间的用户数据机密性保护可选使用。

UE 根据 gNB 发送的指示激活用户数据的加密，支持无线资源控制（Radio Resource Control，RRC）和 NAS 信令的加密。RRC 信令和 NAS 信令的机密性保护可选使用。

gNB 根据会话管理功能（Session Management Function，SMF）发送的安全策略激活用户数据机密性保护，支持 RRC 信令的机密性保护。RRC 信令的机密性保护可选使用。

AMF 支持 NAS 信令的加密。NAS 信令的机密性保护可选使用。

UE、gNB 和 AMF 支持与实现以下加密算法：NEA0、128-NEA1、128-NEA2 和 128-NEA3。

2. 用户和信令数据完整性

UE 支持 UE 和 gNB 之间用户数据的完整性保护和抗重放保护，根据 gNB 发送的指示激活用户数据的完整性保护，支持 RRC 和 NAS 信令的完整性保护和抗重放保护。除明确列出的 NAS 信令外的其他 NAS 信令，使用与 NIA0 不同的完整性保护算法进行完整性保护。除未经验证的紧急呼叫外，以及明确列出的 RRC 信令外的其他 RRC 信令消息，应使用与 NIA0 不同的完整性保护算法进行完整性保护。UE 实现 NIA0 以实现 NAS 和 RRC 信令的完整性保护。NIA0 仅允许在规定的未经认证的紧急会话场景下使用。

gNB 支持 UE 和 gNB 之间的用户数据的完整性保护和抗重放保护，根据 SMF 发送的安全策略决定是否激活用户数据的完整性保护，支持 RRC 信令的完整性保护和抗重放保护。除明确列出的例外情况外，所有 RRC 信令消息应该使用与 NIA0 不同的完整性保护算法进行完整性保护，未认证的紧急呼叫除外。对于未经认证的紧急呼叫无监管要求的部署，应在 gNB 中禁用 NIA0。

UE 和 gNB 之间的用户数据的完整性保护是可选的，不得使用 NIA0。用户面的完整性保护增加了数据包大小的开销，并增加了 UE 和 gNB 中的处理负载。

AMF 支持 NAS 信令的完整性保护。除非有监管需求，否则在未认证的紧急会话的 AMF 中禁止使用 NIA0。除那些明确的例外消息外，所有的 NAS 信令消息应进行完整性保护。

UE、gNB 和 AMF 支持与实现以下完整性算法：NIA0、128-NIA1 和 128-NIA2。

3. 算法选择要求

RRC_Connected 中的 UE 和服务网络应协商确定算法，用于：RRC 信令和用户面的加密和完整性保护（在 UE 和 gNB 之间使用）、RRC 信令的加密和完整性保护以及用户面的加密（在 UE 和 ng-eNB 之间使用）、NAS 加密和 NAS 完整性保护（在 UE 和 AMF 之间使用）。

服务网络选择算法应基于 UE 安全能力和允许配置的当前服务网络的安全能力列表。

如果 UE 支持连接到 5GC 的 E-UTRAN，则 UE 安全功能应包括用于 NAS 的 NR NAS 算法、用于 AS 层的 NR AS 算法和用于 AS 层的 LTE 算法。每个选定的算法应以受保护的方式指示给 UE，以确保 UE 保证算法选择的完整性不受操纵，保护 UE 安全能力免受“降级攻击”。

4.4　密钥分层结构与分发机制

1. 密钥分层结构

密钥分层结构包括以下密钥：密钥（Key，K）、加密密钥（Cipher Key，CK）/完整性密钥（Integrity Key，IK）、K_{AUSF}、K_{SEAF}、K_{AMF}、K_{NASint}、K_{NASenc}、K_{N3IWF}、K_{gNB}、K_{RRCint}、K_{RRCenc}、K_{UPint} 和 K_{UPenc}。与认证相关的密钥包括 K、CK/IK，对于 EAP-AKA'认证，密钥 CK'、IK'由 CK、IK 推衍得到。5G 网络的密钥层次推衍如图 4-3 所示。

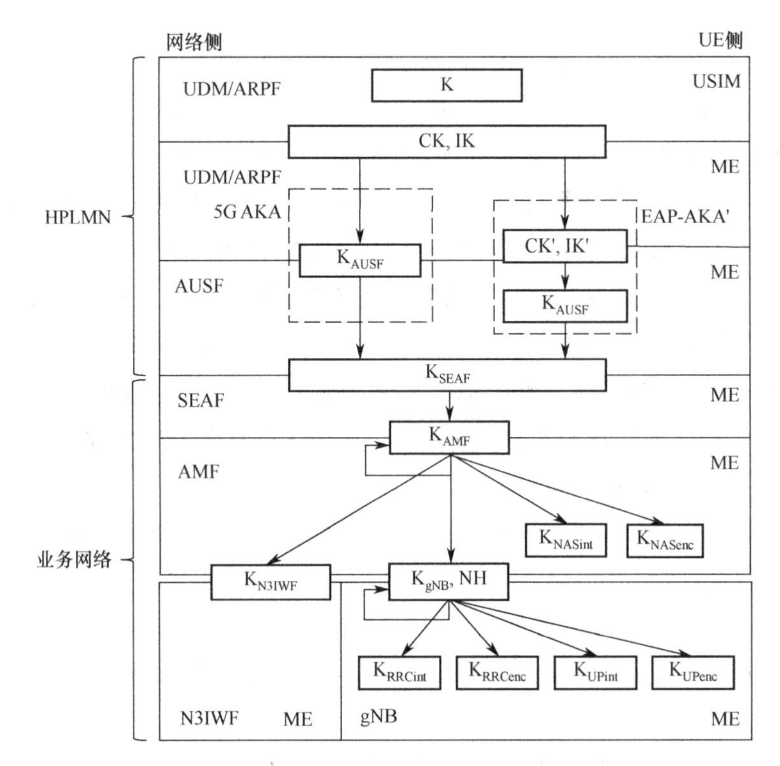

图 4-3　5G 网络的密钥层次推衍

1）归属网络中 AUSF 的密钥

K_{AUSF} 通过以下方式推衍得到。

对于 EAP-AKA'认证，通过 ME 和 AUSF 由 CK'、IK'推衍。CK'和 IK'是 ARPF 发送至 AUSF 的转换 AV 的一部分。

对于 5G AKA 认证，通过 ME 和 ARPF 由 CK、IK 推衍。K_{AUSF} 是 ARPF 发送至 AUSF 的 5G HE AV 的一部分。K_{SEAF} 是由 ME 和 AUSF 从 K_{AUSF} 推衍的锚密钥。K_{SEAF} 由 AUSF 提供给服务网络中的 SEAF。

服务网中 AMF 的密钥：K_{AMF} 是 ME 和 SEAF 由 K_{SEAF} 推衍的密钥。K_{AMF} 还可以由 ME 和源 AMF 通过水平密钥推衍。

2）NAS 信令密钥

K_{NASint} 是由 ME 和 AMF 推衍的密钥，其仅用于通过特定完整性算法保护 NAS 信令。

K_{NASenc} 是 ME 和 AMF 由 K_{AMF} 推衍的密钥，其仅用于通过特定加密算法保护 NAS 信令。

3）NG-RAN 密钥

K_{gNB} 是 ME 和 AMF 由 K_{AMF} 推衍的密钥。K_{gNB} 还可以由 ME 和源 gNB 通过水平或垂直密钥进一步推衍得到。K_{gNB} 可当作 ME 和 ng-eNB 之间的 K_{eNB}。

4）用户面数据密钥

K_{UPenc}是 ME 和 gNB 由 K_{gNB} 推衍的密钥，其仅用于通过特定加密算法保护用户面数据。

K_{UPint} 是 ME 和 gNB 由 K_{gNB} 推衍的密钥，其仅用于通过特定的完整性算法来保护 ME 和 gNB 之间的用户面数据。

5）RRC 信令密钥

K_{RRCint} 是 ME 和 gNB 由 K_{gNB} 推衍的密钥，其仅用于通过特定完整性算法保护 RRC 信令。

K_{RRCenc} 是 ME 和 gNB 由 K_{gNB} 推衍的密钥，其仅用于通过特定加密算法保护 RRC 信令。

6）中间密钥

NH 是 ME 和 AMF 推衍的密钥，用于提供前向安全性。

K_{NG-RAN} 是 ME 和 NG-RAN（gNB 或 ng-eNB）按照规定的水平或垂直密钥推衍的密钥。

K'_{AMF} 是 ME 和 AMF 在 UE 从一个 AMF 移动到另一个 AMF 时按照规定推衍的密钥。

7）非 3GPP 接入密钥

K_{N3IWF} 是 ME 和 AMF 由 K_{AMF} 推衍的用于非 3GPP 接入的密钥。在 N3IWF 之间不转发 K_{NEIWF}。

2. 密钥推衍和分发方案

密钥是加密运算和解密运算的关键，也是密码系统的关键，所以，在信息安全系统中，密钥推衍和分发是认证流程中的重要一环。

1）网络实体中的密钥

ARPF 密钥：ARPF 应存储长期密钥 K。密钥 K 长度应为 128 bit 或 256 bit。在认证和密钥协商过程中，若采用 EAP-AKA'认证，则 ARPF 应从 K 导出 CK'和 IK'。若采用 5G AKA 认证，则 ARPF 应从 K 导出 K_{AUSF}。ARPF 应将推衍密钥发送至 AUSF。ARPF 保留归属网络通过 SIDF 解除 SUCI 和重构 SUPI 的私钥。

AUSF 密钥：若采用 EAP-AKA'认证，则 AUSF 应按照规定从 CK'和 IK'推衍密钥 K_{AUSF}。K_{AUSF} 可在两个连续认证和密钥协商过程期间保存于 AUSF。AUSF 应在认证和密钥协商过程中根据从 ARPF 接收的认证密钥推衍锚密钥 K_{SEAF}。

SEAF 密钥：在每个服务网中成功通过主认证后，SEAF 从 AUSF 接收锚密钥 K_{SEAF}。SEAF 不允许把 K_{SEAF} 传送至 SEAF 以外的实体。一旦 K_{AMF} 被导出，K_{SEAF} 就应被删除。SEAF 应在认证和密钥协商流程后立即从 K_{SEAF} 导出 K_{AMF} 并将其发送至 AMF。这意味着每次认证和密钥协商过程都会推衍新的 K_{SEAF} 和 K_{AMF}。SEAF 与 AMF 可以合设。

AMF 密钥：AMF 从 SEAF 或另一个 AMF 接收 K_{AMF}。对于 AMF 间移动，AMF 应根据策略从 K_{AMF} 推衍密钥 K'_{AMF} 并将其传送至另一个 AMF。接收 AMF 应把 K'_{AMF} 作为其 K_{AMF}。AMF 应推衍保护 NAS 的密钥 K_{NASint} 和 K_{NASenc}。

AMF 应从 K_{AMF} 推衍接入网密钥：

（1）AMF 应推衍 K_{gNB} 并将其发送至 gNB。

（2）AMF 应生成 NH 并将其与相应的 NCC 值一起发送至 gNB。AMF 还可以将 NH 密钥与相应的 NCC 值一起传送至另一个 AMF。

当 AMF 从 SEAF 接收到 K_{AMF} 或从另一个 AMF 接收到 K'_{AMF} 时，AMF 应生成 K_{N3IWF} 并将其发送至 N3IWF。

NG-RAN 的密钥：NG-RAN（即 gNB 或 ng-eNB）从 AMF 接收 K_{gNB} 和 NH。ng-eNB 应把 K_{gNB} 作为 K_{eNB}。NG-RAN（即 gNB 或 ng-eNB）应从 K_{gNB} 和/或 NH 推衍所有其他 AS 密钥。

N3IWF 的密钥：N3IWF 从 AMF 接收 K_{N3IWF}。在不可信的非 3GPP 接入流程中，N3IWF 应把 K_{N3IWF} 作为 UE 和 N3IWF 之间 IKEv2 的密钥 MSK。

网络节点的 5G 密钥分发和密钥推衍方案如图 4-4 所示。

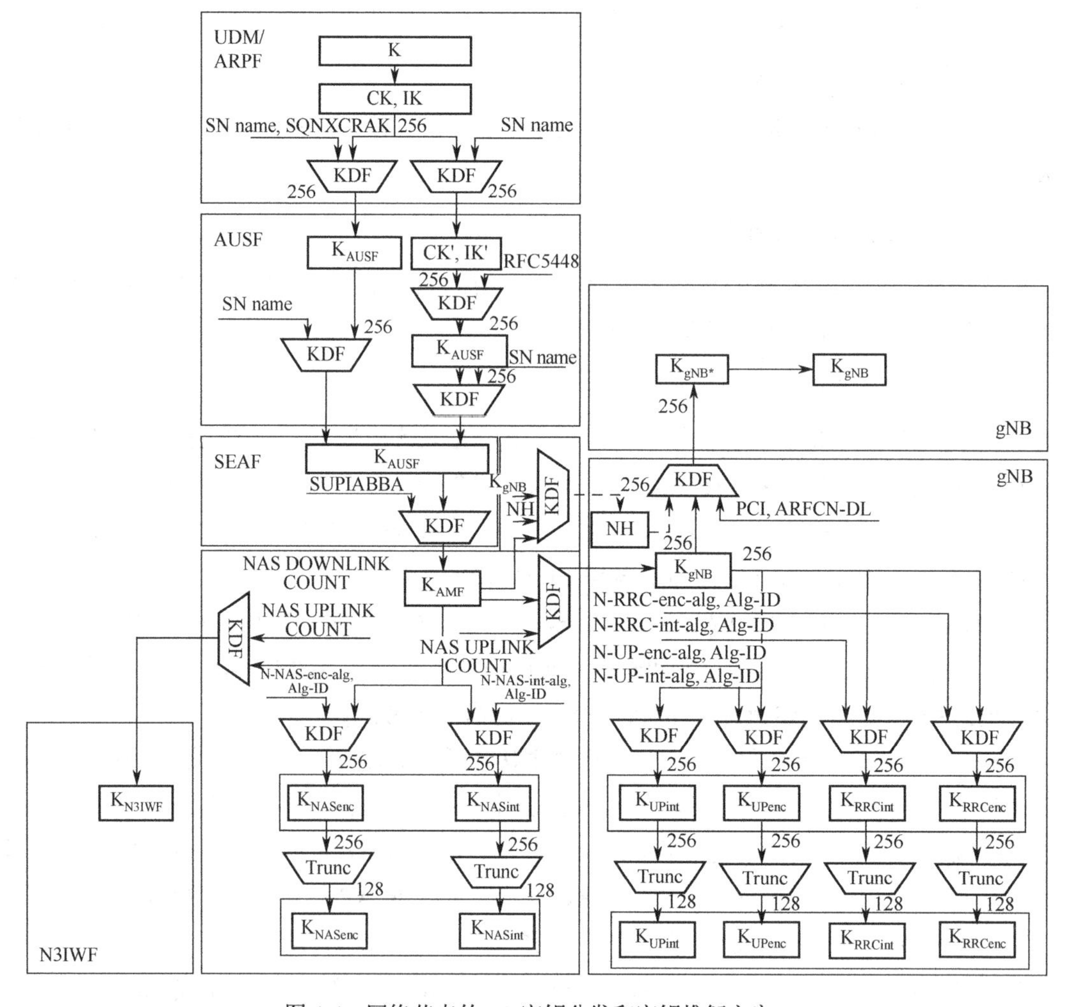

图 4-4　网络节点的 5G 密钥分发和密钥推衍方案

2）UE 中的密钥

对应网络实体中的每个密钥，UE 中都应有相应的密钥。UE 的 5G 密钥分配和密钥推衍方案如图 4-5 所示。

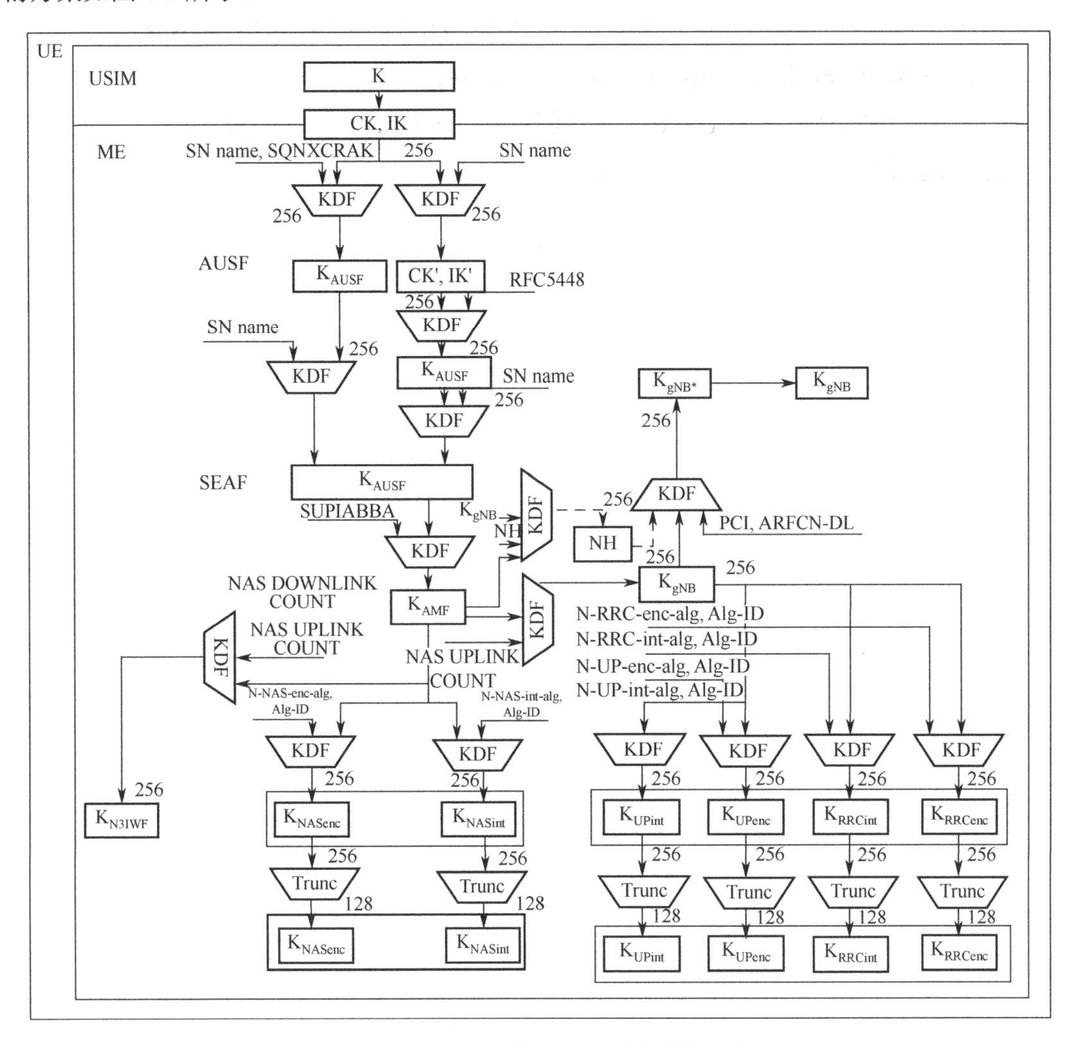

图 4-5　UE 的 5G 密钥分配和密钥推衍方案

USIM 的密钥：USIM 应存储与 ARPF 中相同的长期密钥 K。在认证和密钥协商过程中，USIM 应从 K 生成密钥材料，并将其传送至 ME。如果 USIM 由归属运营商提供，则 USIM 应存储用于隐藏 SUPI 的归属网络公钥。

ME 的密钥：ME 应从来自 USIM 的 CK、IK 导出 K_{AUSF}。不同的认证方法对此密钥有不同的推衍方法。使用 5G AKA 时，从 RES 推导 RES*应由 ME 执行。UE 可选保存 K_{AUSF}。如果 USIM 支持 5G 参数存储，则 K_{AUSF} 应存储在 USIM 中；否则，K_{AUSF} 应存储在 ME 的固定存储器中。ME 应从 K_{AUSF} 推衍 K_{SEAF}。如果 USIM 支持 5G 参数存储，则

K_{SEAF}应存储在 USIM 中；否则，K_{SEAF}应存储在 ME 的固定存储器中。

ME 应执行 K_{AMF} 的推衍：如果 USIM 支持 5G 参数存储，则 K_{AMF} 应存储在 USIM 中；否则，K_{AMF} 应存储在 ME 的固定存储器中。ME 应从 K_{AMF} 推衍所有其他后续密钥。如果出现以下情况，则应从 ME 中删除存储的任何 5G 安全上下文、K_{AUSF} 和 K_{SEAF}。

（1）USIM 在 ME 处于通电状态下从 ME 中移除。

（2）ME 上电，ME 发现 USIM 与用于创建 5G 安全上下文的 USIM 不同。

（3）ME 上电，ME 发现自己没有 USIM。

第 5 章 5G 无线接入网安全

无线接入是指固定用户全部或部分以无线的方式接入交换机，实际上是用无线通信技术替代传统的用户线缆的接入方式。无线接入终端接入位置不固定，相对于有线接入具有很大的灵活性，但同时也存在较大的安全隐患，如恶意终端接入、终端仿冒等。

5.1 5G 无线接入网

无线接入网（Radio Access Network，RAN）也就是通常所说的 RAN。简单地讲，就是把所有的手机终端都接入通信网络中的网络。例如，基站就属于无线接入网。

5.1.1 5G 基站

基站的功能：完成射频信号和基带信号的转换，并将基带信号进行扩频、调制、信道编码及解扩、解调、信号解码，将编解码后的数据通过传输接口送给基站控制器。

基站一般分为如下几个功能模块：主控、传输、基带、射频、天馈。基站的物理设备采用模块化结构设计，由功能模块［基带处理单元（Building Base band Unit，BBU）、射频模块］和配套机柜灵活组合，以适用于各种场景，从而满足客户快速、低成本建网需要。例如，分布式基站就是由 BBU 和 AAU（Active Antenna Unit）两部分功能模块组成的。下面分别介绍 BBU 和 AAU。

1. BBU

BBU 分为两种：盒式 BBU 和一体化 BBU。

盒式 BBU 的盒体中配置各种功能单板，实现主控、传输、电源、时钟、基带、监控等功能。

一体化 BBU 将主控、传输、电源、时钟、基带、监控等功能集成在一个模块中。

BBU 的槽位配置可以分为半宽模式和全宽模式。

半宽模式槽位配置信息图如图 5-1 所示。

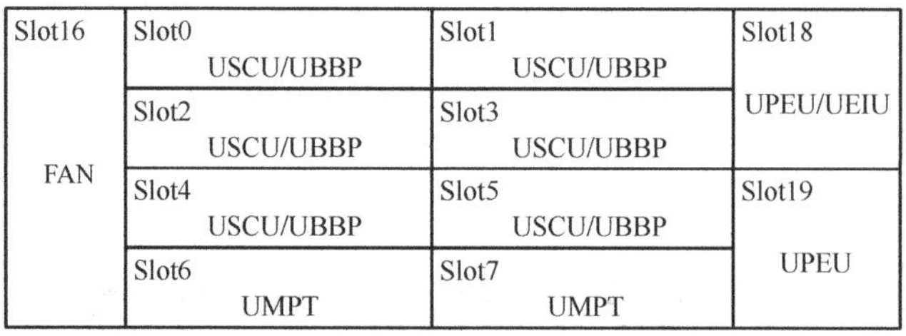

<table>
<tr><td rowspan="4">Slot16
FAN</td><td>Slot0
USCU/UBBP</td><td>Slot1
USCU/UBBP</td><td rowspan="2">Slot18
UPEU/UEIU</td></tr>
<tr><td>Slot2
USCU/UBBP</td><td>Slot3
USCU/UBBP</td></tr>
<tr><td>Slot4
USCU/UBBP</td><td>Slot5
USCU/UBBP</td><td rowspan="2">Slot19
UPEU</td></tr>
<tr><td>Slot6
UMPT</td><td>Slot7
UMPT</td></tr>
</table>

图 5-1　半宽模式槽位配置信息图

全宽模式槽位配置信息图如图 5-2 所示。

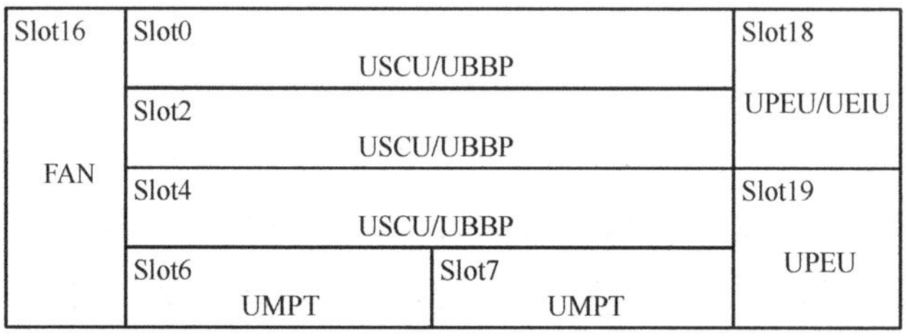

<table>
<tr><td rowspan="4">Slot16
FAN</td><td colspan="2">Slot0
USCU/UBBP</td><td rowspan="2">Slot18
UPEU/UEIU</td></tr>
<tr><td colspan="2">Slot2
USCU/UBBP</td></tr>
<tr><td colspan="2">Slot4
USCU/UBBP</td><td rowspan="2">Slot19
UPEU</td></tr>
<tr><td>Slot6
UMPT</td><td>Slot7
UMPT</td></tr>
</table>

图 5-2　全宽模式槽位配置信息图

BBU 单板包括主控传输板、基带处理板、星卡板、风扇模块、电源模块和环境监控单元。

2. AAU

1）AAU 概念

有源天线处理单元（Active Antenna Unit，AAU）是基站射频模块（RU）与天线（AU）的集成部件，是继 RFU、射频拉远单元（Remote Radio Unit，RRU）之后衍生的一种新的射频模块形态。AAU 的射频模块分为有源（简称“A”）和无源（简称“P”）。

2）AAU 功能

AAU 电调系统由天线信息管理模块（包括控制单元和电机）、传动机构及移相器组成。AAU 电调系统用于远程调整天线阵列的电下倾角。AAU 功能见表 5-1。

表 5-1　AAU 功能

功能模块	功能描述
AU	天线阵列，完成无线电波的发射与接收
RU	接收通道对射频信号进行下变频、放大处理、模数转换及数字中频处理。 发射通道完成下行信号滤波、数模转换、上变频处理、模拟信号放大处理

AAU 产品类型及特点见表 5-2。

表 5-2 AAU 产品类型及特点

类 型	特 点
多频段 AAU	支持多个频段与天线集成 可外接高频段和低频段无源模块
Easy Macro（敏捷建站）	体积小，安装灵活便捷，外形美观
多天线多通道 AAU	多输入多输出（Multiple-Input Multiple-Output，MIMO）AAU，容量性能增强

5.1.2 5G 无线接入组网

5G 网络的部署主要分成两大部分：无线接入网（Radio Access Network，RAN）的部署和 5G 核心网（5G Core，5GC）的部署。无线接入网为用户提供无线接入功能，主要由基站组成。5G 核心网则主要为用户提供互联网接入服务和相应的管理功能等。考虑到部署新的网络投资巨大且要分别部署这两部分，所以 3GPP 分别用独立组网（Standalone，SA）和非独立组网（Non-Standalone，NSA）这两种方式进行部署。另外，两者存在着一定的演进关系，即 SA 为 5G 的目标网络架构，而 NSA 可平滑演进至 SA。

1. 非独立组网（NSA）

非独立组网，简单地讲，NSA 就是利用 4G 核心网 EPC（Evolved Packet Core），以 4G 作为控制面的锚点，采用 LTE 与 5G 新空口（New Radio，NR）双连接的方式，利用现有的 LTE 网络部署 5G。下面介绍常用的相关术语。

（1）双连接：双连接指 UE（用户终端）在连接态下可同时使用至少两个不同基站的无线资源（分为主站和从站）。直观理解就是，手机能同时与 4G 和 5G 进行通信，能同时下载数据。

（2）控制面的锚点：双连接中负责控制面的基站就叫作控制面的锚点。

（3）分流控制点：用户的数据需要分到双连接的两条路径上独立传送，但是在哪里分流呢?这个分流的位置就叫作分流控制点。

（4）控制面：用来发送管理、调度资源所需的信令的通道，简单来说就是管理和调度等命令。

（5）用户面：发送用户具体的数据通道，简单来说就是用户具体的数据。

2. 独立组网（SA）

独立组网，gNB 直接与 5G 核心网通过 NG 接口对接，控制面和用户面业务独立运作，彻底摆脱对 LTE 的依赖，真正做到独立部署。

3. 5G SA 和 NSA 的区别

NSA——采用双连接方式，5G NR 控制面锚定于 4G LTE，并利用 4G 核心网 EPC。

SA——5G NR 直接接入 5G 核心网，它不再依赖 4G，是完整独立的 5G 网络。

对比以上架构，NSA 和 SA 主要存在三大区别。

（1）NSA 没有 5G 核心网，SA 有 5G 核心网，这是一个关键区别。

（2）在 NSA 下，5G 与 4G 在接入网级互通，互联复杂；在 SA 下，5G 网络独立于 4G 网络，5G 与 4G 仅在核心网级互通，互联简单。

（3）在 NSA 下，终端双连接 LTE 和 NR 两种无线接入技术；在 SA 下，终端仅连接 NR 一种无线接入技术。

4. SA 架构的优势与劣势

SA 架构的优势：

（1）一步到位引入 5G 基站和 5G 核心网，不依赖于现有 4G 网络；

（2）全新的 5G 基站和 5G 核心网，能够支持 5G 网络引入的所有新功能和新业务。

SA 架构的劣势：

要新建大量的基站和核心网，现阶段全面部署代价比较高。

5.2 5G 空口协议栈

5.2.1 空口协议栈概述

5G 的无线接口继承了 4G，从 5G 整体协议栈结构来看，5G 和 4G 的协议栈从根本上说没有太大的变化。

无线接口协议栈主要分为三层和两面，三层包括网络层（Layer3，L3）、数据链路层（Layer2，L2）和物理层（Layer1，L1），两面是指控制面和用户面。用户面协议栈是用户数据传输采用的协议族，控制面协议栈是系统的控制信令传输采用的协议族。

从控制面协议来看，5G 和 4G 两者的结构完全相同，如图 5-3 所示。

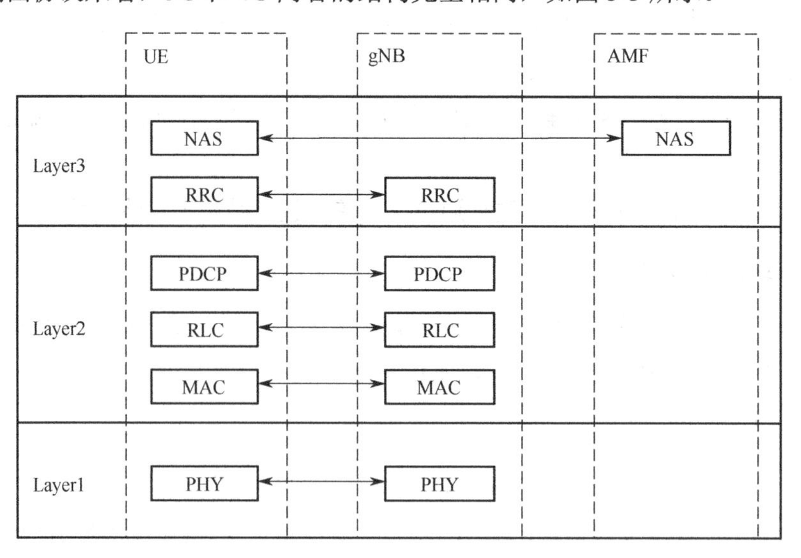

图 5-3　控制面协议结构

（1）NAS 层，英文全称为 Non-Access Stratum layer，即非接入层。

（2）RRC 层：英文全称为 Radio Resource Control layer，即无线资源控制层。

（3）PDCP 层：英文全称为 Packet Data Convergence Protocol layer，即分组数据汇聚协议层。

（4）RLC 层：英文全称为 Radio Link Control layer，即无线链路控制层。

（5）MAC 层：英文全称为 Medium Access Control layer，即介质访问控制层。

（6）PHY 层：英文全称为 Physical layer，即物理层。

从用户面协议来看，5G 除增加了一个新的业务数据适配协议（Service Data Application Protocol，SDAP）栈外，其他结构和 4G 完全相同，如图 5-4 所示。

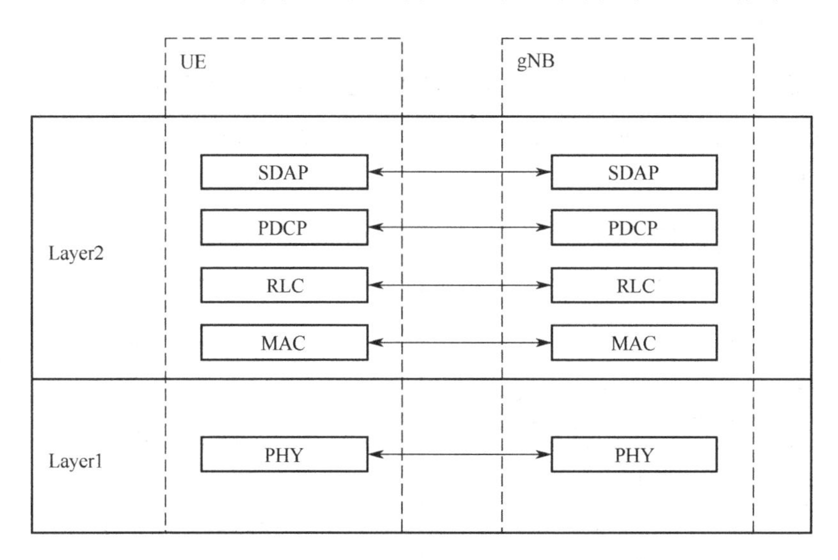

图 5-4　用户面协议结构

增加 SDAP 这一协议栈的目的：因为 5G 网络中无线侧依然沿用 4G 网络中无线承载的概念，但 5GC 为了更加精细化的业务实现，其基本的业务通道从 4G 时代的承载（Bearer）概念细化到以服务质量（Quality of Service，QoS）流为基本业务传输单位。那么数据无线承载（Data Radio Bearer，DRB）就需要与 5GC 中的 QoS 流进行映射，这便是 SDAP 协议栈的主要功能。

下面我们从高层到底层的顺序依次介绍每层的功能。

1. 网络层（L3）

网络层包含 NAS 层和 RRC 层。

1）NAS 层

NAS 层即非接入层，主要用于 UE 与 AMF 之间的连接和移动控制。虽然 AMF 从基站接收消息，但不是由基站始发的，基站只是透传 UE 发给 AMF 的消息，并不能识别或者更改这部分消息，所以被称为 NAS 消息。NAS 消息是 UE 和 AMF 的交互，如附着、承载建立、服务请求等移动性和连接流程消息。

2）RRC 层

RRC 层主要用来处理 UE 与 NR 之间的所有信令（用户和基站之间的消息），包括系统消息、准入控制、安全管理、小区重选、测量上报、切换和移动性、NAS 消息传输、无线资源管理等。

2. 数据链路层（L2）

数据链路层包括 SDAP 层、PDCP 层、RLC 层和 MAC 层。

1）SDAP 层

SDAP 层位于 PDCP 层之上，直接承载 IP 数据包，只用于用户面。负责 QoS 流与 DRB 之间的映射，为数据包添加服务质量流标识符（QoS Flow ID，QFI）。SDAP 层数据包承载如图 5-5 所示。

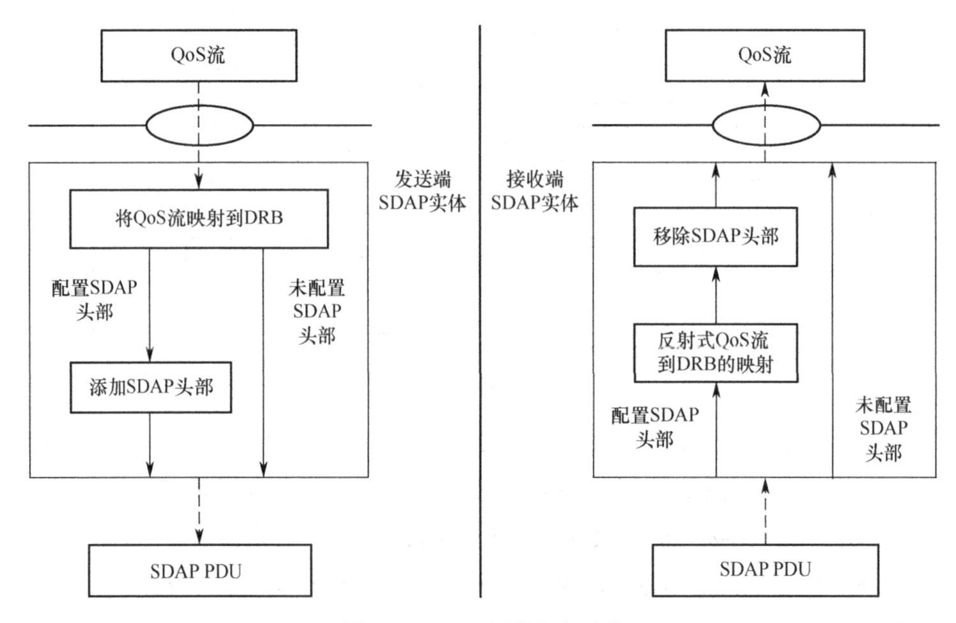

图 5-5　SDAP 层数据包承载

2）PDCP 层

5G 的 PDCP 层功能与 4G 类似，主要功能如下。

（1）用户面 IP 头压缩（压缩算法由手机和基站共同决定）。

（2）加密/解密（控制面/用户面）。

（3）控制面完整性校验（4G 只有控制面，5G 用户面可以选择性校验）。

（4）排序和复制检测。

（5）针对 NSA 下的 Option3X 架构，gNB 的 PDCP 进行分流，具有路由功能。

3）RLC 层

RLC 层位于 PDCP 层之下，分为透明模式（Transparent Mode，TM）实体、非确认模式（Unacknowledged Mode，UM）实体、确认模式（Acknowledged Mode，AM）实体，AM 数据收发公用一个实体，UM 和 TM 收发实体分开，主要功能如下。

（1）TM（广播消息）、UM（语音业务，有时延要求）、AM（普通业务，准确度高）。

（2）分段和重组（UM/AM，分段的数据包大小由 MAC 决定，无线环境好时数据包较大，无线环境差时数据包较小）。

（3）纠错（只针对 AM、ARQ，准确度高）。

4）MAC 层

5G 的 MAC 层功能与 4G 类似，主要功能包括：资源调度、逻辑信道和传输信道之间的映射、复用/解复用、混合自动重传请求（Hybrid Automatic Repeat Request，HARQ）、串联/分段（原 RLC 层功能）。

3. 物理层（L1）

物理层的主要功能是：错误检测、FEC 加密解密、速率匹配、物理信道的映射、调整和解调、频率同步和时间同步、无线测量、MIMO 处理、射频处理。5G 物理层基本流程和 4G 基本一致，但是在编码、调制、资源映射等具体过程中存在差异。物理层的主要功能如图 5-6 所示。

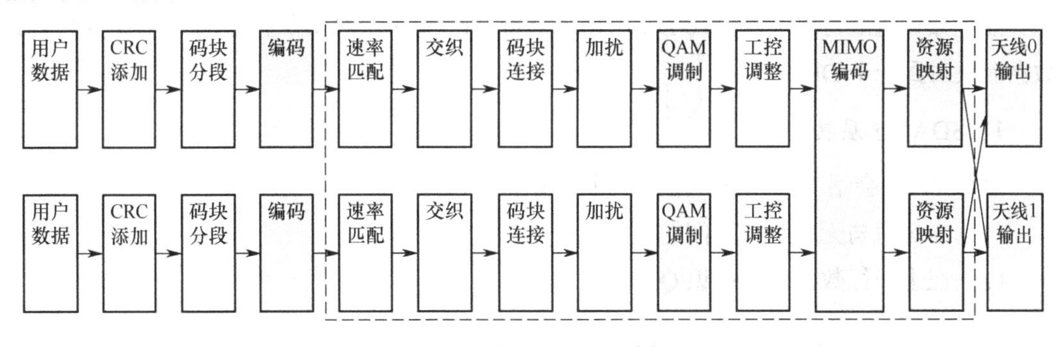

图 5-6　物理层的主要功能

5.2.2　协议栈各层功能详解

从控制面协议来看，5G 和 4G 的协议栈结构完全相同，从用户面协议来看，5G 除新增加一个 SDAP 协议层外，其他结构和 4G 完全相同。

1. 用户面协议栈

用户面协议栈主要用来传输用户数据，包含用户信令无线承载（Signaling Radio

Bearer，SRB）和真正业务 DRB 数据；针对 SRB 和 DRB，根据 QoS 诉求不同，映射了不同的协议栈。NR 相对 4G，用户面协议栈的变更如下。

（1）NR 新增了 SDAP 协议层，主要用于 RAN 灵活根据不同 QoS 映射不同 RN 承载策略，只存在于 DRB。

（2）应对 NR 大流量，RLC 层协议简化，取消 RLC AM 和 UM 的级联功能，保留了分段功能；重排序功能取消，上移 PDCP 层。

（3）MAC 层增加了 RLC 层。

用户面协议栈如图 5-7 所示。

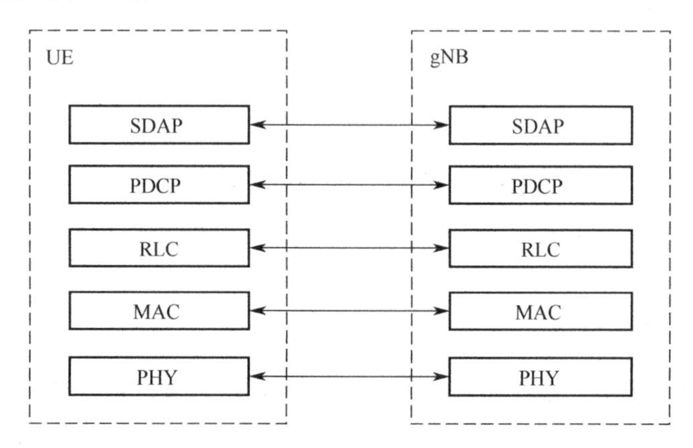

图 5-7　用户面协议栈

2. SDAP

业务数据适配协议（Service Data Adaptation Protocol，SDAP）用于将一个或多个 QoS 数据流映射到一个 DRB 上。

1）SDAP 子层功能

每个 PDU 会话（Session）对应一个 SDAP 实体。

（1）QoS 流与无线承载之间的映射。

（2）在上下行数据包中标识 QFI。

2）SDAP 与 PDCP 映射

SDAP 与 PDCP 映射关系如图 5-8 所示。

SDAP 子层是由 RRC 配置的，SDAP 子层主要进行 QoS 流到 DRB 之间的映射，一个或多个 QoS 流会被映射到一个 DRB 上。一个 QoS 流一次只能被映射到一个上行的 DRB 上。

3. PDCP

分组数据汇聚协议（Packet Data Convergence Protocol，PDCP），处理控制面上的无线资源控制（RRC）消息和用户面上的互联网协议（IP）包。

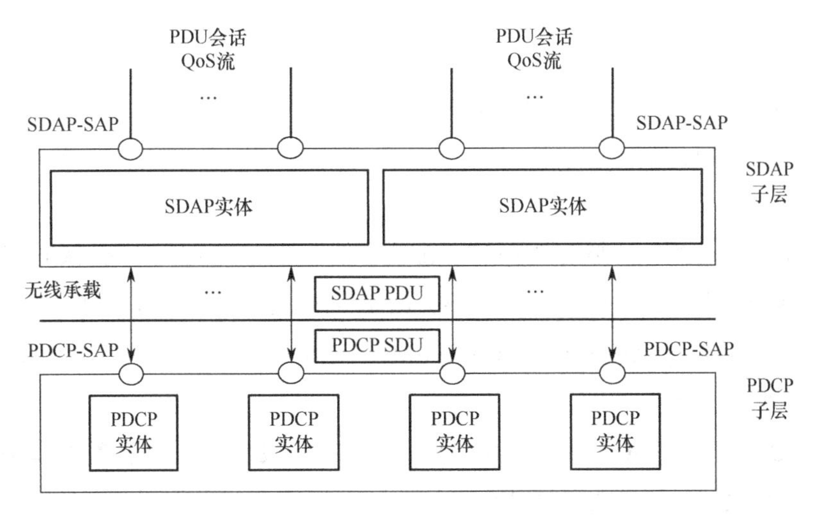

图 5-8　SDAP 与 PDCP 映射关系

SRB 没有语音通信的应用场景，所以不需要做头压缩。

SRB 涉及信令流程，必须做完整性保护，以防被篡改。DRB 完整性保护是可选的。

SRB0 是公共配置信息，不需要进行加解密，也没有 PDCP 实体。

1）PDCP 基础数据传输

PDCP 上行业务处理流程如图 5-9 所示。

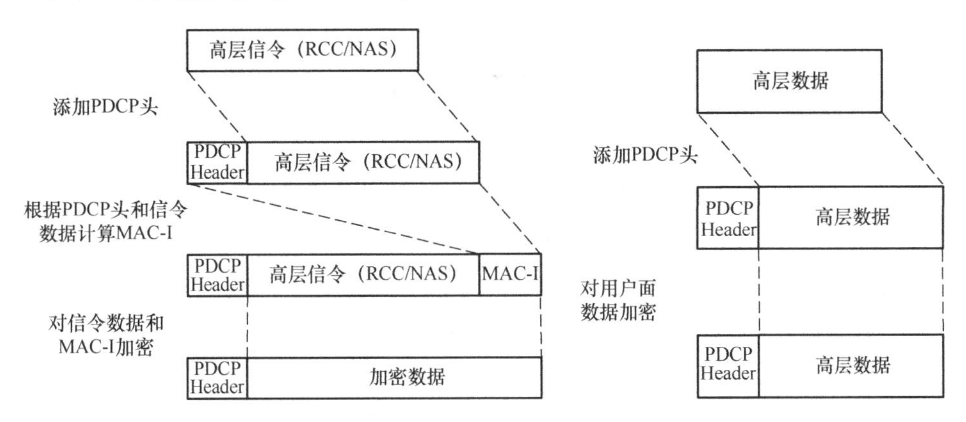

图 5-9　PDCP 上行业务处理流程

收到上层发来的 PDCP 业务数据单元（Service Data Unit，SDU）后，流程如下。

（1）添加 PDCP 头。

（2）头压缩（可选），SRB 不需要头压缩，头压缩处理的是冗余 IP 头。

（3）更新序列号（Serial Number，SN）、超帧号（Hyper Frame Number，HFN）和计数（COUNT）。

① 更新 SN：TX_NEXT+1，TX_NEXT 表示下一个要发送的 SN 号。

② 更新 HFN：HFN 表示溢出计数器，即超帧，如果 TX_NEXT 超出 SN 范围，则

HFN+1。

③ 更新 COUNT：COUNT = [HFN, SN]。

（4）完整性保护、加密。

完整性保护：

① SRB 涉及信令流程，必须做完整性保护，以防被篡改，DRB 完整性保护是可选的；

②在实际情况中，第一条 SRB1 是不会做完整性保护和加密的，严格地说，在基站发安全模式命令（Security Mode Command，SMC）之前的 SRB，因为不知道密钥，所以都做不了完整性保护和加密。

加密：PDCP 控制 PDU 不加密，SRB&DRB PDU 的加密范围包括数据和 MACI，SEC 模块加密后会将数据封装成消息发回给 PDCP。

2）PDCP 实现流程总结

PDCP 实现流程如图 5-10 所示。

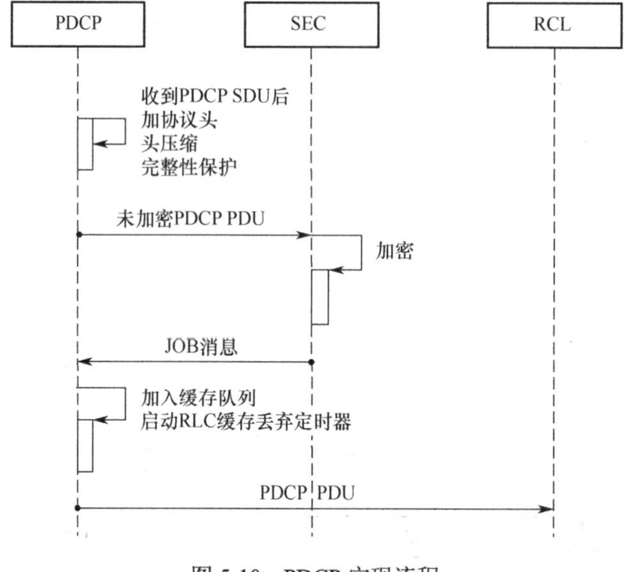

图 5-10　PDCP 实现流程

4. RLC

RLC 层功能由 RLC 实体实现，gNB 处有 RLC 实体，UE 处也会有对应的 RLC 实体，在侧行链路中也一样。RLC 实体与上层通过 RLC 通道交换 RLC SDU，处理完毕后将 RLC PDU 通过逻辑信道交换给 MAC 层。

1）RLC 模式区分

RLC 模式可以分为透明模式 TM、非确认模式 UM 和确认模式 AM，RLC 层功能如下。

（1）TM：传输上层 PDU，RLC 重建立。

（2）UM：传输上层 PDU，RLC 重建立，RLC SDU 分段/重组/丢弃。

（3）AM：传输上层 PDU，RLC 重建立，RLC SDU 分段/重组/丢弃，RLC 分段的重分段，探测包括重复检测、协议错误检测以及错误修复。

2）RLC 实体的处理

RLC 实体的建立：建立一个 RLC 实体，配置 RLC 实体的状态变量为初始值，传输数据重建立：丢弃所有 RLC 的 SDU、SDU 分段和 PDU，停止并重置计时器，重置 RLC 状态变量为初始值

释放：丢弃所有 RLC 的 SDU、SDU 分段和 PDU，释放 RLC 实体。

5. MAC

MAC 层由 RRC 层配置参数，UE 处的 MAC 实体处理广播信道（Broadcast Channel，BCH）、寻呼信道（Paging Channel，PCH）和下行共享信道（Downlink Shared Channel，DL-SCH），以及随机接入信道（Random Access Channel，RACH）和上行共享信道（Uplink Shared Channel，UL-SCH）。

与 PDCP 类似，对于 UE，如果配置了主小区组和辅小区组，则对应 PDCP 的分离承载（Split Bearer）配置场景；如果配置了双活协议切换，则对应双活协议承载，以上两种情况都会配置两个 MAC 实体。注意，这里强调的是 UE 处的 MAC 实体，不同的实体，操作独立，计时器和参数独立配置，除非有特殊要求。

而 MAC 实体配置了辅小区组，则一个 MAC 实体会配置多条 DL-SCH、UL-SCH 和 RACH。辅小区必备一条 DL-SCH，其余至多配置一条。

6. 控制面协议栈

控制面协议栈如图 5-11 所示。

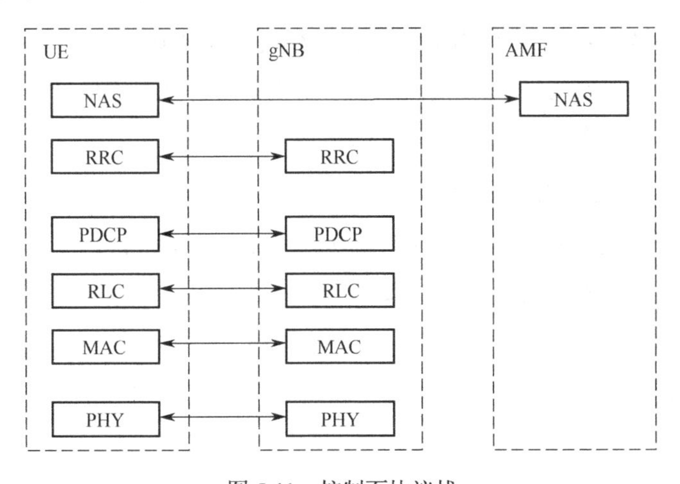

图 5-11　控制面协议栈

其中 NAS 层是非接入层，UE 和核心网之间的一个功能，非接入层支持核心网和 UE 之间业务和信令消息的传输。RRC 层：无线资源控制层，对无线资源进行配置并发送有关信令。

5.3 5G 无线接入网安全挑战与需求

5G 基站设备是无线通信网络中的一部分，存在于 UE 和核心网之间，实现无线接入技术。5G 基站设备的安全威胁，主要有四个方面：一是构成 gNB 的硬件、软件及网络基础设备面临的安全威胁；二是基站空口面临的安全威胁；三是基站对核心网接口可能造成的安全威胁；四是基站对网管接口可能造成的安全威胁。

1. 基础设备面临的安全威胁

基站的基础设备包括部署环境、硬件设备以及基站内部的软件版本、数据、文件等。对于部署环境和硬件，其面临的安全威胁是损坏设备周围环境，如温度、烟雾等，或者直接破坏设备的硬件。对于基站内的软件，其面临的安全威胁是非授权登录基站或普通账号登录基站后执行非授权的访问，从而破坏基站的数据、文件等，导致基站功能不可用。

2. 空口面临的安全威胁

空口是指用户终端和基站设备间的空中无线信号传播。空口的安全威胁主要表现为三个方面。

（1）信息泄露：在基站发射信号的覆盖区域，非法用户也能接收，并通过侦听、嗅探、暴力破解等手段获取基站的转发数据，造成信息泄露。

（2）数据欺骗：如伪造虚假的基站发射无线信号，骗取合法用户接入，然后盗取用户数据或实施欺诈。

（3）拒绝服务攻击：攻击者利用大量恶意终端在短时间内接入基站，向无线通信接口发送大量请求，造成基站/核心网受损；或者攻击设备发射强干扰信号，破坏正常用户和基站的无线连接，从而造成正常基站的业务中断。

3. 核心网接口面临的安全威胁

核心网接口包括基站与核心网、基站与基站间的用户面数据和信令面数据接口，通过以太网传输。因此也会面临与一般 IP 网络相同的安全威胁，包括不安全的网络传输协议引起的数据泄露，针对网络可用性的攻击［如拒绝服务（Denial of Service，DoS）攻击、广播包攻击，缓冲区溢出等造成基站不能提供正常服务］，以及对传输数据篡改破坏数据完整性。

4. 网管接口面临的安全威胁

网管接口是后台网管设备与前台基站的管理面数据接口，也是通过以太网传输的。网管接口的安全威胁首先是网络传输协议。第一个威胁是一些不安全的网络传输协议，如 Telnet、文件传输协议（File Transfer Protocol，FTP）、超文本传输协议（HTTP）、简单网络管理协议（Simple Network Management Protocol，SNMP）v1/v2 等不进行加密处理，很容易受到嗅探攻击，导致数据泄露；第二个威胁是账号和密码管理的健壮性，如果密码较弱，就很容易受到字典攻击或暴力破解，基站被非法登录攻击；第三个威胁是权限控制管理，如果账号的分级权限控制不好，也会造成非授权用户或授权用户的非授权访问，破坏数据的机密性和完整性；第四个威胁就是会话管理控制，如果缺乏最大会话连接数限制，就容易遭受 DoS 攻击，导致系统资源耗尽等。

5G 网络支持多种接入技术，如 WLAN、LTE、固定网络、5G 新无线接入技术，不同的接入技术有不同的安全需求和接入认证机制。并且，一个用户可能持有多个终端，而一个终端可能同时支持多种接入方式，同一个终端在不同接入方式之间进行切换或用户在使用不同终端进行同一个业务时，要求能进行快速认证以保持业务的延续性，从而获得更好的用户体验。因此，5G 网络需要构建一个统一的认证框架来融合不同的接入认证方式，并优化现有的安全认证协议（如安全上下文的传输、密钥更新管理等），以提高终端在异构网络间进行切换时的安全认证效率，同时还能确保同一业务在更换终端或更换接入方式时连续的业务安全保护。

在 5G 应用场景中，有些终端设备能力强，可能配有 SIM（用户身份识别模块）/USIM（通用用户身份模块）卡，并具有一定的计算和存储能力，有些终端设备没有 SIM/USIM 卡，其身份标识可能是 IP 地址、MAC（介质访问控制）地址、数字证书等；而有些能力低的终端设备，甚至没有特定的硬件来安全存储身份标识及认证凭证，因此，5G 网络需要构建一个融合的统一的身份管理系统，并能支持不同的认证方式、不同的身份标识及认证凭证。有些特征使得传统的空口安全机制并不适合未来的 5G 空口安全。

具体地讲，5G 网络在空口方面存在下列安全需求。

（1）5G 网络呈现多种无线网络技术体制并存、多种安全机制并存等特点，导致多种模式的快速接入认证、无缝的漫游切换等安全保障困难。

（2）5G 网络边缘的超高密度节点部署，海量的物联网终端设备需要并发接入 5G 网络里，同时这些终端之间也要进行通信，需要设计海量设备标识与密钥管理、高并发接入认证、海量机器类通信（mMTC）的安全机制等。

（3）为了减轻接入网络的压力，5G 引入了设备之间直接通信，即设备到设备通信，终端设备不需要基站的转发直接进行通信，某些边缘网络无法直接使用现有的安全技术。此外，为了扩大网络的覆盖面积，移动接入设备可以临时升级成为小基站，但这种设备角色切换，在安全层级上使得设备具有更高权限，而其他接入设备则需要通过该设备传递信息，由此可能引发信息泄露以及安全管理问题。5G 网络中对于双重身份设备的安全管理问题需要进一步研究。

（4）4G 网络通常只对在通信链路上手机和基站之间空口的无线通信数据提供加密保护，这使得这些数据在传输过程中很容易受到攻击。而且，加密功能的启用或关闭仅由运营商决定，对用户往往是透明的。这些措施并不能有效保证通信的安全，无法满足一些对安全性要求较高的应用需求，需要设计新型的能够保证端到端通信安全的方法。如何实现异构多域环境下端到端的统一认证以及建立跨域的端到端安全机制将是空口安全的一个研究重点。

（5）业务对低能耗、高并发处理的要求，对边缘网络中的轻量级密码算法和接入传输、服务提供网络中高并发的密码算法实现机制提出了严峻的挑战。

新型的 5G 端到端网络架构的特点需要我们设计新型的 5G 空口安全体系。在此基础上，根据 5G 网络高并发、高动态、能量高效的具体需求，需要设计空口相关的接入认证、漫游切换、密钥管理以及密码算法等机制，这些机制需能够兼容 4G 以前的空口安全相关技术，并适应多网、多融合的特征。

5.4 5G 无线接入网安全技术

5.4.1 适合 5G 的身份认证技术

首先，5G 中将支持多种网络技术并提供统一的接入平台。通过提供应用程序编程接口 API，实现用户通信的完全无缝连接服务。在这种情况下，用户的通信过程将可能会涉及多种网络通信技术领域，以及多种通信安全领域。不同的接入技术所采用的安全机制不同，且具有安全性较弱以及容易暴露用户隐私的缺点，为了解决这一问题，提出适合于异构无线网络的安全、高效和低开销的统一跨平台身份认证机制，保证多种无线网络互联互通。其次，针对业务应用的安全等级不同，研究基于生物特征、信道特征等方式的多元化安全认证方法，保证 5G 网络可全面、细粒度地为业务应用提供支撑。最后，针对海量终端设备同时接入场景，设计海量设备同时高并发的接入认证方法，以及相关的海量设备标识与密钥管理机制。

5G 网络支持多种接入技术（如 4G 接入、WLAN 接入和 5G 接入），由于目前不同的接入网络使用不同的接入认证技术，并且，为了更好地支持物联网设备接入 5G 网络，3GPP 还将允许垂直行业的设备和网络使用其特有的接入技术。为了使用户可以在不同接入网间实现无缝切换，5G 网络将采用一种统一的认证框架，灵活且高效地支持各种应用场景下的双向身份鉴权，进而建立统一的密钥体系。EAP（可扩展认证协议）认证框架是能满足 5G 统一认证需求的备选方案之一。它是一个能封装各种认证协议的统一框架，框

架本身并不提供安全功能，认证期望取得的安全目标，由所封装的认证协议来实现，它支持多种认证协议，如 EAP-PSK（预共享密钥）、EAP-TLS（传输层安全）、EAP-AKA（鉴权和密钥协商）等。在 3GPP 目前所定义的 5G 网络架构中，认证服务器功能/认证凭证库和处理功能（AUSF/ARPF）网元可完成传统 EAP 框架下的认证服务器功能，接入和移动管理功能（AMF）网元可完成接入控制和移动性管理功能，5G 统一认证框架示意图如图 5-12 所示。

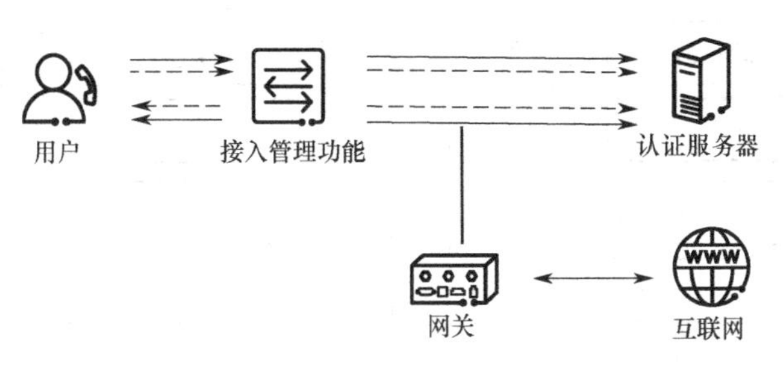

图 5-12　5G 统一认证框架示意图

在 5G 统一认证框架中，各种接入方式均可在 EAP 框架下接入 5G 核心网：用户通过 WLAN 接入时可使用 EAP-AKA'认证，有线接入时可采用 IEEE 802.1x 认证，5G 新空口接入时可使用 EAP-AKA、EAP-AKA'和 5G AKA 的认证流程。不同的接入网使用在逻辑功能上统一的 AMF 和 AUSF/ARPF 提供认证服务，基于此，用户在不同接入网间进行无缝切换成为可能。5G 网络的安全架构明显有别于以前移动网络的安全架构。统一认证框架的引入不仅能降低运营商的投资和运营成本，也为将来 5G 网络提供新业务时对用户的认证打下坚实的基础。

5.4.2　空口加密

空口加密是指发送方和接收方通过 RRC 消息协商出某一加密算法，发送方使用协商的加密算法对消息进行加密，然后将加密后的消息发送给接收方，接收方使用协商的加密算法对加密的消息进行解密。

gNB 在 PDCP 层对消息进行加密，加密在 PDCP 实体中的位置如图 5-13 所示。

空口加密特性可以防止 gNB 和 UE 间的数据被非法拦截或泄露，gNB 可配置如下两个参数以决定其支持的加密算法和优先级，配置的加密算法和优先级对 gNB 上所有小区有效。

使用空口加密特性时，要求 gNB 和 UE 支持的加密算法相同。加密算法名称和 3GPP 协议中的加密算法编号映射关系见表 4-3。根据 3GPP TS 33.501 V15.1.0 中的 5.3.2 节用户数据和信令数据保密性（User data and signalling data confidentiality）的定义，对于信令面和用户面数据，gNB 和 UE 需支持 NEA0、NEA1、NEA2 和 NEA3 算法。

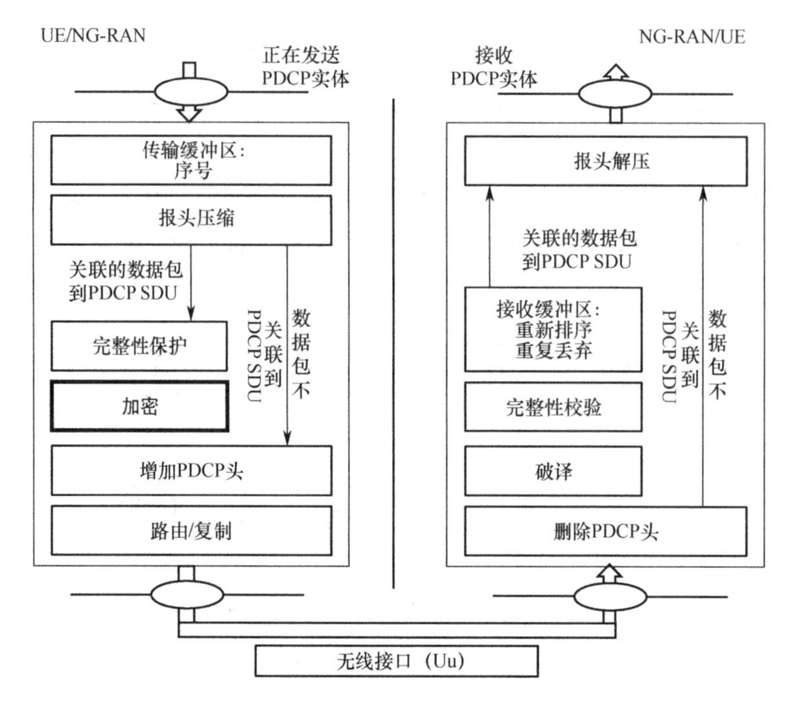

图 5-13　加密在 PDCP 实体中的位置

5.4.3　完整性保护

完整性保护是指发送方和接收方通过 RRC 消息协商出某一完整性保护算法，发送方使用协商的完整性保护算法基于消息计算出该消息的完整性消息认证码（Message Authentication Code For Integrity，MAC-I），然后将消息和该消息的认证码 MAC-I 一起发送给接收方，接收方使用协商的完整性保护算法基于接收的消息计算出该完整性消息验证码（Computed MAC-I，X-MAC），并比较认证码 MAC-I 和验证码 X-MAC：

（1）如果两个验证码不一致，则接收方确认此消息被篡改；

（2）如果两个验证码一致，则接收方确认此消息没有被篡改，通过完整性验证。

完整性保护在 PDCP 实体中的位置如图 5-14 所示。

完整性保护功能使得接收方（UE 或 gNB）能够检测消息是否被篡改，除 3GPP TS 38.331 中明确列出不用作完整性保护的 RRC 信令外，所有 RRC 信令都需要做完整性保护。gNB 可配置如下两个参数以决定其支持的完整性保护算法和优先级，配置的完整性保护算法和优先级对 gNB 上所有小区有效。

使用完整性保护功能时，要求 gNB 和 UE 支持的完整性保护算法相同。根据 3GPP TS 33.501 V15.1.0 中的 5.3.3 节用户数据和信令数据完整性的定义，对于信令面和用户面数据，gNB 和 UE 需支持 NIA1、NIA2 和 NIA3 算法。

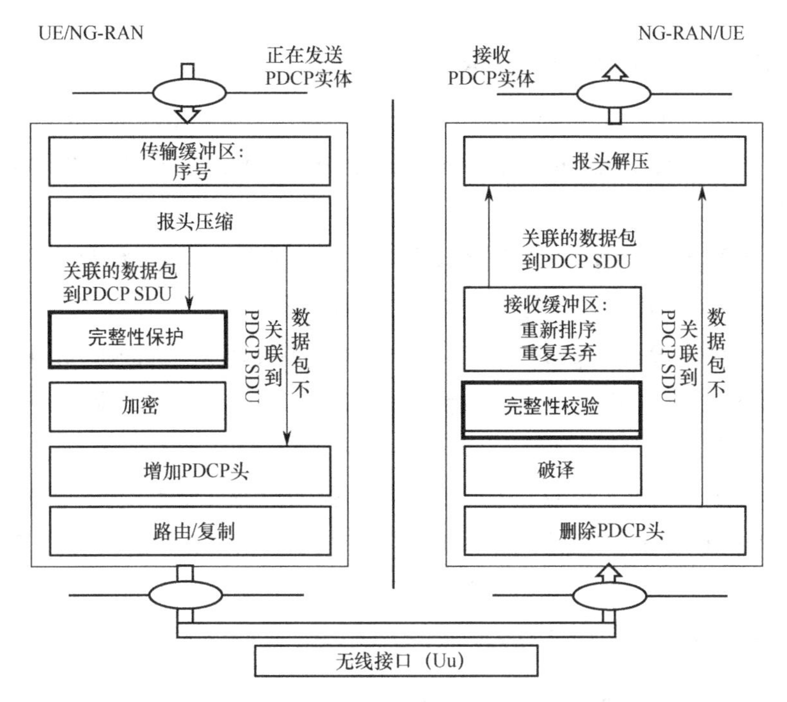

图 5-14 完整性保护在 PDCP 实体中的位置

5.4.4 空口分布式拒绝服务攻击防御

分布式拒绝服务（Distributed Denial of Service，DDoS）攻击是一种恶意攻击，是指多个安全遭受危害的系统对单个目标系统进行攻击，大量的信息流到目标系统中，占用目标系统的资源，导致目标系统因超负荷而拒绝为其他用户提供服务。空口 DDoS 攻击防御功能通过识别空口异常用户并进行隔离，以减轻空口 DDoS 攻击对目标系统造成的危害。NSA 下的空口 DDoS 攻击防御功能由 eNB 实现。SA 下的空口 DDoS 攻击防御功能由 gNB 实现，通过如下方式识别空口异常用户并进行隔离。

1. 用户随机接入时的空口 DDoS 攻击防御

gNB 统计一定周期内同一用户发送的 RRC 建立请求消息次数，或 RRC 重建请求消息次数，或 RRC 恢复请求消息次数。

如果消息统计次数大于对应消息的预定门限，则丢弃该消息，判定该用户存在空口 DoS 攻击行为，拒绝该用户接入系统，并在后续一定时间内拒绝该用户接入系统。

如果消息统计次数小于或等于对应消息的预定门限，则判定该用户不存在空口 DoS 攻击行为，允许该用户接入系统。

gNB 按小区统计一定周期内接收到的非法前导码数量，如果超过预定门限，则判定该小区存在 PRACH DoS 攻击行为，并记录安全日志。

2. 用户进入连接态后的空口 DDoS 攻击防御

用户成功接入 gNB 后，gNB 统计 10 s 内收到该用户在 SRB1 和 SRB2 发送的信令消息数量，如果超过参数 gNBAirIntfSecParam.AirIntfSigProtectThld 设置的门限值，则 gNB 将强制释放该用户。

用户成功接入 gNB 后，gNB 统计该用户的各协议层畸形报文数量，如果任意一层超过预定门限，则判定该用户存在畸形报文攻击行为，并记录安全日志。

用户成功接入 gNB 后，gNB 检测该用户的异常调度请求（Scheduling Request，SR）和异常缓存状态报告（Buffer Status Report，BSR）行为。当发生任意一种异常行为时，gNB 记录安全日志。

异常 SR 指的是 gNB 检测到上行连续误块率（Block Error Rate，BLER）较高的行为。异常 BSR 指的是 gNB 检测到上行帧填充字节比例较高的行为；或者 UE 上报了有控制信道数据的 BSR，但实际数传中没有控制信道数据，当前者与后者之间的比值超过预定门限时，也会被识别为异常 BSR 行为。

5.4.5 分组数据汇聚协议计数检查

分组数据汇聚协议计数作为空口加密和完整性保护密钥的源数据，其值不一致会直接影响 UE 与基站之间计算密钥的一致性，从而影响空口加密/解密计算。当用户面未开启完整性保护时，用户面数据可能会遭受恶意攻击而导致丢包等安全风险。为此，3GPP 协议针对 NSA（EN-DC）和 SA 分别定义了分组数据汇聚协议计数检查功能，要求基站主动向 UE 发起用户面分组数据汇聚协议计数值的核对。该功能由开关参数 gNBAirIntfSecParam.CounterCheckSwitch 控制。SgNB 发起分组数据汇聚协议计数检查的过程如图 5-15 所示。

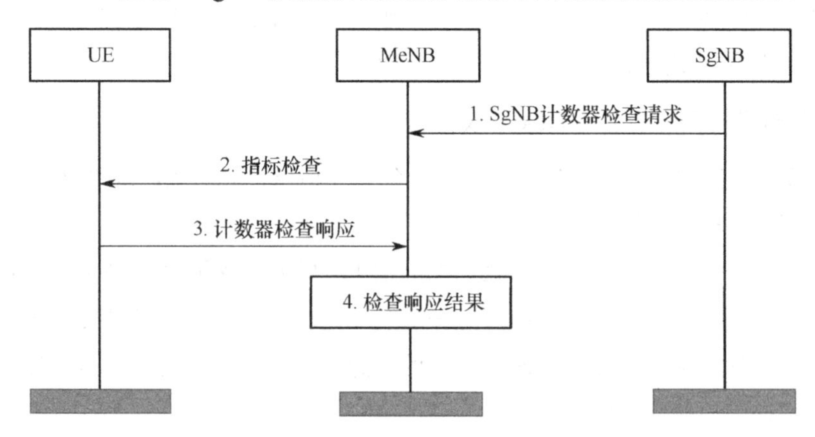

图 5-15 SgNB 发起分组数据汇聚协议计数检查的过程

（1）SgNB 向 MeNB 发起 Counter Check 请求，通过 SgNB Counter Check Request 消息将数据无线承载（Data Radio Bearer，DRB）标识和 PDCP Counter 值发送给 MeNB。

（2）MeNB 向 UE 发起 Counter Check 请求，通过 Counter Check 消息将 DRB 标识和 PDCP Counter 值发送给 UE。

（3）UE 收到 MeNB 的请求，核对 PDCP Counter 值的一致性。

① 若一致，则 UE 返回 Counter Check Response 消息给 MeNB，消息不包含 DRB 标识和 PDCP Counter 值。

② 若不一致，则 UE 通过 Counter Check Response 消息将 DRB 标识和不一致的 PDCP Counter 值返回给 MeNB。

（4）MeNB 收到 UE 的响应，检查响应结果。

① 若 MeNB 接收到不包含 DRB 标识和 PDCP Counter 值的 Counter Check Response 消息，则流程结束。

② 若 MeNB 接收到包含 DRB 标识和不一致的 PDCP Counter 值的 Counter Check Response 消息，则继续执行下一步。

③ 若 UE 返回的 DRB 标识在 MeNB 侧不存在，那么 MeNB 忽略，下次再核对。

④ 若 UE 返回的 DRB 标识在 MeNB 侧存在，则根据 MeNB 的开关参数 CounterCheckPara.CounterCheckUserRelSwitch 配置的参数值来决定是否释放对应的 DRB。因此在 NSA 下，参数 gNBAirIntfSecParam.CounterCheckSwitch 配置为“ENABLE_NOT_ RELEASE”和“ENABLE_RELEASE_DRB”均能开启 PDCP Counter Check 功能。

第 6 章 5G 传输网络安全

网络安全总体上可以归纳为保障数据、信息传输过程中的机密性和完整性。然而在5G 网络中，由于不同行业基于应用场景的需求不同，所以对 5G 网络传输过程提出了不同的安全要求，如传输通道的隔离、传输资源的带宽保障、低时延保障等。

6.1 5G 传输技术

分组传送网（Packet Transport Network，PTN）作为 5G 网络的基础资源，必须满足5G 最主要的三个特点：1 Gbps 的用户体验速率（eMBB）、毫秒级的时延（uRLLC）、百万级/km^2 的终端接入（mMTC），在此挑战下，Flex 技术应运而生。在此之前，承载网（传输网）主要融合了多业务传送平台（Multi-Service Transport Platform，MSTP）、PTN、IP 化无线接入网（IP Radio Access Network，IPRAN）等多种传输技术保证各式各样业务数据的回传，发展至现阶段主要以 Flex 技术为主流，组成灵活以太网，满足 5G 网络海量带宽的应用以及相关业务的完全隔离。

6.1.1 承载网基础介绍

回顾以太网的发展历程，第一代以太网 Native Ethernet 诞生于 1980 年，其原型是针对局域网环境设计的企业级技术，广泛应用于园区、企业以及数据中心的互联。为了将其应用于面向公众用户的运营商，引入了传送网的多协议标签交换（Multi-Protocol Label Switching，MPLS）等技术，运行管理和维护（Operation，Administration and Maintenance，OAM）能力及可靠性保障能力，第二代以太网 Carrier Ethernet 从 2000 年开始发展一直沿用到现在，主要面向运营商网络，广泛应用于电信级城域网、3G/4G 移动承载网、专线接入等。随着 5G 时代的到来，云服务、AR/VR、车联网等新业务不断涌现，对接口带宽，接口速率提出了更高的要求。原本以 10 倍速率演进已经不能满足业务诉求了，需要更大的带宽、灵活可变的速率、更强的 QoS 能力。以太网技术进一步发展，第三代以太网称为灵活以太网（Flex Ethernet，FlexE）。以太网的发展历程如图 6-1 所示。

	原生以太网	电信以太网	灵活以太网
技术特点	➢基于IEEE 802.3/1的开放标准，支持广泛互联互通 ➢基于MAC/VLAN交换	➢基于IP/MPLS核心 ➢基于PWE3做多业务承载 ➢支持50ms电信级可靠性	➢以太网轻量级增强，支持Bonding大端口 ➢支持通道化技术，实现物理隔离和带宽保证 ➢在传统以太网技术上构建端到端链路
关键技术	变长封装、统计复用	OAM、保护倒换、时钟	时隙化接口，"L1LAG"等
典型场景	LAN、园区网	城域网、3G/4G承载、专线	5G分片、端口绑定、一网多用，专片专用
典型设备	交换机	PTN/路由器	SPN/路由器

图 6-1　以太网的发展历程

6.1.2　承载网相关技术

承载网中最主要的特点就是实现切片分离以及保证各业务切片安全，目前在承载网中主流的切片技术为：层次化 QoS（Hierarchical Quality of Service，HQoS）技术、信道化子接口技术、FlexE 技术。

1. HQoS 技术

HQoS 技术是一种通过多级队列调度机制，解决区分服务模型下多用户多业务带宽保证的技术。传统的 QoS 采用一级调度，单个端口只能区分业务优先级，无法区分用户。属于同一优先级的流量，使用同一个端口队列，不同用户的流量彼此之间竞争同一个队列资源，无法对端口上单个用户的单个流量进行区分服务。HQoS 技术采用多级调度的方式，可以精细区分不同用户和不同业务的流量，提供区分的带宽管理。

2. 信道化子接口技术

信道化子接口是指将一个大带宽物理以太网端口划分为子接口。不同接口承载不同类型的业务，接口之间的业务互相隔离、互不影响，接口内的业务各自遵循 HQoS 技术，从而实现带宽物理隔离。

3. FlexE 技术

FlexE 技术是基于时隙调度将一个物理以太网端口划分为多个以太网弹性硬管道的技术。该技术可以实现同一分片内业务统计复用，分片之间业务互不影响，同时可以将物理网络进行分片，形成多个逻辑网络，不同的切片业务承载于不同的逻辑网络之上，从而实现业务的硬隔离。

4. IPSec 技术

为保证相应切片业务安全，通常采用 IPSec 技术进行安全保障。IPSec 技术是一种开放标准的框架结构，通过使用加密的安全服务以确保在网际互联协议（Internet Protocol，IP）网络上进行保密而安全的通信技术。

IPSec 框架中定义了 2 种 SA，分别是网络密钥交换（Internet Key Exchange，IKE）协议 SA 和 IPSec SA。IKE SA 是经过 2 个 IKE 对等体协商建立的一种协定，IKE SA 中约定了 IKE 对等体之间使用的加密算法、认证算法、认证方法、伪随机函数（Pseudo-Random Function，PRF）算法以及 IKE SA 的生存周期等信息。

5. SRv6 技术

IP 路由技术采用基于第六版因特网协议（Internet Protocol version 6，IPv6）的段路由（Segment Routing IPv6，SRv6）技术。SRv6 是基于源路由理念而设计的在网络上转发 IPv6 数据包的一种协议。SRv6 通过在 IPv6 报文中插入一个段路由扩展头（Segment Routing Header，SRH），在 SRH 中压入一个显式的 IPv6 地址栈，并由中间节点不断地进行更新目的地址和偏移地址栈的操作来完成逐跳转发。

6.1.3 承载网组网架构

目前主流使用的承载网组网架构主要包括 5G IP RAN 组网以及 PTN 组网，用来实现 5G 网络的承载，满足 5G 三大业务特点：uRLLC（超高可靠低时延通信）、eMBB（增强型的移动宽带）和 mMTC（海量机器类通信）。

1. IPRAN 网络架构

IPRAN 方案为核心业务路由器（Service Router，SR）+汇聚、接入层增强型路由器方案，其中 IPRAN 设备主要定位于 IP 城域网，位于城域网的接入层、汇聚层。向上与 SR 相连，向下接入客户设备、基站设备。

IPRAN 网络架构主要由关键节点组成，如图 6-2 所示。

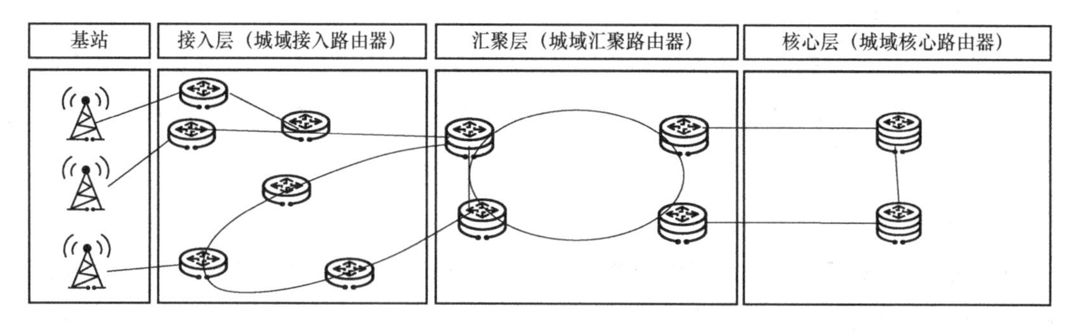

图 6-2 IPRAN 网络架构

MAR：接入路由器，组成接入网，可以采用环形、链形组网，提供时分复用（Time-

Division Multiplexing，TDM）、异步传输模式（Asynchronous Transfer Mode，ATM）和多种以太业务的接入。

MER：汇聚路由器，组成汇聚网，可以采用环形、链形组网，用于汇聚接入网网络流量。

MCR：核心路由器，可以采用口字形组网，用于汇聚 MER 网络流量。

IP 承载网：核心侧网关，和 AR 组成核心网，可以采用口字形组网，用于汇聚接入网网络流量。

IPRAN 方案的主要优势在于三层功能的完备和成熟，包括支持全面的 IPv4（IPv6）三层转发及路由功能；支持 MPLS 三层功能、三层 MPLS 虚拟专用网络（Virtual Private Network，VPN）功能和三层组播功能。IPRAN 在网管、OAM、同步和保护等方面融合了传统传输技术的一些元素，做了相应的改进，其组网方案见表 6-1。

表 6-1　IPRAN 组网方案

组 网 方 案	说　　明
E2E L3VPN	随着基站 IP 化，三层逐渐到边缘，采用 E2E L3VPN 方案： • 业务部署清晰，配置简单、运维成本低，对维护人员技能要求不高； • VPN 业务的可靠性、安全性较高，有完善的保护倒换机制和业务隔离能力
Mixed VPN （L2VPN+L3VPN）	接入侧采用 L2VPN、汇聚侧采用 L3VPN，从而可以实现故障相互隔离，网络健壮性强；具备大规模动态组网能力
Hierarchy VPN	采用分层的 L3VPN，实现故障相互隔离，网络健壮性强；对维护人员的技能要求低，可靠性和安全性较高

2. PTN 网络架构

由于传输网面临着 IP 化的全面挑战，而这也给承载网带来了新的要求，而传统的 MSTP 或同步数字体系（Synchronous Digital Hierarchy，SDH）技术，承载 IP 业务效率低，带宽独占，调度灵活度差，而 PTN 具有优秀的分组承载能力以及类似 SDH 的保护机制和维护手段，实现端到端整个承载网统一管理，从而奠定了 PTN 的统治时代。4G 时代是 PTN LTE 解决方案，而到了 5G 时代，PTN 解决方案则叫作切片分组网（Slicing Packet Network，SPN）。

PTN 是一种面向分组业务的传送网络和技术，它定位于城域网汇聚接入层，以分组交换为核心并提供多业务支持，既具备数据通信网组网灵活和统计复用传送的特性，又继承了传统光传送网面向连接、快速保护、OAM 能力强等优点。

整个 SPN 网络架构分为三部分：网管系统、主设备，以及网管到主设备之间的数据通信网和控制网。网管系统分为四个模块，主设备分为三层（核心层、汇聚层和接入层），其中核心层（IP 承载网部分）采用口字形全互联模式组网，汇聚层、接入层采用环形组网。SPN 网络架构如图 6-3 所示。

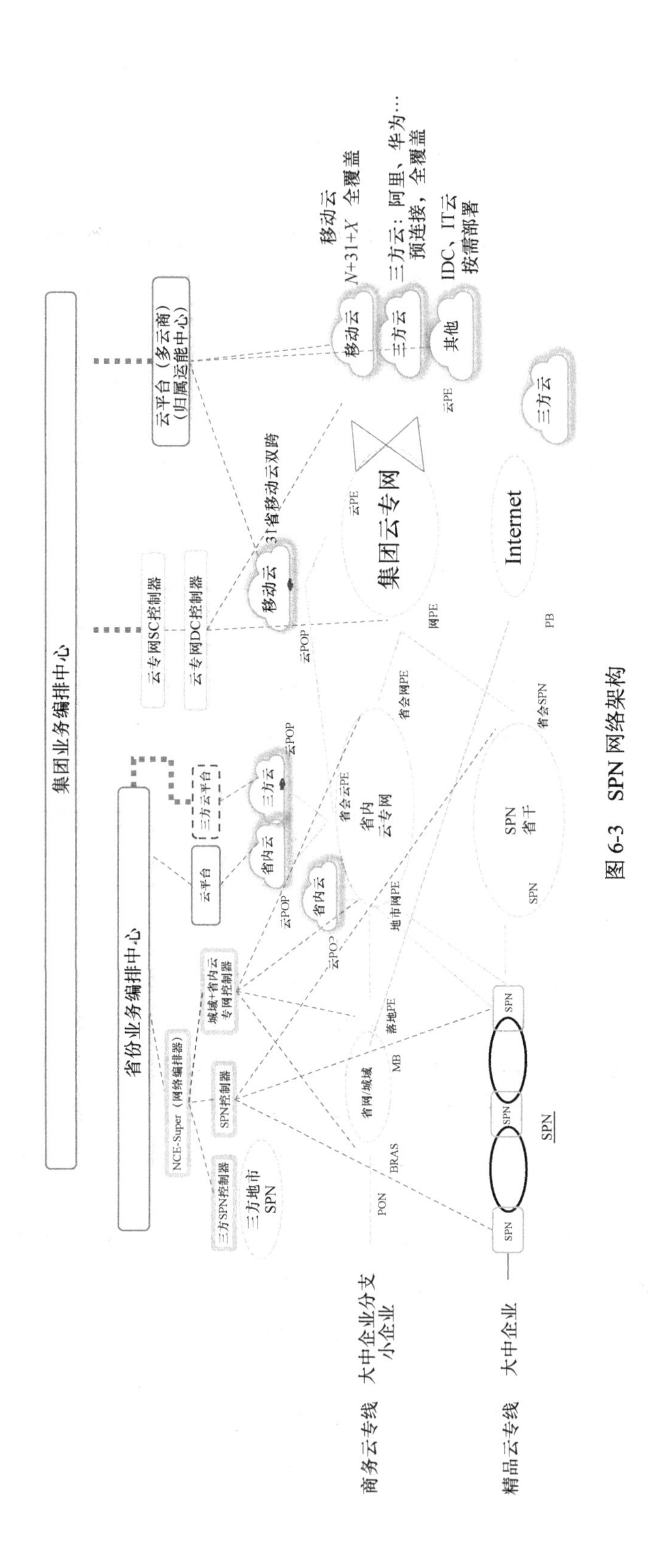
集团业务编排中心
省份业务编排中心
云平台（多云商）
（归属运能中心）
云专网SC控制器
云专网DC控制器
移动云
31省移动云双跨
移动云
N+31+X 全覆盖
三方云
三方云：阿里、华为…
预连接，全覆盖
其他
IDC、IT云
按需部署
云PE
集团云专网
Internet
三方云
网PE
PB
云POP
省会网PE
省会SPN
三方云平台
云平台
省内云
省会云PE
省内
云专网
SPN
省干
SPN
地市网PE
云POP
城域+省内云
专网控制器
NCE-Super（网络编排器）
SPN控制器
三方SPN控制器
三方地市
SPN
省网/城域
落地PE
MB
BRAS
PON
SPN
商务云专线
大中企业分支
小企业
精品云专线
大中企业

图 6-3　SPN 网络架构

SPN 组网方案目前多数采用 L3 到接入方案，L3 到接入方案顾名思义，就是从接入层到核心层都部署 L3VPN 方案。

从 SPN 业务承载方案上来看，基础部署采用中间系统到中间系统（Intermediate System to Intermediate System，ISIS），而承载在我们 PTN 设备上的业务部署采用 L3VPN，隧道采用安全实时传输协议和段路由尽力转发（Segment Routing-Best Effort，SR-BE）；段路由配置转发（Segment Routing-Transport Profile，SR-TP）隧道用于承载 N2/N3/N4/N9 等南北向的 5G 业务，承载 5G 业务的 SR-TP 隧道均需要部署 APS 保护，而 SR-BE 隧道用于承载东西向的基站间切换业务，采用备份路径+重路由进行保护。SPN 组网方案如图 6-4 所示。

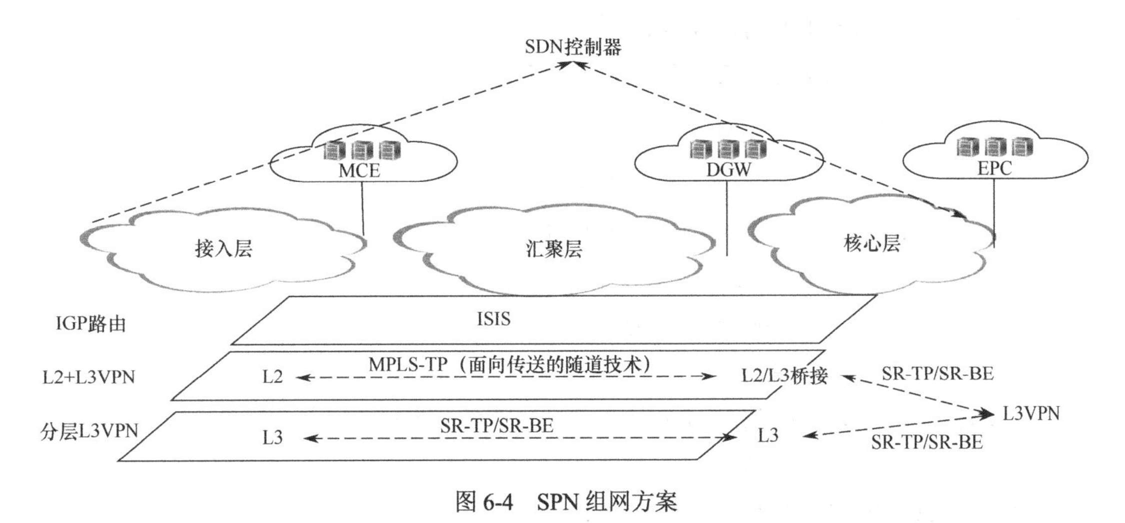

图 6-4　SPN 组网方案

6.2　5G 传输网络安全挑战与需求

无线基站到核心网之间的 IP 承载网和光传输网，是整个 5G 网络的基础骨架，如果被入侵破坏，则很可能导致 5G 业务大范围受损甚至中断，因此，传输网络的安全保护至关重要。

与 4G 网络相比，5G 网络在传输过程中要求更快的速度、更高的可靠性、更大的带宽、更低的时延。如果传输网络受到 DDoS 攻击、病毒攻击、路由注入攻击，或者运营商边缘路由器设备受到非法访问等，则会造成运营商边缘路由器设备故障、承载网路由振荡、接入网内部合法业务受损、合法路由数量减少等安全事故。对一些安全等级高的敏感业务，承载网需要保障业务数据的安全，避免通信数据流量被窃听篡改，还要做好不同业务流量的安全隔离。另外，考虑到承载网对智慧城市业务运行和社会运转的重要意义，承载网需要保障自身的高可用性，满足电信级高可靠要求。

传输网络面临的典型安全威胁如下。

1. 骨干网中运营商边缘路由器设备受到的典型攻击威胁

骨干网中运营商边缘路由器设备受到的典型攻击威胁如下。

（1）非法访问运营商边缘路由器设备。

（2）DDoS 攻击。

（3）病毒泛滥。

（4）恶意注入路由。

骨干网中运营商边缘路由器设备受到的典型攻击威胁造成的危害如下。

（1）造成运营商边缘路由器设备故障。

（2）造成承载网路由振荡。

（3）导致网络流量不能到达目的地，接入网内部合法业务受损。

（4）将流量引流到黑客所在网络进行信息窃取。

（5）合法路由数量减少，造成攻击目标网络流量过载，拒绝服务。

2. 承载网与 Internet 互访受到的典型边界威胁

承载网与 Internet 互访受到的典型边界威胁如下。

（1）IP 承载网受到 Internet 中的病毒威胁。

（2）IP 承载网受到 Internet 中的 DDoS 攻击。

（3）公网大量路由泄漏到 IP 承载网。

承载网与 Internet 互访受到的典型边界威胁造成的危害如下。

（1）IP 承载网核心设备故障。

（2）IP 承载网的非法流量导致带宽损失。

（3）IP 承载网承载的核心业务受到影响。

（4）路由泄漏承载网内部路由泛滥。

3. 来自网管的管理面安全威胁

来自网管的管理面安全威胁如下。

（1）网管终端一般会直连 Internet。

（2）Windows 等操作系统极易感染病毒。

（3）网管终端的权限管理很复杂。

来自网管的管理面安全威胁造成的危害如下。

（1）Internet 的风险容易通过网管网扩散到承载网。

（2）终端的权限一旦失控，就会对承载网的管理造成很严重的影响。

（3）病毒的扩散会对承载网造成冲击。

4. 5G 业务网络的安全威胁

5G 业务网络总体上可以分为半封闭业务系统和开放系统两大类，对于半封闭业务系统主要面临以下安全威胁。

（1）智能终端的非法呼叫。

（2）盗用带宽。

（3）网管系统的终端威胁。

（4）不受控综合接入设备（Integrated Access Device，IAD）（桌面 IAD）的管理问题等安全威胁，可能造成软交换系统瘫痪、阻塞链路、影响正常用户的带宽等危害。

对于开放系统主要面临以下安全威胁。

（1）大客户网络对骨干网造成的威胁。

（2）Internet 用户接入带给大客户网络的威胁。

（3）黑客等非法用户对系统的威胁，可能造成链路拥堵、用户数据失窃、对承载网的非法访问、病毒扩散等危害。

除了上述对传输网络传统的安全防护要求外，针对 5G 的新架构和业务需求，还需要通过传输切片隔离技术和 IPSec 加密技术来保障传输业务的安全。在切片安全要求方面，通过安全业务门户保护切片业务发放，承载网实现切片物理隔离，防止资源抢占和切片间渗透；在传输加密方面，可以部署安全网关进行 IPSec 加密，实现基站和 5GC 之间，下沉 UPF 和 5GC 之间的端到端安全加密通信；还可以通过非安全链路逐条部署 MAC 安全策略实现安全通信。

6.3 5G 传输网络安全防护技术

5G 传输网络的安全需从业务面和控制面进行保护。业务面主要包括部署高可靠网络、切片隔离、业务隔离、传输加密；控制面主要包括路由协议安全。

1. 高可靠网络

承载网应通过采用拓扑冗余设计等高可靠设计方案，确保 5G 传输网络提供的 5G 通信服务的连续性。在网络的各位置，可使用不同的高可靠技术，承载网高可靠网络如图 6-5 所示。

采用高可靠设计方案，保障传输网络的业务连续性，主要技术如下。

（1）物理拓扑冗余设计：承载网实现由接入环、汇聚环、核心环构成，以此消除单点故障，实现高可靠性；接入环可采用虚拟路由器冗余协议（Virtual Router Redundancy Protocol，VRRP）、双向转发检测（Bidirectional Forwarding Detection，BFD）、IP 快速重路由（IP Fast Reroute，FRR）等高可靠技术，汇聚环和核心环可采用 BFD、段路由-流量工程（Segment Routing-Traffic Engineering，SR-TE）、标签分发协议快速重路由（Label Distribution Protocol FRR，LDP FRR）、流量工程快速重路由（Traffic Engineering FRR，TE FRR）、虚拟专用网快速重路由（VPN FRR），以及自动交换光网络（Automatically Switched Optical Network，ASON）等高可靠技术进行容灾保护。

（2）在协议层面通过节点保护和链路保护，保障 5G 承载网电信级倒换性能。

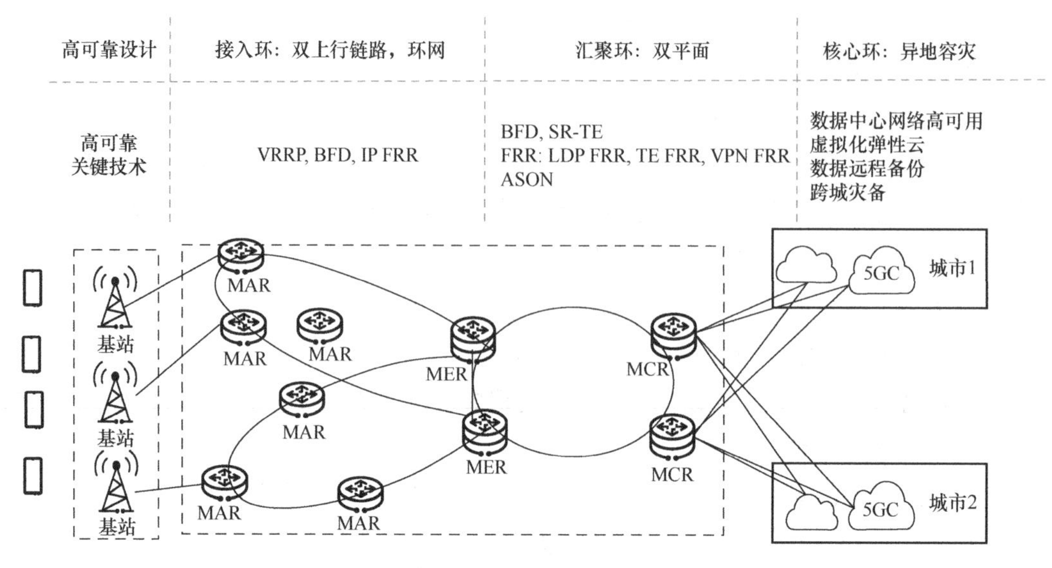

图 6-5　承载网高可靠网络

2. 采用切片技术实现不同 5G 业务之间的传输安全隔离

用户通过多个切片访问业务时，需充分考虑切片间的安全隔离，为不同安全等级的切片设计独立的安全策略，保障切片隔离安全。在传输承载网中，每个切片都应以稳固的方式相互隔离，如果网络切片之间隔离策略不当，则攻击者可能以攻入的切片为跳板进而对其他切片资源发起攻击，非法访问切片数据或占用切片资源。

为了防止网络资源抢占和越权访问业务数据，需要根据 5G 业务需求实现传输网络的硬隔离和软隔离。传输网络有相对较丰富的技术手段来满足不同隔离度的切片需求，当前主要的手段包括软隔离手段 HQoS 技术和信道化子接口技术、硬隔离手段 FlexE 技术，传输网络切片技术对比如图 6-6 所示。

FlexE 通用架构如图 6-7 所示，可以支持任意多个不同子接口灵活以太网客户端（Flex Ethernet Client，FlexE Client）在任意一物理灵活以太网组（Flex Ethernet Group，FlexE Group）上的映射和传输，从而实现上述捆绑、通道化及子速率等功能。

其中，FlexE Client 对应于外在观察到的用户接口，一般为 64 bit 或 66 bit 的以太网码流，支持 n×5G 速率；FlexE Shim 则是 MAC/RS 和 PCS/PHY 层之间的子层，完成 FlexE Client 到 FlexE Group 携带内容之间的复用和解复用，实现 FlexE 的核心功能；FlexE Group 是绑定的一组 FlexE PHY。

同作为硬隔离技术，信道化子接口与 FlexE 接口相比，隔离度相对较低，且带宽粒度小，一般用于接入层。

信道化子接口和 Flex 接口对应的能力对比见表 6-2。

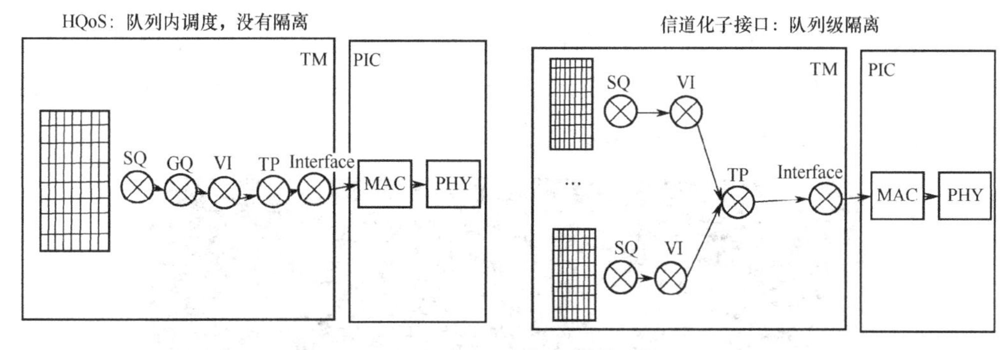

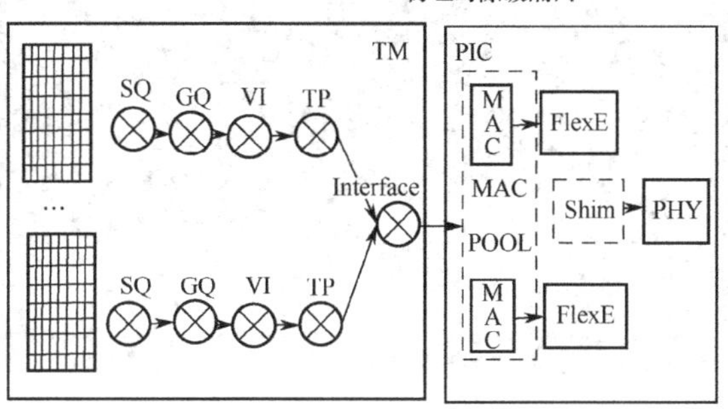

图 6-6　传输网络切片技术对比

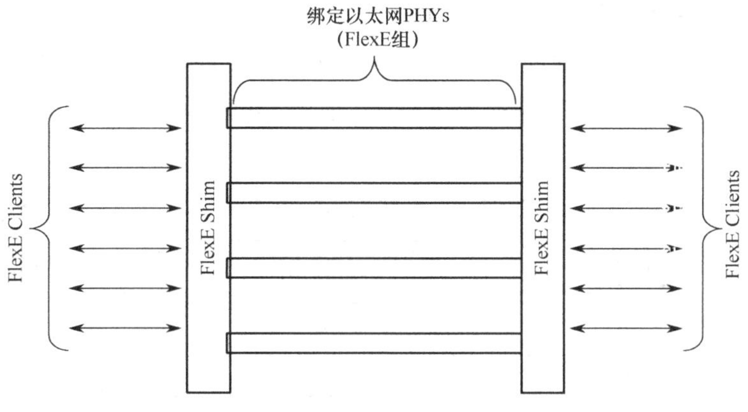

图 6-7　FlexE 通用架构

表 6-2　信道化子接口和 Flex 接口对应的能力对比

信道化子接口	FlexE 接口
独占虚队列、调度器、虚接口、传输资源	独占虚队列、调度器、虚接口、传输资源、独占 MAC 和 FlexE 时隙物理资源
虚接口的带宽是独占的	虚接口带宽、MAC 资源和 FlexE 时隙都是独占的
共享路径：MAC、PHY 和物理链路，QoS 资源级的隔离	共享路径：PHY 和物理链路，QoS 和物理信道级的隔离
存量设备都可以支持，带宽粒度小	比较新的设备才支持，带宽粒度度大
规格受限传输、虚接口资源，扩展性强	规格受限物理资源
与信道化子接口相比，FlexE 子接口具有更少的共享路径，不同信道的数据包之间的资源冲突更少； FlexE 接口和信道化子接口独立占用带宽资源，因此，不同信道的带宽不能相互抢占	

基于 FlexE 技术，可以将一张物理网络分片成多个逻辑网络，不同的逻辑网络端口带宽是隔离的，链路属性可以进行独立设计，FlexE 管道隔离如图 6-8 所示，其中一个 FlexE 管道流量爆满，其他 FlexE 管道流量均不受影响。

```
Interface                   PHY    Protocol  InUti OutUti   inErrors  outErrors
10GE3/0/1                   up     down     99.83% 99.83%          0          0
10GE3/0/1.1                 up     up           --     --          0          0
10GE3/0/1.2                 up     up           --     --          0          0
10GE3/0/1.3                 up     up           --     --          0          0
10GE3/0/2                   up     down         0%  0.01%          0          0
10GE3/0/2.1                 up     up           --     --          0          0
10GE3/0/2.2                 up     up           --     --          0          0
10GE3/0/2.3                 up     up           --     --          0          0
50GE8/0/1                   down   down         0%     0%          0          0
Ethernet0/0/0               up     up        0.01%  0.01%          0          0
FlexE7/0/129                up     up        0.01%     0%          0          0
FlexE7/0/130                up     up        0.01%  0.01%          0          0
FlexE7/0/131                up     up           0%  0.01%          0          0
FlexE7/0/132                up     up         100%   100%          0          0
FlexE7/0/133                up     up        0.01%  0.01%          0          0
FlexE-50G7/0/1              up     down         --     --          0          0
GigabitEthernet9/0/1        down   down         0%     0%          0          0
GigabitEthernet9/0/2        down   down         0%     0%          0          0
GigabitEthernet9/0/3        down   down         0%     0%          0          0
GigabitEthernet9/0/4        down   down         0%     0%          0          0
GigabitEthernet9/0/5        down   down         0%     0%          0          0
GigabitEthernet9/0/6        down   down         0%     0%          0          0
GigabitEthernet9/0/7        down   down         0%     0%          0          0
GigabitEthernet9/0/8        down   down         0%     0%          0          0
LoopBack0                   up     up(s)        0%     0%          0          0
LoopBack2147483647          up     up(s)        0%     0%          0          0
NULL0                       up     up(s)        0%     0%          0          0
```

图 6-8　FlexE 管道隔离

3. 传输网络业务平面 MPLS VPN 隔离

在传输网络中，还可以通过 MPLS VPN 技术实现业务平面隔离，效果可等同切片技术，且该逻辑隔离技术安全性较高，应用成熟。如图 6-9 所示为通过 MPLS VPN 隔离不同业务。

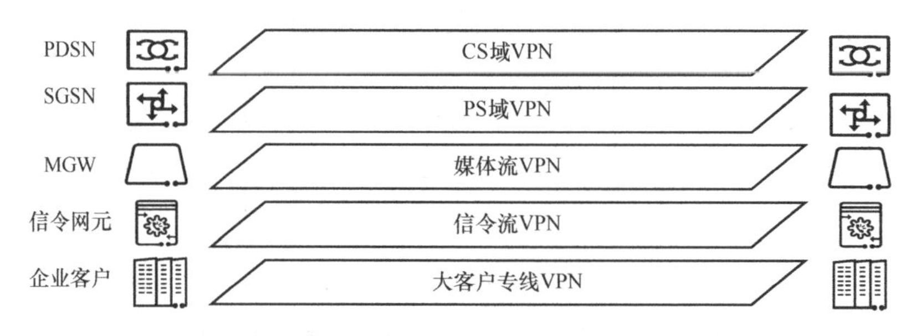

图 6-9　通过 MPLS VPN 隔离不同业务

在安全性上，MPLS VPN 采用路由隔离、地址隔离和信息隐藏等手段抗攻击和标记欺骗，达到了 FR/ATM 级别的安全性，是 IP 承载网的基础技术。从实际使用情况来看，目前没有由于 VPN 客户对运营商网络的攻击导致网络瘫痪的报告，也没有 MPLS VPN 内用户被其他 VPN 用户攻击的报告，因此 MPLS VPN 是安全的，除非 VPN 的恶意用户对运营商边缘（Provider Edge，PE）节点发起控制面及管理面的攻击。

4. 传输链路加密技术

对于敏感的业务数据需要实现传输链路加密，以防止数据泄露。在 5G 场景下，IPSec

技术是较为成熟的集传输加密和认证于一体的安全方案，可以实现基站到核心网的 N2 接口，基站到 5GC 和边缘 UPF 之间业务流的 N3 接口，以及边缘计算到客户网关之间的安全加密。5G 传输链路 IPSec 加密如图 6-10 所示。

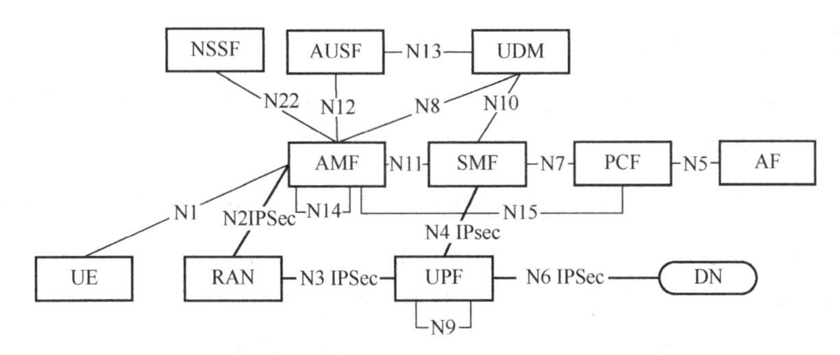

图 6-10　5G 传输链路 IPSec 加密

IPSec 是 IETF 定义的安全架构，应用于 IP 层，由认证头（Authentication Header，AH）协议、封装安全载荷协议（Encapsulating Security Payload，ESP）和 IKE 协议组成。IPSec 为 IP 网络通信提供端到端的安全服务，保护 IP 网络通信免遭窃听和篡改，有效地抵御网络攻击。采用 IPSec 通信的两端（简称 IPSec 对等体）通过加密与数据源验证等方式，能保证 IP 数据包在网络上传输时的私密性、完整性、真实性与防重放。IPSec 两端交互业务流程如图 6-11 所示。

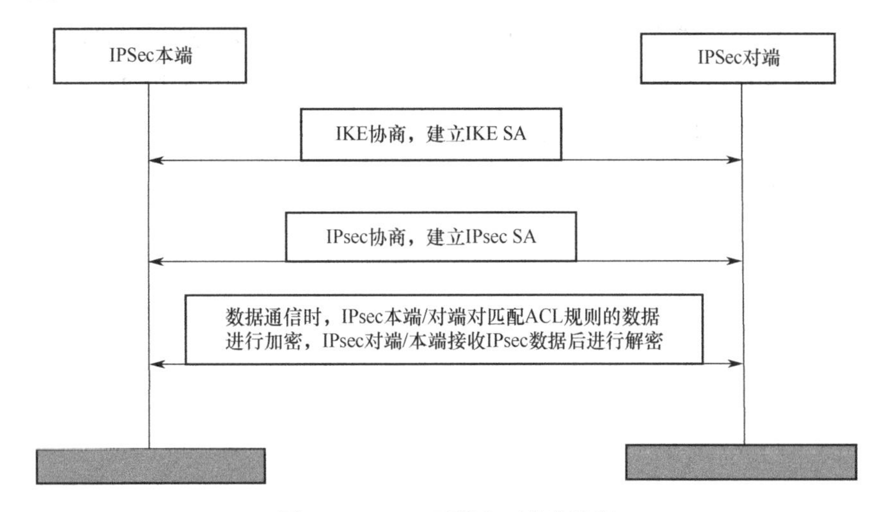

图 6-11　IPSec 两端交互业务流程

当数据流符合 IPSec 策略中的访问控制列表（Access Control Lists，ACL）时，在自动模式下，将进行 IKE 第一和第二阶段，进行数据加密和数据校验的参数协商以及预共享密钥的交换、对等体身份验证。原有数据被加入新的报文，并完成了数据加密和签名（摘要）。随后，新的数据被引流到对应的接口，进入隧道被传输到对端，以此防止来自专用网络与 Internet 的攻击。

安全联盟（Security Association，SA）是要建立 IPSec 隧道的通信双方对隧道参数的约定，包括隧道两端的 IP 地址，隧道采用的验证方式、验证算法、验证密钥、加密算法、加密密钥、共享密钥和生存周期等一系列参数。

5. 网络层路由协议安全

传输网络层常用的路由协议包括 BGP IPv6、OSPFv3 和 ISIS 协议，这些路由协议如果使用不当会有安全风险。

其中，针对 BGP IPv6 协议风险，可以通过建立传输网元邻居关系时对身份进行认证，对发布的路由信息进行 MD5、密钥串（keyChain）认证校验，避免与仿冒节点建立路由邻居；对于数据保护，可采用基于 TLS 认证，加密 BGP 协议报文，保证网络上数据传输的安全性；同时，通过进一步控制路由规格，设置路由超限控制，防止 DDoS 攻击。

针对 OSPFv3 协议风险，可以采用对 OSPFv3 协议进行认证追踪、OSPFv3 协议内容使用 IPSec 加密认证、设置路由超限控制、采用 OSPFv3 层次化路由结构等措施来消减。

针对 ISIS 协议风险，可以采用 ISIS 认证、路由超限控制、链路层协议，以确保网络层无法直接攻击。

另外，在网络层针对 SRv6 路由，可以通过定义 SRv6 安全域，在安全域内部基于 SRv6 转发，过滤安全域边界目的地址是安全域内地址报文的方式，以及通过 SRv6 域内节点丢弃目的地址是本地安全标识号（Security Identifier，SID）且源地址不是 SRv6 域内地址报文的方式，实现对域外攻击流量的防御；跨安全域需要采用 SRv6 转发时，可以采用绑定（Binding）SID 技术粘连 SRv6 安全域，隐藏拓扑，并在安全域边界校验 Binding SID 地址，丢弃非法报文，以防止域内信息泄露. 其他技术手段还可采用 HMAC 校验技术保护 SRH，防仿冒、篡改、抵赖。

第7章 5G与虚拟化安全

虚拟化技术是5G网络成熟应用的前提。例如，在5G网络中，网络切片技术为5G应用的开展提供了良好的网络基础和资源，将5G网络划分为多个虚拟网络，每个虚拟网络根据不同的服务需求，如时延、带宽、安全性和可靠性等来划分，以灵活地应对不同的网络应用场景，使能不同垂直行业的业务发展。

5G技术将进一步促进产业型互联网的发展，未来将更多地应用在物联网、车联网、工业互联网等领域中，这些领域都对网络和信息安全提出了很高的要求，要求底层的5G网络能够提供良好的安全支持和保障。

7.1 虚拟化技术概述

虚拟化是一种资源管理技术，是将计算机的各种实体资源，如服务器、网络、内存及存储等，予以抽象、转换后呈现出来，打破实体结构间的不可切割的障碍，使用户能够以比原本的组态更好的方式来应用这些资源。在实际的生产环境中，虚拟化技术主要用来解决高性能的物理硬件产能过剩和老的旧的硬件产能过低的重组重用，透明化底层物理硬件，从而最大化地利用物理硬件。

7.1.1 网络功能虚拟化（NFV）

传统的网络服务，通常是指采用各种各样的私有专用网元设备实现不同的网络/安全功能，如深度包检测DPI设备、防火墙设备、入侵检测设备等。网络功能虚拟化（Network Function Virtualization，NFV）利用IT虚拟化技术，将现有的各类网络设备功能，整合进标准的IT设备，如高密度服务器、交换机、存储等，通过管理控制平面，实现网络/安全功能的自动化编排。欧洲电信标准化协会（ETSI）为NFV制定了参考架构，该参考架构将NFV分为三层：网络功能虚拟化基础设施（Network Functions Virtualization

Infrastructure，NFVI）、虚拟化网络功能管理器（Virtualized Network Function Manager，VNFM）和网络功能虚拟化编排器（Network Functions Virtualization Orchestrator，NFVO）。NFV 架构如图 7-1 所示。

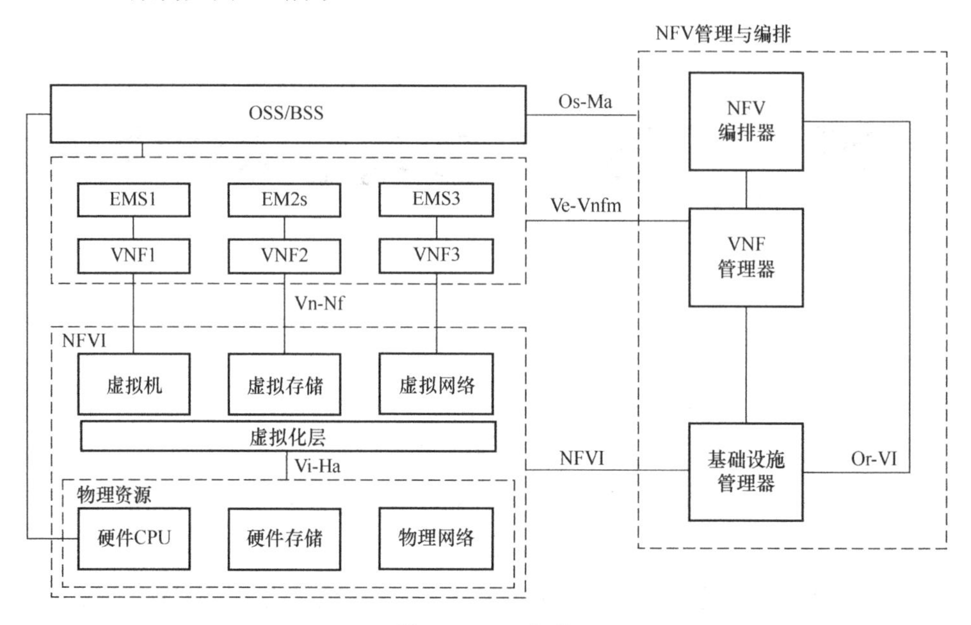

图 7-1　NFV 架构

NFVI 提供了虚拟化网络功能运行所必需的基础设施，通常这些基础设施在硬件的计算、存储、网络之上，利用虚拟化技术形成的虚拟化资源，这些虚拟化资源通过虚拟化基础设施管理模块（Virtualized Infrastructure Managers，VIM）进行管理和分配。得益于云基础设施即服务体系的发展和完善，NFVI 可以通过 OpenStack、VMware、AWS 等云计算平台来进行集成实现。

VNFM（对应图 7-1 中的 VNF 管理器）即各种虚拟化的网络功能层，通过 VNF+网元管理系统（Element Management System，EMS）实现多种虚拟网元的网络功能，这些 VNF 由 VNFM 进行统一管理。NFVI 我们可以理解为一个基础设施的资源池，那么 VNF 就是一个虚拟的网络功能资源池。

NFVO（对应图 7-1 中的 NFV 编排器）是最上面的业务层，根据运营支撑系统（Operations Support System，OSS）/业务支撑系统（Business Support System，BSS）的业务逻辑和业务需求，NFVO 动态地对下层的 VNF 进行编排，以满足业务系统对不同网络功能的需求。

VNFM 和 NFVO 共同组成了 NFV 架构中的管理和编排（MANO），MANO 负责对整个 NFVI 资源的管理和编排，负责业务网络和 NFVI 资源的映射和关联，负责 OSS 业务资源流程的实施等，MANO 内部包括 VIM、VNFM 和 NFVO 三个实体，分别完成对 NFVI、VNF 和网络服务（Network Service，NS）三个层次的管理。

图 7-2 所示是开源管理和编排（Open Source MANO，OSM）技术白皮书中对于 MANO 在 NFV 架构中的位置的描述，其中虚线框部分为 MANO 的实现。

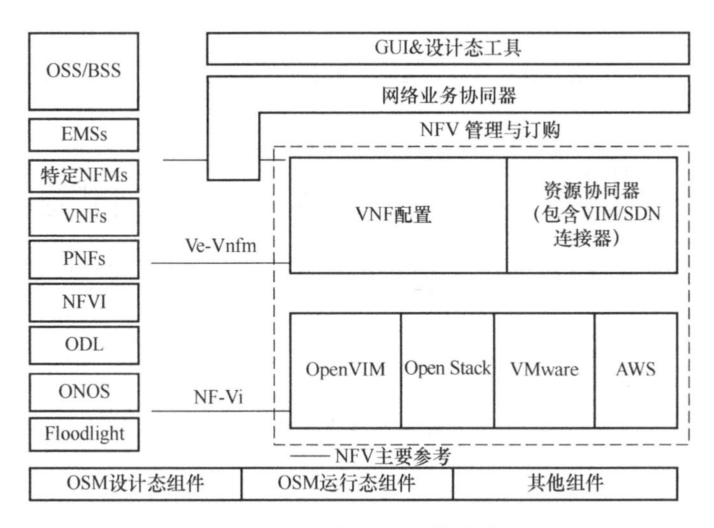

图 7-2　MANO 在 NFV 架构中的位置

7.1.2　软件定义网络（SDN）

软件定义网络（Software Defined Network，SDN）来源于美国斯坦福大学重构传统路由交换网络的创新工作，针对未来无线网络演进的需求，SDN/NFV 作为 5G 关键技术之一，成为无线网络架构演进的重要方向。目前大家较为认可的 SDN 定义可以概括为“控制/转发分离，简化的数据（转发）面，集中的控制面，软/硬分离、网元虚拟化及可编程的网络架构”。软件定义网络采用软件集中控制、网络开放的三层架构，提升网络虚拟化能力，实现全网资源高效调度，提供了网络创新平台，增强了网络智能。网络功能虚拟化（NFV）源于运营商在通用 IT 平台上通过软件实现网元功能从而替代专用平台的尝试，以降低网络设备的成本。NFV 系统通常包括虚拟化网络功能（VNF，即实现网络功能的软件）、NFV 基础设施（NFVI）、NFV 管理与协同（NFV-MANO）三部分。

SDN：使得网络能够像 IT 应用一样快速地对网络进行调整，快速部署新业务，SDN 考虑把网络软件化，便于更多的 App 能够快速部署于网络之上，并且能够对网络分工进行调整，把转发、控制、App 应用分层解耦，使得各层能够独立竞争，促进产业发展，改变以前各厂家垂直整合模式（垂直整合变为水平分隔）。

SDN 是对网络架构的一次重构，而不是一种新特性、新功能。SDN 通过对网络架构的重构来重新定义网络，SDN 不是做了什么原来网络架构不能做的事情，而是将比原来网络架构更好、更快、更简单地实现各种功能特性，如通过 SDN 可以降低网络上部署协议的数量，这样会使得网络变得更加简单；SDN 可以通过控制面编程，在不升级网络设备（转发器）情况下，完成新特性的部署，所以更快。尤其比起那些需要标准化，需要互通的特性，通过控制面编程业务特性上市时间可能缩短数倍。图 7-3 所示为 SDN 网络架构的三层模型。

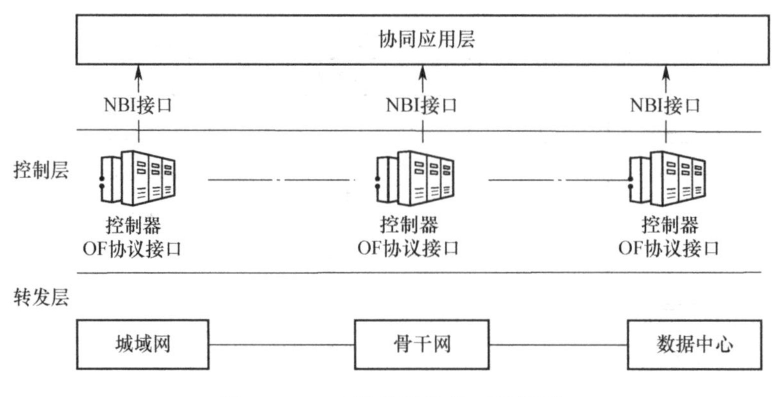

图 7-3 SDN 网络架构的三层模型

SDN 网络架构分为三层：协同应用层，控制层，转发层。网络架构本身包括管理平面、控制平面和转发平面，与这三层对应。

协同应用层主要是完成用户意图的各种上层应用程序，此类应用程序（App）称为协同层应用，典型的协同层应用包括 OSS、OpenStack 等。OSS 可以负责整网的业务协同，OpenStack 则在数据中心负责网络、计算、存储的协同。还有一些其他的协同层应用，如用户可能希望在协同应用层部署一个安全 App，通过分析网络的攻击事件，调用控制层提供的服务接口，阻断攻击流量或者引流那些特定的攻击流量到流量清洗中心。而这些阻断攻击流量的网络服务接口不过是一种控制器提供的网络服务调用接口。协同应用层的安全 App 通常不需要关心具体在哪些设备阻断，只是调用了控制器一个服务接口阻断某一类流量，如阻断源 IP 地址或目的 IP 地址；然后控制器就会给网络的各个边界转发器下发流表，阻断这些符合特征的数据报文。该 App 也可能是一些提供网络在线销售的服务，如运营商的企业客户可以通过 App 客户端直接快速订购一些特定网络带宽的即时开通服务，某些通过互联网向用户提供各种应用服务（Over The Top，OTT）厂商可能希望即时开通几个数据中心之间的特定带宽的通道，需要开通这样的服务时间可能是分钟级别或者秒级别的，那么这些 App 可以集成网络业务的定制、认证、计费等功能，通过调用控制层提供的网络专线服务，支撑此类业务的快速开通。

传统的 IP 网络包含转发平面、控制平面和管理平面，SDN 网络架构也同样包含这三个平面，只是传统的 IP 网络是分布式控制的，而 SDN 网络是集中控制的，从这个意义上说，SDN 网络是对网络架构的一次重构，而重构的目的正是 SDN 网络架构使网络软件化，能够简化网络，加速网络业务的创新速度。

控制层是系统的控制中心，负责网络的内部交换路径和边界业务路由的生成，并负责处理网络状态变化事件。当网络发生状态变化，如链路故障、节点故障、网络拥塞等时，控制层会根据这些网络状态变化，调整网络交换路径和业务路由，使得网络始终能够处于一个正常服务的状态，以避免用户数据在穿过网络过程中受到损失（如丢包、时延增加）。

控制层的实现实体就是 SDN 控制器，也是 SDN 网络架构下最核心的部件之一。控制层是 SDN 网络系统中的大脑，是决策部件，其核心功能是实现网络内部交换路径计算和边界业务路由计算。控制层的接口主要是南向通过控制接口和转发层交互，北向提供网络业务接口和 App 层交互。

这里所谓的网络业务接口，是指对上层 App 提供的网络业务服务，包括 L2VPN、数据中心虚拟网络、L3VPN、基本 IP 转发业务等。App 层把网络看成黑盒，只需要网络黑盒服务，而不关心内部实现细节。至于控制层如何实现这些网络业务，App 层可以不用关心，App 层只需要调用这些网络服务来完成自己的业务诉求即可。这和传统的分布式控制网络不同，传统的分布式控制网络的控制层是分布式的。当需要实现某个网络业务时，App（如 OSS）需要了解下面的控制层的实现技术细节，如 L3VPN 业务，App（OSS）需要部署多协议边界网关协议（Multiprotocol Border Gateway Protocol，MBGP）来分配 VPN 标签传递 VPN 路由，也需要部署 MPLS 协议作为隧道服务协议，并且需要针对不同厂家设备的这些实现细节进行适配，这是个烦琐的过程。而在 SDN 网络架构下，SDN 控制器本身直接提供网络业务服务接口，App 就不需要关心内部的 MPLS、MBGP 等技术细节了。事实上，SDN 控制器内部的实现技术已经把这些协议简化了，屏蔽了这些技术细节，仅仅暴露网络服务接口给 App 层。

转发层主要由转发器和连接转发器的线路构成基础转发网络，这一层负责执行用户数据的转发，其转发过程中所需要的转发表项则是由控制层生成的。转发层是系统的执行单元，其本身通常不做决策。其核心部件是系统的转发引擎，由转发引擎负责根据控制层下发的转发数据进行报文转发。该层和控制层之间通过控制接口交互，转发层一方面上报网络资源信息和状态，另一方面接收控制层下发的转发信息。

7.1.3 SDN 和 NFV 的关系

NFV 是一种用软件方式来实现传统硬件网络功能的技术。其通过将网络功能与专有硬件分离，旨在实现网络功能的高效配置和灵活部署，减少网络功能部署产生的资金开销、操作开销、空间以及能源消耗。

SDN 是一种新型的网络架构，其通过解耦网络设备的控制面和数据面，旨在实现灵活、智能的网络流量控制。

作为两种独立的新兴网络技术，SDN 和 NFV 之间存在互相弥补、互相促进的关系，如图 7-4 所示。为了满足多样化的服务要求，SDN 数据层设备需要进行通用流量匹配和数据包转发，SDN 交换机的成本和复杂性随之增加。另外，目前 SDN 网络架构缺乏对异构

SDN 控制器间交互的支持，使之无法提供灵活的跨自治域端对端服务。SDN 在数据层面和控制层面存在的软件网络架构和硬件网络设施之间的紧耦合限制了 SDN 更加广泛的应用。目前，仅在数据层面和控制层面的解耦已经无法有效地避免上述问题，软件服务功能和硬件网络设施的进一步解耦才能使得 SDN 得以更加广泛的应用。因此，在 SDN 中使用 NFV 技术，可以为 SDN 提供更加灵活的网络服务。例如，使用 NFV 技术实现虚拟化 SDN 控制器，通过一致性接口实现异构虚拟 SDN 控制器之间的交互，使用 NFV 技术实现虚拟化 SDN 数据层面，可以根据不同的服务要求实现灵活的流量匹配和数据包转发。在 ETSI NFV 架构中，NFV 管理和编排层是整个 NFV 平台有序、高效运行的保障。在 NFV 平台动态网络环境中，需要复杂的控制和管理机制来对虚拟资源和物理资源进行合理的分配和管理。因此，可编程的网络控制不可或缺。SDN 结合 MANO 可以高效地控制网络流量转发，向 NFV 平台提供 VNF 之间的可编程网络连接，以此来实现高效灵活的流量度。

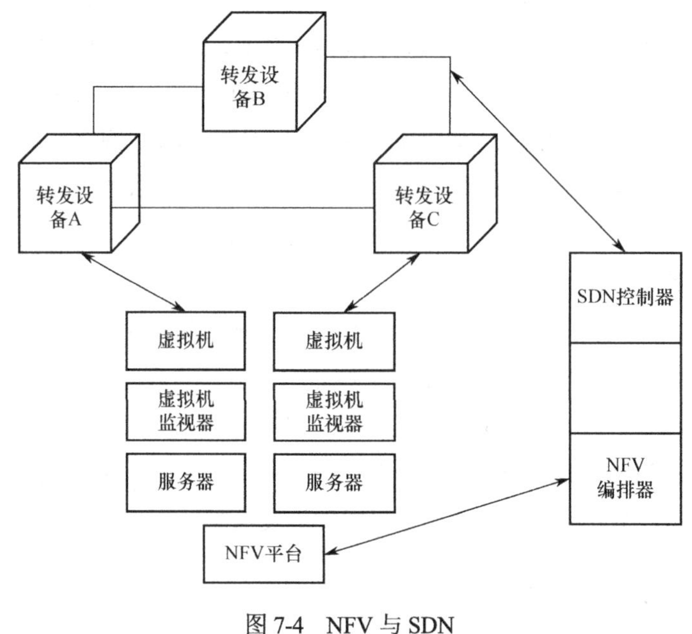

图 7-4　NFV 与 SDN

7.2　SDN/NFV 安全需求与挑战

为提高系统的灵活性和效率，并降低成本，5G 网络架构将引入新的 IT 技术，如 SDN（软件定义网络）和 NFV（网络功能虚拟化）。新技术的引入，也为 5G 网络安全带来了新的挑战。5G 网络通过引入虚拟化技术实现了软件与硬件的解耦，通过 NFV 技术的部署，使得部分功能网元以虚拟功能网元的形式部署在云化的基础设施上，网络功能由软件实现，不再依赖于专有通信硬件平台。由于 5G 网络的这种虚拟化特点，改变了传统网络中功能网元的保护在很大程度上依赖于对物理设备的安全隔离的现状，原先认为安全的物理环境已经变得不安全，实现虚拟化平台的可管可控的安全性要求成为 5G 安全的一个重要组成部分，如安全认证的功能也可能放到物理环境安全中。因此，5G 安全需要考虑 5G 基础设施的安全，从而保障 5G 业务在 NFV 环境下能够安全运行。另外，5G 网络中通过引入 SDN 技术提高了 5G 网络的数据传输效率，实现了更好的资源配置，但同时也带来了新的安全需求，即需要考虑在 5G 环境下，虚拟 SDN 控制网元和转发节点的安全隔离和管理，以及 SDN 流表的安全部署和正确执行。

1. SDN 安全威胁

大多数 SDN 架构有三层：最底层包括支持 SDN 功能的网络基础设施；中间层是具有网络核心控制权的 SDN 控制器；最上层包括 SDN 配置管理的应用程序和服务。尽管许多 SDN 架构相对较新，并且 SDN 仍处于早期探索的领域，但我们可以肯定，随着 SDN 技术的发展和更广泛地使用，它仍会成为攻击者的目标。

我们可以预见几种针对 SDN 架构的攻击方法。SDN 架构较为常见网络安全问题包括对 SDN 架构中各层的攻击。下面以 SDN 结构体系图（见图 7-5）为例，简要说明攻击者可能从哪些地方发起攻击。

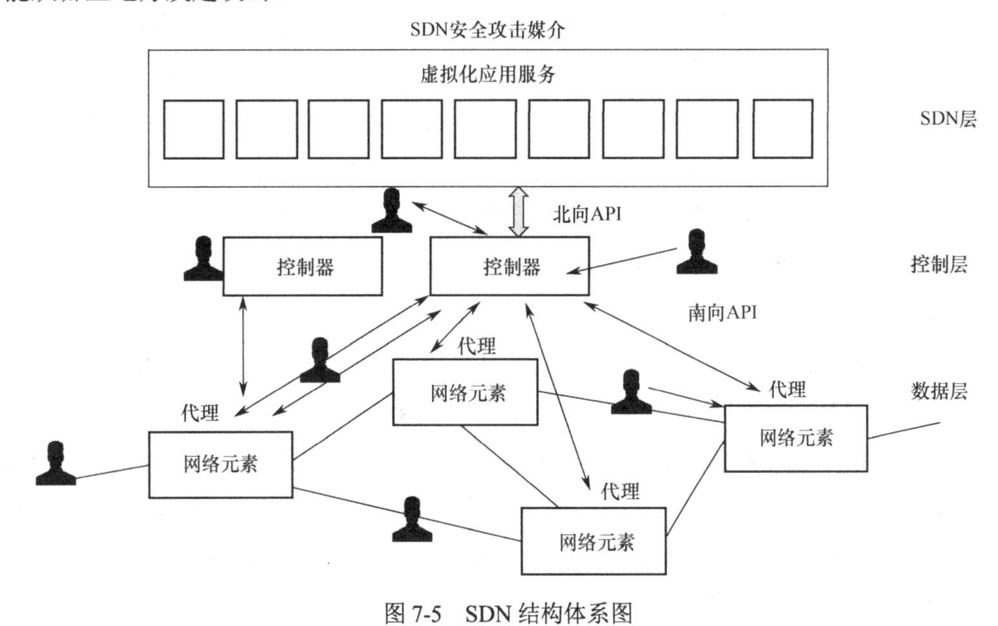

图 7-5　SDN 结构体系图

1）*数据层的攻击*

攻击者可能将来自网络本身的某个节点（如 OpenFlow 交换机，接入 SDN 交换机的主机）作为攻击目标。从理论上说，攻击者可以先获得未经网络访问的权限，然后尝试进行攻击运行状态不稳定的网络节点。这可能是一个拒绝服务攻击，或者是对交换机等网络基础设施进行的攻击。

有许多南向接口协议用于控制器与数据层的交换机进行通信。这些 SDN 南向接口协议可以采用 OpenFlow、开放虚拟交换机（Virtual Switch，vSwitch）数据库管理协议（Open vSwitch Database Management Protocol，OVSDB）、路径计算单元的通信协议（Path Computation Element Communication Protocol，PCEP）、路由系统接口协议（Interface to the Routing System，I2RS）、BGP-LS、OpenStack Neutron、开放管理基础设施（Open Management Infrastructure，OMI）、Puppet、Chef、Diameter、Radius、NETCONF、可扩展通信和表示协议（Extensible Messaging and Presence Protocol，XMPP）、名址分离网络协议（Locator/ID Separation Protocol，LISP）、简单网络管理协议（Simple Network Management Protocol，SNMP）、CLI、嵌入式事件管理器（Embedded Event Manager，EEM）、Cisco onePK、ACI，OpFlex 等。每个协议虽然都有自己的安全通信机制，但因为这些协议都非常新，所以并没有能够实现综合安全部署的方法。

交换机与控制器之间的链路常常会成为 DDoS 攻击目标，攻击者也可以利用这些协议的特性在 OpenFlow 交换机中添加新的流表项，之所以这么做，是因为攻击者试图将这些特定服务类型的数据流进行欺骗“拦截”，不允许其在网络中传输。攻击者有可能引入一个新的数据流，并且指导引入的数据流绕过防火墙，从而使攻击者取得数据流走向的控制权。攻击者也有可能利用这些功能来进行网络嗅探，甚至可能引发中间人攻击。

攻击者可以通过在网络中进行嗅探从而得知哪些数据流正在流动，哪些数据流被允许在网络中传输。攻击者可以对 OpenFlow 交换机与控制器之间的南向接口通信进行嗅探，嗅探所获得的信息可用于再次发起攻击或进行简单的网络扫描探测。

大多 SDN 系统部署在数据中心，并且数据中心会频繁地使用数据中心互联（Data Center Interconnect，DCI）协议。例如，使用通用路由封装（Generic Routing Encapsulation，GRE）协议的网络虚拟化（Network Virtualization using GRE，NVGRE）、无状态传输通道（Stateless Transport Tunneling，STT）、虚拟可扩展 LAN（Virtual Extensible Local Area Network，VXLAN）、虚拟化覆盖传输（Overlay Transport Virtualization，OTV）、L2MP、TRILL-based 等。这些协议可能缺少加密和认证机制来保证数据包内容在传输过程中的安全。这些新的协议在设计之初或在满足供应商或客户需求实现这些协议的时候，不免有漏洞存在。攻击者可能目的很明确地创建一个具有欺骗性质的数据流，让其在 DCI 连接中传输，或者通过针对 DCI 连接发起一个拒绝服务攻击。

2）控制层的攻击

SDN 控制器是个很明显的攻击目标。攻击者可能会为了不同的目的而把 SDN 控制器作为攻击目标。攻击者可能会向 SDN 控制器发送伪装的南向/北向接口对话消息，如果 SDN 控制器回复了攻击者发送的南向/北向接口对话消息，那么攻击者就有能力绕过 SDN 控制器所部署的安全策略的检测。

攻击者可能会向 SDN 控制器发起 DoS 或其他方式的资源消耗攻击，使得 SDN 控制器处理消息变得非常缓慢，甚至可能导致整个网络崩溃。

SDN 控制器通常运行在像 Linux 这样的操作系统上。如果 SDN 控制器运行在通用操作系统上，那么操作系统中存在的漏洞将会成为 SDN 控制器的安全漏洞。而 SDN 控制器的启动和工作通常使用默认密码并且没有任何其他安全配置。所以，SDN 工程师通常很小心地工作，在生产配置过程中都不愿碰这些 SDN 控制器，因为害怕搞坏如此脆弱的系统。

最糟糕的情况是，攻击者部署自己的 SDN 控制器，并且欺骗那些 OpenFlow 交换机，让它们误以为攻击者控制的"伪装"控制器为主控制器。随后，攻击者可以向 OpenFlow 交换机的流表中下发流表项。此时，SDN 工程师部署的 SDN 控制器对这些数据流没有访问控制权限。在这种情况下，攻击者拥有了网络控制的最高权限。

3）SDN 层的攻击

攻击北向接口协议的行为也可以看作一种攻击的方法。这些北向接口都由控制器管理，并且可以通过 Python、Java、C、REST、XML、JSON 等方式进行数据封装。如果攻击者利用了这些公开且没有任何认证机制的北向接口，那么攻击者就可以通过控制器来控制 SDN 的通信，并且可以制定自己的"业务策略"。

在现有几个较为著名的 SDN 开源项目中，有些项目将自己的北向接口以 REST API 的形式向外暴露，并且这些北向接口所提供认证机制的为少数。如果一个 SDN 系统部署时没有改善这种情况，那么攻击者就可以查询部署系统的配置，并且部署自己的网络设置。

2. NFV 安全风险

NFV 安全风险主要来自两个方面：一个是传统网络安全风险，如 DDoS 攻击、路由安全策略等，这与传统的网络技术所面临的风险没有太大区别；另一个是由 NFV 自身技术特点引入的新的安全风险。针对后者，下面列举了 NFV 技术带来的一些安全风险点。

NFV 从架构上看，大致可以分成：硬件资源层、虚拟管理（Hypervisor）层、虚拟机（VM）层、虚拟化网络功能（VNF）层及管理和编排（MANO）层。NFV 架构中的每一层都会引入新的安全风险。

对于硬件资源层，由于缺少了传统的物理边界，存在安全能力短板效应（平台整体安全能力受限于单个虚机安全能力）、数据跨域泄露、密钥和网络配置等关键信息可能缺少足够的硬件防护措施等问题。

对于虚拟管理层，其对所有虚拟网元都具有非常高的读写权限，一旦被攻陷，所有的虚拟网元对于黑客来说，就没有任何秘密可言，虚拟管理层也因此常常成为攻击的主要目标。

对于虚拟机层，主要存在虚拟机逃逸、虚拟机流量安全监控困难、问题虚拟机通过镜像文件快速扩散、敏感数据在虚拟机中保护难度大等问题。

对于虚拟化网络功能层，主要存在虚拟网元间的通信容易被窃听、虚拟网元的调试和监测功能可能成为系统后门等风险。

对于管理和编排层，其主要负责对虚拟资源的编排和管理、虚拟网元的创建和生命周期管理。编排管理层被攻击后，将可能影响虚拟网元乃至整体网络的完整性和可用性。

3. SDN/NFV 安全需求

SDN 安全需求如下。

（1）应用层的安全需求：App 需对控制器的身份进行认证；App 和控制器之间的通信要受到完整性和机密性保护；App 自身要进行安全加固，防止安全攻击。

（2）SDN 控制器的安全需求：SDN 控制器要具有 DDoS/DoS 防护能力或限速能力；SDN 控制器要实现服务器的安全加固、满足安全服务最小化原则、关闭所有不必要的端口和服务，并使用渗透测试相关的工具，包括 Nessus、Nmap（Network MApper）、赛门铁克（Symantec）杀毒工具、Wirshack、WebScarab 和 BackTrack 等进行安全检查，并修复安全漏洞；SDN 控制器需执行策略冲突检测和防止机制，避免管理策略和安全策略被绕行；SDN 控制器需对接入的 App 进行身份认证和权限检查。

（3）转发层的安全需求：通过设置 ACL、关闭不必要的服务和端口、及时修补漏洞等手段加强转发设备自身安全；另外，转发设备具备并开启限速功能。

（4）南北向接口的安全需求：需进行双向认证，并且通信内容需进行机密性、完整性和防重放保护；需对协议健壮性进行分析和测试，修复协议漏洞。

NFV 的安全需求包括对 VNF 软件包进行安全管理、对 VNF 进行访问控制以及进行敏感数据保护。

（1）NFV 安全需求包括 VNF 通信安全需求（VNF 通信安全需保证通信的双方相互认证，并且通信内容需受到机密性、完整性防重放的保护）和组网安全需求（包含边界防护、安全域划分及流量隔离）。

（2）下面介绍 MANO 安全需求。

① MANO 实体共有的安全需求包括：需对 MANO 实体进行安全加固，实现安全服务最小化原则，如关闭不必要的服务和端口等；安装防病毒软件，并定期检查、查杀病毒以及升级病毒库；需防止非法访问、敏感信息泄露；需保证 MANO 实体所在的平台可信等。

② MANO 各个实体独有的安全需求：NFVO 遭受 DDoS/DoS 攻击；VNFM 和 VIM 可以运行在虚拟机上，此时会面临虚拟机逃逸、虚拟机隔离失败等虚拟化相关的安全威胁。

③ MANO 实体间交互以及 MANO 系统与其他实体间交互的安全需求：通信内容需受到机密性和完整性保护以及防重放；实体间双向认证。

④ MANO 管理安全：MANO 系统需进行账号、权限的合理分配和管理，实行严格的访问控制，并且启用强口令策略等。

7.3 SDN/NFV 安全解决方案

SDN 和 NFV 技术在 5G 中扮演着重要的角色，SDN 技术将用户平面和控制平面解耦使得部署用户平面功能变得更灵活，可以将用户平面功能部署在离用户无线接入网更近的地方，从而提高用户服务质量体验，如降低时延。NFV 技术是针对 EPC 软件与硬件严重耦合问题提出的解决方案，这使得运营商可以在那些通用的服务器、交换机和存储设备上部署网络功能，极大地降低时间和成本。

1. NFVI 组网安全

组网安全是保障 5G 电信云网络安全的重要手段。NFVI 安全组网架构如图 7-6 所示，安全的组网部署可以实现 VNF 组件之间、基础设施及 VNF 业务之间的网络隔离。

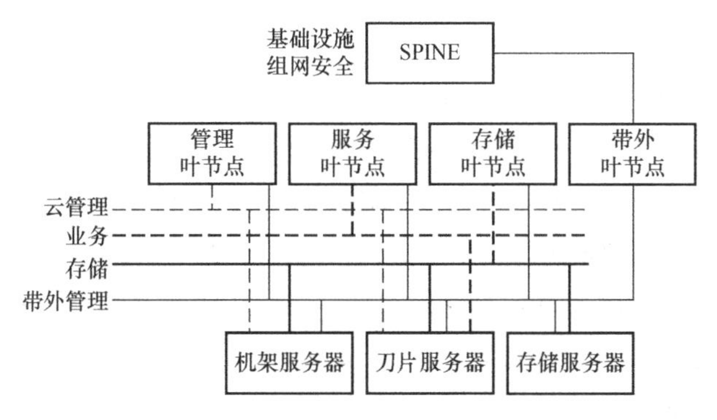

图 7-6 NFVI 安全组网架构

（1）基础设施网络：基础设施网络分成云管理网络、存储网络、业务网络和带外管理网络，这 4 类网络在物理上必须隔离。前 3 类网络在服务器上部署独立的物理网卡，接入不同的 Leaf 交换机，机箱的带外管理口接入带外管理交换机形成独立的带外管理网。

（2）基于软件定义网络（SDN）的网络安全业务链：利用 SDN 业务灵活编排的特性，根据用户安全需求设计安全业务模板，为 NFV 多租户安全提供安全即服务（Security as a Service，SaaS）功能。NFVO 加载安全模板，系统自动执行模板定义的安全服务和安全策略，SDN 控制器将租户流量引入不同的安全服务中。

2. 安全启动和增强的虚拟管理

可信平台模块（Trusted Platform Module，TPM）是一种基于硬件的安全启动方案，保证上电时 BIOS、操作系统及应用程序的安全性。TPM 采用密钥对，在服务器上加载的操作系统或者硬件驱动程序都必须通过公钥的认证，需要加载的软件必须用对应的私钥进行签名，否则服务器拒绝加载。电信云网络平台必须基于 TPM 实现安全启动可信根，提供从底层硬件至上层虚拟机应用的完整可信启动链条。各层次的 TPM 客户端从 TPM 服务器获取安全策略，Guest OS 与 Host OS 应用软件分别根据相应安全策略经过内核可信度量之后向可信服务器进行安全确认，提供可信服务。这为用户提供了可信任认证机制，有助于发现、阻止非法应用的加载及访问，保证系统安全。

5G 电信云网络中需要部署增强的虚拟管理安全特性，包括在虚拟机之间资源的隔离和指令的隔离。云平台提供中央处理单元（Central Processing Unit，CPU）隔离、内存隔离、网络隔离和存储隔离，保证虚拟机的资源独立及信息安全，并提供 Guest/Host 的指令空间隔离，禁止某个虚拟机运行在高特权模式下威胁到另一个虚拟机。

同时，5G 电信云网络还需要对虚拟机进行一系列 QoS 保障，虚拟机的 CPU、内存、网络输入/输出（Input/Output，I/O）、存储 I/O 资源都设置上限、下限及优先级控制，既能开展普通业务，也能保证关键业务的运行。为了避免虚拟机逃逸攻击的威胁，云平台提供良好的虚拟机资源隔离机制，通过认证机制保证共享资源的组件是可信的。

3. 数据安全

数据安全是信息安全的基石，运营商需要采取一系列举措确保用户数据安全。

5G 电信云网络平台提供密码管理功能，管理租户的密码生命周期和访问控制权限，账号密码需要符合复杂度管理要求，并使用消息摘要算法第 5 版（MD5）进行加密保存。5G 电信云网络平台在传输用户密码时，使用 HTTPS 安全连接，防止用户密码在传输中泄露。

5G 电信云网络平台必须具备存储加密功能，将虚拟机数据写入磁盘之前对其进行加密，保证用户数据的隐私性；当块存储中的卷挂载到主机上时，对其进行加密，再将加密后的块设备提供给虚拟机使用。

数据存储加密业务流程如图 7-7 所示，可以分为以下 6 个步骤。

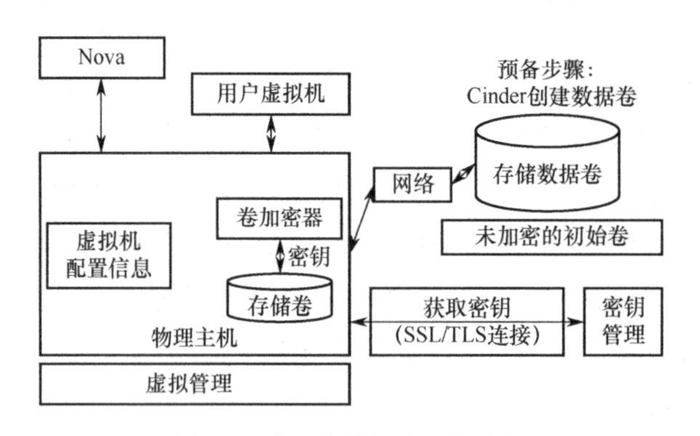

图 7-7　数据存储加密业务流程

步骤 1，Nova 为用户虚拟机申请存储卷挂载。

步骤 2，Cinder 接收请求创建存储卷并挂载到物理主机中。

步骤 3，通过安全通道，物理主机向密钥管理服务器获取密钥。

步骤 4，利用密钥和卷加密器（提供加密算法）对存储卷进行加密。

步骤 5，将加密卷信息更新到虚拟机的配置文件中。

步骤 6，将加密卷挂载给用户虚拟机使用。

运营商还需要部署镜像签名功能。这是由于虚拟机镜像在传输过程中可能被篡改，修改过的镜像文件可能包含恶意代码，通过图 7-8 所示的镜像签名和签名校验功能流程允许用户在引导镜像之前验证该镜像是否被恶意修篡改。

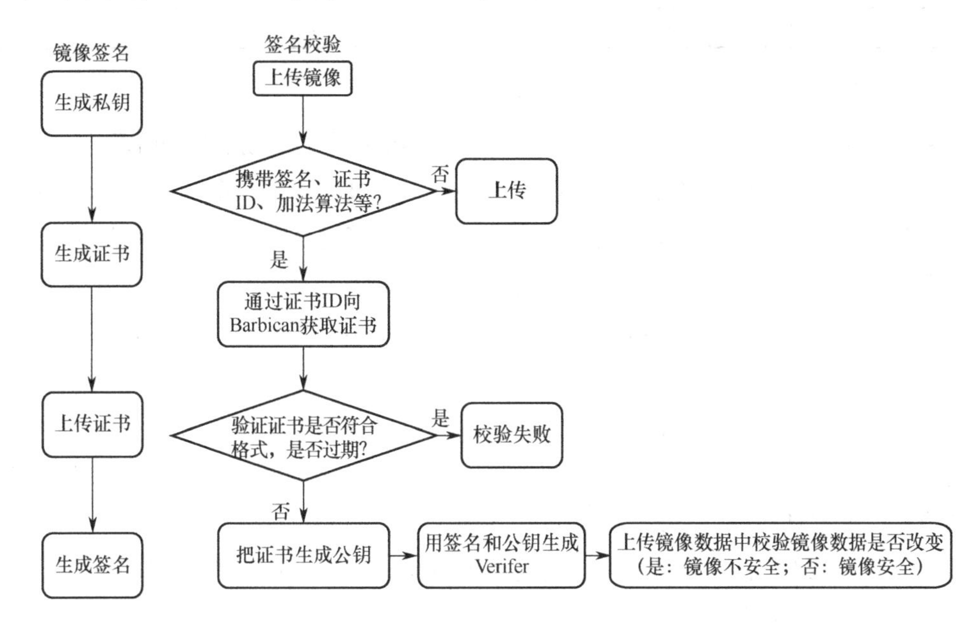

图 7-8　镜像签名和签名校验功能流程

4. 5G 电信云网络 VNF 安全方案和关键技术

VNF 是电信网元的功能逻辑实现，是 5G 电信云网络系统的核心信息资产，其安全性至关重要，必须为 VNF 设计可信的安全方案，保证 VNF 整个生命周期及业务流程的安全。

1）业务组网

业务组网安全能够简单有效地保障 VNF 安全，首先要考虑的就是业务网络隔离。VNF 网络包括 VNF 内部互通网络、VNF 外部互通网络。VNF 内部互通网络细分成管理平面、控制平面及媒体平面；外部互通网络细分成信令互通网络平面、媒体互通网络平面、管理互通网络平面，如 VNF 有计费接口，还有计费互通网络平面。虚拟化网络功能组件（Virtualized Network Function Component，VNFC）的每个互通网络平面都有一个专用的虚拟网口，通过虚拟交换机（vSwitch）或者硬直通（Single-Root I/O Virtualization，SR-IOV）连接到外部物理网络。

根据 VNF 的安全风险等级，将 VNF 划分成多个安全域，跨越安全域的 VNF 间互通流量需经过防火墙隔离，安全域内 VNF 之间的互通不需要经过防火墙。5G 电信云网络的 VNF 安全域设置见表 7-1。

表 7-1　5G 电信云网络的 VNF 安全域设置

安　全　域	VNF	说　　明
安全暴露域	S-PGW/GGSN/ePDG、Gi DNS、SFC	直接面向 Internet，安全风险最高
非暴露域	SGSN/MME、Gn/Gp DNS、UDC FE、PCRF、CS Core、IMS、RCS	不直接面向 Internet，但有与域外其他 VNF 交互需求，安全风险次之
敏感数据域	UDC BE、CG	存有敏感数据，安全等级高
管理域	NFVO、VNFM、EMS	NFV 管理节点，安全等级高

2）虚拟机生命周期

完备的 VM 安全贯穿整个虚拟机的生命周期，体现在生命周期的各个阶段。

在 VNF 模板中，NFV 需采用数字签名及 MD5 等，支持网络服务描述符、虚拟网络描述符在注册、加载、更新时的完整性验证和来源鉴权。通过 VNF 的安全需求设计亲和、反亲和原则，限制携带敏感数据的 VNF 与具有外部访问接口的 VNF 公用物理服务器。

而 VM 的镜像、快照必须存储在安全的路径下，采取存储加密功能，防止被非法授权访问后出现恶意篡改行为。VM 镜像包应支持在注册、加载、更新时的完整性校验。在 VM 迁移过程中，为防止敏感信息泄露，VM 的移动性应限制在特定的安全域内，不建议 VM 跨越安全域迁移。需要为 VM 移动性部署逻辑独立的承载网络，还可通过制作快照并加密的方式保护 VM 敏感信息。

而当 VM 被终止后，VM 原来占用的物理内存和存储资源可能会被重新分配给其他 VM，这些资源必须被彻底清除。

3）用户个人隐私保护

5G 时代的个人隐私将日益成为用户关注的焦点，运营商需要采用完整的用户个人隐私保护解决方案，如图 7-9 所示，可以采取两种匿名化处理方式。

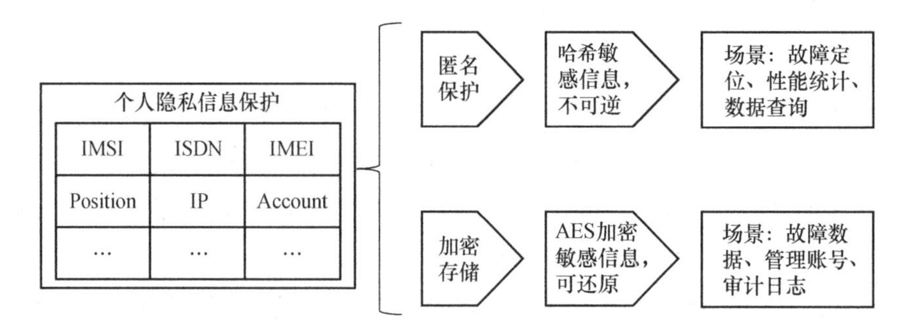

图 7-9　用户个人隐私保护解决方案

第 1 种是不可逆匿名化处理方式。通过哈希将包含隐私字段的文件、功能以哈希后的结果显示。不可逆匿名化处理之后，个人隐私信息均不可读、不可逆，有效地保护了个人隐私。这种匿名化处理方式常用于故障定位、性能统计、数据查询等不需要标识用户身份的功能中。

第 2 种是可逆匿名化处理方式。通过 AES 或其他加密算法进行匿名化，将包含个人隐私的字段、文件信息以公钥加密，以密文显示，授权人员可以用私钥解密读取隐私信息。这种匿名化方式常用于可以还原数据或可以回溯数据的场景，如配置数据、账号管理、审计日志等。

5. 5G 电信云网络 MANO 安全加固和关键技术

MANO 是 5G 电信云网络的管控节点，运营商必须针对 MANO 制定安全解决方案，防范全局性系统安全风险。

1）统一接入门户和控制节点认证

为提高 5G 电信云网络的整体安全性，应实现 NFV 系统的统一认证、单点登录及操作日志。运营商有必要采用反向代理、提供集中账号管理、建立基于唯一身份标识的全局实名制管理。通过集中访问控制和细粒度的命令级授权策略，基于最小权限原则，实现集中有序的运维操作管理。通过集中安全审计，对用户从登录到退出的全程操作行为进行审计，监控用户对目标设备的所有敏感操作，聚焦关键事件，及时发现、预警安全事件，准确可查。

云控制节点以多种方式认证用户，一旦认证成功，用户即可获取 OpenStack 组件服务，以此保证组件之间的接口调用安全，避免相关接口被非授权的人员调用。云控制节点对外提供服务的 API 均采用安全的数据传输协议。云控制节点组件之间的通信采用消息队列机制并承载在数据传输协议之上，保证通信的完整性和加密性。云控制节点必须采取对使用的数据库设置复杂的账号及口令，记录数据库的操作日志，设置数据库安全白名单，拒绝匿名访问等加固措施。

2）NFVO、VNFM 安全加固

在 MANO 内部，可以对网络功能虚拟化编排器（NFVO）、虚拟化网络功能管理器（VNFM）进行多项安全加固。

（1）虚拟机安全：NFVO、VNFM 基于虚拟机方式部署，以仅满足该服务器基本业务可正常运行为目的，对 Guest OS 进行最小化定制，限制操作系统开放的端口、访问权限和运行服务，实现可信赖的云安全管理节点。

（2）端到端安全：NFVO、VNFM 验证操作员的权限，决定是否允许该操作员进行操作。NFVO、VNFM 收到来自 VNF 的弹性请求时，验证请求方的身份，只允许处理来自合法身份的请求。

（3）接口交互安全：NFVO、VNFM 与客户端通信采用安全外壳协议（Secure Shell，SSH）、SSH 文件传输协议（SSH File Transfer Protocol，SFTP）、超文本传输安全协议（Hypertext Transfer Protocol Secure，HTTPS）等安全通信机制；NFVO、VNFM、VIM 之间采用基于 HTTPS 的 REST 接口交互；VNFM 与 VNF 之间采用基于 HTTPS 的 REST 接

口或 SSH 交互。

（4）镜像存储安全：NFVO、VNFM 的镜像文件存储在安全的环境中。

3）日志集中审计和资源安全回收协同

集中采集并分析 5G 电信云系统中各节点的日志，使运维人员能够实时了解系统的安全事件和运行状况。在日志采集和存储过程中，可以收集并存储 5G 电信云系统产生的操作类日志、安全类日志和系统类日志，全面记录系统运行状况。转储日志实现自动压缩和加密，减小日志存储空间并提供安全的存储机制；将旧的日志备份到指定的存储空间，以支持更长时间的日志存储和系统灾难性故障时的快速恢复。在会话审计和分析中，可以按照日志级别、关键字等设置审计策略，对多个单设备的策略按照一定的逻辑关系组合为一个更加复杂的审计关联策略，并以会话为单位，通过条件查询定位，条件查询支持多种关键字组合。

当 VNF 组件崩溃或 VM 迁移时，5G 电信云系统确保待回收的资源不被非授权的应用或人员利用，因此 VIM 及 VNFM 要配合对 VM 的资源进行安全回收，包括 CPU、内存、网络和存储。VIM 或 VNFM 发起删除虚拟机、VM 迁移或重生等场景涉及资源回收，释放计算节点的 CPU 资源和 RAM 资源，更新控制节点可用 CPU 核数和 RAM 空间。5G 电信云系统能够自动删除镜像文件，释放磁盘空间，更新控制节点可用磁盘空间，自动将网卡的 MAC 地址及虚拟局域网（Virtual Local Area Network，VLAN）重置，将其置为初始状态，最后擦除 VM 原有内存及存储。

6. 5G 电信云网络安全部署建议

运营商需要建立安全增强保障体系，并深入日常运维工作中。

服务于 5G 的虚拟化 NFV 网络构建在数据中心上，数据中心是运营商的核心资产，运营商必须建立物理安保措施实现物理访问控制，建立从准入、授权、监控、隔离、审计、演练等规范化举措的安全制度。通过物理分区管理，设立运维区、测试区，设置完备的监控体系，严格限制对运维区的物理访问。建立物理安全应急预案和物理安全审计制度，定期输出物理安全审计报告，改进安全风险点。完备的管理是系统安全解决方案的根本，这是构建 5G 电信云网络安全的基本举措。

5G 电信云网络所采用的 NFV 是基于分层解耦架构的开放平台，NFV 模型各组件之间至少有 9 个接口，一旦出现具有安全威胁的匿名接口调用，则很有可能引发安全雪崩。因此，运营商运维团队需要部署 CA 保证各个节点的身份可靠性。CA 是管理和签发安全凭证和密钥的网络机构，CA 可以向 EMS/VNF/MANO 及 Host 主机颁发证书，拥有证书后，NFV 系统的任何 API 调用均可保证其身份的有效性。VNF 北向接口由于历史原因，是使用鉴权授权方式进行身份认证的，不需要使用证书证明其身份。

在日常运营中，运营商的运营维护团队还需要采用漏洞扫描工具执行安全漏洞扫描，及时发现 NFV 系统是否存在 CVE 漏洞。在日常运营中，只有不断通过安全累积更新，以及外部事件触发或内部定期扫描，才能建立 NFV 系统安全漏洞加固基线并不断更新。同时，由于通用操作系统、数据库、中间件、虚拟化管理器有着纷繁复杂的配置项，运营商的运营维护团队还可以利用配置核查工具，优化 NFV 各组件的配置项，形成 NFV 产品安全配置加固基线，有效降低安全风险发生的概率。

在日常运营维护中，运营商有必要建立专门的操作维护安全事件响应团队（Operation and Maintenance Security Incident Response Team，OMSIRT），这是专门负责接收供应商安全相关漏洞的应急响应组织，与供应商的产品安全事件响应团队（Product Security Incident Response Team，PSIRT）进行对接，提供全局处理和解决方案，其职责包括响应和处理供应商提交的安全事件、响应和处理行业协会公布的安全事件、制定运营商公司信息安全事件管理策略和安全事件处理方案、分析系统软件提供商和专业安全厂商发布的漏洞及补丁等。

第 8 章 5G 核心网安全

5G 核心网（5GC）相较于 4G 及其之前的核心网架构存在非常大的改变。为了实现灵活的部署和扩展，由中国移动 5G 专家在 3GPP 标准上提出基于服务化架构（Service-Based Architecture，SBA），简称服务化架构，以网络功能（Network Function，NF）服务方式进行分布式部署。新架构方案是为满足未来 5G 三大应用场景 eMBB（增强型的移动宽带）、uRLLC（超高可靠低时延通信）和 mMTC（海量机器类通信）而提出的，通过灵活的部署方式和扩展提供高带宽、低时延、高可靠和海量大连接的能力。

8.1 服务化架构

结合云原生（Cloud Native）的理念，5GC 网络架构将控制面功能抽象为多个独立的网络服务，致力于以软件化、模块化、服务化的方式来构建网络。同时，将控制面和用户面分离，让用户面功能摆脱“中心化”的束缚，使其既可以灵活部署于核心网，也可以部署于更靠近用户的接入网。

每个网络服务和其他服务在业务功能上解耦，并且对外提供服务化接口，可以通过相同的接口向其他调用者提供服务，将多个耦合接口转变为单一服务接口，从而减少了接口数量。SBA 如图 8-1 所示，这种架构就是 SBA，基于服务的架构。

面向云原生定义服务是 SBA 的优势。

（1）模块化便于定制：每个 5G 软件功能由细粒度的“服务”来定义，便于网络按照业务场景以“服务”为粒度定制及编排。

（2）轻量化易于扩展：接口基于互联网协议，采用可灵活调用的 API 交互。对内降低网络配置及信令开销，对外提供能力开放的统一接口。

（3）独立化利于升级：服务可独立部署、灰度发布，使得网络功能可以快速升级引入新功能。服务可基于虚拟化平台快速部署和弹性扩缩容。

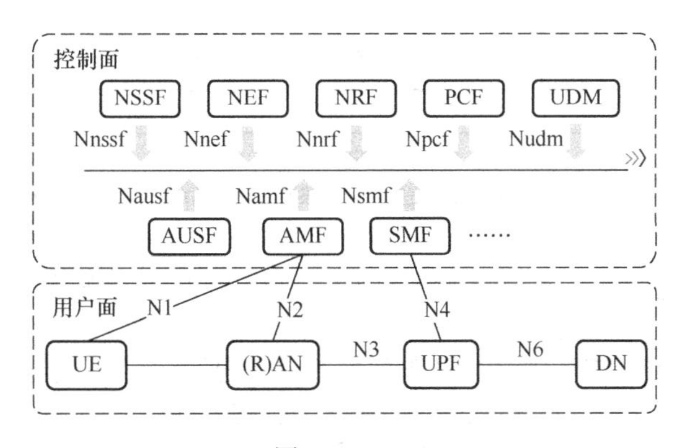

图 8-1 SBA

5GC 的设计理念是云原生。它利用网络功能虚拟化（NFV）和软件定义网络（SDN）技术，在控制面功能间基于服务进行交互。

这些服务部署在一个共享的、编排好的云基础设施上，然后再进行相应的设计，最终完成不同的业务诉求。5GC SBA 关键特征如图 8-2 所示。

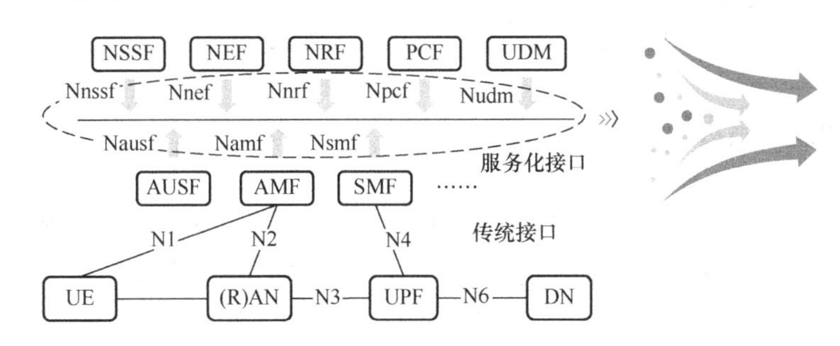

图 8-2 5GC SBA 关键特征

8.2 5G 核心网网元

在 4G 核心网 EPC 网络中，策略和计费规则功能（Policy and Charging Rules Function，PCRF）、移动性管理实体（Mobility Management Entity，MME）和网关（Gateway，GW）都可以控制 QoS，手机用户在激活时，通过协商确定 QoS。在 5G 中，将 QoS 的控制功能模块化，形成一个功能模块策略控制功能（Policy Control Function，PCF）；又如 SMF，就是将 MME、服务网关（Serving Gateway，SGW）和分组数据网络网关（Packet Data Network Gateway，PGW）上的会话管理功能模块化。在 5G 中，将这些网络功能解耦，抽象为独立的网络服务，便于后续这些服务灵活支撑网络各种应用。

5G 将控制面的网元功能进行功能解耦，相同的功能内聚以服务的形式呈现。各解耦后的网络功能抽象为网络的服务后，可独立扩容、独立演进、按需部署。5GC 关键网元及其说明见表 8-1。

表 8-1　5GC 关键网元及其说明

NF	功 能 简 介
AMF（Access and Mobility Management Function）	接入和移动管理功能，执行注册、连接、可达性、移动性管理。为 UE 和 SMF 提供会话管理消息传输通道，为用户接入时提供认证、鉴权功能，终端和无线的核心网控制面接入点
SMF（Session Management Function）	会话管理功能，负责隧道维护、IP 地址分配和管理、UP 功能选择、策略实施和 QoS 中的控制、计费数据采集、漫游等
AUSF（Authentication Server Function）	认证服务器功能，实现 3GPP 和非 3GPP 的接入认证
UPF（The User Plane Function）	用户面功能，分组路由转发，策略实施，流量报告，QoS 处理
PCF（Policy Control Function）	策略控制功能，统一的政策框架，提供控制平面功能的策略规则
UDM（Unified Data Management）	统一数据管理，3GPP AKA 认证、用户识别、访问授权、注册、移动、订阅、短信管理等
NRF（Network Repository Function）	网络存储功能，是一个提供注册和发现功能的新功能，可以使网络功能（NF）相互发现并通过 API 进行通信
NSSF（Network Slice Selection Function）	网络切片选择功能，根据 UE 的网络切片选择辅助信息、签约信息等确定 UE 允许接入的网络切片实例
NEF（Network Exposure Function）	网络开放功能，开放各 NF 的能力，转换内外部信息

8.3　5G 核心网网元通信原理

相较于以前，5G 网络逻辑结构彻底改变了，5GC 采用的是 SBA。SBA 基于云原生构架设计，借鉴了 IT 领域的“微服务”理念。把原来具有多个功能的整体，拆分为多个具有独自功能的个体。每个个体，实现自己的微服务。这样的变化，会有一个明显的外部表现，就是网元大量增加了，因此网元间的通信也变得较为复杂。

1. 服务化接口

在 SBA 下，控制面的各 NF 摒弃了传统的点对点的通信方式，采用了基于服务化架构的接口（Service-Based Interface，SBI）串行总线接口协议，传输层统一采用了 HTTP/2 协议，应用层携带不同的服务消息。基于服务化架构的接口（简称服务化接口）如图 8-3 所示。

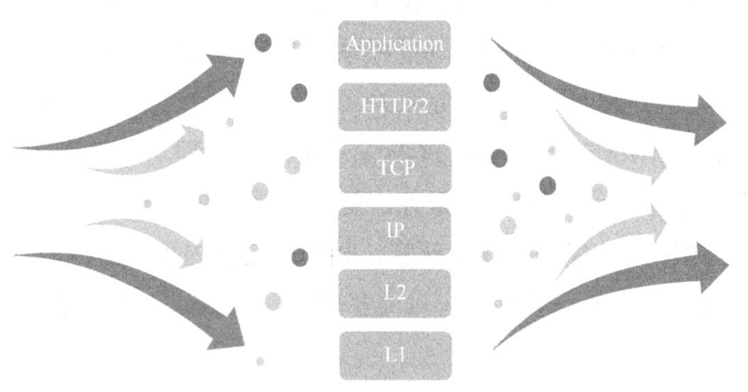

图 8-3　服务化接口

应用到每个 NF 身上即为服务化接口，也就是上面提到的 Nxxx 接口（Namf、Nsmf 等）。因为底层的传输方式相同，所以所有的服务化接口可以在同一总线上进行传输，这种通信方式可以理解为总线通信方式。

所谓的“总线”，在实际部署中是一台或几台路由器。与目前 4G 网络中 DRA 不同的是，DRA 本身是感知 3GPP 层协议的，如基于用户的号段、签约信息等 3GPP 层消息进行转发，但 5G 服务化架构中的控制面“总线”只进行基于路由器 3/4 层协议的转发，而不会感知高层的协议。

在 5GC 中，协议提供了两种形式的参考点：一种是基于服务化接口的参考点，如控制面 NF 之间的交互关系；另一种是基于传统点对点通信的参考点，如 NF 与无线以及外部数据网络连接时的交互关系。

为了帮助读者按照传统方式去理解 5GC 各个 NF 之间以及对外交互的关系，3GPP 协议中也提供了传统拓扑结构的架构图。5GC 网元信令交互如图 8-4 所示。控制面体现基于服务化接口的参考点，如 N11、N12 等实线部分。控制面与 UPF、5GC 和无线侧以及外部网络连接时，仍然是基于传统的点对点通信参考点，如 N1、N2 等虚线部分。

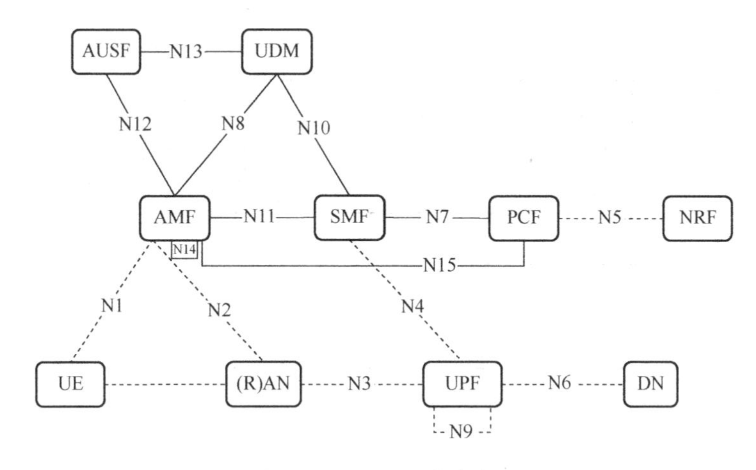

图 8-4　5GC 网元信令交互

不难看出，5GC 的移动性管理、会话管理以及数据传输的核心功能都存在，只是做了功能解耦，为了让 5GC 网络更加灵活、开放以及易扩展，从而应对 5G 灵活的业务场景。

2. 网络服务自发现

1）NF 的拆分

3GPP 为了细化管理，每个网络功能（NF）在控制平面上又可以提供不同的网络功能服务（Network Function Service，NFS）。通过串联不同 NFS，最终实现注册、会话管理、移动性管理、鉴权及密钥协商等端到端的移动网络信令流程。

然而每个 NFS 都有独立自治的特点。以 AMF 为例，它又包含 4 个 NFS（通信服务、被叫服务、事件开放、位置服务），最终实现接入控制等功能。

2）NFS 的自动化管理

每个 NF 都有各自的 NFS，目前可能是几十个，后面可能会更多。那么多 NFS 的维护对于维护人员无异于一场灾难。因此，3GPP 定义了一个仓库管理员网络存储功能（Network Repository Function，NRF）来负责所有 NFS 的自动化管理，包括注册、发现、状态检测。所有 NF 上电后会主动向 NRF 上报自身的 NFS 信息，这样 NRF 就维护了所有网元的信息，相当于 NRF 知道了整体的拓扑结构。这样网元间的通信就可以直接从 NRF 处获得需要通信的对端网元信息了。

网元注册如图 8-5 所示，我们以新建一个 PDU 会话为例，介绍 NRF 如何串联不同的 NFS 来支撑一个业务场景。

首先，AMF、SMF 上电后，会主动向 NRF 请求注册，NRF 保存 AMF、SMF 的信息并标记其为可用。当 AMF、SMF 提供的服务发生变化或不再提供服务时，向 NRF 请求更新或注销。

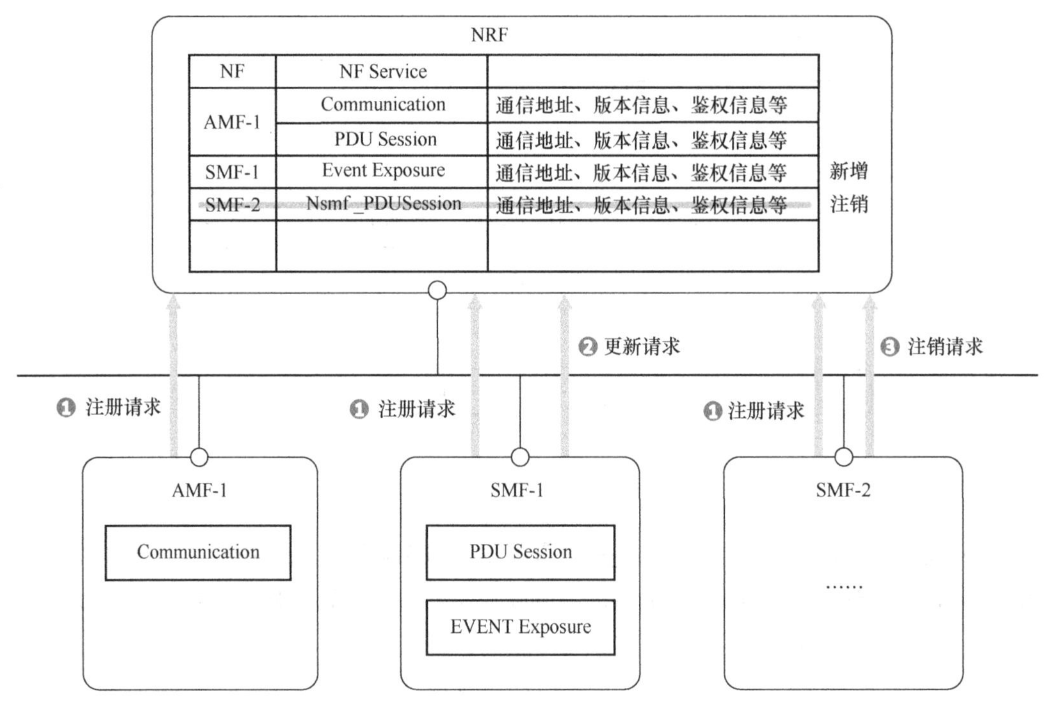

图 8-5 网元注册

网元注册会话建立如图 8-6 所示，AMF 收到 UE 发送的会话建立请求后，向 NRF 请求发现 SMF。NRF 查询本地维护的 NF 信息选择可用的 SMF-1，并将 SMF-1 信息发送给 AMF。AMF 获取到 SMF-1 信息后，通过服务化接口调用相应服务实现会话建立。

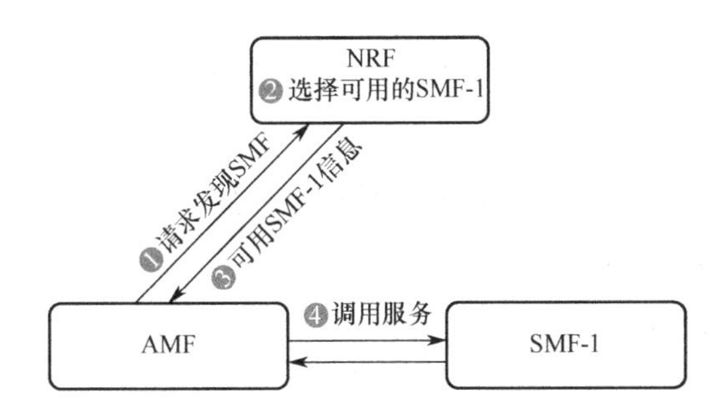

图 8-6　网元注册会话建立

5G 终端接入流程如图 8-7 所示，其流程步骤如下。

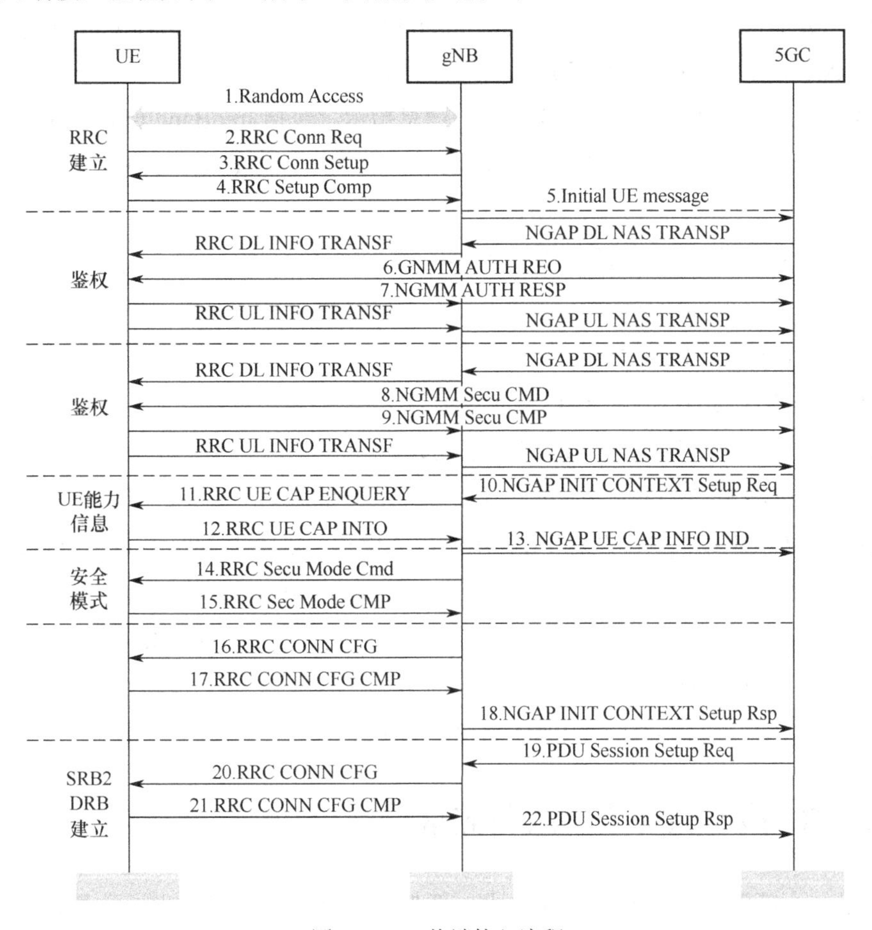

图 8-7　5G 终端接入流程

步骤 1，UE 在 PLMN 选择、频点扫描和小区选择后对选择的 gNB 小区发起随机接入。

步骤 2，UE 向 gNB 发送 RRC 建立请求，携带 UE 标识和建立原因值（如 Mo-Data、Mo-Signalling 等）。

步骤 3，gNB 向 UE 回复 RRC 连接建立，携带上下行初始 BWP、CSI、T310/N310/N311 定时器等。

步骤 4，UE 向 gNB 回复建立完成，携带 selectedPLMN-Identity、registeredAMF、snssai-list 和 NAS 消息。

步骤 5，gNB 向核心网 AMF 发送初始上下文信息。

步骤 6，核心网向 UE 发起鉴权请求。

步骤 7，UE 向核心网回复鉴权响应。

步骤 8，核心网向 UE 发送加密指示。

步骤 9，UE 向核心网恢复加密完成。

步骤 10，核心网向 UE 发送上下文建立请求，主要包括 UE 聚合最大比特速率（Aggregate Maximum Bit Rate，AMBR）、mobility-RestrictionList、UE-securityCapabilities、coreNetworkAssistanceInformationForInactive 等信元。

步骤 11，gNB 向 UE 发送查询 UE 能力信息指示，包括 freqBandInformation 信元。

步骤 12，UE 向 gNB 回复 UE 能力信息，包括 PDCP/RLC/MAC/PHY 和 RF 等支持的能力。

步骤 13，gNB 将 UE 能力信息透传给核心网。

步骤 14，gNB 向 UE 发送安全模式指示，包括加密算法和完整性算法。

步骤 15，UE 回复安全模式加密完成。

步骤 16，gNB 向 UE 发送 RRC 重配置消息，激活 BWP1。

步骤 17，UE 向 gNB 回复 RRC 重配置完成。

步骤 18，gNB 向核心网恢复 UE 上下行建立完成响应。

步骤 19，核心网向 gNB 发送 PDU 承载建立请求，携带 PDUSessionResourceSetupList SUReq，包括上下行 AMBR、UGW IP、fiveQI 及 E-RAB-ID。

步骤 20，gNB 向 UE 下发 RRC 重配置消息，下发 SRB2&DRB 相关信息。

步骤 21，UE 向 gNB 回复重配置完成。

步骤 22，gNB 向核心网回复 PDU 承载建立完成。

8.4 5G 核心网安全挑战与需求

5G 是一个新型的开放网络，新技术、新架构、更开放等特点也导致暴露面增多，给 5GC 带来了新的安全风险，包括核心网云化带来的风险、管理面运维过程中 I/VNF 分层带来的风险、SBA 开放带来的网元间安全威胁以及核心网业务能力对外开放带来的风险等。

1. 云化安全风险

5GC NFV 云化使封闭的核心网络走向开放，为基础设施带来新的安全挑战。首先，云化后 5GC 各网元共享基础设施资源，使物理隔离变成虚拟隔离，导致传统的物理安全边界被破坏，而新的逻辑网络之间无明显边界，另外共享底层存储也可能造成数据迁移后残留敏感信息导致数据泄露；其次，因云化新增虚拟化层，而虚拟化层使用虚拟管理等开源软件容易引入更多漏洞，且虚拟网络内部流量难以监控，更难以发现虚拟化网络内的安全风险；再次，云化容易带来多厂商管理的问题，安全问题定责风险加大，多厂商账号、权限和认证管理难以维护；最后，云化后在业务动态编排上，如果业务迁移则安全策略需要自动调整，另外编排接口被攻击后，可能会造成恶意挂载资源等风险。

2. 运维安全风险

在 5GC 的管理面运维方面，由于 5G 网络管理更加复杂烦琐，且根据用户对边缘计算、网络切片、能力开放等诉求，导致存在核心网运维客户端安全管控弱、运维客户端之间横向渗透以获取高安全域的运维访问权限、运维人员越权访问 EMS 或网元设备、网元间通过网络管理系统（Network Management System，NMS）域横向渗透、网元间以 EMS 网元为跳板渗透到其他网元、行业切片业务门户到 NSMF 恶意访问等多种风险。

3. SBA 服务化网元间安全风险

5GC 各网元之间采用 SBA（服务化架构）通信，满足云化及轻量化优势外，同时也引入了服务之间的仿冒、伪造、篡改等安全风险，需要 NF 之间采取有效的认证和授权机制。

4. 业务安全风险

5GC 是整个 5G 网络的核心，因此需要提供面向 5G 业务 eMBB、mMTC、uRLLC 三大场景及端到端业务流程的标准化安全能力，以确保 5G 终端安全接入、用户隐私保护、数据安全保护、服务化安全、网络切片安全以及能力开放安全的业务需求。

8.5　5G 核心网安全架构

5GC 内部根据不同的安全级别划分不同的信任区域，并且根据信任区域级别实施边缘隔离和纵深防御保护措施。

5GC 数据中心物理部署参考架构如图 8-8 所示。

其中，信任区和半信任区（Demilitarized Zone，DMZ）之间应物理独立，使用不同的物理服务器、不同的 TOR/EOR 交换机，或者不同的物理机房；信任区和半信任区内部不同的安全域之间，应物理服务器独立，例如，数据域和控制域部署在不同的物理服务器资源池。

1. 安全域隔离和防护

构建边界、域间、域内网络安全防护能力，与安全域结合，形成纵深防御体系。5GC 安全隔离架构如图 8-9 所示。

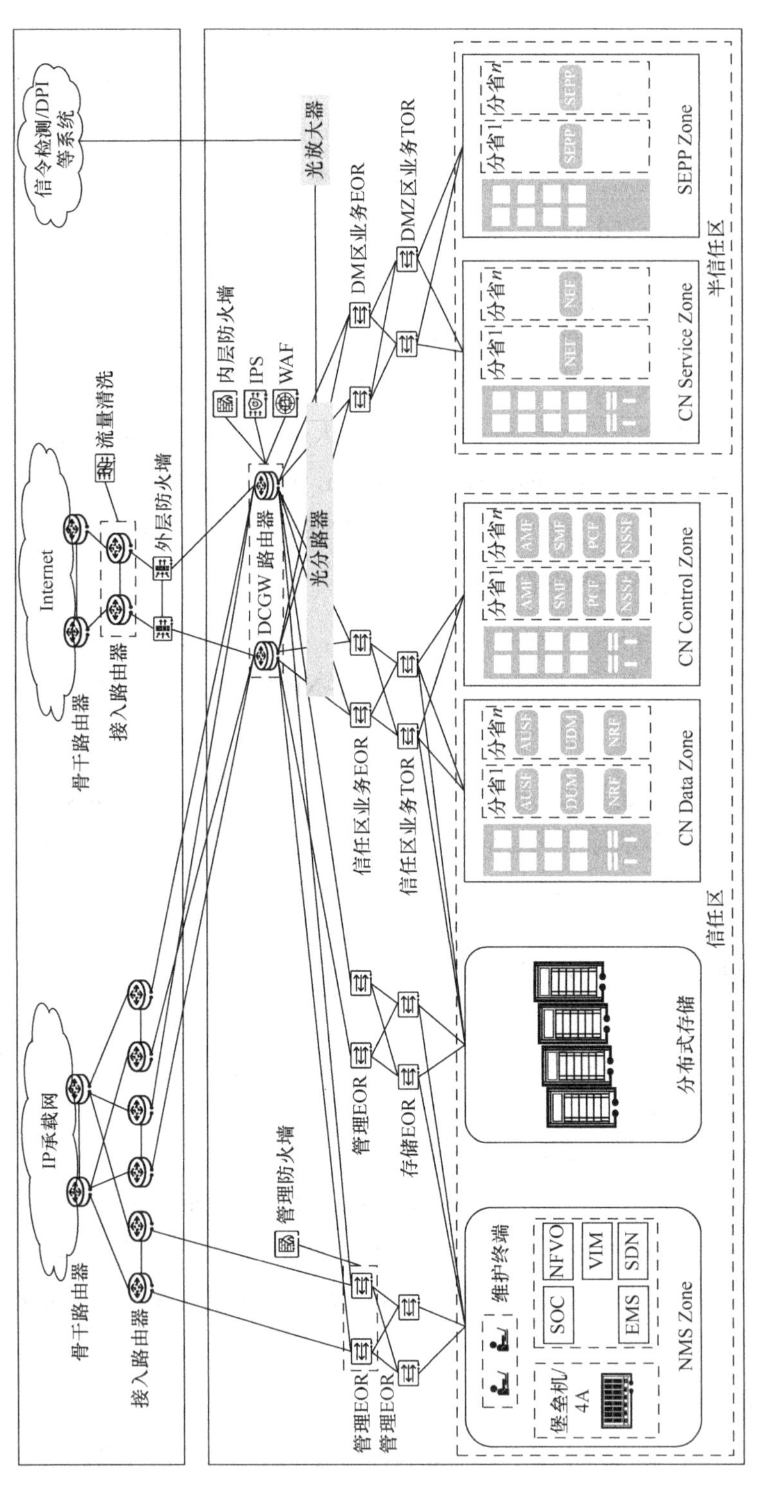

图 8-8　5GC 数据中心物理部署参考架构

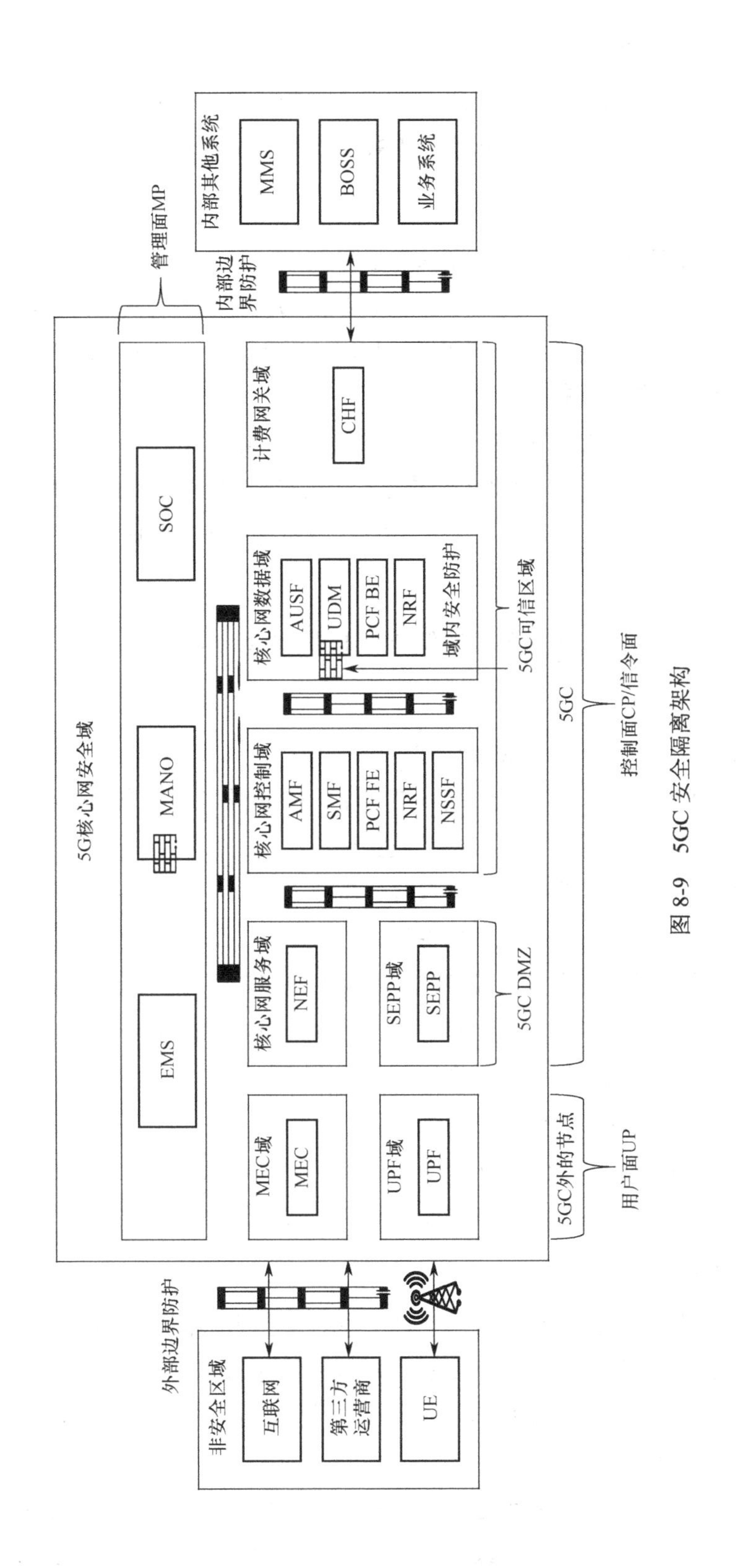

图 8-9　5GC 安全隔离架构

1）外部边界防护

面向互联网和第三方运营商应构建外部边界防护能力，面向内部网管、计费等应构建内部边界防护能力，包括部署防火墙、IPS、WAF、Anti-DDoS 等安全防御设备。

2）域间安全防护

域间安全防护主要通过以下三个层面来实现。

（1）根据核心网元资产的重要性及对外暴露的风险程度，实现防火墙逐级隔离通信保护，如最外层 UPF/NEF/SEPP、中间层 AMF/SMF/PCF、最内层 UDM/NRF/AUSF 各域之间通过防火墙实现纵深保护。

（2）不同的安全域之间采用 vDC 技术实现资源隔离。

（3）5GC 内部不同的安全域之间构建安全防护能力，如控制域、数据域、网关域等之间的安全防护，可通过防火墙、白名单 ACL、流量探针等方式保护。

3）内部边界防护

同一安全域内东西向流量的过滤保护，通过白名单 ACL、流量探针等方式保护。

2. 平面隔离

根据流量业务类型，将 5GC 划分为管理平面、控制（信令）平面和用户平面，不同平面之间应至少实现逻辑隔离，以提高网络韧性。5G 网络三面隔离如图 8-10 所示。

空口三面隔离主要通过以下技术手段实现。

（1）控制平面和用户平面实现协议栈分离。

（2）控制平面实现加密和完整性保护。

（3）用户平面根据业务的敏感性选择实现加密和完整性保护。

（4）设备层实现物理端口、逻辑 IP 地址和处理模块隔离。

传输三面隔离主要通过以下三个层面实现。

（1）控制平面实现 IPSec 加密隧道。

（2）管理平面、信令平面和用户平面通过 VLAN 隔离。

（3）管理平面通过 TLS/SFTP/SSH 等安全协议实现加密。

3. 5G 核心网业务安全

5GC 相对于 4G 的安全性，已在 3GPP 标准安全上提供了保障 UE 合法接入、空口机密性和完整性、网元间连接安全要求。对核心网涉及安全机制的网元 AMF、SEAF、AUSF、UDM、NRF、SEPP 的安全需求，可参考 3GPP TS33.501。5GC 与 4G 关键安全流程对比如图 8-11 所示。

相较于 4G，5G 和 UE 之间的安全流程除新增 IMSI 加密步骤外，整体流程上没有太大变化。但是，每个子流程中或多或少都存在些差异，安全流程对比见表 8-2。

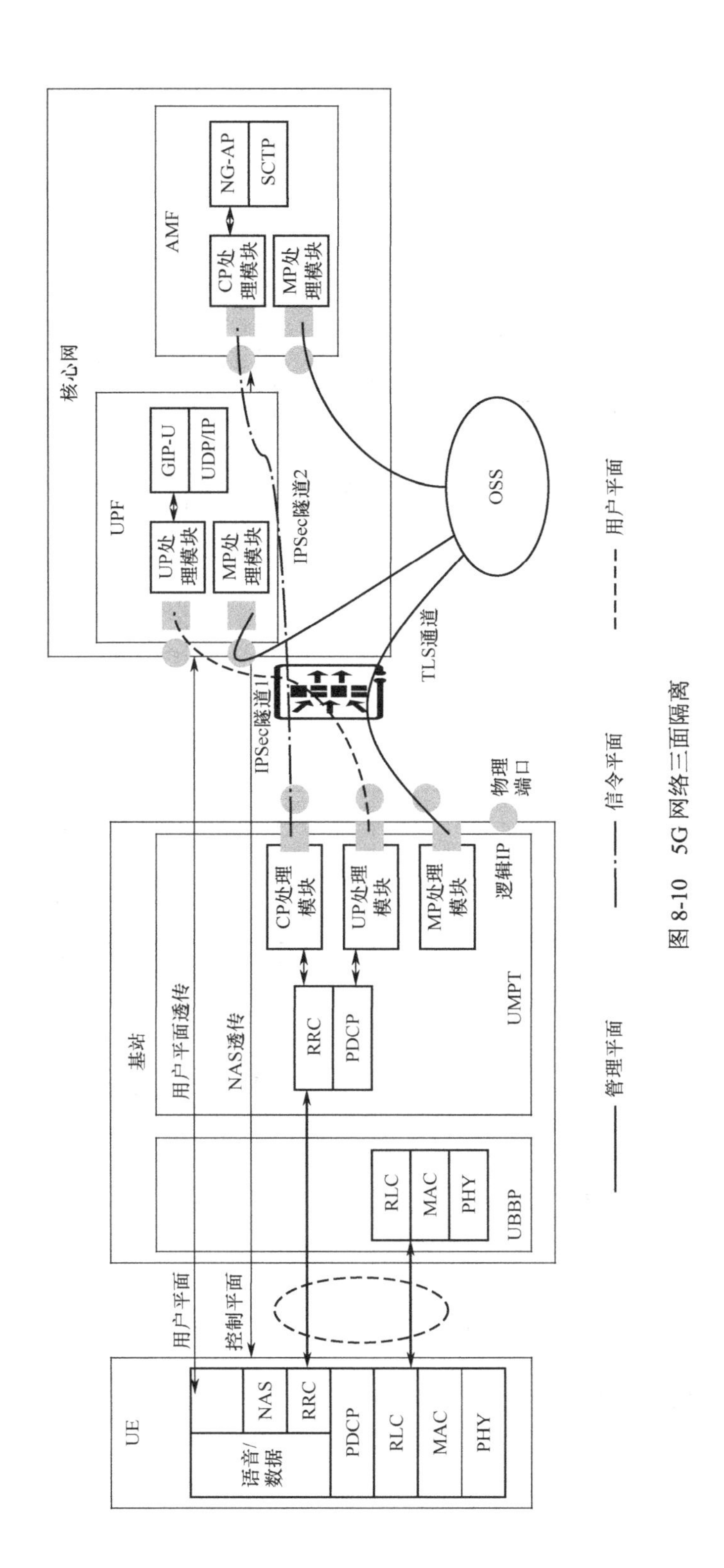

图 8-10　5G 网络三面隔离

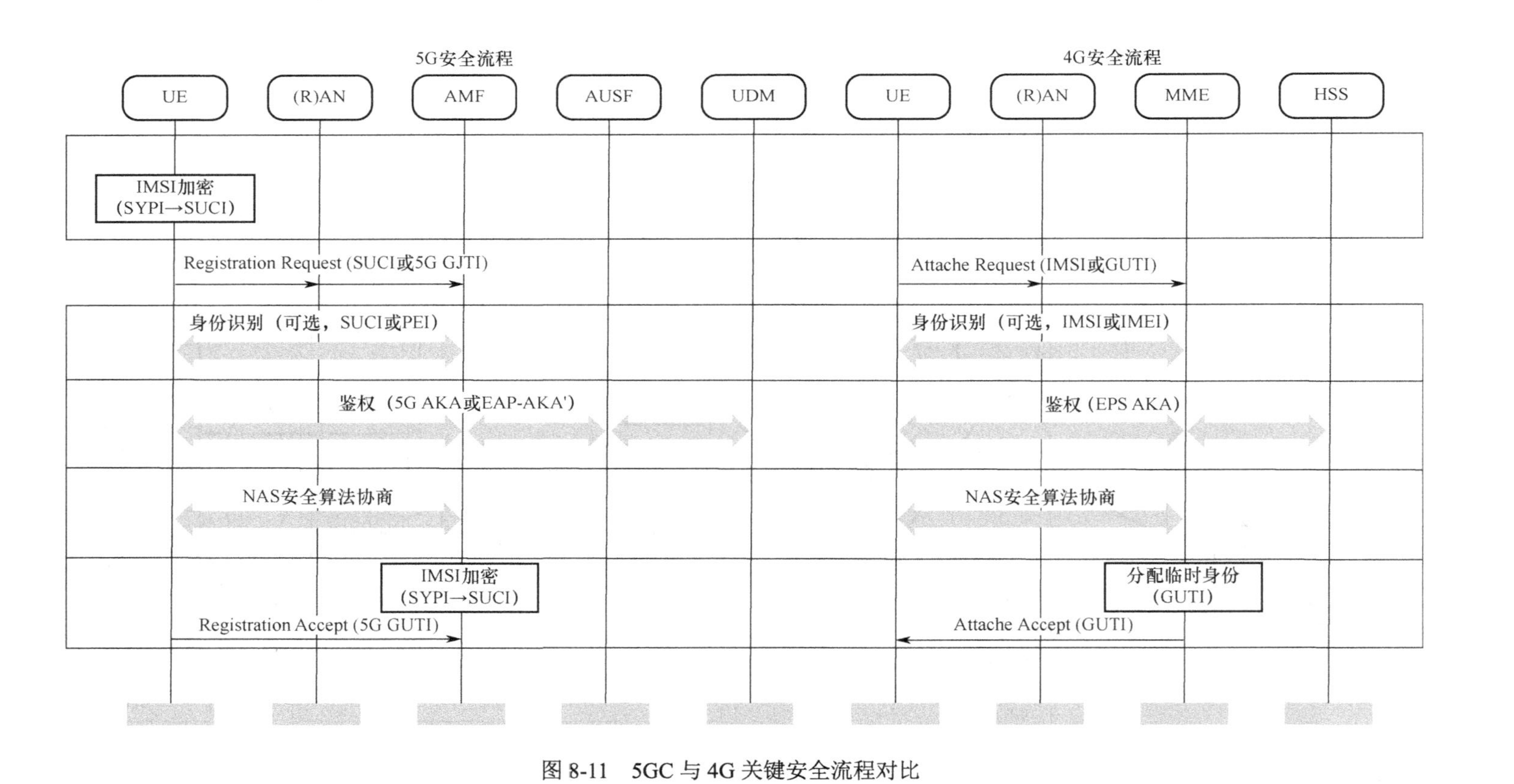

图 8-11　5GC 与 4G 关键安全流程对比

表 8-2　安全流程对比

安全流程		5G	4G	5G 和 4G 差异
身份保密：IMSI 加密		SUPI→SUCI	NA	5G 新增流程，4G 无
身份识别	交互网元	UE-AMF	UE-MME	核心网功能单元变更：4G MME→5G AMF
	身份标识	用户标识：SUCI 设备标识：PEI	用户标识：IMSI 设备标识：IMEI	5G 和 4G 身份标识变更
鉴权	交互网元	用户鉴权：UE-AMF-AUSF-UDM 设备鉴权：UE-AMF-EIR	用户鉴权：UE-MME-HSS 设备鉴权：UE-MME-EIR	核心网功能单元变更：4G MME→5G AMF+AUSF，4G HSS→5G UDM
	认证方法	3GPP 和非 3GPP 归一：5G AKA、EAP-AKA'	3GPP：EPS AKA 非 3GPP：EAP-AKA'	3GPP 认证方法变更：4G EPS AKA→5G AKA 或 EAP-AKA'
NAS 安全算法协商	交互网元	UE-AMF	UE-MME	核心网功能单元变更：4G MME→5G AMF
	加密算法	Snow3G、AES、ZUC		无变化
	算法密钥	128 bit		无变化
身份保密：分配临时身份	交互网元	AMF-UE	MME-UE	核心网功能单元变更：4G MME→5G AMF
	身份标识	5G GUTI	GUTI	5G 和 4G 身份标识变更

4．用户身份鉴权机制

5GC 要对 5G 终端的身份合法性进行认证，认证和密钥协商过程中应对用户永久标识（SUPI）进行认证。

5G 构筑了与接入方式无关的统一的安全框架、认证方法和密钥架构。在 4G 网络中，3GPP 和非 3GPP 接入通过两套不同的认证框架实现。到了 5G，无论采用哪种接入方式，安全框架均由 UE、AMF、AUSF、UDM 组成。5G 与 4G 安全框架如图 8-12 所示。

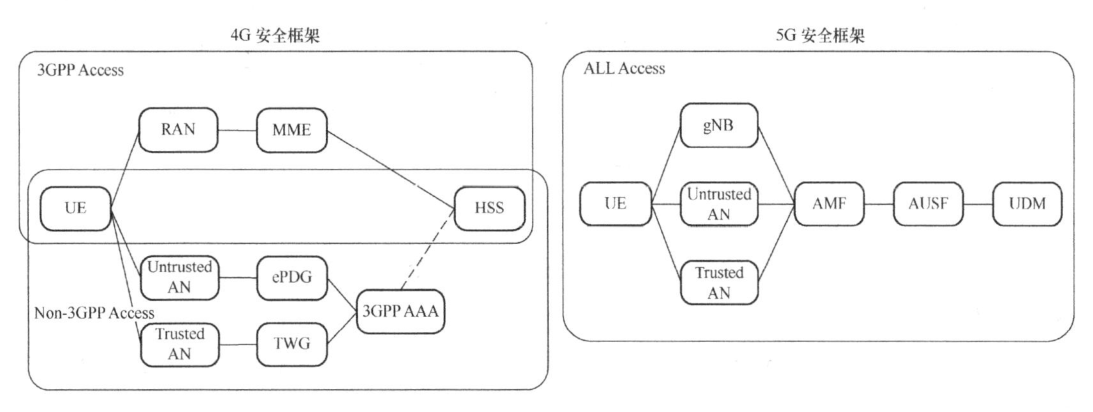

图 8-12　5G 与 4G 安全框架

下面介绍各 NF 的功能。

UDM：存储用户的根密钥以及认证的相关签约数据，生成 5G 鉴权参数和鉴权向量，类似 4G 网络中的 HSS。

AUSF：推导锚点密钥 K_{SEAF}；在 EAP-AKA'认证方法中，承担网络鉴权功能；在 5G AKA 认证方法中，承担归属网络鉴权功能。

AMF：根据锚点密钥 K_{SEAF} 推导下层的 NAS 和 AS 密钥，在 5G AKA 认证方法中完成服务网络鉴权结果确认。

5. 用户身份保密机制

为了避免在网络上传输用户的真实身份，被攻击者轻易获取，除继承 4G 已有的网络侧为 UE 分配临时身份标识（4G：GUTI→5G：5G GUTI）的机制外，5G 新增了 IMSI 加密（SUPI→SUCI）机制，避免了安全上下文建立前用户的 IMSI 在空口传输。

运营商将网络的公钥和加密算法烧入 USIM 卡中，UDM 上也存有相同的算法和密钥。UE 使用归属网络的公钥加密 SUPI 中的非路由信息，生成 SUCI。在初始注册（UE 还没有被分配 5G-GUTI）流程或者 UE 收到网络侧发送的身份识别请求（网络侧无法通过 5G GUTI 识别 UE 身份）时，UE 在 NAS 消息中发送 SUCI。获取 SUCI 后，UDM 使用私钥将 SUCI 解密为 SUPI，获取用户的真实身份及签约信息。

当网络侧无法识别 UE 的身份时，会向 UE 发起身份识别流程。5G 和 4G 的流程是一样的，差异在于 ID 的变化，用户标识 4G 为 IMSI、5G 为 SUCI，设备标识 4G 为 IMEI、5G 为 PEI，5G 网络的身份标识定义可参考协议 23.501 标识符（Identifiers），身份识别流程可参考协议 33.501 订阅识别程序（Subscription identification procedure）。

SUCI 的结构如图 8-13 所示，详细内容可参考协议 23.003 订阅隐藏标识符。

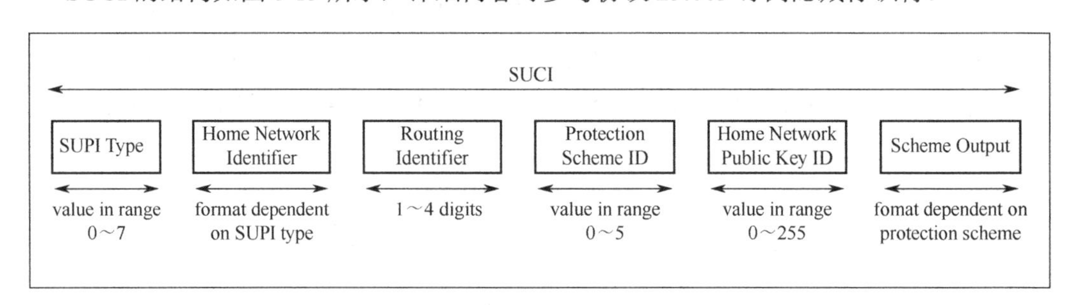

图 8-13　SUCI 的结构

（1）SUPI Type：SUPI 的类型。3GPP 接入时为 IMSI，取值为 0；非 3GPP 接入时为 NAI，取值为 1。

（2）Home Network Identifier：用户归属网络标识。当 SUPI 为 IMSI 时，包括 MCC 和 MNC。

（3）Routing Indicator：路由指示符，由归属网络运营商分配并存储在 USIM 中，与 Home Network Identifier 一起用于寻址 AUSF 和 UDM。

（4）Protection Scheme ID：SUPI→SUCI 过程中使用的加密算法标识。

（5）Home Network Public Key ID：SUPI→SUCI 过程中使用的归属网络公钥标识。

（6）Scheme Output：SUPI 加密后的输出结果。

6. 数据加密机制

NAS 安全算法协商：UE 和网络互相认可后，协商后续通信过程中信令加密和完整性保护所使用的安全算法和密钥。NAS 安全算法协商完成后，AMF 与 UE 之间的 NAS 消息都会进行加密和完整性保护。这部分内容，5G 和 4G 在流程上没有差异，使用的加密算法也相同（Snow3G、AES、ZUC 算法），详细信息可参考协议 33.501 NAS 安全模式命令程序（NAS security mode command procedure）。

在 5G 密钥架构中，根密钥 K 存储在 UDM 和 USIM 卡中，通过根密钥 K 逐层推导出 K_{AUSF}、K_{SEAF} 和 K_{AMF}。值得注意的是，使用不同认证方法时，K_{AUSF} 的计算公式不同。无论是 3GPP 还是非 3GPP 接入，都使用相同的密钥 K_{AMF} 推导 NAS 和 AS 密钥，实现统一推衍。4G 和 5G 密钥架构对比如图 8-14 所示。

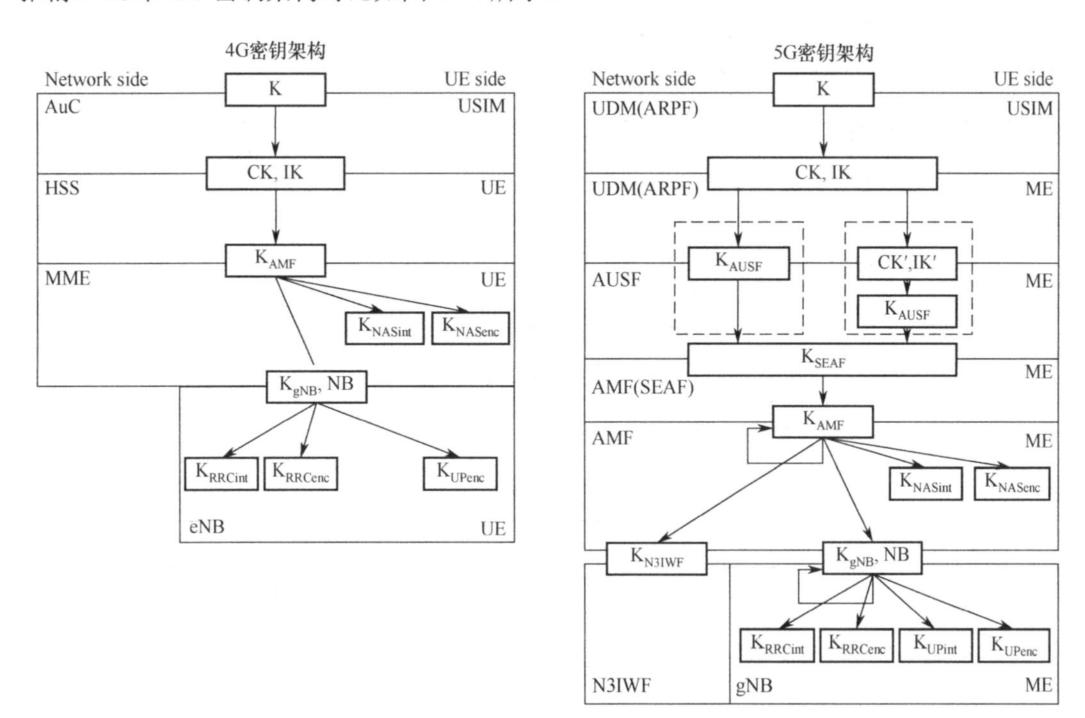

图 8-14　4G 和 5G 密钥架构对比

7. SBA 服务化架构

5GC 将控制面的功能解耦、聚合并服务化，实现网络功能的敏捷部署，NF 间通过基于服务化架构的接口（SBI）通信，如图 8-15 所示。

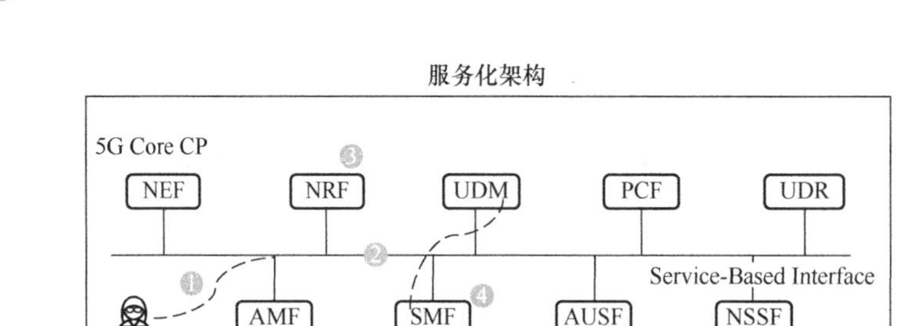

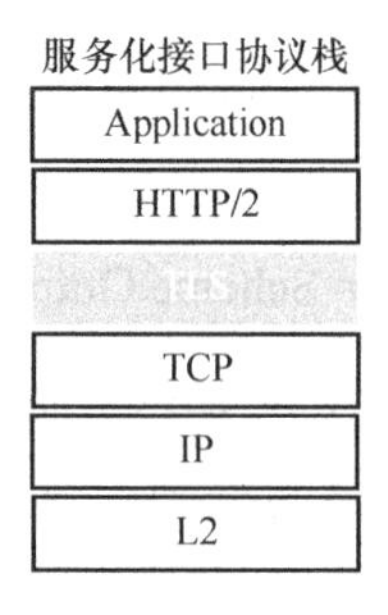

图 8-15　服务化架构的接口

为了预防和降低 NF 仿冒、篡改、信息泄露和权限提升等安全风险，5GC 支持 SBI 加密、NF 认证和访问授权等功能。

SBI 加密：SBI 安全传输层采用 TLS 协议，提供数据加密和完整性保护。

NF 认证和授权流程如图 8-16 所示，5GC 基于 OAuth 2.0 框架实现 NF 之间的授权，NF 完成注册后向 NRF 申请访问令牌（Access Token），当需要服务时携带 Access Token 访问 NF Service Producer（NF 服务提供商），NF Service Producer 通过 Access Token 校验结果决定是否提供服务。简单地说，Access Token 好比一个许可证，当且仅当你手持许可证时，才能获得所需的服务。当然，许可证是有时效性的。

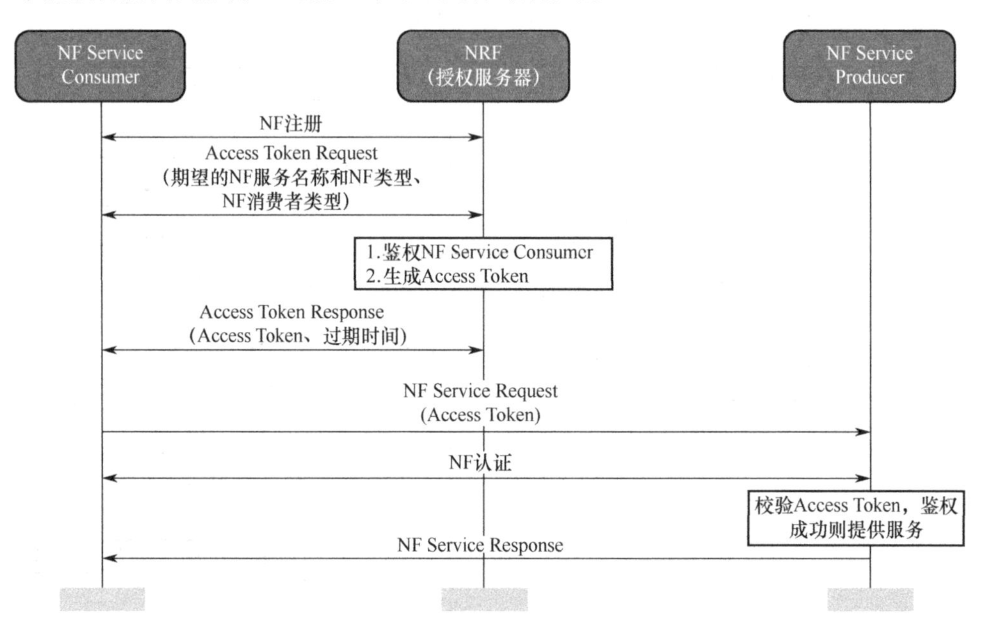

图 8-16　NF 认证和授权流程

第 9 章 5G MEC 安全

随着云计算、物联网、5G 等新技术不断成熟，海量终端设备和数字化应用高速发展，其产生和处理的数据也呈指数级增长。为满足数字化应用高速率、低时延、高可靠的性能需求，多接入边缘计算（Multi-access Edge Computing，MEC）应运而生。MEC 被 Gartner 定义为十大战略技术之一，成为继云计算后的下一个科技竞争高地。5G MEC 将核心网功能下沉到网络边缘，具备丰富的应用场景。然而 MEC 设施的资源和能力有限，难以提供与云中心同等级的安全能力，同时在物理位置、网络边界、业务类型等多方面发生了变化，在安全性方面也面临新的挑战，需要学术界、产业界在技术与应用层面开展充分研究，为各类边缘应用提供安全保障。

9.1 5G MEC 平台架构

5G 网络中引入 MEC，满足了 5G 业务本地化、差异化、低时延的需求。MEC 本质上也是一个小型的云数据中心，这部分的安全设计主要参考网络安全等级保护等相关的技术要求，结合 MEC 本身的业务特点，构建从物理安全、基础设施安全、系统及平台安全、业务及数据安全、管理与运维安全等端到端的安全解决方案，打造“放心”的边缘计算平台（MEP）。

在安全解决方案中，需要重点关注对第三方 App 的安全防护。首先，采用安全隔离手段实现 MEP 与 App、App 与 App 的安全隔离（如部署 FW、划分 VLAN 等）。另外，由于 App 以虚拟化网络功能（VNF）的方式运行在 NFV 基础设施上，当 App 以虚拟机或容器部署时，可参考虚拟层安全要求和容器安全要求，采用安全措施实现 App 使用的虚拟 CPU、虚拟内存以及 I/O 等资源与其他虚拟机或容器使用的资源间的隔离，同时也要保证 App 镜像和镜像仓库具有完整性和机密性、访问控制的安全保护。

ISO 将 MEC 定义为将数据和任务在靠近数据源头的网络边缘侧进行计算和执行的一种

新型服务模型。ETSI 认为 MEC 是为应用开发者和内容提供商提供在（运营商）网络边缘侧的云计算能力和 IT 服务，这一环境的特点是极低的时延和极大的带宽，支持针对应用侧无线网络的实时访问。目前业界普遍认为 MEC 借助边缘网络将云计算能力下沉至边缘节点，边缘节点的算力和存储资源与分布式的云计算技术结合，为车联网、云游戏、超高清视频直播等边缘应用提供高效能力支撑。从逻辑架构上看，MEC 包括边缘网和边缘云，其中边缘网提供云下沉边缘所需的网络连接能力，支持就近接入和边缘分流，边缘云提供承载边缘应用所需的云计算能力，主要包括数据处理、存储等。MEC 业务逻辑架构如图 9-1 所示。

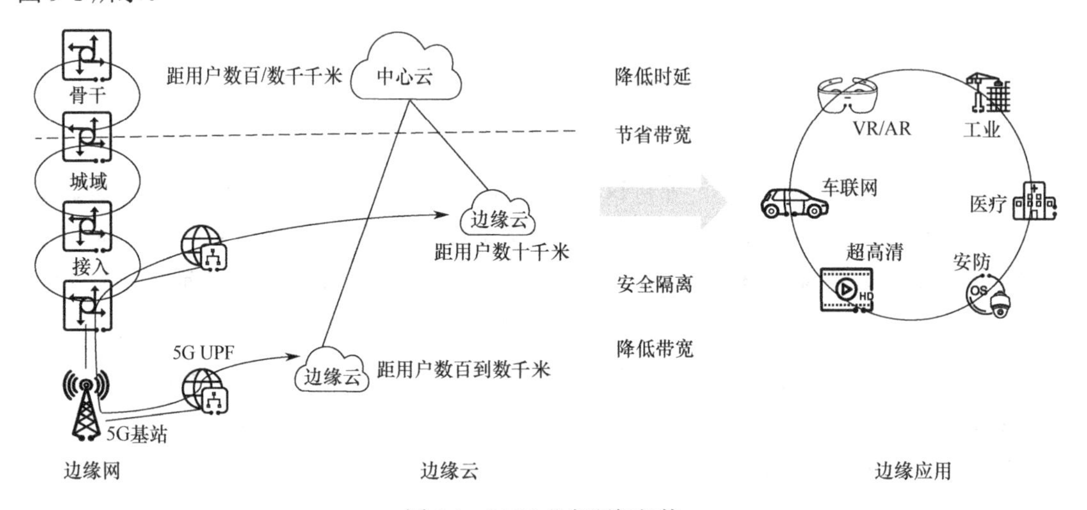

图 9-1　MEC 业务逻辑架构

5G MEC 作为 5G 网络新型网络架构之一，通过将云计算能力和 IT 服务环境下沉到移动通信网络边缘，就近向用户提供服务，从而构建一个具备高性能、低时延与高带宽的电信级服务环境。中国通信标准化协会（CCSA）在《5G 核心网边缘计算总体技术要求》中也提出了 5G MEC 系统架构，如图 9-2 所示。

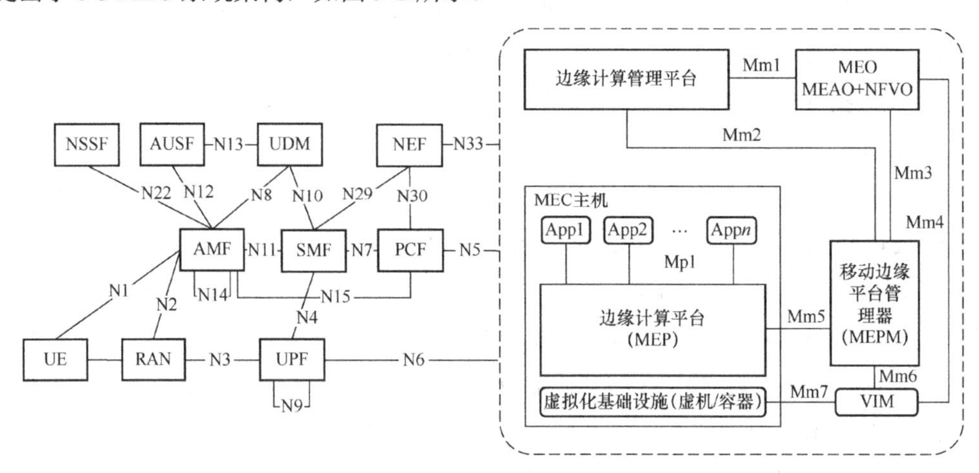

图 9-2　5G MEC 系统架构

（1）边缘计算应用编排器（MEC Application Orchestrator，MEAO）是 MEC 系统级管理的核心功能，包括 MEC 系统的拓扑结构维护和总体视图呈现、应用程序包的加载和维护、触发应用实例化和终止等功能。

（2）移动边缘平台管理器（Mobile Edge Platform Manager，MEPM）主要完成 App 的生命周期管理、MEC 平台的生命周期管理、MEC App 规则管理和 MEC 平台管理。

（3）MEP 是 MEC App 的业务管理平台，包括 App 的服务注册、服务治理、分流规则控制、DNS 规则处理，以及内置的 MEC 服务。

（4）MEC App 是在边缘提供相应业务的应用程序，在一个边缘站点，可以部署丰富的 App 业务。

9.2　5G MEC 组网架构

5G 网络中引入 MEC 的主要目的是满足实时业务、安全与隐私保护需求，综合不同业务对时延、成本和企业数据安全性的考量，下沉到汇聚和园区是典型的部署方案。5G MEC 部署场景可分为广域 MEC 和园区 MEC 两大类，5G MEC 的通用部署场景如图 9-3 所示。

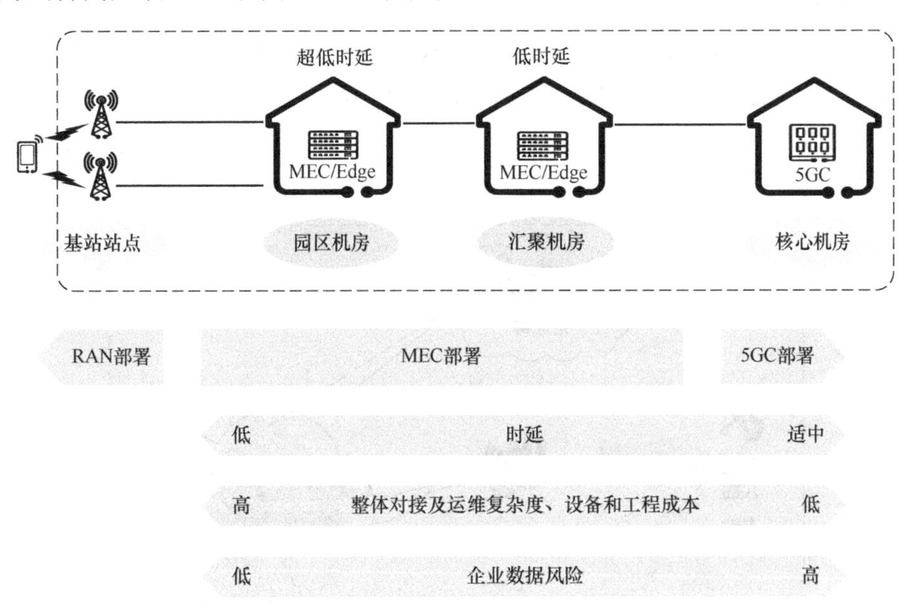

图 9-3　5G MEC 的通用部署场景（不区分广域 MEC 和园区 MEC）

1. 广域 MEC

目前，百千米传输引入的双向时延可以达到低于 1ms，因此，基于广域 MEC 的 5G 公网已经能够为大量垂直行业提供低时延的 5G 网络服务。权衡应用对接、运维复杂度、设备和工程成本等多种因素，MEC 部署在汇聚机房是当前运营商广域 MEC 的主要方案，如图 9-4 所示。

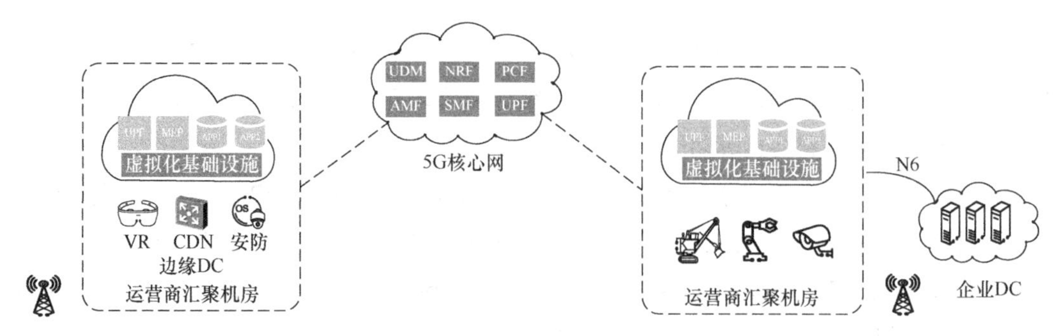

图 9-4　广域 MEC

广域 MEC 的主要应用场景包括 OTT 连接（Cloud VR/云游戏）、集团连接（公交广告/普通安防）、uRLLC 专网（电力）、专线连接（企业专线）等，在这些应用场景下，MEC 部署在运营商汇聚机房能够满足低时延的业务需求。

2. 园区 MEC

对于安全与隐私保护高敏感的行业，可以选择将 MEC 部署在园区，以满足数据不出园的要求。

园区 MEC 的主要应用场景包括局域专网 eMBB（教育/医院/园区）、局域专网（包含 uRLLC 业务）。在园区 MEC 部署场景下，MEC 将满足 uRLLC 超低时延业务，同时支持企业业务数据本地流量卸载（Local Break-Out，LBO），为园区客户提供本地网络管道。通过增强隔离和认证能力，防止公网非法访问企业内网，构建企业 5G 私网，园区 MEC 如图 9-5 所示。

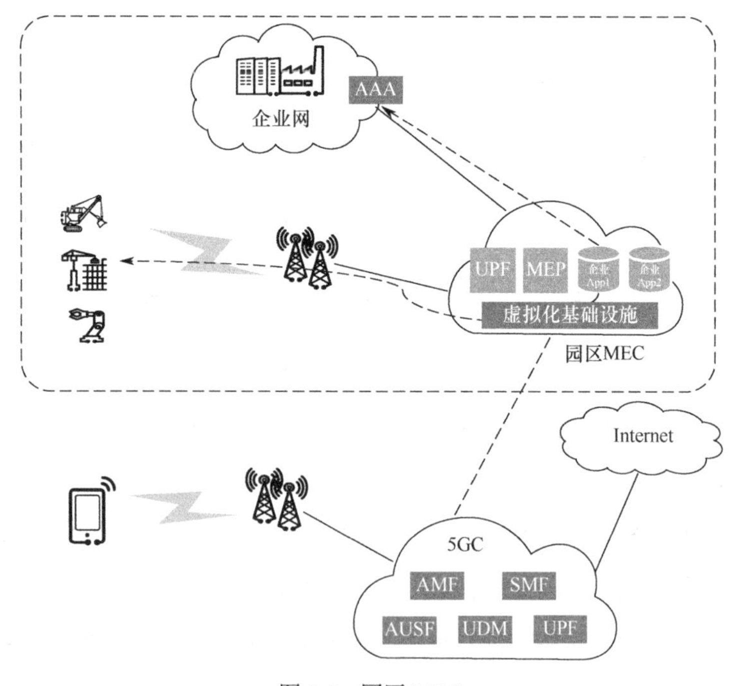

图 9-5　园区 MEC

（1）通过 DNN、网络切片等方案组成企业子网，只允许无线终端接入园区内网络。

（2）通过机卡绑定、企业 AAA 二次鉴权等手段，只允许特定终端访问园区网络。

（3）通过基站广播园区专用 PLMN ID+NID 或者客户端接入网关 ID，只允许企业终端接入园区专用网络。

3. 5G MEC 业务场景

下面以统一边缘网关（Unified Edge Gateway，UEG）产品为例，具体介绍 5G MEC 业务场景。

1）UEG 产品定位

UEG 是构建 MEC 解决方案的必选部件，UEG 包含 ETSI 中的 MEC platform 和 Data plane 功能，分别对应 MEC 处理功能（MEC Process Function，MPF）和 5GC 的 UPF/上行分类器（Uplink Classifier，UL CL）功能，与应用、内容、核心网部分业务处理和资源调度功能一同部署到边缘节点中，为用户提供极致的业务体验。

2）UEG 产品功能/支持本地分流

UEG 支持 UL CL 功能，即针对 5G 用户面的数据分流功能，实现根据用户业务流特征，将访问本地网络的业务流分流到本地业务服务器，即本地分流业务处理。本地业务分流可分为基于域名的本地分流、基于 IP 地址的本地分流、基于 DNN+位置的本地分流，以及基于 PCF 签约的本地分流。

基于域名的本地分流：根据用户报文的域名进行分流规则匹配，将匹配成功的业务流分流到特定域名的本地业务服务器。

基于 IP 地址的本地分流：根据用户报文的目的 IP 地址和端口号进行分流规则匹配，将匹配成功的业务流分流到特定 IP 地址的本地业务服务器。

基于 DNN+位置的本地分流：当用户激活或位置变化移入本地分流区域时，SMF 支持根据用户激活的 DNN 和位置信息选择 UL CL UPF 并触发创建 UL CL 流程，给 UL CL UPF 下发 UL CL 规则，给 PSA UPF 下发普通规则。UL CL+PSA UPF 支持根据 SMF 下发的分流规则和普通规则进行匹配，完成本地分流功能。

基于 PCF 签约的本地分流：在 UL CL UPF 与辅锚点 UPF 合一部署场景下，当用户激活或位置变化移入本地分流区域时，SMF 支持根据 PCF 下发的 User Profile、用户激活的 DNN、位置以及数据网络接入标识（Data Network Access Identifier，DNAI）等信息选择 UL CL UPF 并触发创建 UL CL 流程，给 UL CL UPF 下发分流规则，给辅锚点 UPF 下发普通规则，UL CL+辅锚点 UPF 支持根据 SMF 下发的分流策略进行规则匹配，完成本地分流功能。

9.3 5G MEC 面临的安全风险

MEC 将云数据中心的计算能力下沉到了网络边缘，通常部署在网络边缘，暴露在不安全环境中，加之其计算能力开放的特性，在应用、数据、网络、基础设施、物理环境、管理等方面存在安全风险问题，MEC 安全风险概览如图 9-6 所示。

图 9-6　MEC 安全风险概览

1. 应用安全风险

MEC 应用将平台的基础与通用安全能力、第三方能力等开放给平台用户，对外实现能力开放，涉及的应用安全风险如下。

（1）应用安全隔离风险：应用之间、应用与网元，以及多租户隔离不当，都可能带来租户访问权限越界、数据丢失和泄露等风险。

（2）应用安全检测能力不足：由于引入的 MEC 平台未提供充分的安全检测与防御能力，缺少对应用、API 的安全管理、配置和监测能力等，导致无法及时发现、处置非法访问和入侵等。

（3）应用安全漏洞：在 MEC 管理模块、应用、API 的开发、部署、更新等过程中可能引入新的安全漏洞，利用该漏洞可向 MEC 平台进行渗透、入侵，导致 MEC 应用处在不安全的状态。

（4）缺少恶意应用核查：由于缺少对恶意应用的安全检测，如果恶意应用随意驻入，将会引发恶意消耗平台资源引发分布式拒绝服务攻击、用户数据与信息泄露、用户数据隐私不被保护等安全风险。

2. 数据安全风险

MEC 系统负责计算、存储大量重要的业务数据，所以数据被完整传输、存储至关重要，涉及的 MEC 的数据安全风险如下。

（1）隐私数据泄露：由于 MEC 在用户侧提供数据的计算与存储能力，远离核心机房，受数据管理、传输方式、物理环境的限制，数据存在丢失、泄露、非法操作的可能，数据的保密性和完整性可能遭到破坏。

（2）数据面网关安全：存在木马、病毒攻击风险，攻击者近距离接触数据面网关，有可能获取敏感数据或篡改数据网管配置，并进一步攻击核心网。

（3）数据传输未加密：数据在网络中传输时，未使用加密算法对数据、文件等进行加密，导致明文传输，很容易被攻击者拦截并盗用。

3. 网络安全风险

MEC 网络充当本地系统和集中化业务资源之间的中介，涉及多个层以及不同的服务器，在保证实时传输的同时也要求足够大的带宽，其安全风险如下。

（1）远程操作管理风险：包括远程管理控制软件与平台相关功能网元之间的控制传输安全性问题，在流量传输与控制、资源上报和监听、窃取、篡改业务信息等方面存在安全风险。

（2）网络攻击风险：黑客可针对 MEC 网络进行欺骗、流量劫持、信息窃取等攻击，利用开放接口的漏洞入侵核心网。

（3）安全防护措施不足：缺少网络攻击防护设备以及网络告警管理、安全资源管理、安全审计等措施，不能及时发现并拦截攻击。

4. 基础设施安全风险

MEC 基础设施主要包括服务器、虚拟机、网络设备、安全设备等实体，其涉及的安全风险包括但不限于如下内容。

（1）配置不当：包括各类设备基线配置不当、设备登录和访问控制策略配置不当、资源管理策略配置不当等引发的非法用户登录、非授权攻击等安全问题。

（2）接入认证缺失：缺乏双向认证或匹配的加密算法引发的窃听、劫持和篡改攻击，设备安全漏洞更新不及时导致的安全隐患等。

（3）未进行安全隔离：虚拟机之间如果没有进行安全隔离，则当一台虚拟机被利用时，会导致一批虚拟机被入侵，MEC 系统信息会被泄露、非法利用。

5. 物理环境安全风险

MEC 部署物理环境可包括地市级、区县级机房，以及边缘云、微型数据中心，或者现场设备、智能网关等网络设备等，其涉及的物理环境安全风险包括但不限于如下内容。

（1）机房环境安全风险：包括因 MEC 机房位置、电力供应、防火、防水、防静电、温湿度控制等设置不合规而引发的设备断电、网络断连、平台瘫痪等安全风险。

（2）开放环境安全风险：主要针对部署于现场设备或智能网关等设备上的轻量级 MEC 平台，因物理攻击，以及设备被窃、被盗、被劫持等引发的安全风险。

6. 安全管理风险

MEC 安全管理风险包括涉及平台自身的安全管理风险，以及与其他相关方合作过程中的安全管理风险等。

（1）平台安全管理风险：主要涉及因平台安全管理制度缺乏、灾难恢复预案不恰当、安全责任划分制度不明确等引发的平台安全防护措施未落实、安全事件应急恢复不及时等安全风险。

（2）第三方安全管理风险：包括在 MEC 应用上线、升级时缺乏对第三方应用开发商的安全评估和审核，对于多租户的 MEC 应用缺乏区分租户的业务运维和安全管理，缺乏对设备供应商的安全管理，以及持续性评估不足等安全隐患。

9.4 5G MEC 安全防护

5G MEC 安全防护设计理念应遵循安全合规和风险处理要求，在通过 5G 网络设备自身安全能力安全防护的基础上，增加必要的安全防护组件，实现在基础设施层面的完整安全防护机制，并通过基础安全与服务化安全结合的方式实现安全服务能力的按需发放，降低安全建设成本。

9.4.1 5G MEC 安全参考架构

5G MEC 安全架构的设计。依据存在的安全风险和威胁，针对不同层级提供不同的安全防护，将边缘安全问题分解和细化，直观地体现边缘安全实施路径，本节提出的 5G MEC 安全参考架构如图 9-7 所示。该参考架构针对 MEC 在应用、数据安全、网络安全、基础设施安全、物理环境安全、安全运维支撑、安全管理等方面存在的安全风险，提出相应的安全实现方案。

1. 应用安全

应用安全主要针对应用安全隔离、应用安全检测能力不足、安全漏洞、缺少恶意应用检查等风险，通过访问授权、应用加固、安全检测、接口安全、安全开发、安全扫描、应用管控等实现安全目标。MEC 平台通过开发的原生应用或入驻平台的第三方应用，将平台相关基础网络能力、通用安全能力、第三方能力等开放给平台用户。MEC 应用安全重点考虑在应用的开发、上线到运维的生命周期内，通过在应用加固、权限和访问控制、应用监控、应用审计等安全防护措施，提升应用的安全可靠性。

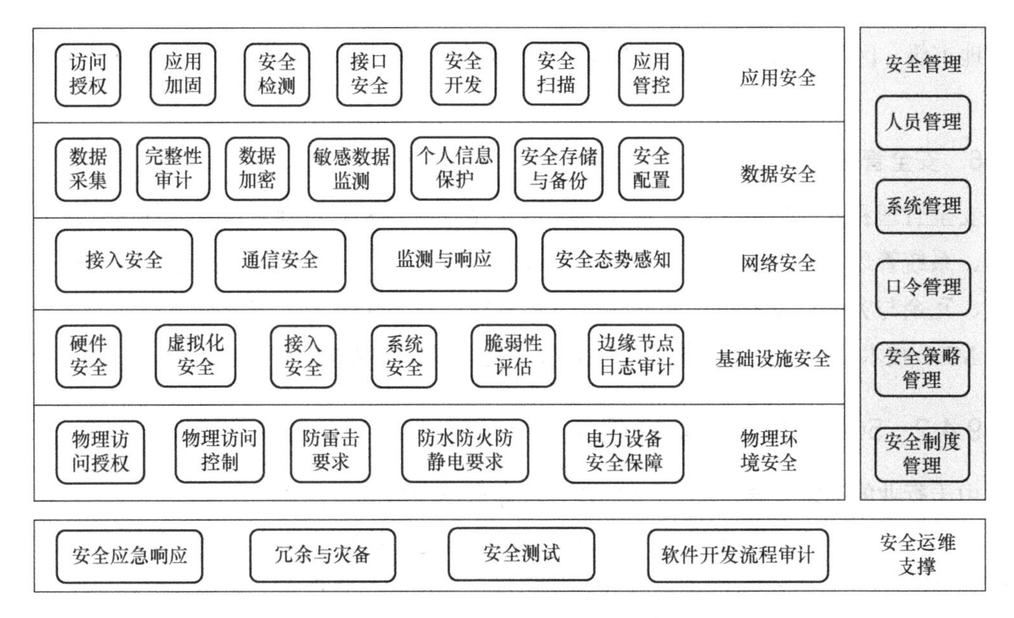

图 9-7　5G MEC 安全参考架构

2. 数据安全

数据安全主要针对隐私数据泄露、数据面网关安全、数据传输未加密等风险，通过数据采集、完整性审计、数据加密、敏感数据监测、个人信息保护、安全存储与备份和安全配置等实现安全目标。MEC 数据安全重点考虑在 MEC 过程中对数据的产生、采集、流转、存储、处理、使用、分享、销毁等环节的数据安全生命周期保护。

3. 网络安全

网络安全主要针对远程操作管理、网络攻击风险、网络级安全防护不当等风险，通过接入安全、通信安全、监测与响应和安全态势感知等实现安全目标。边缘网络安全防护考虑通过建立纵深防御体系，从安全协议、网络域隔离、网络监测、网络防护等从内到外保障边缘网络安全。

4. 基础设施安全

基础设施安全主要针对配置不当、接入认证缺失、未安全隔离等风险，通过硬件安全、虚拟化安全、接入安全、系统安全、脆弱性评估、边缘节点日志审计等实现安全目标。基础设施安全涵盖从启动到运行整个过程中的设备安全、硬件安全、虚拟化安全和系统安全。需要保证边缘基础设施在启动、运行、操作等过程中的安全可信。

5. 物理环境安全

物理环境安全主要针对机房环境、开放环境的安全风险，通过物理访问授权、物理访问控制、防雷击要求、防水防火防静电要求、电力设备安全保障等实现安全目标。MEC 产品需适配工业现场相对恶劣的工作条件与运行环境，MEC 平台部署物理环境安全可包括地市级、区县级机房，以及边缘云、微型数据中心，或者现场设备、智能网关等网络设备。

6. 安全管理和安全运维支撑

安全管理和安全运维支撑覆盖 MEC 的安全框架，安全管理包括安全制度管理、人员管理、系统管理、口令管理和安全策略管理这几个层面；安全运维支撑主要包括安全应急响应、冗余与灾备、安全测试和软件开发流程审计这几个方面。安全管理和安全运维支撑作为 MEC 技术安全防护层面的补充，完善了整体的安全架构。

9.4.2 5G MEC 安全防护架构

由于行业的需求差异，UPF、MEC 平台存在不同的部署方式。

（1）对于广域 MEC 场景，行业用户无特殊的边缘计算节点的部署位置需求，UPF 和 MEC 平台可部署在安全可控的运营商汇聚机房，为用户提供服务。

（2）对于局域 MEC 场景，行业用户数据的敏感程度高，用户会要求运营商的 UPF 和 MEC 平台均部署在用户可控的园区，实现敏感数据不出园区。

无论对于广域 MEC 场景还是局域 MEC 场景，行业用户除 MEC 安全防护架构使用 MEP 外，还可能要求边缘侧 UPF 负责行业用户的业务数据流量转发。不同的部署方式，导致运营商网络的暴露面不同，因此，应针对不同的部署方式及业务需求考虑 MEC 的安全要求，设计相应的安全解决方案，在保证运营商网络安全的同时，为行业用户提供安全的运行环境及安全服务。

9.4.3 5G MEC 安全部署建议

1. 基本安全要求

在 5G MEC 平台中除要部署 UPF 和 MEP 外，还要考虑在 MEC 上部署第三方 App，其基本组网安全要求如下。

（1）三平面隔离：服务器和交换机等应支持管理、业务和存储三平面物理/逻辑隔离。对于业务安全要求级别高且资源充足的场景，应支持三平面物理隔离；对于业务安全要求不高的场景，可支持三平面逻辑隔离。

（2）安全域划分：UPF 和通过 MP2 接口与 UPF 通信的 MEP 应部署在可信域内，和自有 App、第三方 App 处于不同安全域，根据业务需求实施物理/逻辑隔离。

（3）Internet 安全访问：对于有 Internet 访问需求的场景，应根据业务访问需求设置 DMZ（如 IP 地址暴露在 Internet 的业务门户等部署在 DMZ 中），并且在边界部署防 DDoS 攻击、入侵检测、访问控制、Web 流量检测等安全能力，实现边界安全防护。

（4）UPF 流量隔离：UPF 应支持设置白名单，针对 N4、N6、N9 接口分别设置专门的 VRF；UPF 的 N6 接口流量应有防火墙进行安全控制。

2. 场景化安全配置

5G MEC 的组网安全与 UPF 的位置、MEP 的位置以及 App 的部署紧密相关，还需要根据不同的部署场景进行分析。

（1）广域 MEC 场景：UPF 和 MEP 部署在运营商汇聚机房中，在运营商边缘云部署 UPF 和 MEP，行业用户的 App 到部署运营商的边缘 MEP，其组网要求实现三平面隔离、安全域划分、Internet 安全访问和 UPF 流量隔离这 4 个基本的安全隔离要求。

（2）局域 MEC 场景：UPF 和 MEP 均部署在园区中，其组网要求除包括以上 4 个基本的安全隔离要求外，在安全域划分方面，还需要园区 UPF 和通过 MP2 接口与 UPF 通信的 MEP，与 App 之间应进行安全隔离，以及 App 与 App 之间应进行隔离（如划分 VLAN）；在 UPF 流量隔离方面，还应在 UPF 的 N4 接口设置安全访问控制措施，对 UPF 和 SMF 的流量进行安全控制。

MEC 还包括专网业务场景，即 UPF 仅做转发，并且部署在运营商汇聚机房或园区机房，同样需要实现上述安全要求。

第 10 章 5G 与身份管理

身份管理（Identity Management，IDM）是账号管理、认证管理、授权管理和审计管理解决方案的统称，是一套完整的账号集中管理，管控的解决方案，业界也称之为 4A，即 Account（账号）、Authentication（认证）、Authorization（授权）和 Audit（审计）。

10.1 身份管理、认证与授权的关系

2021 年 11 月，防欺诈软件公司 FingerprintJS 披露了 Safari 15 中的 IndexedDB API 执行漏洞，它可能被用于窃取用户的浏览数据甚至有暴露用户身份的风险。

IndexedDB 是网络浏览器提供的低级 JavaScript 应用程序接口（API），用于管理结构化数据对象（如文件和二进制类型数据）的 NoSQL 数据库。

Safari 浏览器在处理跨 iOS、iPadOS 和 macOS 系统中的 Safari IndexedDB API 时，会在同一浏览器会话中的所有其他活动框、选项卡和窗口内创建一个具有相同名称的新的空数据库。

这种侵犯隐私的处理方式允许网站获取用户在不同选项卡或窗口中访问其他网站。这就更不用说在 YouTube 和 Google 日历等 Google 服务上准确识别用户了。因为这些网站创建的 IndexedDB 数据库包含了经过认证的谷歌用户 ID，这是唯一标识单个 Google 账号的内部标识符。

身份管理是指对用户的身份、角色、访问策略进行生命周期管理的过程，包括创建、删除、更新、查询等操作。

认证是指根据身份、属性、角色、规则、权利等访问策略进行实时决策和执行的过程。

授权是指对用户使用系统资源的具体情况进行实时的合理分配，实现不同用户对系统不同部分资源的合理访问。

三者共同作用，告诉我们用户是谁、如何证明、能做什么，以保障系统和资产的安全。

10.2　身份管理

如今，各领域加快向数字化、移动化、互联网化快速发展，企业信息环境变得庞大复杂，业务场景发生明显变化，给用户身份的管理带来很大的安全挑战。

10.2.1　数字化身份

数字化身份是一个网络空间中的概念，它是指描述一个人或事物（有时称为主体或实体）的一组数据，或者是在网络中可得的关于一个人的所有信息之总和。它是个人、组织或电子设备在网络中所采用的一个在线身份，或者说是网络身份。这些个人、组织或电子设备可能会通过不同的网络社区，拥有不止一个数字身份。这些数字身份是由一些特性或数字属性组成的。一个数字身份也可能和别的数字身份相关联，如电子邮箱、微博等。虽然这些与身份相关的属性在一定程度上可以帮助确定一个人的身份，但是这些属性是可以变更、隐藏，甚至是可以废弃的。

数字化身份的组成包括以下几部分。

（1）标识符：在给定的上下文中用来表示身份主体的一段信息，如账号和 UID 等。

（2）凭证：用于证明真实性身份声明的私有和公开数据，如口令、私钥与公钥等。

（3）核心属性：用于描述身份的数据，可在许多业务或应用程序中被使用，例如，地址或电话等可供不同的业务应用程序使用。

（4）环境特定的属性：用于帮助描述身份的数据，只在使用身份的特定环境中才被引用或使用，例如，医疗信息在金融系统不需要使用。

在业务中发生的每一件事都起源于身份。没有身份（即使是匿名身份），动作和业务都将成为无生命的过程，导致审计的混乱。

不同的数字身份有不同的管理方式，如 PKI 体系是对数字证书的管理。

10.2.2　账号与口令

账号与口令是最经济也是最常用的数字化身份，缺点是易被他人窃取，本节聚焦对账号口令的管理。

1．账号生命周期

以一个公司员工的账号为例，账号生命周期主要包括账号创建、账号维护、账号使用和账号注销。

（1）账号创建：新员工入职创建账号。

（2）账号维护：首次登录修改信息、部门变更账号属性及权限变更、账号锁定/解锁等。

（3）账号使用：登录及登录后访问账号权限下的资源。

（4）账号删除：离职，注销账号。

1）账号创建

账号创建时要求账号可被系统管理，不允许存在隐秘账号甚至后门账号。隐秘账号如下。

（1）人为预留的、可绕过系统安全机制（认证、权限控制、日志记录等）对系统或数据进行访问的功能。客户无法管理的固定口令/隐藏账号机制；不记录日志的非查询操作。

（2）账号可被系统管理：账号可被用户感知，且该账号的口令可以修改。

（3）客户产品资料（Customer Product Information，CPI）提供清晰的默认账号和口令的清单。

常见后门账号如下。

（1）Unix/Linux 系统中 UID 为 0 的非 root 账号。Unix/Linux 系统中用 UID 来表示资源拥有者，其中 0 保留给 root 用户，1～499 保留给系统用户，500～65 535 保留给正常用户。

（2）UID 为“0”的系统账号，实质上就是“root”账号。如果系统中存在 UID 为“0”的非 root 账号，则会被业界广泛使用的后门检查工具视为后门（如 rkhunter、chkrootkit 等）。

2）账号维护

（1）手动锁定：管理员可以手动锁定人机账号。一旦发现某账号有异常的行为，管理员可以断开该账号的连接，并锁定该账号，以防止进一步的攻击行为。

（2）手动解锁：管理员手动解锁人机账号。经过各种措施后（如修改口令），管理员在确认账号已经安全的情况下，可以手动解锁该账号。

（3）账号有效期：指定人机账号的有效开始时间和有效时长，不在有效期内的账号自动锁定。可以防止有效期外账号的操作，减少攻击面。

（4）自动锁定：自动锁定长时间未使用的人机账号。长时间未使用的账号缺少管理，锁定后可以减少被攻击的威胁。

3）账号使用

应用系统人机账号、机机账号分离，用于程序间通信的机机账号不能作为系统维护的人机账号。

人机账号是指使用过程中需要人机交互的账号，如系统日常维护使用的账号。人机账号使用过程一般要求如下。

（1）口令有效期 3 个月。

（2）口令无须在客户端保存。

（3）人机接口的口令必须手动修改，并验证旧口令。

（4）可登录系统。

机机账号指的是程序、脚本或服务正常通信时需使用的、无须跟人交互的账号。机机账号使用过程一般要求如下。

（1）口令有效期 6 个月。

（2）口令在客户端对称加密保存。

（3）机机接口的口令可由应用程序自动完成口令的修改。

（4）无须配置为可登录系统。

4）账号删除

下面介绍几种使用后需要立即删除的账号。

（1）测试账号。

系统在测试过程中（特别是在黑盒测试中）需要用测试账号对系统功能进行测试，这些账号一般有管理员权限，且在系统正常运行中不会被用到。

测试账号必须在系统正常交付前删除。

（2）数据库账号。

数据库默认的超级管理员被人广为知晓账号（如 Oracle 的 SCOTT、OUTLN、DIP、DBSNMP、APPQOSSYS、WMSYS；Sybase 和 SQLserver 除“sa”以外的账号；MySQL 除“root”以外的账号），如果破解了这些账号的口令，就可获得数据库管理员权限。

如果不需要使用数据库默认超级管理员账号，则应将这些账号禁用或删除。

（3）临时账号。

系统安装、初始化配置过程中使用的临时账号如果不删除，那么这些账号会被攻击者利用，存在安全隐患。

在系统安装、初始化配置完成后，自动删除临时账号或提供手工删除的指导书。

2. 口令的生命周期安全

口令的生命周期大致包括口令创建、口令维护和口令使用三个阶段。

1）口令创建

用户创建和修改口令时，系统必须提供检测口令复杂度的功能。

（1）初始口令要满足口令复杂度要求。

（2）自动生成的口令也要满足复杂度要求。

（3）复杂度要求如下。

① 口令长度至少是 6 个字符。

② 口令必须包含以下至少两种字符的组合。

✓ 至少一个小写字母。

✓ 至少一个大写字母。

✓ 至少一个数字。

✓ 至少一个特殊字符。

（4）口令不能和账号一样。

① 建议系统提供维护弱口令字典的功能，并禁止使用弱口令字典中的任何口令。

② 口令长度越长，猜测和破解的难度就越大。

③ 口令的字符集越多，猜测和破解的难度就越大。

④ 不使用弱口令，以防止被猜测。

⑤ 在服务器端检测口令复杂度，防止绕过检测机制。

使用默认口令是产品常见的口令创建方式，但默认口令会以各种方式被人知晓，给系统带来安全隐患。所以在使用默认口令时要注意以下几点。

（1）默认口令要满足口令复杂度要求。

（2）系统提供提醒用户更改默认口令的功能。

（3）避免使用默认口令的方法如下。

① 在系统安装或初始化时强制用户设置口令。

✓ Windows 系统安装时设置口令。

✓ 各类网站注册时设置口令。

✓ 银行开户时设置口令。

② 系统安装或初始化时随机生成口令，并通过 E-mail、短信、密码信封等通知用户。

工资卡默认口令打印在密码信封中。

③ 采用更安全的认证方式。

✓ 智能卡认证。

✓ 证书认证。

2）口令维护

口令维护过程中应注意以下几点。

（1）口令支持可修改。

（2）口令硬编码存在风险。

① 机密性差：明文的固定口令，一旦泄露就会使得系统中的鉴权机制形同虚设。

② 质疑为后门：固定口令容易被客户认为是安全后门。

③ 被他人知晓：口令被开发人员或者维护人员知晓，而且无法修改。

④ 修改成本高：一旦代码中的硬编码口令被修改，那么该版本的所有设备都要升级。

⑤ 口令硬编码容易被认为是一种恶意行为：所有的非一次性口令必须可以修改，即不存在固化在系统、程序、配置文件等地方的口令。对于移动终端设备中的“SIM LOCK、用于维修的诊断接口（DIAG、AT、DATA LOCK）、FASTBOOT 锁定”场景，符合业界惯例，风险及被客户质疑的可能性较低，不违反上述要求。默认口令硬编码可例

外，但推荐将默认口令加密后存储在配置文件中，通过代码读取。对于默认口令硬编码的场景，用户修改口令后，服务端会存储新的口令（如加密存储在配置文件中），在用户发起认证时，服务端读取新口令失败的情况下（如存储口令的配置文件损坏），禁止自动启用默认口令，口令加密存储。

常用 Hash 方法安全性见表 10-1。

表 10-1　常用 Hash 方法安全性

序号	Hash 方法	抗彩虹表攻击	抗穷举攻击
1	Hash（口令）	弱	较弱
2	Hash（用户名‖口令）	较弱	较弱
3	HMAC（用户名，口令）	较弱	较弱
4	Hash（口令 XOR salt）	中	较弱
5	Hash（salt‖口令）	较强	较弱
6	HMAC（salt，口令）	较强	较弱
7	PBKDF2（口令，salt，count）	强	较强

如表 10-1 所示，要求使用 PBKDF2 算法，禁止使用表中 1、2、3、4 描述的方法进行口令的单向 Hash 保存。

（1）推荐使用 PBKDF2WithHmacSHA256。

（2）salt 长度至少为 64 bit，使用安全随机算法生成。

（3）迭代次数 10000，性能约束场景 1000。

（4）输出值长度不短于使用的 Hash 算法的输出长度。

（5）性能敏感场景至少使用 HMAC（salt，口令）。

（6）Hash（salt‖口令）保存口令方式可遗留兼容老版本，新版本中禁止使用。

（7）需要还原明文口令场景下的口令加密存放算法。

（8）至少使用 CBC 模式的 AES-128 算法加密，IV 每次都随机生成。

常用策略如下。

（1）设置口令最短有效期：最短有效期规定了用户在可以更改口令之前必须使用该口令的时间。这样可以防止用户在很短的时间内连续修改口令，改回原来的口令，这就相当于没有修改口令，绕过了不能使用历史口令的限制。

（2）设置口令最长有效期：最长有效期确定了系统要求用户更改口令之前可以使用原口令的时间。一个口令使用的时间越长，被暴力破解和猜测的可能性就高，口令最长有效期能有效地降低被暴力破解和猜测的风险。

（3）历史口令个数限制：系统禁止新口令与前 N 个口令重复，可以防止用户修改成原口令。

（4）历史口令时间限制：系统禁止新口令与最近一段时间内使用的口令重复，可以防止用户修改成原口令。

（5）新旧口令不同：修改后的新口令应与旧口令至少在两个字符位上不同。新旧口令不同，可以防止用户修改成原口令。

3）口令使用

口令在非信任网络之间进行传输必须采用安全传输通道或者加密后传输，有标准协议规定除外。

系统禁止明文显示口令及口令密文。

（1）输入口令、终端打印、存储日志，可用“*”匿名化。

（2）内存中口令明文，使用后立即覆盖。

（3）例外场景：Wi-Fi 等接入口令根据业界惯例可明文显示。

常见错误如下。

（1）口令加密记录在日志文件中，而没有用“*”取代。

（2）在不必要的情况下，口令明文被缓存。

（3）通过 history-command 命令查看历史命令行，且明文显示命令行中的口令。

10.3 用户身份保护

用户身份保护主要是实现用户终端身份认证及确保用户身份标识唯一，用户终端身份认证可参考 11.3.1 节“终端身份认证”中的内容，对用户身份进行鉴别。而对于用户身份唯一标识，在 5G SIM 中管理 IMSI 加密可提供控制、一流的安全性和互操作性，以防止恶意和非法拦截。随着 5G 创建大量新的用例，基于 SIM 的加密是在新兴的消费者和工业物联网用例之间建立互操作性，并最终实现安全互联未来的唯一可行方法。

10.4 认证

在网络中，身份认证是为了保证访问系统主体的物理身份与数字身份相对应而进行验证的过程，确认访问主体是他所声明的。访问主体使用身份标识符和认证凭证来证明自己的身份。身份认证是系统安全的基础，是网络/系统安全运营的必然选择。为了避免用户或设备非法接入网络/系统执行非法操作或对网络进行攻击，同时确保接入方在网络中执行的操作都不可抵赖，通信双方需要互相提供身份凭证来证实自己的身份并验证对方的身份。

10.4.1 什么是认证

认证是对访问系统主体的身份进行验证的过程，确认访问主体是它所声明的，通常是访问控制的第一步。

访问主体使用“身份标识符+认证凭证”来证明自己的身份。

1. 认证方式

可以根据知识、所有权或特征来对访问主体进行认证。

1）根据知识进行认证

常见的根据知识进行认证的主要方法如下。

（1）认证凭据。

（2）静态口令。

（3）预共享密钥。

（4）公私钥对。

（5）数字证书。

……

这种认证方式最为经济，但其他人也能很容易获得这个信息。

2）根据所有权进行认证

常见的根据所有权进行认证的主要方法如下。

（1）认证凭据。

（2）智能卡。

（3）动态令牌卡。

……

这种认证的缺点是证明容易丢失或被盗，从而导致未授权的访问。

3）根据特征进行认证

常见的根据特征进行认证的主要方法如下。

（1）生理性生物识别。

（2）指纹。

（3）虹膜。

（4）声音。

（5）行为性生物识别。

（6）动态键盘输入。

（7）动态签名。

……

这些是确认身份最有效且最准确的技术之一，但缺点是价格高。

2. 认证要求

通常认证的要求如下。

（1）管理面的逻辑接口和物理接口都要进行认证。

（2）所有能对系统进行管理的人机接口以及跨信任网络的机机接口必须有接入认证机制并默认启用，标准协议没有认证机制的除外。

（3）设备外部可见的能对系统进行管理的物理接口必须有接入认证机制。

（4）可远程访问的、重要的业务机机接口要进行认证。

① 对于可远程访问的、重要的业务机机接口要提供接入认证机制，相关接入认证机制应默认启用，标准协议没有认证机制的除外。

② 如果产品支持关闭认证，则应在 CPI 中提示风险。

③ 对于跨信任网络且重要的业务机机接口（如导致系统复位、重启、敏感信息泄露等问题）要提供接入认证机制（标准协议没有认证机制的除外），相关接入认证机制应默认启用（需要第三方配合开启认证的场景除外）。

3. 认证方法

下面简要介绍认证方法。

（1）选择标准协议规定的认证方法：采用标准协议规定的认证方法/模型。标准协议规定的认证方法，对认证过程中的常见攻击都经过充分考虑，得到业界的广泛认可和普遍使用。

（2）重要管理事务/交易事务使用重/强认证。

10.4.2 针对常见攻击的安全认证方法

安全认证通常也是解决某些特定攻击的最直接的手段之一，下面分别列举常见攻击及对应的安全认证方法。

1. 常见攻击

常见攻击包括中间人攻击、重放攻击、反射攻击等，下面给出了常见攻击的攻击原理及对应的防御方式。

1）中间人攻击

中间人攻击是指攻击者与通信的两端分别创建独立的联系，并交换其所收到的数据，使通信的两端认为他们正在通过一个私密的连接与对方直接对话，但事实上整个会话都被攻击者完全控制。在中间人攻击中，攻击者可以拦截通信双方的通话并插入新的内容。

防御方式：一般较难防御认证过程中的中间人攻击。为了消减认证通过以后的交互消息被篡改，可以对后续传递的消息做加密和完整性保护（HMAC），可在认证过程中就协商出双方后续会话过程需要的加密密钥和完整性保护密钥。如果是基于数字证书的认证，则必须校验对端证书是否由合法根 CA 签发。如果是基于公私钥对的认证，则必须校验对端公钥/公钥指纹是否与本端保存的公钥/公钥指纹一样。

2）重放攻击

重放攻击是指攻击者发送一个目的主机已接收过的包，来达到欺骗系统的目的，主要用于身份认证过程，破坏认证正确性。攻击者利用网络监听或其他方式盗取认证凭据，之后再把它重新发给认证服务器。加密可以有效防止会话劫持，但防止不了重放攻击。

防御方式：认证过程中引入时变参数。

3）反射攻击

反射攻击是指将消息重播回发送方，就像这些消息是来自接收方的答复一样。基于预共享密钥认证的双方都主动发起认证的场景易发生反射攻击。

防御方式如下。

（1）认证双方采用各自不同的预共享密钥。

（2）在加密的认证消息中包含目标实体的身份 ID。

（3）在认证消息中，双方额外添加不同的字符串。

（4）对于同一个客户端，在完成一次完整的握手之前，不允许服务端对客户端发起新的认证请求。

（5）在认证中，认证只能由固定的一方发起。

（6）双方使用不同类型的挑战值（随机数作为时变参数场景）。

2. 安全认证方法

为保证认证的安全性，可通过引入时变参数、静态口令认证、预共享密钥认证、公钥认证、数字证书认证和强身份认证等方法来实现安全认证。

1）引入时变参数

（1）时间戳：是相对于一个公共时间基准时间点的时变参数，通常使用当天的日期和时间，包括年月日时分秒的信息（如 1985 年 11 月 6 日晚 9 点 6 分 27 秒的时间戳写法为 19851106210627）。使用时间戳作为时变参数的认证示意图如图 10-1 所示。

基于时间戳认证的判断依据如下。

必选条件：时间戳的差值在可接受的窗口内（指定一固定大小的时间间隔，如 10 秒或 20 秒等。该时间间隔的取值依赖于消息的最大传输和处理时间，加上时钟相位差）。

可选条件：消息不会带有与同一个发起者以前发过来的相同时间戳。这由接收者通过保留从每个源实体处接收到的在当前可接受幅度内的所有时间戳列表来检查。另一种方法是记录每个源最近使用的有效时间戳（在这种情况下，验证者只接受严格增加的时间值）。

（2）序列号：又称为系列号或计数器数值，其值取自一个在一定时期内不重复的特定序列的时变参数。

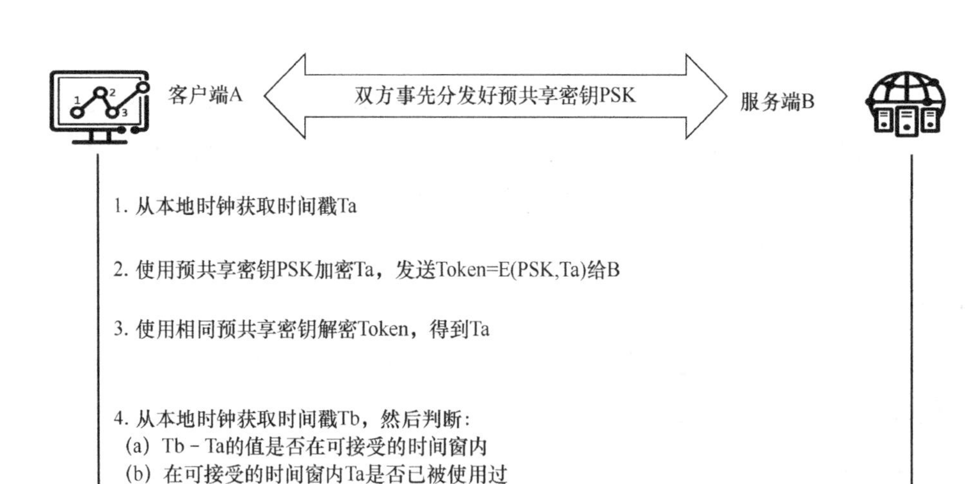

图 10-1 使用时间戳作为时变参数的认证示意图（ISO/IEC 9798-2-1）

在认证过程中使用序列号的一些设计要求如下。

① 序列号变量为 n bit，n 至少为 32，序列号的取值可以为 0～ 2^n-1。

② 序列号从 0 开始顺序递增，每个后续的序列号取值比前一个大 1，到达最大值时，重新从 0 开始计数。

③ 当发生正常定序被破坏的情况（如系统故障通信链路复位）时，需要专用程序来重置或重新启动序列号计数器，随机数重新初始化。

使用序列号作为时变参数的认证示意图如图 10-2 所示。

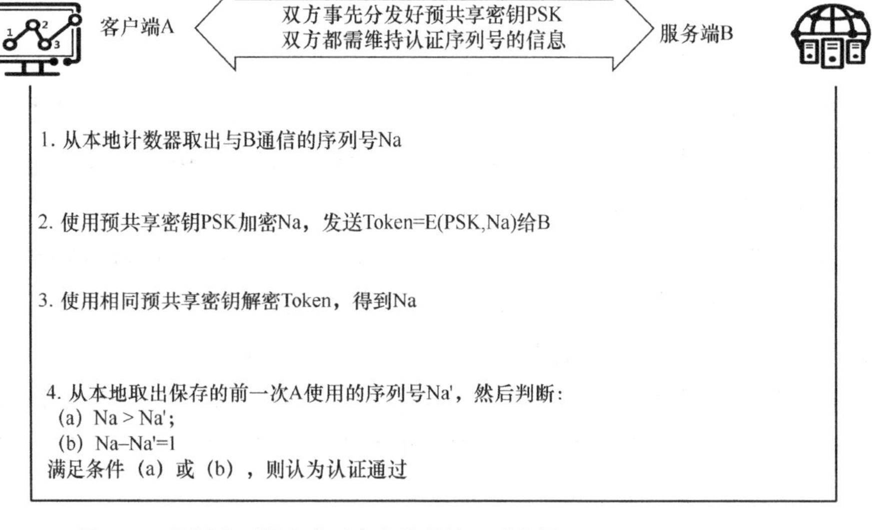

图 10-2 使用序列号作为时变参数的认证示意图（ISO/IEC 9798-2-2）

基于序列号认证的判断依据如下。

① 当被认证方发送的认证消息中的序列号在以前未被使用过，或者在特定时间段以前未被使用过，且满足双方事先定义好的判断策略时，认为认证通过。

② 最简单的策略：序列号从零开始，连续递增，每个后续认证消息中的序列号比前一个接收的序列号大一。

③ 更小约束的策略：序列号仅需单调递增。这允许非恶意的通信错误造成消息丢失，但无法检测到因恶意攻击造成的消息丢失。

（3）随机数：又称临时值 nonce、挑战值，它是不可预测的时变参数。使用随机数作为时变参数的认证示意图如图 10-3 所示，通常在“挑战–响应认证”（又称“质询–应答认证”）中使用随机数作为时变参数。“挑战–响应认证”的思想是：访问主体向访问客体展示已知与该访问主体相关联的秘密知识（如口令、预共享密钥、公私钥对等）来证明访问主体的身份，但在认证协议中并没有向访问客体泄露秘密本身，这是通过对时变挑战值（通常为随机数）提供响应来完成的，其中响应取决于实体的秘密知识和挑战值。

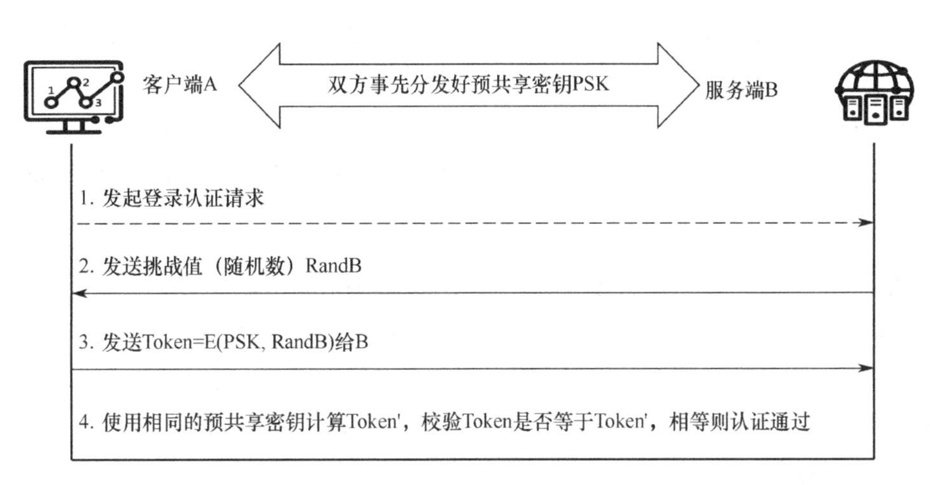

图 10-3　使用随机数作为时变参数的认证示意图（ISO/IEC 9798-2-3）

基于随机数的判断依据如下。

① 认证请求方接收到随机数后，根据事先约定好的计算方式构造响应值返回给认证响应方。响应值的构造依赖于随机数以及双方共享的秘密知识（如口令、预共享密钥、公私钥对等），可以使用对随机数及秘密知识的组合以加密、哈希、数字签名、计算消息验证码 MAC 值的方式构造响应值。

② 随机数连接了挑战及响应这两条消息，响应消息必须在规定时间内送达认证响应方，接收方接收到的响应消息才被认为是新鲜的，且可以防止建立大量半连接导致的 DoS 攻击。

以上（1）（2）（3）三种时变参数的适用场景和特点比较见表 10-2。

表10-2 三种时变参数的适用场景和特点比较

时变参数	特 点	适 用 场 景
时间戳	在基于时间戳的认证协议中，提供了更少的交互消息（通常只有一条认证消息）的优越性。 不需要维护长期成对的状态消息（相对于序列号）或每次连接的短期状态信息（相对于随机数）。 基于时间戳的安全性取决于公共时间基准，这要求主机时间可获得并都“松散的同步”（不一定是很精确的同步）且可防止修改	基于时间戳的认证方式，适用于参与认证的各实体间有时钟同步的环境。例如，各实体可通过NTP进行时钟同步。 在无连接的通信中，可以在通信消息中附加时间戳实现消息认证，效率较高
序列号	使用序列号需要如下开销：每个认证主体需要为每个可能的认证客体记录和维护长期的成对的状态信息，以足够确定以前用过的和（或）仍然有效的序列号。 在环境破坏正常序列（如系统出错）时，需要特别的程序来重设序列号	由于需要记录和维护序列号长期的成对的状态信息，序列号适合认证参与方规模较小的场景
随机数	需要使用密码学安全随机数。 在使用随机数的认证协议中，由于协议会涉及一附加消息发送随机数，所以需要挑战者（即认证响应方）暂时维护认证状态信息（如认证是否通过、消息交互时间等），但仅仅维护到响应被验证	不适合使用序列号、时间戳的场景，可以使用随机数 由于需要附加一条挑战消息，效率不是很高，不适用于无连接场景下的消息认证

2）静态口令认证

设计基于口令的认证方案时，要注意口令在本地存储和网络传输中都不能为明文。静态口令认证示意图如图10-4所示。

（1）在标准的安全加密传输通道中传输口令：SSL、SSH、IPSec等。

（2）在认证过程中传递口令挑战值：CHAP认证（RFC1994）、SCRAM（RFC5802）等。

3）预共享密钥认证

预共享密钥认证是指认证双方采用事先预共享好的对称密钥（或由预共享密钥派生出的认证对称密钥）作为认证凭证的认证方法，该认证方法依赖于时变参数的参与。

认证原理：被认证方使用对称密钥对时变参数进行密码学运算后发送给认证方，认证方使用相同的对称密钥进行相同的运算，并利用时变参数的判断规则做判断。

4）公钥认证

公钥认证即“基于公私钥对”的认证，待认证的实体通过表明它拥有某个私钥来证实其身份，这由该实体使用私钥对特定的数据（通常为时变参数）进行签名来完成。

（1）认证方能够获取被认证方的有效公钥的方法如下。

① 在出厂前将公钥文件事先配置好，随软件版本发布。

② 采用可信的通道或信使来传递公钥文件或公钥指纹，如直接通过手工复制方式将对方公钥复制到认证服务器。

③ 采用首次认证方式，即默认双方的第一次认证是可信的。在协议交互时被认证方会将自己的公钥通过协议报文发送到认证方，在进行首次认证时用户可选择信任这个公钥并将公钥保存到本地，典型的例子如OpenSSH客户端和Putty均具备首次认证的功能。

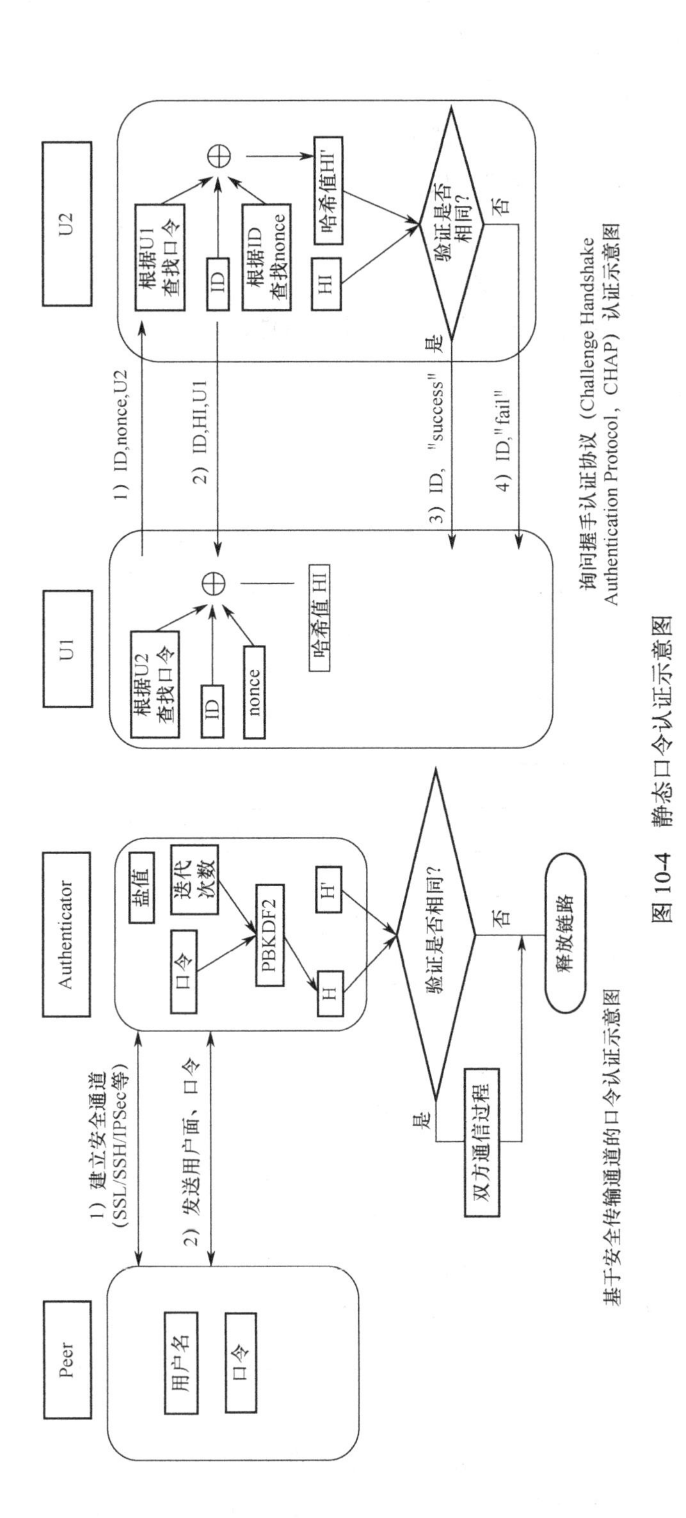

图 10-4 静态口令认证示意图

（2）认证接口安全管理，一般通过以下安全措施来保障“安全”的认证。

① 登录接口提供口令防暴力破解机制。

② 设计登录界面合理的提示信息。

③ 认证前登录界面提示的信息尽可能少。

④ 认证失败不能提供详细的提示信息。

⑤ 登录界面提供告警提示信息。

⑥ 认证通过后，显示历史登录数据。

（3）登录过程安全审计是指对登录过程中的重要事件进行日志记录。

① 用户的登录连接操作。

② 解锁和锁定操作。

5）数字证书认证

数字证书是一段包含用户身份信息、用户公钥信息以及身份验证机构数字签名的数据，是设备、用户或应用在数字世界的身份证。在支持证书的标准认证协议中，常见的有 TLS/SSL、IPSec、Kerberos 等。证书的各字段如图 10-5 所示。

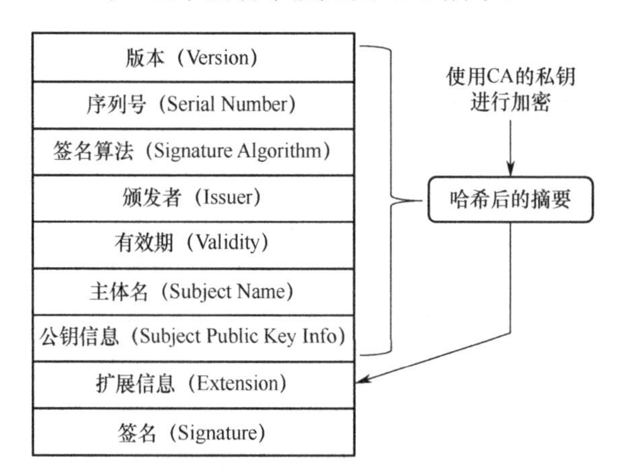

图 10-5　证书的各字段

（1）版本：即使用 X.509 的版本，目前普遍使用的是 v3 版本（0x2）。

（2）序列号：颁发者分配给证书的一个正整数，同一颁发者颁发的证书序列号各不相同，可与颁发者名称一起作为证书唯一标识。

（3）签名算法：颁发者颁发证书使用的签名算法。

（4）颁发者：颁发该证书的设备名称，必须与颁发者证书中的主体名一致。通常为 CA 服务器的名称。

（5）有效期：包含有效的起、止日期，不在有效期范围的证书为无效证书。

（6）主体名：证书拥有者的名称，如果与颁发者相同则说明该证书是一个自签名证书。

（7）公钥信息：用户对外公开的公钥及公钥算法信息。

（8）扩展信息：通常包含证书的用法、CRL 的发布地址等可选字段。

（9）签名：颁发者用私钥对证书信息的签名。

数字证书的类型如下。

（1）自签名证书：自签名证书又称根证书，是自己颁发给自己的证书，即证书中的颁发者和主体名相同。当申请者无法向 CA 申请本地证书时，可以通过设备生成自签名证书，实现简单证书颁发功能。设备不支持对其生成的自签名证书进行生命周期管理（如证书更新、证书撤销等），为了确保设备和证书的安全，建议用户替换为自己的本地证书。

（2）CA 证书：CA 自身的证书。如果 PKI 系统中没有多层级 CA，那么 CA 证书就是自签名证书；如果有多层级 CA，则会形成一个 CA 层次结构，最上层的 CA 是根 CA，它拥有一个 CA“自签名”的证书。申请者通过验证 CA 的数字签名从而信任 CA，任何申请者都可以得到 CA 的证书（含公钥），用以验证它所颁发的本地证书。

（3）本地证书：CA 颁发给申请者的证书。

（4）设备本地证书：设备根据 CA 证书给自己颁发的证书，证书中的颁发者名称是 CA 服务器的名称。当申请者无法向 CA 申请本地证书时，可以通过设备生成设备本地证书，实现简单证书颁发功能。

证书的格式如下。

（1）PKCS#12：以二进制格式保存证书，可以包含私钥，也可以不包含私钥。常用的后缀有：.P12 和.PFX。

（2）DER：以二进制格式保存证书，不包含私钥。常用的后缀有：.DER、.CER 和.CRT。

（3）PEM：以 ASCII 码格式保存证书，可以包含私钥，也可以不包含私钥。常用的后缀有：.PEM、.CER 和.CRT。

后缀为.CER 或.CRT 的证书，可以用记事本打开，查看证书内容来区分证书格式。如果有类似“-----BEGIN CERTIFICATE-----”和“-----END CERTIFICATE-----”的头尾标记，则证书格式为 PEM。如果是乱码，则证书格式为 DER。

数字证书认证方案设计注意事项如下。

（1）证书签发要求：不推荐产品使用自签名证书。要使用 X509 格式的证书，要求证书的签名算法为 SHA256RSA、密钥长度为 2048（2022 年以后不推荐使用）。

（2）证书存放要求：私钥文件或含私钥的证书文件必须加密保存，如产品使用基于口令的加密机制保护私钥（如 PBES2）时，口令要满足口令复杂度要求并加密存储，且口令应能够支持修改。必须对私钥文件或含私钥的证书文件做文件权限访问控制，且产品禁止提供导出预置证书私钥的接口。

（3）证书替换要求：产品应支持证书替换功能，并在产品资料中提示风险，建议客户替换成自己的证书。

（4）证书检查要求：产品应支持周期性检查设备上的各种类型的证书（CA 根证书、证书链、设备证书）是否过期或即将过期，并向网管上报告警。

（5）证书认证要求：在证书单向或双向认证的场景，必须严格校验对端证书的合法性，验证不通过则禁止连接或允许连接但上报告警。

校验对端证书是否由合法根 CA 签发（防止身份仿冒），检查证书是否在有效期内，检查证书是否被吊销。

6）强身份认证

维基百科中认为强认证是指“双因素认证、多因素认证”。真正的多因素认证要求使用两种或三种认证因子，而使用多个同种类因子并不认为是多因素认证。

三类认证因子：他知道的内容；他持有的证明；他就是这个人。

实现双因素认证的两种常见方式包括智能卡和动态口令等技术。

智能卡本身为双因素认证方式，用户必须同时拥有物理实体的“智能卡”，并且知道智能卡的 PIN 码，才能够登录系统，而且提供“*N* 次错误 PIN 码锁定智能卡”的功能，因此广泛应用于政府、军队、研究所、银行等安全性要求很高的涉密机构。智能卡本质为“私钥+数字证书”，所以智能卡支持的关键应用涉及认证、加密、签名，在认证中使用的协议为支持证书认证的协议（如 SSL、IPSec、Kerberos 等）。

智能卡支持的关键应用如下。

（1）智能卡的 Windows 系统登录，如图 10-6 所示。

图 10-6　智能卡的 Windows 系统登录

（2）Web 业务门户登录。

（3）VPN 安全接入（安全远程访问）。

（4）磁盘加密、启动保护、加密文件/文件夹。

（5）对邮件进行加密和签名。

（6）数字签名保证电子交易的真实性。

智能卡登录要点如下。

（1）认证过程中使用的双向证书认证的协议是什么？

（2）认证过程中需要使用何种用途的证书？

（3）服务端配置开启双向证书认证。

（4）智能卡中的证书如何被 SSL 客户端/浏览器识别。

（5）证书认证过程中，证书吊销列表如何获取和处理。

（6）智能卡中的证书，如何与所登录系统中的账号绑定。

（7）上层业务处理证书认证结果，完成账号识别和账号授权。

动态口令是根据专门的算法生成一个不可预测的随机数字组合，每个动态口令只能使用一次，目前被广泛应用在网银、网游、电信运营商、电子商务、企业等应用领域。动态口令技术分为：

（1）同步口令技术（包括时间同步口令、事件同步口令）；

（2）异步口令技术（挑战–应答方式）。

10.5　授权

在信息安全领域，授权是指资源所有者委派执行者，赋予执行者指定范围的资源操作权限，以便执行者代理执行对资源的相关操作。

10.5.1　什么是授权

1. 授权的概念

授权是指对用户使用支撑系统资源的具体情况进行实时的合理分配，实现不同用户对系统不同部分资源的访问。简单地说就是确定用户许可的操作。在这个过程中涉及三个概念，即主体、客体和访问规则与策略，如图 10-7 所示。

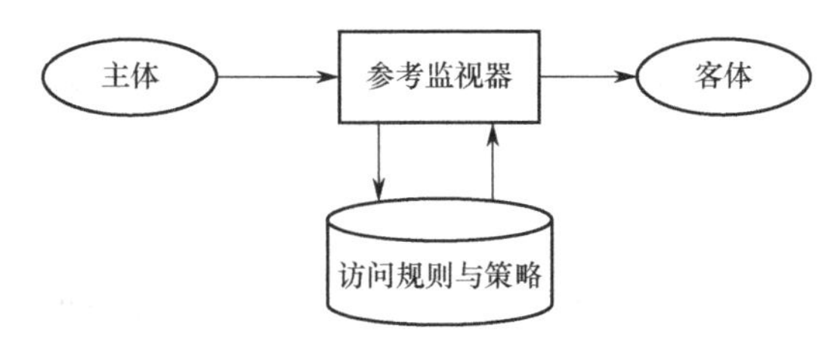

图 10-7　主体、客体和访问规则与策略

（1）主体：发出访问操作、存取要求的主动方，是用户或用户的某个进程。

（2）客体：被访问的对象，是被调用的程序或进程，要存取的数据、信息，要访问的文件、系统或各种网络设备等资源。

（3）访问规则与策略：一套规则，包括策略与机制，用以确定一个主体是否对客体拥有访问能力。

2. 授权的原则

（1）权限最小化：权限划分的粒度要尽可能最小化，账号权限应基于“需要知道”

（need-to-know）和“具体分析”（case-by-case）的原则。尽可能使用低权限的操作系统账号来运行软件程序。

（2）权限分离：职责分离，不同用户承担不同的业务功能，不同用户间能相互监督和制约。根据系统在运行时需要的操作系统权限和系统暴露给用户的访问权限的不同来划分组件。

（3）默认安全：程序资源默认拒绝访问。系统在初始状态下，默认配置是安全的，通过使用最少的系统和服务来提供最大的安全性。

3. 授权模型

（1）自主访问控制（Discretionary Access Control，DAC）：由客体的所有者（即主体）自主地规定其所拥有客体的访问权限的方法。有访问权限的主体能按授权方式对指定客体实施访问，并能根据授权，对访问权限进行转移，如目录式访问控制、访问控制列表（ACL）等。自主访问控制为用户提供了极大的灵活性，但安全性很低，不能保证数据信息传递的安全隐患。

（2）强制访问控制（Mandatory Access Control，MAC）：由系统根据主体、客体所包含的敏感标记，按照确定的规则，决定主体对客体访问权限的方法。有访问权限的主体能按授权方式对指定客体实施访问。敏感标记由系统安全员或系统自动地按照确定的规则进行设置和维护，如三权分立模型。强制访问控制安全性很高，但在系统连续工作能力、授权的可管理性等方面灵活性差，造成管理不便。

（3）基于角色的访问控制（Role-Based Access Control，RBAC）：按角色进行权限的分配和管理；通过对主体进行角色授予，使主体获得相应角色的权限；通过撤销主体的角色授予，取消主体所获得的相应角色权限。例如，很多数据库系统采用了基于角色的访问控制。减小授权管理的复杂性，降低管理开销，能灵活地支持各类安全策略，同时也实现了账号与权限的逻辑分离。安全性介于自主访问控制和强制访问控制之间。

10.5.2 账号权限管理

基于角色的账号权限管理模型如图 10-8 所示，具有管理功能的系统建议采用基于角色的账号权限管理模型，基于角色的账号权限管理模型可以减小授权管理的复杂性，降低管理开销，能够灵活地支持各类安全策略，同时也实现了账号与权限的逻辑分离。

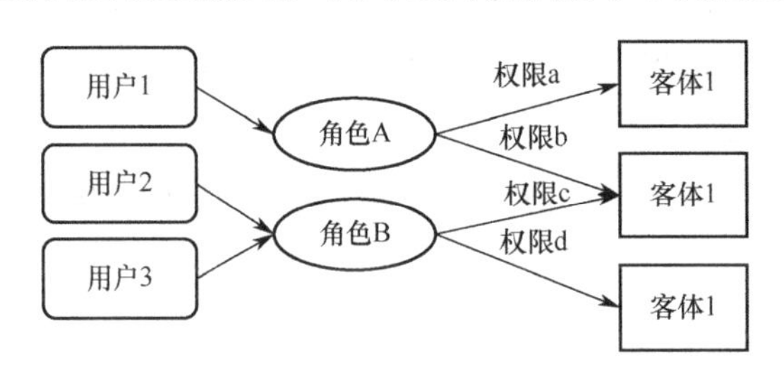

图 10-8　基于角色的账号权限管理模型

账号权限管理要求如下。

（1）账号权限最小化：只给用户分配足够其完成任务的最小权限，以减小其被非法利用而带来的危害。一个账号只能拥有必需的角色和必需的权限，一个角色或账号组只能拥有必需的权限。新建账号默认不授予任何权限或者默认只指派最小权限的角色。

（2）用户权限分离：对用户要有充分的角色和权限划分，做到职责分离，不同用户承担不同的业务功能，不同用户间能相互监督和制约。权限划分的粒度要尽可能最小化，为权限分离提供条件。重要的操作应该由不同的角色承担。对于安全性要求较高的场景，建议使用“三权分立”角色权限模型，如图 10-9 所示。

（3）限制敏感操作权限：对于应用系统内可降低系统安全特性或可提升权限的危险命令或程序，应只允许系统内高权限用户（如管理员）执行。

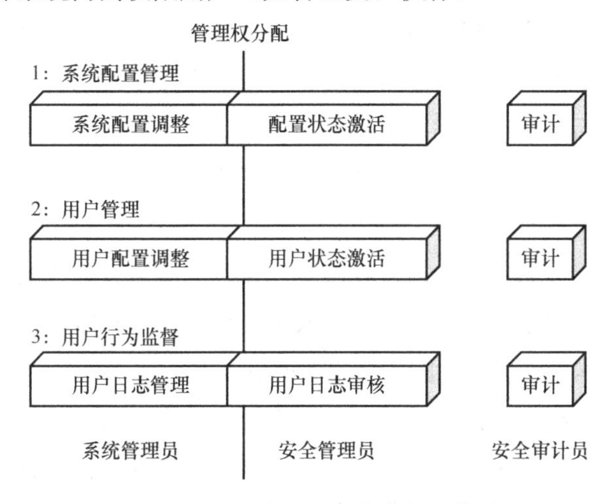

图 10-9　“三权分立”角色权限模型

10.5.3　系统权限管理

系统权限管理主要通过系统默认权限最小化和文件权限控制来实现。

（1）系统默认权限最小化：系统默认配置是安全的，通过使用最少的系统和服务来提供最大的安全性。关闭不必要的服务。禁止使用 root 账号远程登录 SSH\FTP\TELNET\VNC\XMANAGER。限制 FTP/SFTP 用户的跨目录访问，只能访问指定目录下的文件。设置所有用户的默认（Umask）值（027 或 077）。Unix/Linux 系统中禁止存在缺乏权限控制的无属主文件。

（2）文件权限控制：包含敏感信息的文件（包括程序运行时产生的静态文件和临时文件）必须有权限控制，只能被相应权限的用户访问。系统涉及的所有目录和文件只能分配最小的权限。设置程序运行时动态生成的文件权限（设置用户的默认值）。禁止在不安全的目录创建临时文件，并定期清除临时文件。尽量避免使用“key”“private”“password”等关键字作为密钥文件或密钥材料等敏感文件的文件名，建议采用随机的文件名。如果有文件上传功能，则上传到服务端的文件不能有执行权限。

10.5.4 应用权限管理

应用权限管理包括应用权限最小化、应用系统权限分离和禁止越权运行。

（1）应用权限最小化：尽可能使用低权限的账号来运行软件，绝对不可使用“Administrator”“root”“sa”“sysman”“Supervisor”和其他特权账号来运行应用程序或连接 Web 服务接口、数据库及其他中间件。运行软件程序的账号不能是操作系统最高权限的账号。在客户端运行的软件若调用了外部脚本，则要禁止脚本以操作系统管理员权限运行。在程序中连接数据库系统的账号不能是数据库系统最高权限的账号。终端类产品应用应只申请业务功能所必需的最小权限。

（2）应用系统权限分离：根据系统在运行时需要的操作系统权限和系统暴露给用户的访问权限不同来划分组件。将不需要特权的、与用户直接交互的、日常的事务分离出来，以低权限账号运行，后台管理、需要高特权的事务采用高权限账号运行。运行程序的账号（OS 账号）不能拥有远程登录的权限。中间件、数据库等第三方或开源组件要使用独立的非管理员账号来运行。

（3）禁止越权运行：系统中会被高权限用户执行的脚本或程序禁止低权限用户拥有写权限，且属主必须是高权限用户。以管理员权限运行的脚本不能被非管理员账号修改。以管理员权限运行的脚本中调用其他脚本，则被调用脚本不能被非管理员账号修改。

对于每一个需要授权访问的请求都必须核实用户是否被授权执行这个操作。鉴权处理必须在服务器端完成，鉴别用户权限和角色的数据也必须存放在服务器端。每一个需要授权访问的页面或服务的请求都要有鉴权操作。使用非直接的对象引用。判断操作请求者和被操作对象间的从属关系，防止横向越权。鉴权处理必须在服务器端完成，并遵从先鉴权后执行的原则。鉴别用户权限和角色的数据也必须存放在服务器端，不能存放在客户端。

10.6 5G EAP-AKA'鉴权

如果没有鉴权功能，则任何移动用户可随意接入和使用任一无线网络，运营商的利益得不到保障，同时，用户的安全也会受到威胁。

10.6.1 5G EAP-AKA'鉴权特性概述

移动通信网络发展之初，就考虑并解决了认证鉴权问题：采取用户鉴权的方式来识别非法用户。

用户鉴权：网络侧对试图接入网络的用户进行鉴权，审核其是否有权访问网络，防止非法用户占用网络资源。

网络鉴权：终端对网络进行鉴权，确保所连入网络的安全性，防止用户接入非法网络被骗取关键信息。

由此可见，双向的认证机制实际上就是认证和密钥协商（Authentication and Key Agreement，AKA）。

3G 通用移动通信系统（Universal Mobile Telecommunication System，UMTS）、演进的分组系统（Evolved Packet System，EPS）、IP 多媒体子系统（IP Multimedia Subsystem，IMS ），以及 5G 网络都采用了 AKA 双向鉴权机制，鉴权原理也大致相同，而 2G 网络，只有用户鉴权，无网络鉴权。

在核心网不断演进的过程中，对应不同阶段的鉴权类别有所不同，核心网鉴权方案演进见表 10-3。

表 10-3　核心网鉴权方案演进

鉴权类别	适用网络	鉴权网元	鉴权方式	鉴权向量
GSM 鉴权	2G	HLR/AUC	网络对用户的单向鉴权	鉴权三元组
UMTS 鉴权	3G	HLR/AUC	网络与用户的双向鉴权	鉴权五元组
EPS AKA 鉴权	4G	HSS	网络与用户的双向鉴权	鉴权四元组
5G AKA 鉴权	5G	AUSF/UDM	网络与用户的双向鉴权	鉴权四元组
EAP-AKA'鉴权				鉴权五元组

总体来说，在鉴权随着网络演进的过程中，安全性和可靠性都在持续提升。

在 5GC 中，EAP-AKA'鉴权是一种基于 USIM 卡的 EAP 认证方式，用于 3GPP 和非 3GPP 接入的认证，鉴权流程由 UE、AMF 与 AUSF/UDM 协同完成。鉴权中需要用到的重要参数如下。

（1）运营商可变算法配置域（Operator Variant Algorithm Configuration Field，OP ）长 16 字节。该参数是使用 MILENAGE 鉴权算法时引入的，是鉴权计算的一个输入参数。一个运营商的所有用户可以使用相同的 OP，以区别其他运营商的用户。归属位置寄存器（Home Location Register，HLR）、鉴权中心（Authentication Center，AUC）和 USIM 卡都将保存 OP，且应当保证其一致。

（2）OPc 是对 OP 以 KI 为密钥进行加密计算得到的结果。对于同一个运营商的不同用户，尽管 OP 是相同的，但 OPc 是不同的，对于同一用户，其 OPc 的值是不变的。OPc 是计算鉴权五元组的真正输入参数。因此，HLR、AUC 和 USIM 卡可以选择保存 OPc 而不是 OP，从而减少运算的耗费。

（3）KI 是 IMS AKA 鉴权中的根密钥，除随机数（Random number，RAND）外的其他四个鉴权参数的计算都需要通过 KI，它分别存储在终端的国际移动用户识别码（International Mobile Subscriber Identity，ISIM）卡（烧卡时）和 AUSF 中（卡中的 KI 和 AUSF 中的 KI 相同）。

（4）K2 是 KI 的存储迷失，保证鉴权密钥 KI 在 SAE-HSS 存储过程中的安全性，通过命令 ADD K2 加载至 SAE-HSS 中。

（5）K4 是 KI 的传输密钥，用于对 KI 进行加密和解密，长度为 8B。如果没有 K4 值，则表明 KI 没有被加密，即当前的 KI 值为真实的 KI；如果有 K4 值，则表明输入的 KI 已经是被 K4 经过加密的密文了（DES 或 AES_128 算法），真正的明文实际输入者自己也不知道，只有通过 K4 密钥及加解密算法工具计算得到。

（6）K7 是用于对 K2 和 K4 进行加密的，以实现对 KI 的多重加密，通过命令 ADD K7 加载至 SAE-HSS 中。

（7）鉴权和密钥管理域（Authentication and key Management Field，AMF）作为计算 MAC 的参数使用，它携带了鉴权方的信息，对于 EPS 网络的 AMF 来说，其第 0 位必须为 1。AMF 的值取决于运营商的配置。AMF 目前用于计算 MAC-S 和 MAC-A，也是 AUTN 的组成部分之一。以下是将来 AMF 可能的应用。

① 支持多种鉴权算法和密码。

② 变换序列号（Sequence Number，SQN）验证参数。

③ 设置限制 IK 和 CK 的有效时间的阈值。

（8）SQN 是终端与 AUSF 同步的序列号，这个序列号是由 AUTN 得到的，当网络与终端的 SQN 失配时，终端会重新发起注册请求，用于 SQN 同步。

（9）AUTN 是鉴权令牌，提供信息给 UE，使 UE 可以用它来对网络进行鉴权，包括以下内容。

① SQN 或 AK：即使用 AK 加密的 SQN。AK 由 RAND 和 KI 用 f5 算法计算得到，SQN 由发生器产生，是实现 UE 对网络合法性验证的一个重要参数。

② AMF：鉴权管理域，用于计算 MAC。

③ MAC：由 RAND、KI、AMF 和 SQN 用 f1 算法计算得到，是 USIM 卡鉴权网络合法性的关键参数，如果 USIM 计算出来的 MAC 值与网络下发的 MAC 值不符，则 USIM 卡认为网络非法。

（10）再同步标记（Resynchronization Token，AUTS）：当 UE 对访问位置寄存器（Visitor Location Register，VLR）或通用分组无线系统业务支撑节点（Serving General Packet Radio System Support Node，SGSN）验证后，认为同步失败时，返回“同步失败”消息给 VLR 或 SGSN。此时，VLR 或 SGSN 会向 HLR 或 AUC 发起一个重新同步请求，同时附上本参数。AUTS 由使用 AK 加密后的 SQNMS 和用户侧的 XMAC 组成。

（11）RAND 是由 AUSF 中的随机数发生器产生的，网络提供给 UE 的不可预知的随机数。它用来计算鉴权响应参数期待响应（Expected Response，XRES）及安全保密参数 IK、CK。

（12）CK 是加密密钥，由终端和 AUSF 分别通过 KI 和 RAND 计算得到，AUSF 将它计算出的 CK 一直传递到 AMF，用于终端和 AMF 之间建立 IPSec 后的加密。

（13）IK 是完整性密钥，由终端和 AUSF 分别通过 KI 和 RAND 计算得到，AUSF 将计算出的 IK 一直传递到 AMF，用于终端和 AMF 建立 IPSec 后的完成性保护。

（14）RES 即用户响应，作为用户合法性检查的参数，由 UE 的 RAND 和 KI 用 f2 算法计算得出，用于和 XRES 进行比较，决定鉴权是否通过。

（15）XRES 是用户期望响应，作为用户合法性检查的参数，由 AUSF 通过 KI 和 RAND 用 f2 算法计算得到，该参数从 AUSF 传递到 AMF 后不再往下传，AMF 通过比对 XRES 和从终端获取的 RES 来对终端用户进行鉴权。

（16）RES 由终端通过 KI 和 RAND 计算得到，并在鉴权响应中携带该参数给 S-CSCF 用于网络侧对终端的鉴权。

（17）HXRES*是用户期望响应，作为用户合法性检查的参数，用于和 UE 产生的 RES*进行比较，决定网络对终端认证是否通过。

（18）K_{SEAF} 是根据 CK/IK 以及 AMF 的服务网络标识服务网名称（Serving Network Name，SN Name）计算得到的一个根密钥，作为加密和完整性密钥的来源，AMF 会使用该密钥生成 NAS（非接入层）的加密密钥 K_{NASenc} 和 NAS 完整性保护密钥 K_{NASint}，用于 AMF 和终端之间信令消息的加密和完整性保护。

（19）K_{ASME} 是根据 CK/IK 以及 MME 的服务网络标识 SN ID（即 Visited-PLMN-Id）计算得到的一个根密钥，作为加密和完整性密钥的来源，MME 会使用该密钥生成 NAS 层的加密密钥 K_{NASenc} 和 NAS 完整性保护密钥 K_{NASint}，用于 MME 和终端之间信令消息的加密和完整性保护。

（20）K_{NASint} 是 UE 和 MME 根据 K_{ASME} 推演得到的密钥，用于保护 UE 和 MME 之间的 NAS 流量的完整性。

（21）**AV** 是鉴权（也称认证）向量，UMTS 网络鉴权向量利用参数五元组提供暂时的鉴权数据给某个 VLR 或 SGSN 以对特定用户进行 UMTS 鉴权。GSM 网络鉴权向量利用参数三元组提供暂时的鉴权数据给某个 VLR 或 SGSN 以对特定用户进行 GSM 鉴权。

（22）***Q*** 是 UMTS 五元组鉴权向量，关于鉴权的临时协议。允许对 VLR 或 SGSN 内一个特定用户执行 UMTS AKA 功能。一个五元组包括：随机数（RAND）、期待响应（XRES）、加密密钥（CK）、完整性密钥（IK）和认证令牌（AUTN）。

（23）***T*** 是 GSM 三元组鉴权向量，关于鉴权的临时协议。允许对 VLR 或 SGSN 内一个特定用户执行 GSM AKA 功能。一个三元组包括：随机数（RAND）、符号响应（Signed Response，SRES）、加密密钥（Kc）。

（24）Kc 由 RAND 和鉴权密钥 KI 用 A8 算法计算得到，用于空中无线信道的加密。

（25）SRES 是符号响应，由 RAND 和 KI 用 A3 算法计算得到，用于 GSM 鉴权中判断用户鉴权是否通过。其长度为 4 字节。

10.6.2 EAP-AKA'鉴权流程详解

当 AMF 向 AUSF 发起鉴权请求时，由 AUSF 计算 EAP-AKA'鉴权的鉴权向量，AUSF 与 UE 通过 AMF 互相传递鉴权消息，完成用户与网络的双向鉴权。当终端对网络侧认证失败时，进入终端认证网络失败的 EAP-AKA'鉴权流程，根据认证失败的原因，AMF 向 AUSF 返回对应的错误校验失败响应，完成终端认证网络侧失败的 EAP-AKA'鉴权流程。当终端判别需要进行鉴权重同步时，进入鉴权重同步流程，AMF 向 AUSF 发送携带重同步信息的鉴权请求，启动 EAP-AKA'鉴权重同步流程。EAP-AKA'鉴权具体流程如图 10-10 所示。

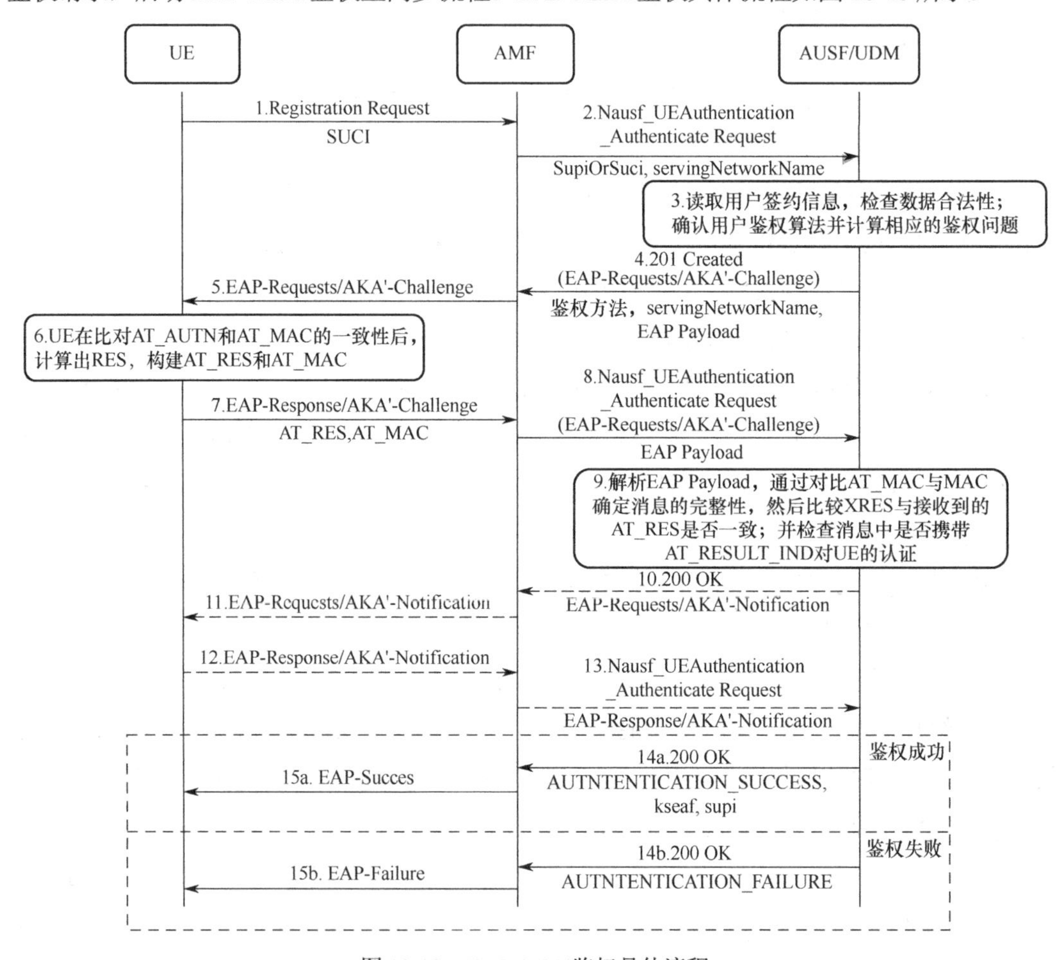

图 10-10　EAP-AKA'鉴权具体流程

步骤 1，UE 初始附着 5GC，向 AMF 发起注册请求。

① UE 向 RAN 发送 Registration Request 消息。消息中携带 Registration Type（注册类型）、UE 标识 SUCI、Requested NSSAI（网络切片信息）。其中 Registration Type 为 Initial Registration，表明用户是初始注册。

② RAN 基于 Registration Request 消息中携带的 Requested NSSAI 选择 AMF，并向

AMF 发送 Registration Request 消息。

步骤 2，AMF→AUSF 请求对用户进行鉴权（Nausf_UEAuthentication_Authenticate Request 消息）AMF 基于接收到的 Registration Request 消息（注册请求消息）中的 Registration Type 信元发现用户为初始注册，向 AUSF 发送（HTTP POST 消息）（消息携带 AuthenticationInfo）请求对用户进行鉴权，消息中包含用户标识（SupiOrSuci）与服务网名称。

步骤 3，AUSF 收到鉴权请求消息后进行如下消息处理。

① 在 AUSF 收到鉴权请求消息后若用户标识为 SUCI，则 AUSF 将 SUCI 解密为 SUPI。

② AUSF 读取签约信息（根据 SUPI 读取用户的签约信息），并检查用户数据的合法性；若不合法（如用户未开户，未签约 5G 业务等），则 AUSF 向 AMF 返回错误消息，消息中 Content-Type 为“application/problem+json”，body 部分携带错误原因。

③ AUSF 收到鉴权请求消息后，通过比较服务网络名称与期望的服务网络名称，检查服务网络中的请求 AMF 是否有权使用鉴权请求消息中的服务网络名称。同时，AUSF 应暂存接收到的服务网络名称。如果服务网络未被授权使用服务网络名称，则 AUSF 应在鉴权请求响应中携带“服务网络未授权”的消息。

④ AUSF 根据签约信息和配置信息决策鉴权算法为“EAP_AKA_PRIME”（根据协议描述、签约信息、配置信息中会分别签约和配置具体用哪种鉴权算法），并计算出鉴权五元组{RAND, XRES, CK, IK, AUTN}，其中 AUTN 的组成参数 AMF 的分离位（AMF 的 Bit0）取值为 1。

⑤ AUSF/UDM 通过原始鉴权五元组计算出 K_{aut} 与 K_{SEAF}，并转化原始五元组为用于 5G 的 EAP-AKA'鉴权的鉴权向量{RAND, XRES, CK', IK', AUTN}。

步骤 4，AUSF→UDM 返回鉴权响应（Nausf_UEAuthentication_Authenticate Response 消息）。

① 若请求成功，则 AUSF 在本地存储鉴权消息并启动一个定时器，构建 201 Created 消息（消息携带 UEAuthenticationCtx）返回决策的鉴权方式“EAP_AKA_PRIME”和鉴权向量（EAP Payload）给 AMF，供 AMF 放置确认信息。其中 EAP Payload 包含了 base64 编码的 EAP-Request/AKA'-Challenge 相关信息：AT_RAND、AT_AUTN、AT_KDF、AT_KDF_INPUT、AT_MAC。消息必带信元如下。

- ✓ authType：表示该 UE 使用的鉴权方法。
- ✓ _links：该响应体中将包含所选择的 EAP 方法、相应的 EAP 报文请求和 AMF 用于 POST EAP 响应的“链接”。在当前版本中，仅提供一个超媒体链接。此链接的作用是为了让 AMF 可根据此链接找到下发鉴权向量的 AUSF，以便完成后续的鉴权过程。
- ✓ 5gAuthData：包含 EAP 相关信息即鉴权向量。

② 若由于输入参数错误导致启动认证服务失败，则返回400 Bad Request消息。

③ 若有认证拒绝/服务网络未授权/无效公钥标识/无效调度输出应用错误，则表示不允许UE进行认证，返回403 Forbidden消息。

④ 若用户不存在，则返回404 Not Found消息。

⑤ 若由于UDM无法生成请求的鉴权向量而引起服务器内部错误导致身份验证服务失败，则返回500 Internal Server Error消息。

⑥ 若由于不支持保护调度导致的鉴权失败，则返回501 Not Implemented消息。

步骤5，AMF收到AUSF/UDM下发的消息并解析出EAP Payload后发送EAP-Request/AKA'-Challenge消息给UE。

步骤6，UE收到消息后根据RAND和AUTN计算出RES和XMAC，并构建出AT_RES和AT_MAC。将计算出的AT_MAC与EAP Payload中解析出的AT_MAC进行比较。

① 若比较结果一致，则USIM卡根据AUTN计算的SQN，判断SQN是否在有效范围内，是否需要进行鉴权重同步的过程。

② 若比较结果不一致，则UE对网络认证失败，转到终端认证网络失败时EAP-AKA'鉴权流程。

步骤7，UE将构建的AT_RES和AT_MAC通过EAP-Response/AKA'-Challenge消息发送给AMF。

步骤8，AMF发送鉴权挑战请求Nausf_UEAuthentication_Authenticate Request消息（HTTP PUT消息）给AUSF/UDM，消息中携带EAP-Session，当用户需要网络侧返回详细的鉴权结果时，可选携带鉴权结果保护标识（AT_RESULT_IND）。

步骤9，AUSF/UDM收到消息后先通过之前启动的定时器判断鉴权向量是否过期。如果鉴权向量过期，则鉴权失败并返回鉴权结果和EAP Payload；如果没有过期；则解析EAP Payload，通过EAP-AKA'鉴权算法计算出MAC，与接收到的AT_MAC比较是否一致。

① 若结果一致，则解析EAP Payload，通过AUSF计算出的鉴权五元组中的XRES与接收到的AT_RES比较是否一致。

- ✓ 若结果一致，则检查消息中是否携带AT_RESULT_IND：若携带了该信元，则必须构建通知请求，完成流程；若没有携带则鉴权成功，则返回鉴权结果和EAP Payload
- ✓ 若结果不一致，则网络侧对UE认证失败即鉴权失败，返回鉴权结果和EAP Payload。

② 若结果不一致，则网络侧对UE认证失败即鉴权失败，返回鉴权结果和EAP Payload。

步骤10，AUSF给对端AMF发送200 OK，EAP Payload携带EAP-Request/AKA'-Notification。

步骤 11，AMF 发送 EAP-Request/AKA'-Notification 消息给 UE。

步骤 12，UE 返回 EAP-Response/AKA'-Notification 消息给 AMF。

步骤 13，AMF 发送 HTTP POST 消息，消息中 EAP Payload 携带 EAP-Response/AKA'-Notification。

步骤 14，AUSF 根据比对结果返回 200 OK 响应消息给 AMF。

① 消息指示鉴权成功，并返回鉴权结果和 EAP Payload。

② 消息指示鉴权失败，并返回鉴权结果和 EAP Payload。

10.7　5G AKA 鉴权

5G AKA 是 5G 网络对 5G 用户（UE）进行认证的一种机制。这种机制是 5G 网络与 5G 用户双向验证合法性的过程，用来实现移动网络的接入安全性。

10.7.1　5G AKA 鉴权特性概述

在 5GC 中，5G AKA 用于 3GPP 用户接入的认证，鉴权流程由 UE、AMF 与 AUSF 协同完成。鉴权的价值和意义如下。

（1）运营商受益：运营商可以通过 5G AKA 鉴权功能避免非法用户使用 5G 网络提供的服务，保证运营商 5G 网络的安全性。

（2）用户受益：防止移动用户受非法网络的攻击，保护用户信息安全。

10.7.2　5G AKA 鉴权详解

1. 5G AKA 鉴权流程

当 AMF 向 AUSF 发起鉴权请求时，AUSF 计算用于 5G AKA 鉴权的鉴权向量并下发给 AMF，在 5G AKA 鉴权流程中，AMF 做网络侧对终端的鉴权，AUSF 做归属地的鉴权，并存储相应的对比结果，完成 5G AKA 鉴权流程，如图 10-11 所示。

步骤 1，UE 初始附着 5GC，向 AMF 发起注册请求。

① UE 向 RAN 发送 Registration Request 消息。消息中携带 Registration Type、UE 标识 SUCI、Requested NSSAI。其中 Registration Type 为 Initial Registration，表明用户是初始注册。

② RAN 基于 Registration Request 消息中携带的 Requested NSSAI 选择 AMF，并向 AMF 发送 Registration Request 消息。

步骤 2，AMF 基于接收到的 Registration Request 消息中的 Registration Type 信元发现用户为初始注册，通过 N12 接口，向 AUSF 发送 HTTP POST 消息请求对用户进行鉴权，消息中包含用户标识（SupiOrSuci）与服务网名称。

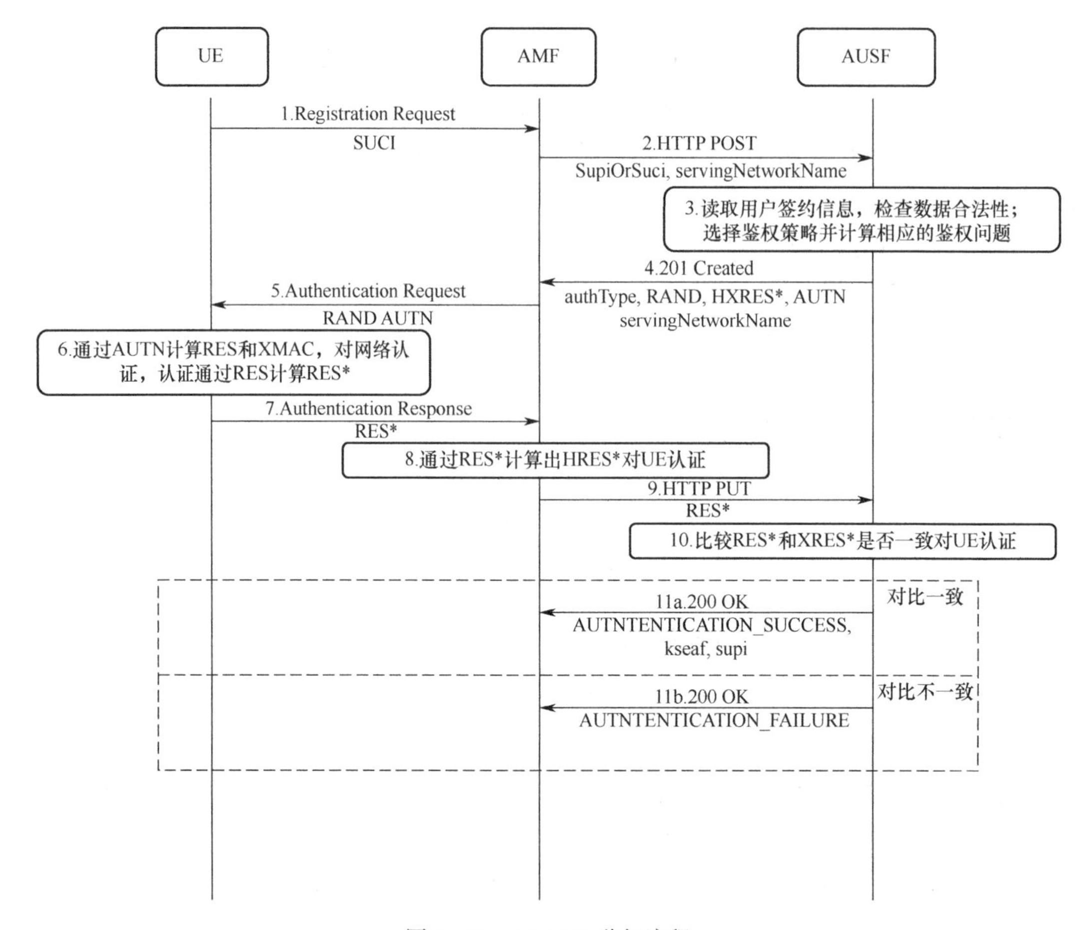

图 10-11　5G AKA 鉴权流程

步骤 3，AUSF 收到 IITTP POST 消息后做如下处理。

① 若 AUSF 收到的 HTTP POST 消息中，用户标识为 SUCI，则 AUSF 将 SUCI 解密为 SUPI。

② AUSF 读取签约信息，检查用户数据合法性，并做如下处理。

✓ 若合法，则转到③。

✓ 若不合法（如用户未开户，未签约 5G 业务等），则 AUSF 向 AMF 返回错误消息，消息中 Content-Type 为“application/problem+json”，body 部分携带错误原因。

③ AUSF 根据签约信息和配置信息决策鉴权算法为“5G_AKA”，并计算出鉴权五元组{RAND, XRES, CK, IK, AUTN}，其中 AUTN 的组成参数 AMF 的分离位（AMF 的 Bit0）取值为 1。

④ AUSF 将鉴权五元组转化为鉴权四元组{RAND, XRES*, AUTN, KAUSF}。其中 RAND 和 AUTN 直接从五元组中获取。XRES*和 KAUSF 由输入参数 KEY 和 S 通过 KDF 算法计算得出，具体实现如下。

✓ 生成 XRES*的输入参数：

KEY = CK || IK

S = FC || P0 || L0 || P1 || L1 || P2 || L2

FC = 0x6B

P0 = servingNetworkName

L0 = servingNetworkName 的长度

P1 = RAND

L1 = RAND 的长度

P2 = XRES

L2 = XRES 的长度

✓ 生成 K_{AUSF} 的输入参数：

KEY = CK || IK

S = FC || P0 || L0 || P1 || L1

FC = 0x6A

P0 = servingNetworkName

L0 = servingNetworkName 的长度

P1 = SQN ⊕ AK

L1 = SQN ⊕AK 的长度

⑤AUSF 将四元组转化为新的四元组{RAND, HXRES*, AUTN, KSEAF}。其中 RAND 和 AUTN 直接从四元组中获取。HXRES*由输入参数 S 通过 SHA-256 加密算法计算得出。KSEAF 由输入参数 KEY 和 S 通过 KDF 算法计算得出，具体实现如下。

✓ 生成 HXRES *的输入参数：

S = P0 || P1

P0 = RAND

P1 =XRES*

✓ 生成 K_{SEAF} 的输入参数：

KEY = K_{AUSF}

S = FC || P0 || L0

FC = 0x6C

P0 = servingNetworkName

L0 = servingNetworkName 的长度

步骤 4，AUSF 存储鉴权四元组，并通过 N12 接口，向 AMF 返回 201 Created 消息，返回决策的鉴权方式“5G_AKA”和新的四元组。消息中 HTTP 的 Location 包含当前鉴权上下文的 URI。

步骤 5，AMF 存储 AUSF 下发的鉴权四元组{RAND, HXRES*, AUTN, K_{SEAF}}，并将

RAND、AUTN 通过 Authentication Request 消息发给 UE。

步骤 6，UE 收到消息后做如下处理。

① UE 根据 RAND 和 AUTN 计算出 RES 和 XMAC，将计算的 XMAC 和 AUTN 中的 MAC 进行比较。

✓ 若一致，则转到②。

✓ 若不一致，则向 AMF 返回 UE 对网络认证失败的消息，鉴权流程结束。

② USIM 卡根据 AUTN 计算得出的 SQN，判断 SQN 是否在有效范围内。

✓ 若在有效范围内，则 UE 对网络认证成功。

✓ 若不在有效范围内，则转到鉴权重同步流程。

③ UE 通过 RES 计算出 RES*。RES*由输入参数 KEY 和 S 通过 KDF 算法计算得出，KEY 和 S 的生成如下。

KEY = CK || IK

S = FC || P0 || L0 || P1 || L1 || P2 || L2

FC = 0x6B

P0 = servingNetworkName

L0 = servingNetworkName 的长度

P1 = RAND

L1 = RAND 的长度

P2 = RES

L2 = RES 的长度

步骤 7，UE 将 RES*通过 Authentication Response 消息发送给 AMF。

步骤 8，AMF 通过 RES*计算出 HRES*，比较 HRES*和存储的 HXRES*是否一致。

① 若一致，则 AMF 对 UE 认证成功。

② 若不一致，则 AMF 对 UE 认证失败，流程结束。

HRES *由输入参数 S 通过 SHA-256 加密算法计算得出。输入参数 S 的生成如下。

S = P0 || P1

P0 = RAND

P1 =RES*

步骤 9，AMF 通过 HTTP PUT 消息上报 UE 返回的 RES*给 AUSF。

步骤 10，AUSF 收到消息后，比对 RES*和 XRES*的一致性，并将比对结果存入数据库。

① 若比对一致，则转到 11a。

② 若比对不一致，则转到 11b。

步骤 11，AUSF 根据比对结果返回 200 OK 响应消息给 AMF。

① 200 OK 消息指示鉴权成功。

② 200 OK 消息指示鉴权失败。

2. 5G AKA 鉴权重同步流程

当终端判别需要进行鉴权重同步时，本次鉴权流程结束，AMF 向 AUSF 发送携带重同步信息的新的鉴权请求，启动 5G AKA 鉴权重同步流程，如图 10-12 所示。

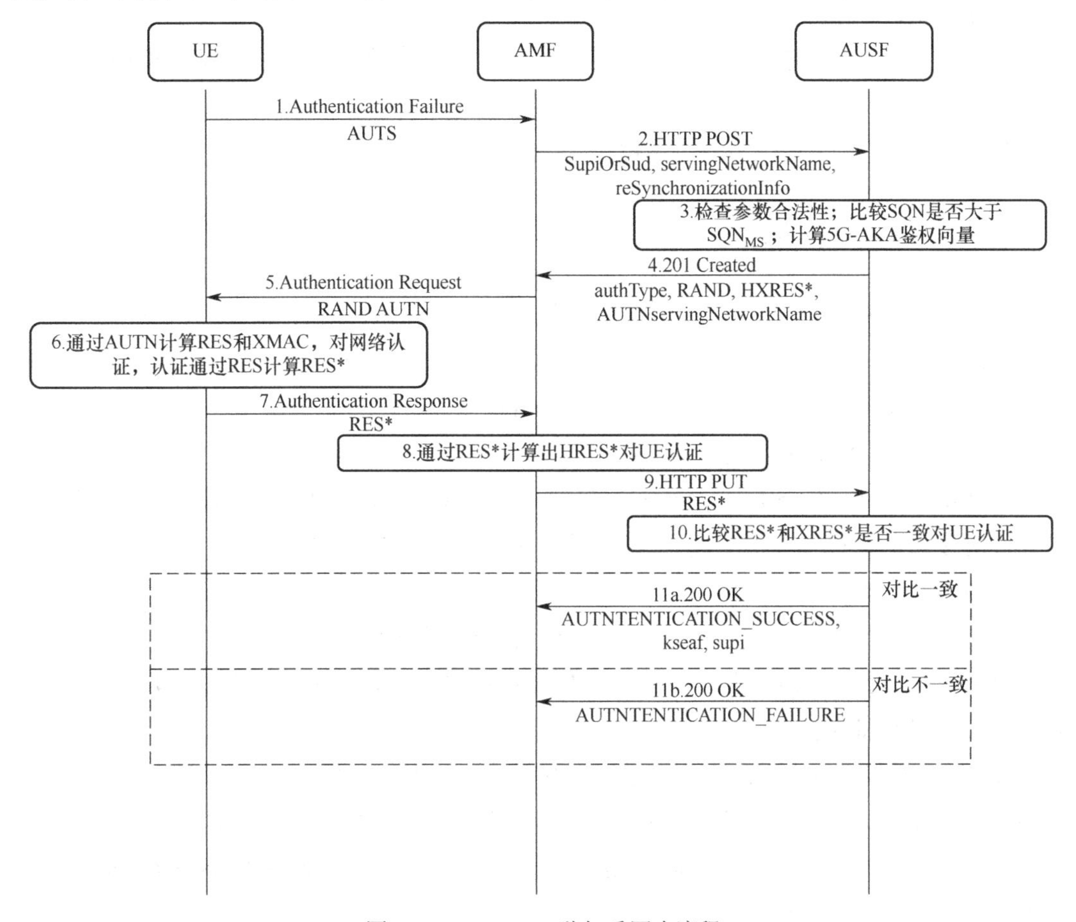

图 10-12　5G AKA 鉴权重同步流程

步骤 1，UE 向 AMF 发送 Authentication Failure 消息，消息中携带 AUTS。

步骤 2，通过 N12 接口，AMF 发送 HTTP POST 消息到 AUSF 请求新的鉴权向量，消息中包含 reSynchronizationInfo（重同步信息）携带 RAND 和 AUTS、SUPI OR SUCI、SNN。

步骤 3，AUSF 收到 HTTP POST 消息后做如下处理。

① AUSF 读取签约信息，检查数据合法性。

✓ 若合法，转到②。

✓ 若不合法，则 AUSF 向 AMF 返回错误消息，消息中 Content-Type 为“application/problem+json”，body 部分携带错误原因。

② AUSF 从 AUTS 中解析出 USIM 所保存的 SQNMS，判断 SQN 是否大于 SQNM。

✓ 是，转到③。

✓ 否，则 AUSF 通过 SQNMS、KI、RAND、AMF 这 4 个参数，使用 f1 算法，计算出 MAC，然后比较 MAC 与 AUTS 中的 MAC-S 值是否一致。若一致，则网络侧的 SQN 被 SQNMS 重置，并转到③；若不一致，则网络侧的 SQN 不变，鉴权重同步失败。

③ AUSF 计算出鉴权五元组，并将鉴权五元组经两次转化得到用于 5G AKA 鉴权的鉴权四元组。

步骤 4～11，同 5G AKA 鉴权流程。

10.8　5G 二次鉴权

二次鉴权（Secondary Authentication）是 5G Security 引入的概念，即 UE 在服务网络核心网（Serving Network Core Network，由 V-PLMN 标识）中进行初始化注册流程时进行一次主鉴权，然后在家庭网络核心网（Home Network Core Network，由 H-PLMN 标识）进行会话建立流程之前进行第二次辅鉴权。以此来确保高级别的安全性。

与 toC 业务相比，toB 垂直行业用户的业务具有更高的安全保密需求。所以，企业需要通过对接入企业专网的 UE 进行二次鉴权（由企业提供自己的 AAA Server）。二次鉴权流程如图 10-13 所示。

步骤 1，UE 发起 PDU 会话建立请求，包含鉴权/授权信息。

步骤 2，AMF 向 SMF 发送 Nsmf_PDUSession_CreateSMContext 请求，包括鉴权/授权信息，SMF 响应业务操作。

步骤 3，根据 SMF 的配置，如果 SMF 需要向 UE 发送 EAP 请求消息，则在步骤 3 之前执行步骤 6～9。如果之前没有建立 N4 会话，则 SMF 触发 N4 会话建立流程。

步骤 4，SMF 通过 UPF 向 DN-AAA 发送接入请求消息，该消息由 SMF 在 N4 用户平面发出，UPF 转发给 DN-AAA。

步骤 5～10，DN-AAA 通过 UPF 向 SMF 发送 Access-Challenge。鉴权/授权信息将通过 AMF 传递给 UE。UE 响应收到的鉴权/授权信息，经过 AMF 发送给 SMF，由 SMF 通过 UPF 在 Access-Request 消息中发送给 DN-AAA。根据鉴权机制（如 EAP-TLS），步骤 5～10 可能重复多次。

步骤 11，SMF 接收 DN-AAA 的 Access-Challenge，获取认证/授权信息。

步骤 12，SMF 发送 Accouting-Request(START)消息到 DN-AAA。

步骤 13，SMF 开始建立 PDU 会话流程，并且将认证/授权消息发送给 AMF。

步骤 14，DN-AAA 相应 Accounting-Response(START)消息。在步骤 13 中，SMF 可能会等待计费响应消息。

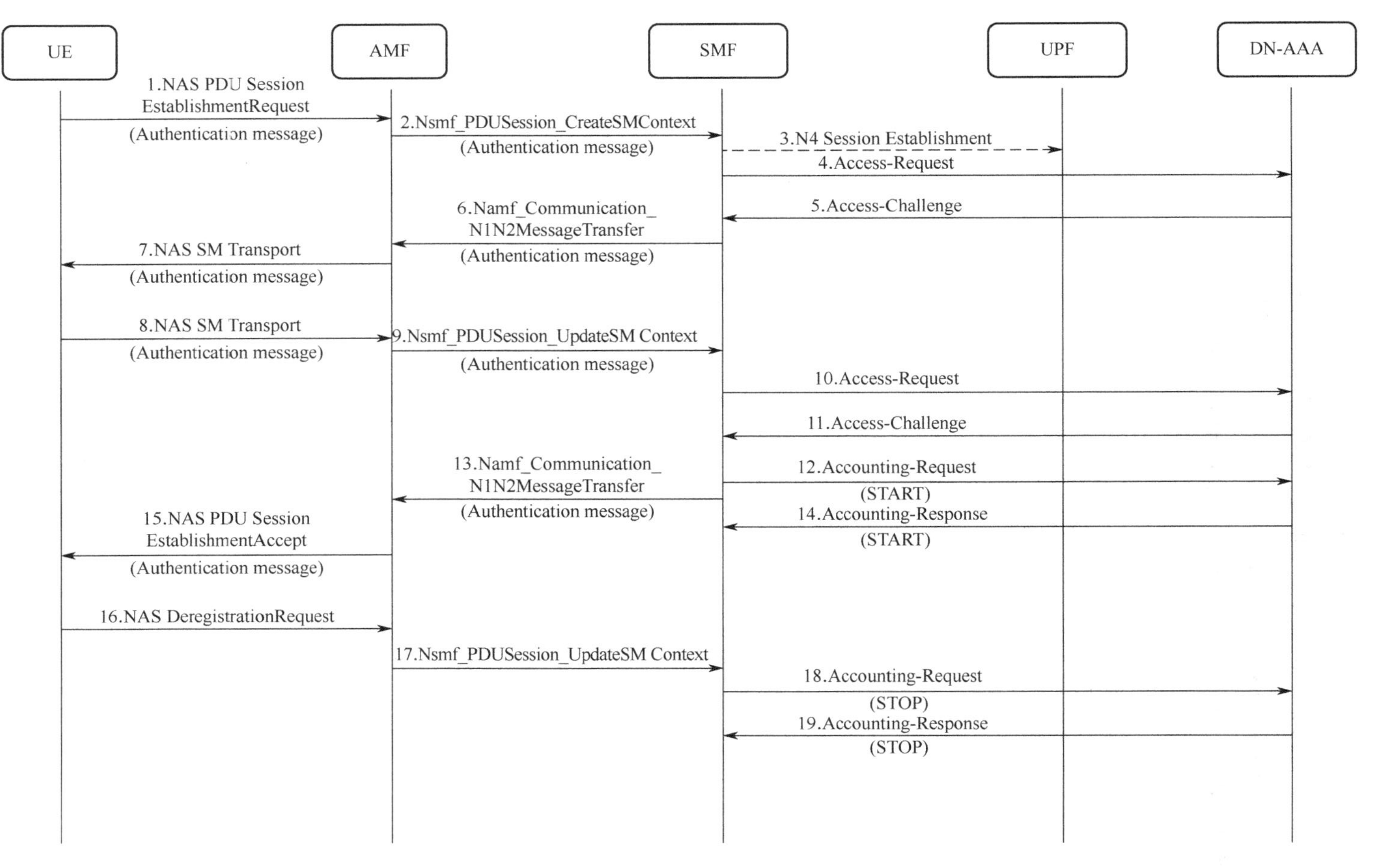

图 10-13　二次鉴权流程

步骤 15，AMF 向 UE 发送 PDU 会话建立请求，携带认证/授权信息。

步骤 16，UE 向 AMF 发起注销请求。

步骤 17，AMF 向 SMF 发送注销请求，SMF 相应业务操作。

步骤 18，SMF 向 DN-AAA 发起 Accounting-Reques(STOP)消息。

步骤 19，DN-AAA 回复 Accounting-Response(STOP)消息。

第 11 章 5G 终端安全

终端安全（Endpoint Security）是一种网络防护方法，它需要企业网络上每个计算设备得到网络访问许可前遵从特定标准。终端可能包括个人计算机、笔记本电脑、智能手机、平板电脑和专用设备，如条形码扫描器（Bar Code Reader）或 POS 终端。

终端安全从提出到 2015 年，在概念上已经经历了很大的变化，终端安全从最初是指安装在计算机上的防病毒软件，到后来的包括台式机、笔记本电脑、移动设备的安全防护，再到以网络为中心的访问控制管理，终端安全强调所有联网设备的安全，符合企业安全策略所定制的标准，保护网络免受病毒、木马的侵害。

11.1 5G 终端基础

终端也称终端设备，是计算机网络中处于网络最外围的设备，主要用于用户信息的输入以及处理结果的输出等。在早期计算机系统中，由于计算机主机昂贵，因此一个主机（IBM 大型计算机）一般会配置多个终端，这些终端本身不具备计算能力，仅承担信息输入/输出的工作，运算和处理均由主机来完成。在个人计算机时代，个人计算机可以运行被称为终端仿真器的程序来模仿一个终端的工作。

现在个人用户的家庭宽带，均是通过运营商的光纤以有线的方式实现接入的。5G 网络普及之后，可以通过客户终端设备（Customer Premises Equipment，CPE）实现无线连接，从此告别线缆的限制，CPE 中内置基带芯片，通过基带芯片同 5G 网络进行数据传输。实现的方式也多种多样，如室内型 CPE、室外型 CPE（防水、防雷），以及 5G 随身 Wi-Fi 设备。

除手机外，我们常见的平板电脑、笔记本电脑等设备，均可以将基带芯片内置至移动设备，从而实现 5G 网络的通信，特别是偏远地区的视频监控设备等，通过无线的方式，会极高地提升工作效率，5G 网络具有时延低的特点，仅为 1ms，将会在较大程度上提升网络质量，未来会完全避免线缆的连接，实现无线网络。

未来的智能家居、智能医疗以及智能驾驶，均可以通过基带芯片来实现。智能家居中的空调、电视、冰箱等均可联网，并通过远程控制；智能医疗，每个人可以通过智能手环，随时将个人身体情况上传至数据平台，实时分析；智能驾驶，利用 5G 网络的高速传输，实施监控路面，完成智能驾驶操作。

总体来说，我们对 5G 时代一个最基本的定义就是万物互联，也就是说它要通过多种物质来连接。我们可以简单地理解为：如汽车、自行车、手环、眼镜、衣服、鞋子、腰带、冰箱、空调、洗衣机、医疗器材等都可能成为5G时代的一个终端。

11.2 5G 终端安全挑战与需求

前面我们介绍过，随着 5G 技术的快速发展，具备 5G 通信能力的终端，已不仅局限于手机、路由器等传统的通信终端设备，而是逐渐扩展到移动医疗、智能家居、工业控制、车联网、环境监测等物联网领域的各种行业终端。种类繁多、应用复杂的海量终端接入 5G 网络，引入身份仿冒、信号欺骗、设备劫持、数据篡改、故障注入等一系列安全问题。如何保证 5G 终端本身的安全以及终端接入 5G 网络通信的安全成为保障 5G 在行业应用面临的基本问题。图 11-1 给出了 5G 终端的分级模型。

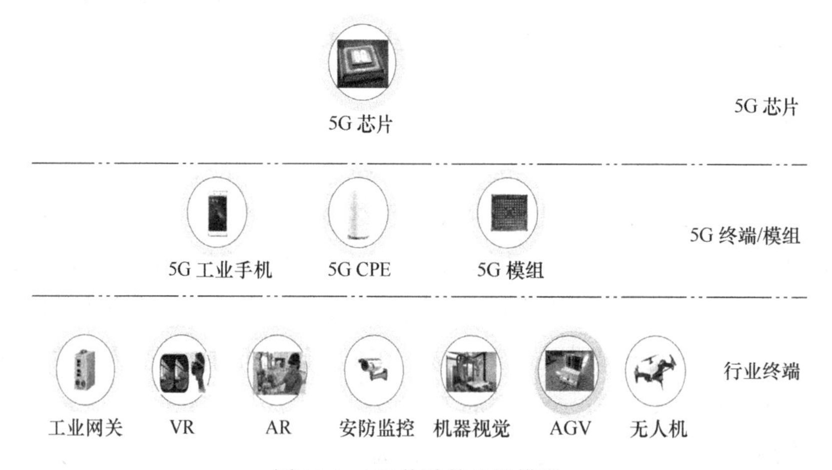

图 11-1 5G 终端的分级模型

总体来说，终端面临的安全风险与网络通信和终端自身两方面相关。在网络通信方面，无线环境中的终端面临着身份被盗用、数据在传输过程中被窃取与篡改、恶意终端对 5G 网络攻击等安全威胁；在终端自身硬件方面，终端面临的安全问题主要源于终端芯片设计上存在的漏洞或硬件安全防护的不足，导致敏感数据面临泄露、篡改等安全风险；另外，对于具备自身软件的强终端，还存在网络攻击者通过安装在 5G 终端上的软件系统对终端本身和 5G 网络发起攻击的安全风险。

5G 终端主要有两类：一类是面向个人用户的终端，如 5G 手机；另一类是面向行业或者用于城市公用基础设施的 IoT 终端，如智慧工厂的 5G 工控终端、各种传感器，以及智慧路灯的 5G 终端等，这类终端数量大、分布面广、硬件安全能力千差万别，并且软件相对不可控，很容易被黑客入侵攻陷。由于各种物联网终端、个人终端数量庞大，不法攻击者可能利用终端的软硬件漏洞，入侵之后让终端作为肉鸡发起 DDoS 攻击，给公共电信网络和社会基础服务带来重大损失。

11.2.1 终端安全要求

根据 5G 终端面临的各种安全风险，终端自身要在软硬件方面做好安全加固与安全防护，避免外部入侵对终端造成破坏或者信息窃取。对一些重要的敏感业务，需要终端具备对业务数据的加密能力，从源头上确保业务数据的安全，尤其是业务数据的机密性和完整性保护，防止业务信息被窃听篡改。

5G 网络将提供对海量用户的支持并保障多种类型设备的安全接入，将数以千亿计的设备接入网络，实现“万物互联”。在万物互联的场景中，如何确保海量接入设备自身的安全，将成为保障未来 5G 安全的基础。具体地讲，5G 网络中的终端面临着下列安全需求。

1. 更高的身份可靠性要求

5G 时代终端和终端之间可以直接交互，需要终端自身具备身份证明和验证能力，从而保证交互双方的身份可靠性。同时，5G 终端还需要在接入设备中设计有效的终端基础安全模块，使在设备接入网络的初始阶段对 5G 网络进行身份验证、完成自身安全检测，并在设备运行阶段定期地进行安全验证和维护，以保障设备自身的安全性。

2. 信息完整性需求

5G 网络需要面向无人驾驶、工业控制等对安全性要求较高的领域，除了在基础网络层保证低时延和连接的可靠性，还要保障网络所传送控制指令的完整性。5G 终端需要具备信息完整性证明和验证手段。

3. 隐私保护需求

5G 为万物互联时代，海量终端接入将会促进大数据技术得到更充分的应用，5G 网络大数据环境下的隐私保护将成为重要问题。5G 终端需要提供保护隐私的有效技术手段。

4. 终端可靠性需求

智能终端执行环境的可靠性和应用程序来源的可信性面临挑战。嵌入式传感器终端数量巨大，这些传感器可能面临固件更新问题，而固件代码来源的可信性证明，是保证终端可靠性的基础。5G 时代，需要通过技术手段保证终端执行环境的可靠性和可信性。

现有移动通信技术安全保障机制已经无法满足未来移动通信应用的安全需求，因此必须针对 5G 设计全新的安全保障体系，为未来的移动通信应用提供多样化、个性化、差异化和分级别的安全服务。而构建这种安全保障体系的关键则是设计面向移动终端的基础安全模块，为各类 5G 应用提供基础性安全服务。

11.2.2 终端基础安全技术要求

5G 终端本身的安全通用要求包括支持用户数据和信令数据的机密性和完整性保护、签约凭证的安全存储与处理和用户隐私保护，参见 3GPP 标准要求，下面进行详细介绍。

1. 机密性和完整性保护

UE 应根据基站发送的指示激活对 RRC 信令、NAS 信令、用户数据进行加密和完整性保护，加密算法应支持 AES、Snow3G、ZUC 算法 128 bit 及以上。

2. 签约凭证的安全存储与处理

终端或 SIM 卡应能实现 SUPI（含 IMSI）签约凭证的安全存储与处理。

（1）订阅凭证应使用防篡改安全硬件组件在 UE 内部进行完整性保护。

（2）订阅凭证的长期密钥使用防篡改安全硬件组件在 UE 内部保护机密性。

（3）订阅凭证的长期密钥永远不能在防篡改安全硬件组件之外暴露。

（4）使用订阅凭证的身份验证算法应始终在防篡改安全硬件组件中执行。

（5）可以根据防篡改安全硬件组件各自的安全要求进行安全评估。

3. 用户隐私保护

支持用户隐私保护的主要内容如下。

（1）SUPI 在 RAN 网络中以密文形式传输。

（2）家庭网络公钥应存储在 USIM 中。

（3）保护方案标识应存储在 USIM 中。

（4）家庭网络公钥标识应存储在 USIM 中。

（5）SUCI 计算指示，无论是 USIM 还是计算 SUCI，都应存储在 USIM 中。

11.2.3 增强型安全技术要求

5G 终端在满足 3GPP 标准的基础安全能力上，还需根据实际威胁和行业要求从底层软硬件和上层应用 App/数据两个方面保障通信安全。

（1）对于 uRLLC 的终端，需要支持高安全、高可靠的安全机制，能够支持超级实验室的安全硬件，入网时需要相互认证，包括但不限于以下方法。

① 终端内置特殊的安全芯片，作为终端标识、通信加密密钥和安全可信根的载体。

② 通过调试接口物理关闭、物理写保护等措施防范针对终端的底层物理攻击。

③ 通过安全启动、完整性校验等措施确保终端的系统固件和操作系统安全。

（2）对于 mMTC 终端，需要支持轻量级的安全算法和协议，能够实现抗物理攻击、低功耗、低成本。

（3）对于电力等高安全要求的特殊行业，终端需要集成专用的安全芯片，定制操作系统和特定的应用商店。

（4）为防止 SIM 卡滥用导致的身份仿冒，终端需要支持机卡绑定能力。

（5）对于用户安全要求高的行业，需要支持行业用户对终端实现自主可控的二次身份认证。

在 5G 环境下，终端安全应该是云端协同防御的体系，应能通过云端实现对终端的异常行为的安全监测预警。

（6）应能通过云端安全运营中心实现终端与 SIM 卡机卡分离、终端流量突变、终端位置异常、终端业务异常等异常终端的检测溯源以及监测告警。

（7）终端支持 URSP 策略，使终端根据 App ID、IP 三元组（目的 IP、端口、协议类型）、FQDN 及业务类型等信息选择相应的网络切片（NSSAI）、DNN 和 SSC Mode。

（8）终端支持锁频锁小区。

（9）对于高安全业务，终端需支持 L2/基于互联网安全协议的虚拟专用网络（Internet Protocol Security Virtual Private Network，IPSec VPN）隧道加密，以实现敏感业务端到端加密保护需求。

① 为了保障终端通信业务的安全，可以对通信数据进行端到端的加密（如保密通话），防止终端的通信数据被窃听或篡改，避免因为通信数据内容的泄密篡改对用户的 5G 业务应用带来破坏或重大的安全事故。

② 对终端的应用 App 软件实施漏洞扫描、安全加固等措施，避免因为应用软件的漏洞导致终端被入侵破坏。

11.3　5G 终端安全技术

对于 5G 终端本身来说，主要需要从底层软硬件和上层应用 App/数据两个方面保障通信安全。例如，通过终端内置特殊的安全芯片，作为终端标识、通信加密密钥和安全可信根的载体，也可以通过调试接口物理关闭、物理写保护等措施防范针对终端的底层物理攻击。同时，通过安全启动、完整性校验等措施确保终端的系统固件和操作系统安全。

为了保障终端通信业务的安全，可以对通信数据进行端到端的加密（如保密通话），防止终端的通信数据被窃听或篡改，避免因为通信数据内容的泄密篡改对智慧城市的业务应用带来破坏或重大安全事故。另外，对终端的应用 App 软件实施漏洞扫描、安全加固等措施，避免因为应用软件的漏洞导致终端被入侵破坏。

11.3.1 终端身份认证

1. 终端支持基于 5G AKA 的统一认证

5G AKA 是 EPS AKA（4G 认证）的变种，在 EPS AKA 的基础上增加了归属网络鉴权确认流程，以防欺诈攻击。在实际产品中，通常 AMF 和 SEAF 可以合设，AUSF 和 UDM 可以合设。相较于 EPS AKA 由 MME 完成鉴权功能，5G AKA 中由 AMF 和 AUSF 共同完成鉴权功能，AMF 负责服务网络鉴权，AUSF 负责归属网络鉴权。基于 5G AKA 的认证流程如图 11-2 所示。

可将鉴权流程分为获取鉴权数据、UE 和服务网络双向鉴权及归属网络鉴权确认三个子流程。

1）获取鉴权数据

AMF 首先向 AUSF 发起初始鉴权请求，AUSF 向 UDM 请求鉴权数据。UDM 完成 SUCI→SUPI 解密，根据用户签约信息选择鉴权方式并生成对应的鉴权向量。5G AKA 鉴权中一次只能获取一个鉴权向量，且 AUSF 会做一次推衍转换。

2）UE 和服务网络双向鉴权

UE 和服务网络双向鉴权流程如下。

（1）UE 根据 AUTN 鉴权网络，验证通过后计算鉴权响应发送给核心网。

（2）服务网络鉴权 UE，AMF 验证 UE 返回的鉴权响应判断服务网络鉴权是否通过。

3）归属网络鉴权确认

AMF 将 UE 的鉴权响应发给 AUSF，AUSF 验证 UE 的鉴权响应给出归属网络鉴权确认结果。

2. 终端支持基于 EAP-AKA'的统一认证

EAP-AKA'是一种基于 USIM 的 EAP 认证方式。相较于 5G AKA，EAP-AKA'鉴权流程中由 AUSF 承担鉴权职责，AMF 只负责推衍密钥和透传 EAP 消息。EAP-AKA'鉴权可以分成获取鉴权数据、UE 和网络双向鉴权两个子流程。

1）获取鉴权数据

AMF 向 AUSF 发起初始鉴权请求，AUSF 判断服务网络被授权使用后向 UDM 请求鉴权数据。UDM 将 SUCI 解密为 SUPI，根据用户签约信息选择鉴权方式并生成对应的鉴权向量下发给 AUSF。AUSF 内部处理后发送 EAP 消息给 AMF。

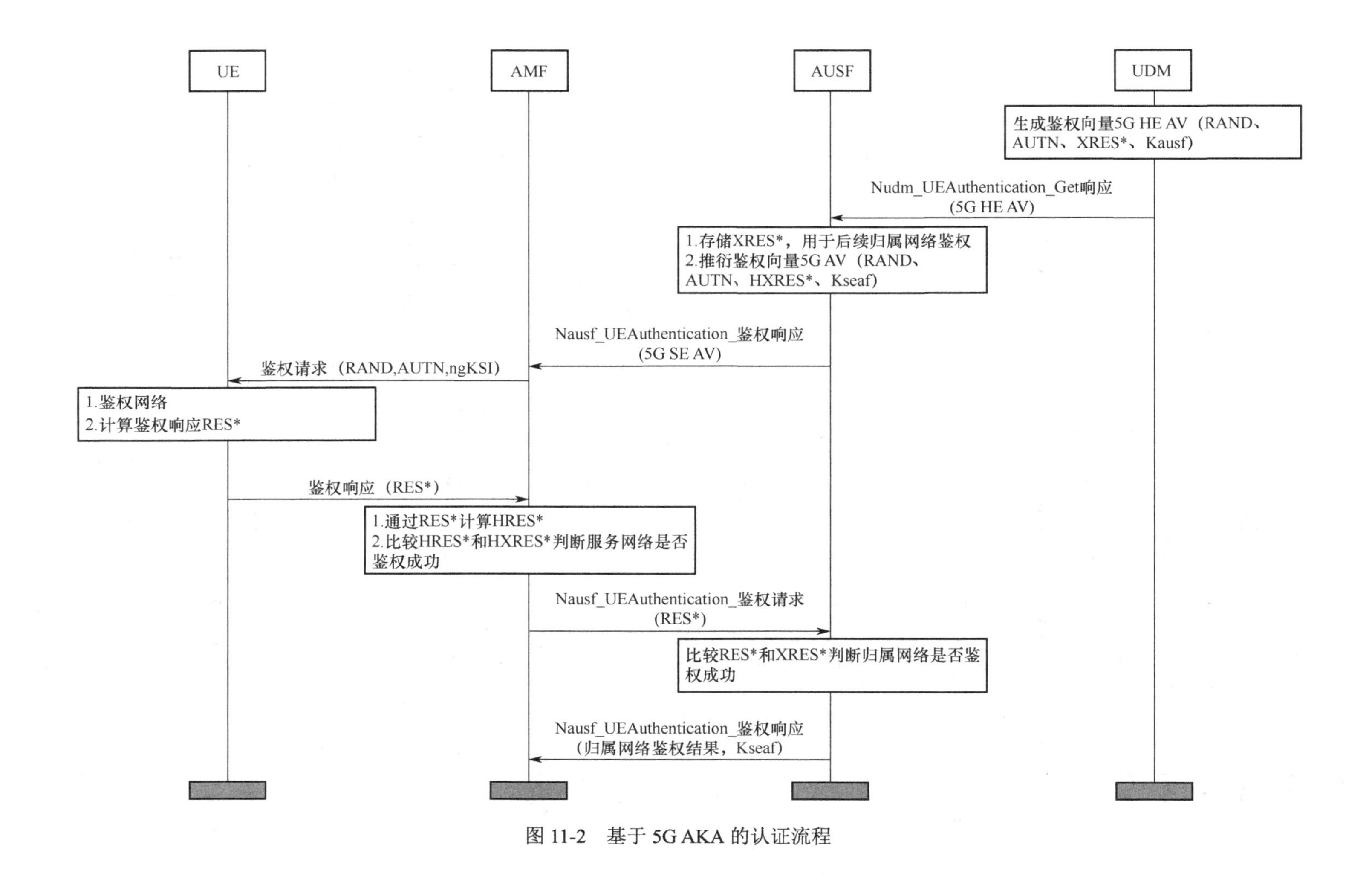

图 11-2　基于 5G AKA 的认证流程

2）UE 和网络双向鉴权

UE 和网络双向鉴权流程如下。

（1）AMF 向 UE 发起鉴权请求，透传 EAP 消息给 UE。

（2）UE 根据 AUTN 鉴权网络，验证通过后计算鉴权响应发送给 AMF。

（3）AMF 透传 EAP 消息给 AUSF。

（4）AUSF 验证 UE 返回的鉴权响应判断网络鉴权是否通过。如果鉴权成功，则 AUSF 下发 EAP Success 消息给 AMF，消息中包含根密钥。

（5）AMF 使用根密钥推导后续 NAS 和空口密钥、非 3GPP 接入使用的密钥，并通过 N1 message 将鉴权结果发送给 UE。

3. 终端自主可控的二次身份认证

终端内置安全芯片或模组，作为终端标识、通信加密密钥和安全可信根的载体，另外，通过调试接口物理关闭、物理写保护等措施防范针对终端的底层物理攻击。同时，终端身份认证信息经由内置安全模组加密后，基于 EAP 框架发送到企业侧 AAA，建立终端到企业自主认证系统的认证和加密隧道。

终端二次身份认证流程如图 11-3 所示。

11.3.2 终端加密技术

在终端安全体系中，密码是其核心支撑技术。密码技术与终端的不同结合方式，带来两种不同的安全体系结构，这两种体系结构各有其鲜明的特点。

1. 物理门卫式体系结构

红黑隔离的物理门卫式体系结构，是在终端内部的信息通路上物理串接密码处理部件，形成物理流过式的密码安全处理，实现安全数据所在的“红区”与非安全数据所在的“黑区”隔离的安全结构。该结构具有以下三个特点：一是可确保在“红区”没有任何来自“黑区”的非安全数据；二是可为“红区”阻拦来自“黑区”的所有已知和未知网络攻击，包括零日漏洞攻击等；三是该结构的安全性易于证明，能够适用民用安全、商用安全、特殊安全等多种使用场景。

考虑到当前 4G 技术向 5G 演进过程中的不同发展阶段，结合 5G 网络安全特性以及终端产业特点，提出两种技术路线。

（1）可配置高速接口的通用 SoC 终端芯片+外置安全芯片技术路线，如图 11-4 所示。

在通用 SoC 终端芯片的设计过程中，分别创建 AP 模块、CP 模块的外部高速接口，该高速接口可外接密码处理模块（又称安全芯片）。AP 模块和 CP 模块之间没有物理接口连接，两者之间信息交互的桥梁是安全芯片，必须经过安全芯片处理后，红区和黑区之间的信息才能够交互。

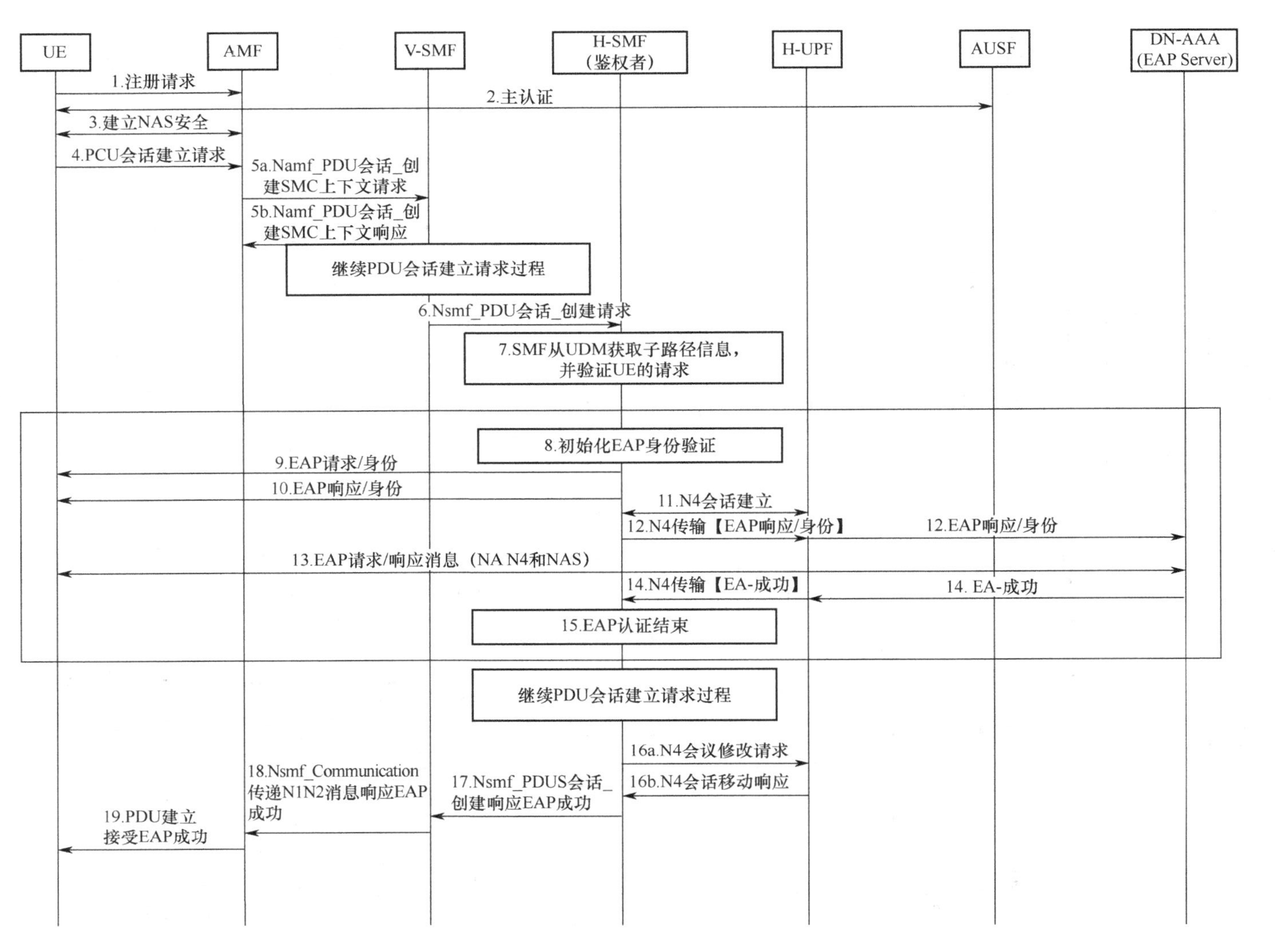

图 11-3　终端二次身份认证流程

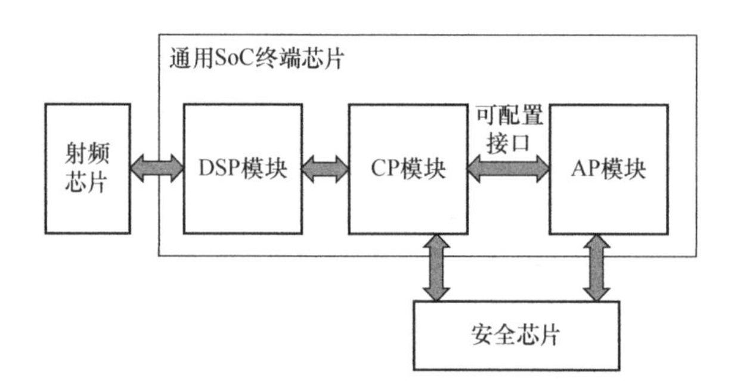

图 11-4　通用 SoC 终端芯片+外置安全芯片路线

该高速接口应采用标准化设计。行业用户可按照标准接口，选配行业安全芯片，实现终端安全能力的行业定制。对没有安全需求的终端，可直接短接该接口。

（2）“AP+密码模块+CP”的三合一终端芯片技术路线如图 11-5 所示。

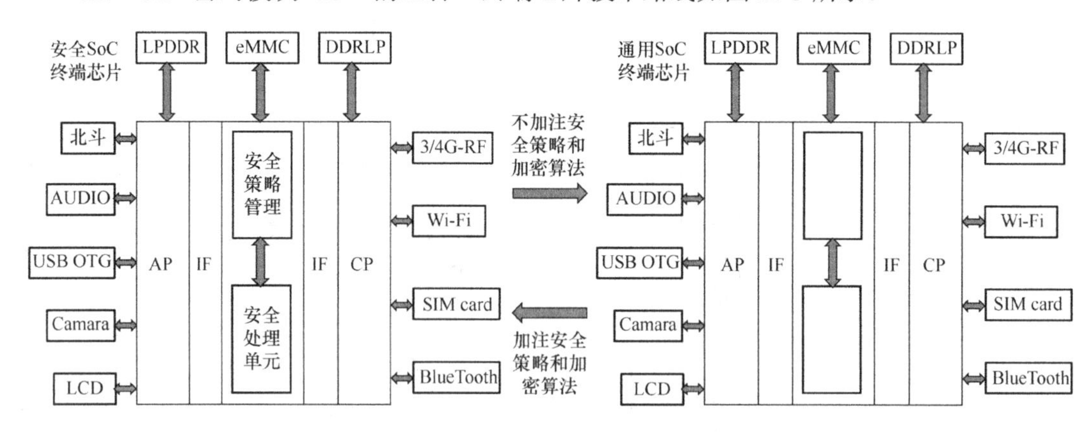

图 11-5　三合一终端芯片技术路线

5G 终端将实现 1 Gbps 的传输速率，为了同时满足终端的高速信息保护要求和低电量消耗要求，可以将 AP、CP 以及安全部件等硬件模块进行芯片集成化设计，在芯片内实现不可旁路的物理流过式安全处理。

开放芯片的安全服务接口。为了支持第三方安全服务植入，实现行业定制，需要开放芯片内安全模块的安全接口，开放芯片的运算资源和存储资源，通过行业认可的安全策略注入和密码注入，满足不同行业的定制要求。

2. 逻辑门卫式体系结构

逻辑门卫式体系结构是指在终端内部的信息处理通路上，通过系统软件调用安全模块的方式，实现对信息的保护和执行环境的保护。从执行环境的安全启动、操作系统加固、运行时动态度量到信息的传输加密、存储加密、应用安全、输入/输出控制等功能，采用分层、组合的方式调用安全模块，达到逻辑门卫式的安全防护效果。按其技术路线可分为可信执行环境（Trusted Execution Environment，TEE）和虚拟化技术两种。

逻辑门卫式体系结构可根据行业安全需求或业务类型安全需求，按需部署相应的安全保护机制，为不同行业或业务提供差异化安全服务。

1）TEE

基于 TrustZone 技术实现的可信执行环境（TEE）的核心理念是将可信资源与非可信资源在硬件上实现隔离。TrustZone 从硬件安全扩展来提供资源隔离，软件提供基本的安全服务和接口，将软硬件资源隔离成两个环境（安全世界和普通世界），仅通过 Monitor 模式实现两个世界之间切换时的上下文备份和恢复，最终实现构建可编程环境，以防止资产的机密性和完整性受到特定攻击。

基于 TrustZone 技术可信执行环境的软件框架如图 11-6 所示。

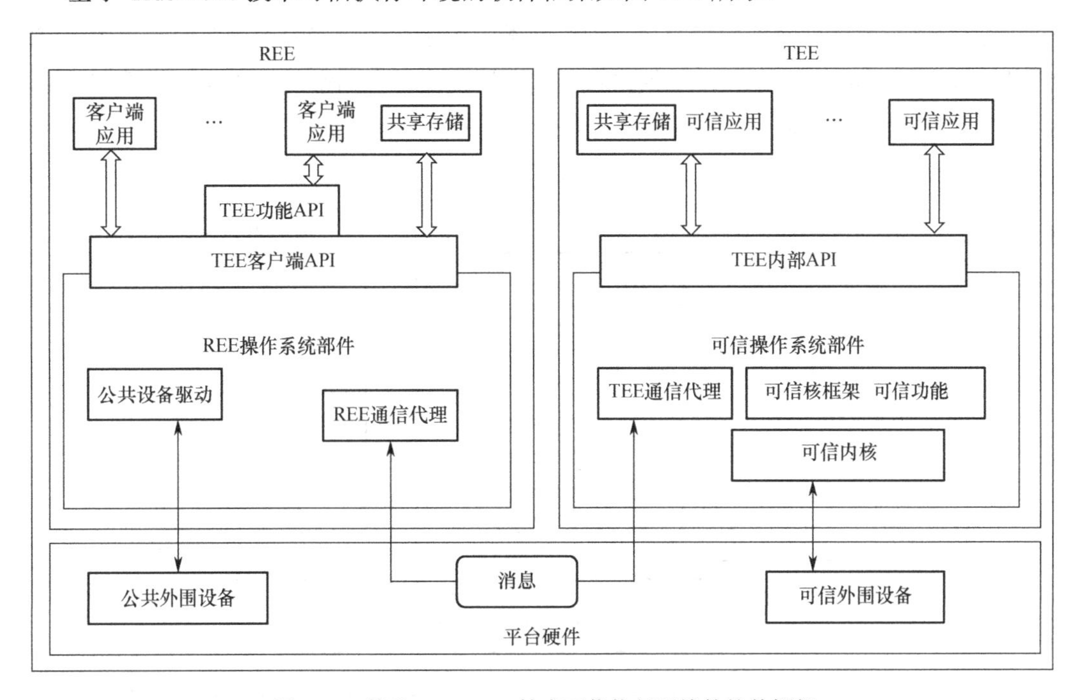

图 11-6　基于 TrustZone 技术可信执行环境的软件框架

可信执行环境通过安全启动，构建终端信任链体系，实现普通世界和安全世界运行环境可信。可信执行环境在安全世界里采用独立的安全操作系统、独立的安全应用、独立的设备驱动，安全操作系统可通过系统调用方式为普通世界提供安全服务。同时可在普通世界通过系统内核安全增强、框架层安全加固、应用安全机制和云端管控实现系统安全增强。

面对 5G 多种应用场景和业务需求，基于 TEE 的终端安全体系架构，应根据业务类型不同或具体业务安全需求，从安全启动、系统加固、运行时安全、安全存储、应用安全等角度，采用定制、裁剪和组合的方式，按需部署安全保护措施（如轻量级安全算法、简单安全协议、群组认证、设备管理和远程升级等），最大限度地发挥硬件的安全能力，为系统提供硬件级的安全保障。

标准安全接口。基于 TrustZone 技术的可信执行环境，是一个能力开放的平台，应可以向第三方或垂直行业开放安全能力接口，如认证授权接口、可信接口（可信认证、可信应用、可信存储、可信数据管理、可信发布、可信状态显示）、安全服务接口（密钥管理、密码算法、安全存储、安全时钟资源和服务、网络加密接口、安全策略配置）、可扩展应用接口（金融应用、移动支付、数字版权等）。

2）虚拟化技术

逻辑门卫式体系结构还可基于虚拟化技术实现。基于虚拟化技术的软件框架包括硬件层、引导层、运行空间隔离层、操作系统层和应用层几部分。从硬件层起，通过有序部署虚拟机、安全增强操作系统和具有安全功能的安全模块，综合运用软件完整性保护、运行空间隔离、操作系统加固、应用安全保护等技术，构建移动终端的安全架构。在运行空间隔离层中，采用虚拟化技术为上层操作系统和应用提供安全的空间隔离和时间隔离，提供安全的运行环境，满足垂直行业安全服务对信息处理的差异化需求。

基于虚拟化技术的软件框架如图 11-7 所示。

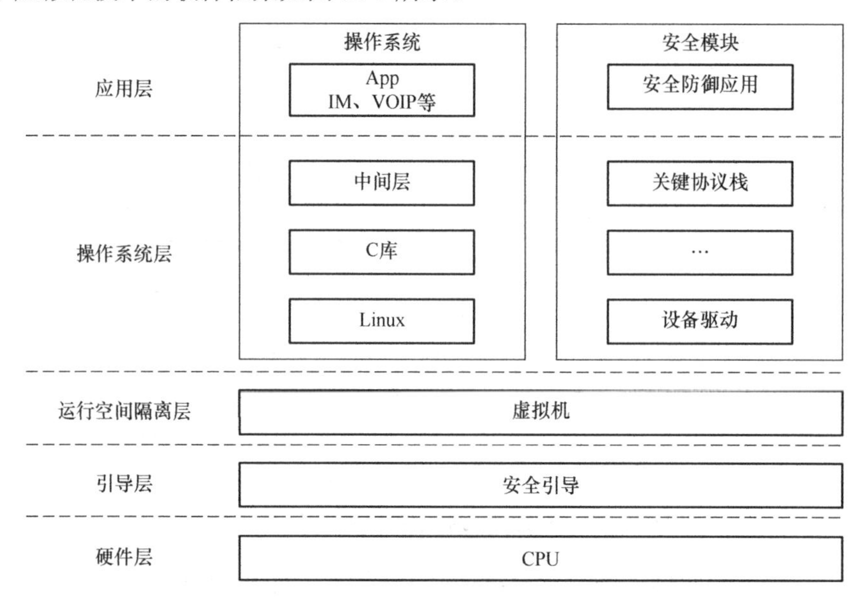

图 11-7　基于虚拟化技术的软件框架

终端硬件较为复杂，产品定制周期长，产业链支持难度大，采用虚拟化技术可在不改变移动终端硬件的基础上，在底层为上层系统提供安全可靠的分区防护，通过分区使得不同的上层组件可单独部署、评估，使得上层组件易于安全实现；结合移动终端硬件处理器特性，采用虚拟化技术实现分区隔离、信息流控制、最小特权管理、安全监视及检查等安全机制。对于所采用的虚拟化技术方案，应具备代码量小、安全性易验证和可形式化证明等特性，确保上层操作系统和应用所需的信息保护不被破坏、安全相关功能不被旁路。

标准安全接口。虚拟机厂家在终端及操作系统厂家配合下，完成运行空间隔离层的适配工作，在运行空间隔离层为上层操作系统提供安全模块（包括密码模块等关键设备驱动、分

组等关键协议栈、管控等安全防御应用子功能集）服务的同时，通过空间隔离安全机制支持现有操作系统层及应用层提供的各种安全策略、安全认证、存储、网络加密等安全功能。

11.3.3　数据传输保护

对数据传输进行保护的目的是使数据安全保密传输，防止明文数据传输时，被恶意攻击者截获所带来的安全隐患。所采用的安全防护手段包括身份认证、数据加密等。在 5G 网络中对数据传输的保护主要包括空口加密和完整性保护，以及传输通道的加密两个层面。

1. 空口加密和完整性保护

终端和 5G 基站之间的空口数据包括 NAS 信令、RRC 信令和用户面业务数据。空口加密和完整性保护算法均应支持 NEA0（NULL）、NEA1（SNOW 3G_128）、NEA2（AES_128）、NEA3（ZUC_128）算法。NIA0 算法仅用于非认证的紧急呼叫，除了非认证紧急呼叫场景下的 RRC 信令和 NAS 信令必须使用其他非 NIA0 的完整性算法。

相较于 4G，5G 完成了 3GPP 和非 3GPP 接入的密钥统一推衍，UE、gNB 和核心网之间的密钥采用多层密钥派生机制来保护密钥的安全。在 5G 密钥架构中，根密钥 K 存储在 UDM 和 USIM 卡中，通过根密钥 K 逐层推导出 K_{AUSF}、K_{SEAF} 和 K_{AMF}。值得注意的是，使用不同认证方法，K_{AUSF} 的计算公式不同。无论是 3GPP 接入还是非 3GPP 接入，都使用相同的密钥 K_{AMF} 推导 NAS 和 AS 密钥，实现统一推衍。4G 和 5G 密钥架构对比如图 11-8 所示。

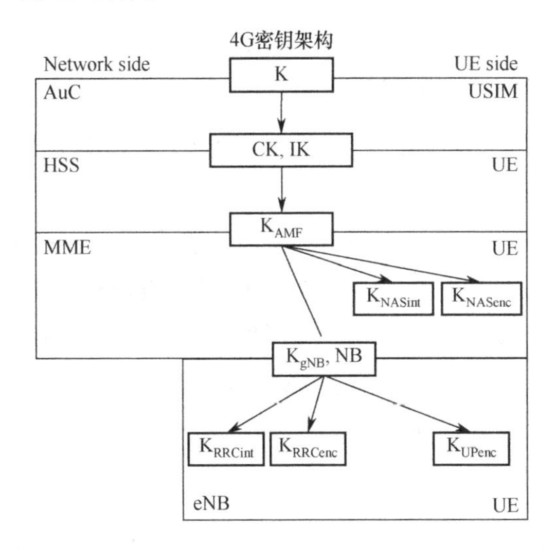

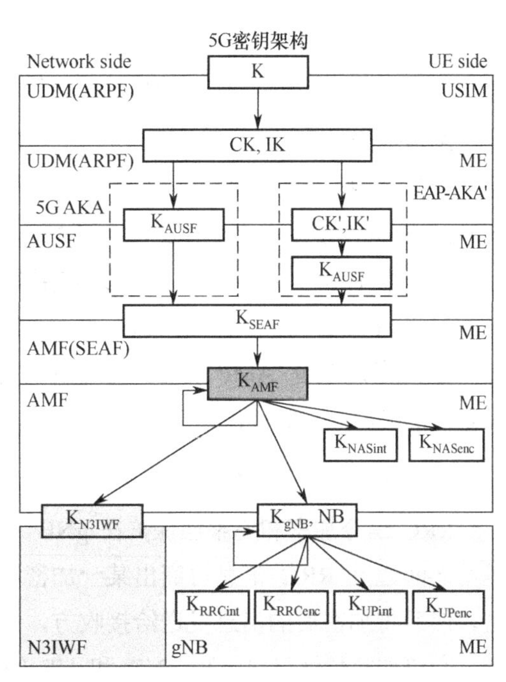

图 11-8　4G 和 5G 密钥架构对比

1）NAS 信令加密和完整性保护

NAS 信令加密和完整性保护在 AMF 与 UE 之间协商完成。UE 和 5G 网络完成鉴权流程后，通过 NAS 信令加密和完整性保护流程协商后续通信过程中信令加密和完整性保护所使用的安全算法和密钥。NAS 安全算法协商完成后，AMF 与 UE 之间的 NAS 消息（信令是统称，具体通信介质称为消息）都会进行加密和完整性保护，提高网络的安全性。NAS 信令加密和完整性保护流程如图 11-9 所示。

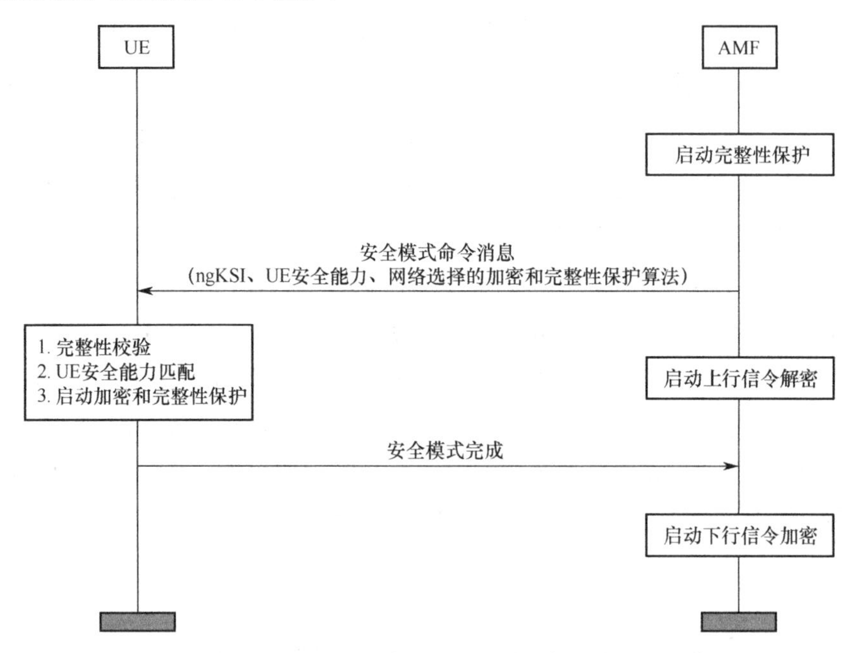

图 11-9　NAS 信令加密和完整性保护流程

AMF 结合配置的算法优先级和 UE 在初始 NAS 消息中上报的安全能力，选择保护算法、计算密钥，并启动加密和完整性保护。

AMF 向 UE 发送安全模式命令消息，该消息已经通过选择的加密和完整性保护算法进行了完整性保护。如果 K_{AMF} 密钥有更新，则 AMF 会在该消息中携带 Additional 5G security information 信元，请求 UE 重新推衍 K_{AMF}。如果初始 NAS 消息经过保护但未通过完整性检查，或者 AMF 无法解密完整的初始 NAS 消息，则 AMF 会在该消息中携带 Additional 5G security information 信元，请求 UE 重新发送完整初始 NAS 消息。

2）RRC 信令加密和完整性保护

RRC 信令加密和完整性保护在 gNB 与 UE 之间协商完成。RRC 空口加密是指终端和基站之间通过 RRC 消息协商出某一加密算法，发送方使用协商的加密算法对消息进行加密，然后将加密后的消息发送给接收方，接收方使用协商的加密算法对加密的消息进行解密。空口加密特性可以防止 gNB 和 UE 间的数据被非法拦截或泄露。RRC 信令加密和完整性保护流程如图 11-10 所示。

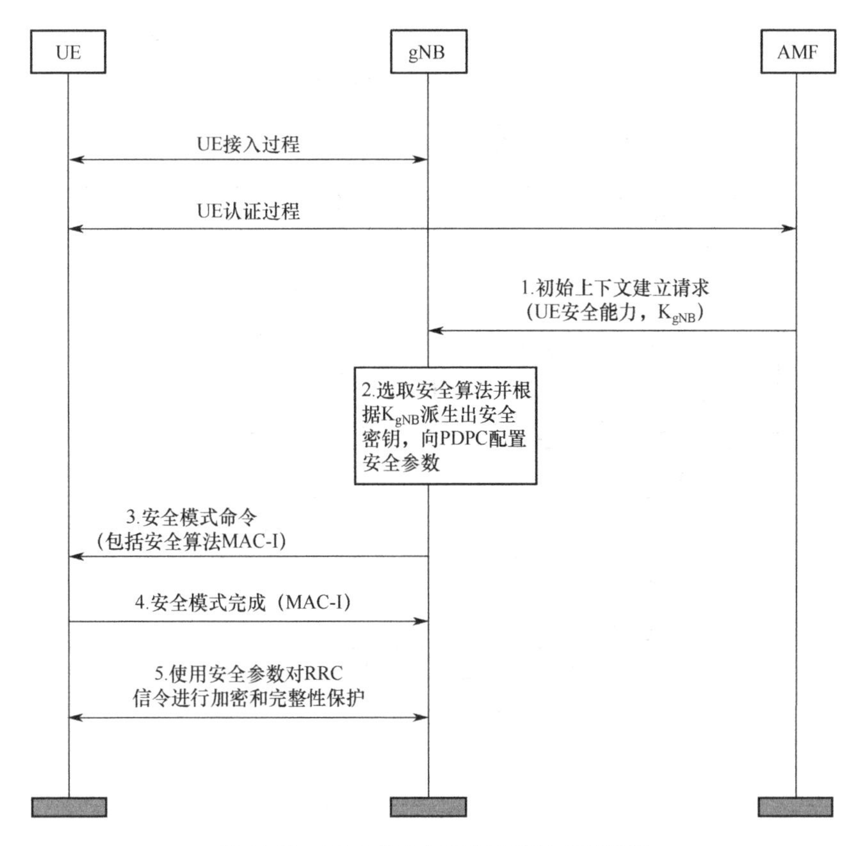

图 11-10　RRC 信令加密和完整性保护流程

3）空口业务数据加密和完整性保护

在 4G 网络中，因为主要是语音、数据业务，所以只对用户面数据进行了加密性保护，没有对其进行数据完整性保护，由于完整性保护可能会导致用户通信体验降低，如通信内容无线信号失真会造成内容失真，但不影响用户语音通信、数据业务的正常使用。如果将信息丢弃、重传就可能会影响通信质量。而在 5G 网络中，IoT 终端通信内容、工业控制等消息承载在用户面数据中，如果被篡改，则可能会给物联设备的控制带来风险，因而 5G 网络新增了用户面数据的完整性保护机制。

UE 与 RAN 之间规定的 PDCP，负责用户面数据机密性保护。首先，需要由终端在 UDM 签约开户时指定终端注册入网后是否启用空口用户面加密和完整性保护；然后在终端注册入网成功后，UDM 通过 AMF 通知基站和终端协商启用相应的安全加密和完整性保护算法。PDCP 层加密流程如图 11-11 所示。

2. 传输通道 L2/IPSec VPN 加密

在终端和云应用边界之间的网关建立 L2/IPSec VPN 隧道，实现通信业务数据在整个 5G 传输通道中端到端加密和完整性保护，防止敏感数据泄露。5G 传输通道加密如图 11-12 所示。

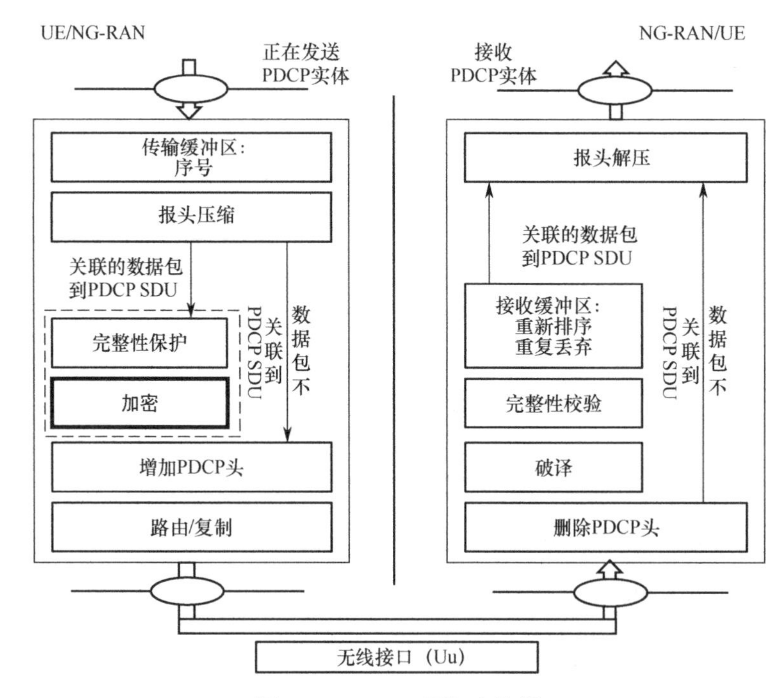

图 11-11　PDCP 层加密流程

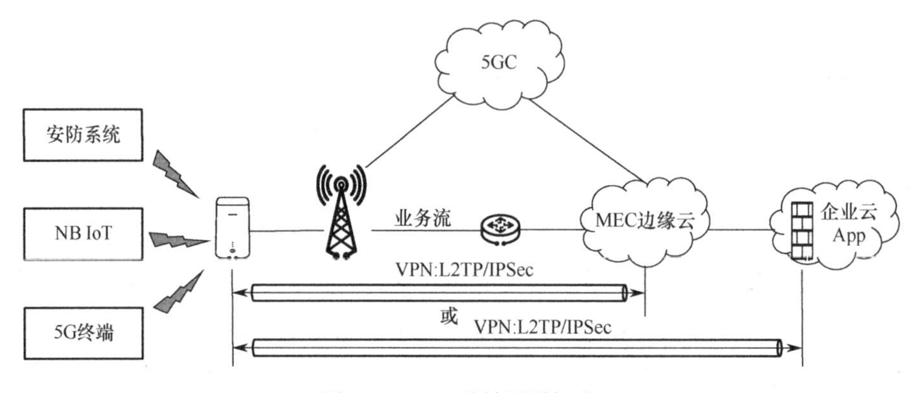

图 11-12　5G 传输通道加密

11.3.4　终端隐私保护

隐私保护是指对企业敏感的数据进行保护的措施。《中华人民共和国数据安全法》第三十八条：国家机关为履行法定职责的需要收集、使用数据，应当在其履行法定职责的范围内依照法律、行政法规规定的条件和程序进行；对在履行职责中知悉的个人隐私、个人信息、商业秘密、保密商务信息等数据应当依法予以保密，不得泄露或者非法向他人提供。

5G 终端隐私保护主要通过 SUPI 加密保护和位置及业务隐私信息传输保护来实现。

1. SUPI 加密保护

在传统 4G 网络中，UE 接入运营商网络时，UE 永久身份标识 IMSI 采用明文传输，只要入网认证通过并建立空口安全上下文之后，IMSI 才被加密传输。攻击者可利用无线设备（如 IMSI Catcher）在空口窃听到 UE 的 IMSI 信息，造成用户隐私信息泄露。5G 网络对该安全问题进行了改进，增加了对用户永久标识 SUPI 加密传输保护机制。在 5G 系统中，终端 5G 签约永久标识称为 SUPI，SUPI 通过使用 SUCI 实现空口保护的隐私，SUCI 是一个包含隐藏的 SUPI 的隐私保护标识符。5G 网络中 SUPI 在空口加密传输实现用户隐私保护的过程，如图 11-13 所示。

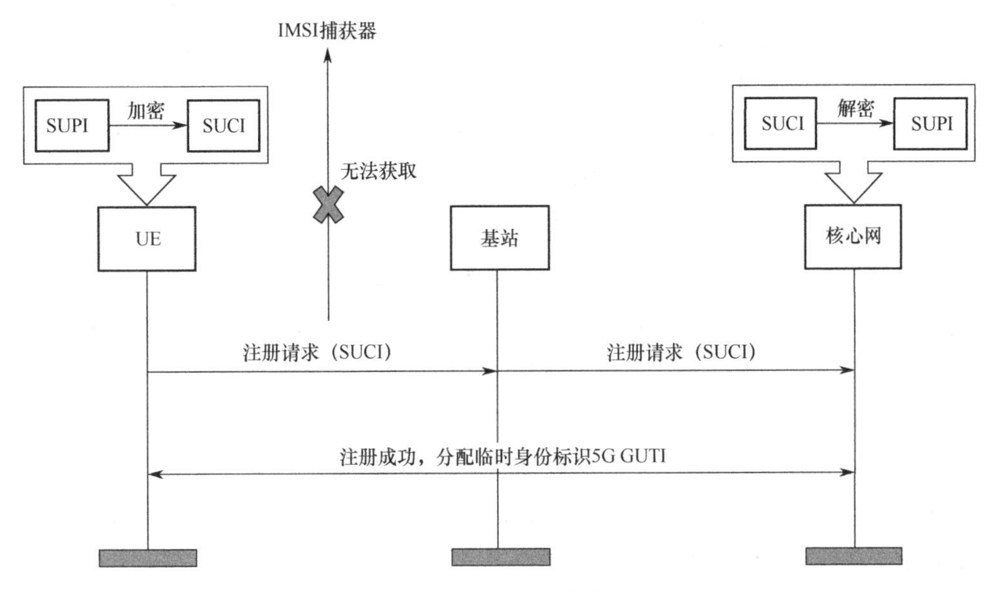

图 11-13　用户隐私保护的过程

（1）首先运营商预置本地网络 HN 公钥到终端的 USIM 中。UE 在每次需要传输 SUPI 时，先根据 HN 公钥和新派生的 UE 的公私钥对计算出共享密钥，然后利用共享密钥对 SUPI 中的非路由信息进行加密，将 SUPI 转换为密文 SUCI。其中，路由信息仍使用明文传输，用于寻址归属网络。

（2）核心网获取到 SUCI 后，读取 UE 的公钥，并结合本地存储的 HN 私钥计算出相同的共享密钥，然后用该共享密钥解密 SUCI 得到明文 SUPI。

对于未认证的紧急呼叫，不需要对 SUPI 进行隐私保护。

2. 位置及业务隐私信息传输保护

在空口传输过程中，采用空口加密和完整性保护用户位置信息、业务中包含的用户隐私信息，终端加密流程详见 11.3.3 节中的“空口业务数据加密和完整性保护”相关内容。

11.3.5　安全凭证管理

5G 网络安全需要支持多种安全凭证的管理，包括对称安全凭证管理和非对称安全凭证管理。

1. 对称安全凭证管理

对称安全凭证管理便于运营商对用户集中化管理。如基于（U）SIM 卡的数字身份管理，就是一种典型的对称安全凭证管理，其认证机制已得到业务提供者和用户的信赖。

2. 非对称安全凭证管理

采用非对称安全凭证管理可以实现物联网场景下的身份管理和接入认证，缩短认证链条，实现快速安全接入，降低认证开销；同时缓解核心网压力，规避信令风暴以及认证节点高度集中带来的瓶颈风险。

面向物联网成百上千亿的连接，基于（U）SIM 卡的单用户认证方案成本高昂，为了降低物联网设备在认证和身份管理方面的成本，可采用非对称安全凭证管理机制。

非对称安全凭证管理主要包括以下两类分支。

证书机制和基于身份的密码（Identity-Based Cryptography，IBC）机制。其中证书机制是应用较为成熟的非对称安全凭证管理机制，已广泛应用于金融和 CA（证书颁发中心）等业务，不过证书复杂度较高；而基于身份的密码机制的身份管理，设备 ID 可以作为其公钥，在认证时不需要发送证书，具有传输效率高的优势。基于身份的密码机制所对应的身份管理与网络/应用 ID 易于关联，可以灵活制定或修改身份管理策略。

非对称密钥体制具有天然的去中心化特点，无须在网络侧保存所有终端设备的密钥，无须部署永久在线的集中式身份管理节点。

网络认证节点可以采用去中心化部署方式，如下移至网络边缘，终端和网络的认证无须访问网络中心的用户身份数据库。去中心化安全管理部署示意图如图 11-14 所示。

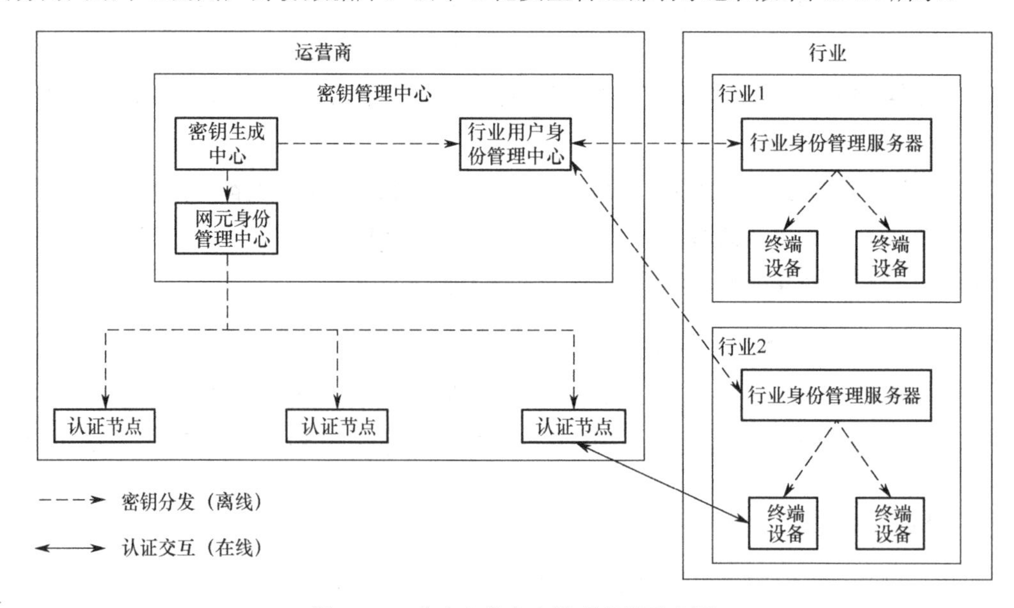

图 11-14　去中心化安全管理部署示意图

11.3.6　终端异常检测

在 5G 场景下，大量的终端接入 5G 网络，用户需要实时感知终端状态并采取相应的措施，以避免造成更严重的人身安全及经济损失。常见的终端异常情况包括：终端与 SIM 卡机卡分离、终端流量突变、终端位置异常、终端业务异常。通过 5G 终端安全状态监控和态势感知实现异常的终端检测溯源，在发现上述终端异常的情况下，用户可以通过终端下线、附着、关停、加黑等手段阻断终端接入，将终端下移到其他低安全级别网络等。

通常，终端异常检测技术流程如下。

（1）检测系统通过 5G 网络收集终端的话统数据、CHR 数据等终端非业务信息，然后通过 AI 技术识别终端恶意行为，包括恶意 C&C 和挖矿，最后检测上报告警。

（2）根据收集到的终端信令数据对 UE 做信令行为画像，做恶意 UE 的综合判定，如对核心网做信令 DDoS 的检测。

（3）当发现 5G 网络被信令攻击后，结合信令攻击的特征，对 UE 的行为和恶意流量特征做聚合和关联，找出攻击源。

（4）上报信令 DDoS 告警和攻击源信息给运维人员，并进入如下可选的两个流程。

① 系统告警时自动调用核心网的下发接口，下发 IMSI 给核心网，核心网得到恶意 IMSI 后进行防御，作为可选的，将相应的 TMSI 下发给无线用于防御。

② 运维人员通过人工判定，手动下发防御命令：态势感知系统将恶意 IMSI 下发给核心网，核心网得到恶意 IMSI 后进行防御，作为可选的，将相应的 TMSI 下发给无线用于防御。

信令 DDoS 风暴检测流程如图 11-15 所示。

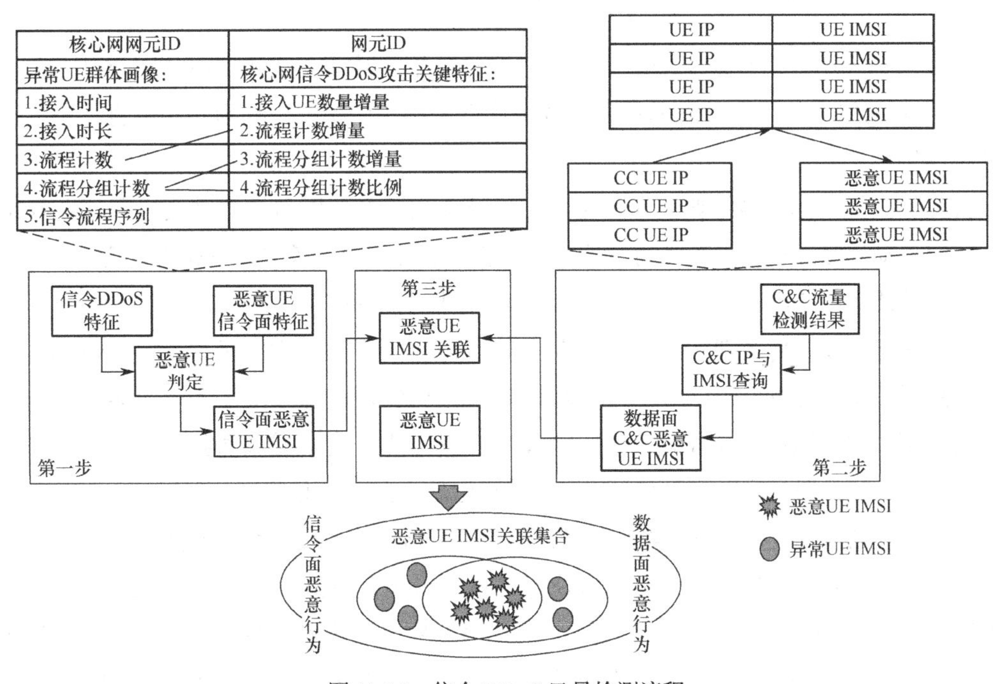

图 11-15　信令 DDoS 风暴检测流程

第12章 5G用户信息安全

5G 时代，随着亿万设备接入 5G 网络，在更高效率解决人与人之间的通信问题的同时，还能实现人与物、物与物的万物互联。由于 5G 网络将为大量垂直行业服务，因此 5G 网络包含大量的用户隐私信息。随着业务和场景的多样性、网络的开放性，用户信息数据也因为网络通信技术的发展越来越多地暴露在 5G 网络中，相关的隐私信息将随着业务的转移，从封闭的平台转移到开放的平台上，接触状态从线下变成线上，导致隐私信息泄露的风险越来越大。同时，由于数据挖掘技术进步，使得隐私信息的提取方式变得更加强大。

12.1 5G 用户信息安全挑战和需求

很多实例表明，用户信息的泄露会造成严重后果，甚至会威胁到用户生命财产安全，因此在 5G 网络中，用户的隐私信息必须得到严密周全的保护，让用户和垂直行业能够放心使用网络。

uRLLC 作为 5G 网络典型应用场景，广泛应用于车联网自动驾驶及远程工业控制领域。如在自动驾驶过程中，车辆的身份信息、位置信息存在被暴露和跟踪的风险，这些隐私信息一旦被泄露，就可能产生非常严重的生命财产损失。mMTC 和 eMBB 场景使得 5G 网络中的业务信息会以几何级别增长，这些信息包含针对某个网络实体的不同测度的描述。通过对这些海量数据的分析，网络用户的隐私信息可能会被泄露。例如，黑客在获取某用户的部分移动电话数据、运动手环数据、部分 App 的消费数据、位置信息数据等多方面的信息之后，通过对这些数据的分析获取某人特定的隐私信息。在 5G 场景下，如何实现对隐私数据的分级，提高抵抗大数据攻击的隐私保护的能力将会成为一个亟待解决的问题。

5G 网络作为一个复杂的生态系统，存在基础设施提供商、移动通信网络运营商、虚拟运营商等多种类型参与方，用户数据在这个由多种接入技术、多层网络、多种设备和多个参与方交互的复杂网络中存储、传输和处理，面临着诸多隐私数据泄露的风险。另外，

5G 网络中大量引入虚拟化技术，在带来灵活性的同时也使得网络安全边界更加模糊，在多租户共享计算资源的情况下，用户的隐私数据更容易受到攻击和泄露。与传统网络相比，这种情况所产生的隐私数据泄露影响范围更广、危害更大，因此，这对 5G 网络的隐私保护提出了更高的挑战。

在 4G 网络中，系统已经使用了临时签约标识符来增强用户的隐私安全，降低了签约数据通过偷听无线链路的方式被识别和跟踪的可能性。但 4G 网络也暴露了一些隐私安全问题需要解决，如 IMSI 泄露问题以及位置信息泄露问题。IMSI 的泄露会直接导致用户身份信息的泄露。因此，在 5G 网络设计之初，就要充分考虑现有 4G 网络中的隐私安全漏洞，增加适合 5G 网络的安全措施和协议来弥补之前网络的隐私安全漏洞，保护用户的身份信息和位置信息。

在 5G 时代，MEC 是非常典型和重要的场景，MEC“基于用户信息感知的高质量、个性化服务”的特点在提供便利的同时也让 MEC 应用不可避免地接触到大量移动用户与设备的隐私和数据信息，如用户身份、位置、移动轨迹等。而对这些信息进一步挖掘后，还能得到用户的作息规律、生活习惯、健康状况等诸多信息。因此，在 MEC 隐私及数据保护中，需要配备相应的隐私安全泄露防护措施，严控第三方 MEC 应用的行为，防止其泄露、滥用用户的隐私及数据信息；需要通过动态身份标识和匿名等技术削弱 MEC 节点标识和地理位置的映射关系，防止第三方根据 MEC 节点位置推断用户的地理位置；需要确保数据在边缘的安全存储；需要向用户提供隐私及数据管理服务，确保隐私策略用户可适配。

12.2　5G 用户信息安全要求

5G 网络涉及多种网络接入类型并兼容垂直行业应用，用户隐私信息在多种网络、服务、应用及网络设备中存储使用。因此，5G 网络需要支持安全、灵活、按需的用户隐私保护机制，包括统一的安全认证能力、更强的数据安全保护能力、用户隐私保护能力、服务化架构安全能力、多层次的网络切片安全能力，以及能力开放所需的安全保护机制，预防或降低潜在的安全风险，确保网络业务的连续性、保护商业机密和终端用户隐私。

5G 网络是一个异构的网络，设备使用多种接入技术，各种接入技术对隐私信息的保护程度不同。同时，5G 网络也是一个建立于多种网络之上的运营网络，用户数据会穿越各种接入网络及不同厂商提供的网络功能实体，可能导致用户隐私数据散布在网络的各个角落。而数据挖掘技术能够让第三方从散布的隐私数据中分析出更多的用户隐私信息。因此，在 5G 网络中，必须全面考虑数据在各种接入技术以及不同运营网络中穿越时所面临的隐私暴露风险，并制定周全的隐私保护策略，包括用户的各种身份、位置、接入的服务等。

运营商网络作为用户接入网络的主要通道，涉及大量的个人隐私信息，包括身份、位置、健康等，它们包含在输出的信令和数据中。为满足不同业务对网络功能的不同需求，运营商需要通过感知用户的业务类型为用户定制网络切片服务。业务感知可能涉及用户的隐私。因此，为了保护用户隐私，5G 网络需要提供比传统网络更加广泛严密的保护方案。

1. 5G 网络对用户隐私保护的主要分类

1）身份标识保护

用户身份是用户隐私的重要组成部分，5G 网络使用加密技术、匿名化技术等为临时身份标识、永久身份标识、设备身份标识、网络切片标识等身份标识提供保护。

2）位置信息保护

5G 网络中海量的用户设备及其应用，产生大量用户位置相关的信息，如定位信息、轨迹信息等，5G 网络使用加密等技术提供对位置信息的保护，并可防止通过位置信息分析和预测用户轨迹。

3）服务信息保护

与 4G 网络相比，5G 网络中的服务更加多样化，用户对使用服务产生的信息保护需求增强，用户服务信息主要包括用户使用的服务类型、服务内容等，5G 网络使用机密性和完整性保护等技术对服务信息提供保护。

2. 5G 网络对用户隐私保护的主要要求

5G 网络需提供多样化的技术手段对用户隐私信息进行保护，包括但不限于使用基于密码学的机密性和完整性保护、通过匿名化技术等对用户身份进行保护；使用基于密码学的机密性和完整性保护对位置信息、服务信息进行保护。提供差异化的隐私保护能力，网络通过安全策略可配置和可视化技术，以及可配置的隐私保护偏好技术，实现对隐私信息保护范围和保护强度的灵活选择；采用大数据分析相关的保护技术，实现对用户行为相关数据的安全保护。

1）提供差异化隐私保护能力

5G 网络能够针对不同的应用、不同的服务，灵活设定隐私保护范围和保护强度（如提供机密性保护、提供机密性和完整性保护等），提供差异化隐私保护能力。

2）提供用户偏好保护能力

5G 网络能够根据用户需求，为用户提供设置隐私保护偏好的能力，同时具备隐私保护的可配置、可视化能力。

3）提供用户行为保护能力

5G 网络中业务和场景的多样性，以及网络的开放性，使得用户隐私信息可能从封闭的平台转移到开放的平台上，因此需要对用户行为相关的数据分析提供保护，防止从公开信息中挖掘和分析出用户隐私信息。

4）通过完善法律法规保护用户隐私

5G 网络中的用户数据可能会穿越各种接入网络及不同厂商提供的网络功能实体，从而导致用户隐私数据散布在网络的各个角落。随着各领域对隐私保护的重视度不断提升，相应的法律法规也在不断完善，如欧盟正式发布的《通用数据保护条例》。

12.3　用户数据加密保护

数据加密是 5G 网络中保证隐私数据安全最有效的手段之一，也是隐私保护过程中采用的最常见的技术手段之一。按照实现思路，可以将其划分为静态加密技术和动态加密技术。从实现的层次上，可以分为存储加密、链路层加密、网络层加密、传输层加密等。采用加密技术可以有效保证 5G 网络隐私数据的机密性、完整性和可用性。

针对 5G 网络虚拟化和云化的新特点，可以引入一些新的加密技术来保证隐私数据的安全。例如，同态加密技术，该技术提供了一种对加密数据进行处理的功能。同态加密技术对加密的数据处理得到输出，将这一输出进行解密，其结果与用同一方法处理未加密的原始数据得到的结果相同。

说明：空口加密可参考终端空口加密保护相关内容。

12.4　运营商管理网络对用户隐私的保护

在信令交互、日常维测、故障处理等过程中，运营商核心网可能在消息跟踪、日志、话单、MML 配置、CHR、信令流程中用到用户的个人隐私数据，包括用户标识（如 IMSI、SUPI、MSISDN、GPSI、位置信息等）和用户通信内容。网管和核心网需要通过加密传输、用户标识匿名化和假名化、访问控制、存留期控制、用户跟踪净荷长度可配等手段保护用到的个人隐私数据，提升用户信息安全。常见的安全保护技术如下。

1. 加密传输

运营商网管和核心网使用 HTTPS、SFTP、FTPS、SSL 等安全传输协议传输、访问数据，防止数据被窃取。

2. 用户标识假名化和匿名化

对 CHR、跟踪、日志中记录的用户标识进行假名化或匿名化处理，防止信息泄露。

3. 访问控制

对于日志、用户配置、CHR，数据存储在指定的路径，并且访问权限受到严格控制。对于话单，在正常情况下，如果部署了 NCG，则话单以文件形式存储在网元的本地磁盘中；如果不部署 NCG，则网元本地不保存话单，通信异常时话单暂存于指定路径，访问权限受控。

4. 存留期控制

对于消息跟踪、日志，UNC 支持设置数据存留期，过期时安全删除数据。

对于 CHR、用户配置命令，当数据超过系统默认的最大存储空间或保留期限后，系统对其进行安全删除。

对于信令和用户数据，当用户分离或网络重启时，主动删除。

话单文件的保存天数超过了设置的保存天数，系统会进行过期删除操作。

12.5 基于限制发布的隐私保护技术

在 5G 网络数据发布过程中，限制发布技术就是有选择地发布原始数据、不发布或者发布精度较低的敏感数据，以实现隐私保护。当前此类技术的研究集中于数据匿名化：在隐私披露风险和数据精度间进行折中，有选择地发布敏感数据及可能披露敏感数据的信息，但保证对敏感数据及隐私的披露风险在可容忍范围内。目前，比较成熟的匿名化技术有 k-anonymity（k-匿名化）、l-diversity（l-多样化）和 t-closeness（t-贴近性）等。接下来，针对 5G 网络中需要发布的结构化隐私数据，制定更好的匿名化原则、设计更高效的匿名化算法，使得 5G 网络发布的数据既能很好地保护隐私，又能具有较大的利用价值。

12.6 访问控制技术

访问控制技术也是 5G 网络隐私保护采用的最常用的技术手段之一。访问控制技术可以通过策略和技术手段保证隐私数据不被非法使用和窃取。传统的访问控制技术包括用户口令、数字证书、USB Key、生物识别技术等。这些技术同样可以应用到 5G 网络中。另外，针对 5G 网络功能实体的协议交互流程处理中的隐私安全，可以采用基于规则、流程的访问控制技术，使得攻击者无法通过假冒合法用户访问用户数据库的方式窃取用户隐私信息。

12.7 虚拟存储和传输保护技术

为保证隐私信息在 5G 虚拟化网络存储过程中的隐私安全，可采用用户数据库的动态迁移技术和随机化存储技术。动态迁移技术可以在保证虚拟机上服务正常运行的同时，将一个虚拟机的数据从一个物理主机迁移到另一个物理主机的过程。这使得攻击者即使成功入侵用户数据库，也无法锁定要窃取的用户数据。

隐私信息在 5G 网络传递过程中的隐私安全，可以根据 5G 网络传输协议交互流程，采用相关信息的动态关联和协同重组技术，使得攻击者无法通过数据挖掘技术从散布的用户数据中分析出有价值的用户隐私信息。

12.8　5G 网络隐私增强技术

目前，很多组织都在研究 5G 网络隐私增强技术。当前研究的重点主要集中在使用非对称密钥加密的方法来加密 5G 网络的永久标识符（IMSI），或者使用伪永久标识符的方法来隐藏用户的永久标识符。加密永久标识符的方法是在终端侧通过公钥对永久标识符进行加密，网络侧通过私钥对永久标识符进行解密，该技术可以有效保证永久标识符在传输过程中的隐私安全，但需要增加一套公钥基础设施（PKI），对使用的非对称密钥进行分发和管理。伪永久标识符的方法是将原本系统中需要传送永久标识符的地方，使用伪永久标识符进行替代。该技术需要增加额外的信令开销来保证伪永久标识符的不断更新。这两种方法都可以有效地防止用户签约身份信息的泄露。同时，由于有效保护了用户的身份信息，所以即使攻击者得到了用户的位置信息，也不知道对应于这个位置的身份，通过这种保护用户身份的方法间接地保护了用户的位置隐私。

1. MEC 系统隐私泄露防护

为了向用户提供精准服务，MEC 系统将不可避免地接触到大量移动用户与设备的隐私信息，如用户身份、位置、移动轨迹等。因此，MEC 系统隐私保护的关键在于保证用户隐私信息不通过 MEC 系统任意泄露。

第三方 MEC 应用获得用户隐私信息途径有两种。

（1）直接通过终端客户端获取用户隐私信息。

（2）第三方 MEC 应用通过 MEC 基础平台的 5G 标准开放服务获取用户隐私信息。

2. 隐私保护策略

为了应对第三方 MEC 应用泄露、滥用用户隐私信息的问题，MEC 节点与 MEC 控制器应协同工作增强 MEC 系统的隐私保护，其特点在于隐私保护策略可适配、MEC 节点监控应用行为、MEC 控制器管控应用与第三方通信。具体而言，首先，用于限制 MEC 应用行为的隐私保护策略可由用户制定或由 MEC 系统适配。隐私保护策略需同时满足隐私信息的安全需求与应用的基本服务要求。隐私保护策略可由以下四部分组成（MEC 系统隐私泄露防护方案框架如图 12-1 所示）。

（1）网络连接限制：规定应用能够使用的通信协议、端口、地址和流量。

（2）接口调用限制：限定应用能够使用的接口与服务。

（3）数据读取限制：指定应用能够读取的用户数据。

（4）虚拟镜像限制：禁止应用使用非法的虚拟镜像。

考虑到 MEC 低时延的特性，服务提供方提前根据可能的安全策略构造应用并提供给 MEC 系统。接收到用户发布或自主生成的安全策略后，MEC 系统检索与之匹配的应用，同时在 MEC 节点配置相应的虚拟环境。符合安全策略的应用在 MEC 节点的专用虚拟环境中实例化。MEC 节点通过多种措施监控 MEC 应用的行为，相关安全功能包括六个方面。

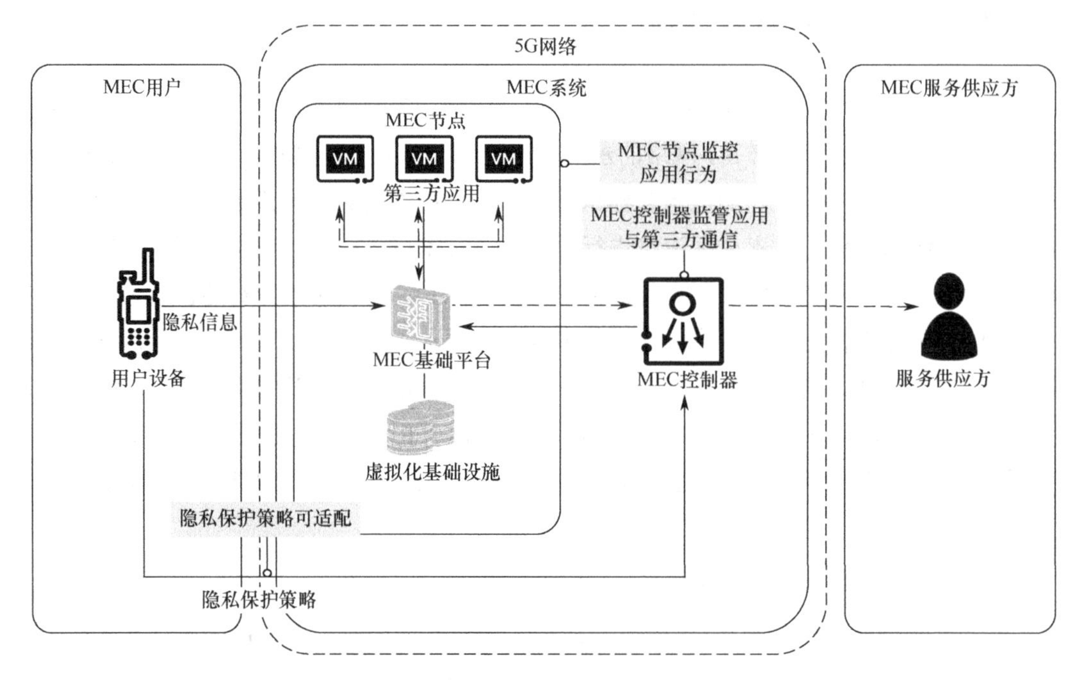

图 12-1　MEC 系统隐私泄露防护方案框架

（1）输入控制功能：阻止应用非法读取用户隐私信息，严控应用对移动边缘服务的使用。

（2）网络控制功能：禁止应用建立任何非法网络连接，阻断第三方对应用的非法访问，控制危险协议以防止应用恶意上传数据，限定应用的上行带宽和上传频率。

（3）接口控制功能：禁用存在安全隐患的应用编程接口，防范应用利用这些接口操作其他应用、建立 VPN 通道向第三方发送数据、修改 MEC 的安全日志。

（4）生命周期管理功能：MEC 节点对隐私信息进行生命周期的管理，加密存储隐私信息，在隐私信息的发布阶段运用匿名技术，在隐私信息被使用阶段采用访问控制和随机扰动技术。

（5）配置不可变功能：维持应用虚拟环境配置的稳定，拒绝来自第三方或应用的修改配置请求。

（6）状态断言功能：MEC 节点实时将应用行为记录在日志中，并向用户提供查询日志的接口，或者定期向用户推送应用的安全状态。

最后，MEC 应用与外界的通信将由 MEC 控制器进行统一代理与监管。MEC 控制器代理服务提供方或连接应用的请求，使服务提供方无法直接连接到运行于边缘节点上应用。同时，MEC 控制器负责监管应用发往外界的全部通信，过滤所有数据流中的隐私信息，阻止其流向非法第三方。

第 13 章 5G 网络切片安全

网络切片是通过网络切片技术在运营商的同一个硬件基础设施上切分出多个虚拟的网络，按需分配资源、灵活组合能力，满足各种业务的不同需求。

网络切片是一种按需组网的方式，可以让运营商在统一的基础设施上分离出多个虚拟的端到端网络，每个网络切片从无线接入网到承载网再到核心网上进行逻辑隔离，以适配各种类型的应用。在一个网络切片中，至少可分为无线网子切片、承载网子切片和核心网子切片三部分。

13.1 5G 网络切片概述

网络切片通过在网络中功能、性能、隔离、运维等多方面的精心设计和灵活运营，创建和持续提供能力可定制的“专用网络”，形成性能可保证的网络切片服务，为不同垂直行业用户和部分高隔离需求的个人用户提供相互隔离、功能可定制的网络服务，其服务体现在网络基本通信、资源、定制功能、组网等多个层面。当新需求提出而目前网络无法满足要求时，运营商只需要为此需求虚拟出一张新的切片网络，而不需要影响已有的切片网络，以实现最快速度上线业务。5G 网络切片需要提供一张完整网络的功能，包括接入网、传输网和核心网功能，同时一张网络可以支持一个或多个网络切片。5G 网络切片技术架构如图 13-1 所示。

根据垂直行业中对网络带宽、连接数、时延、可靠性等网络功能的不同需求，将网络切片归纳为三大典型场景对应的网络切片，分别是 eMBB 切片、mMTC 切片、uRLLC 切片。不同行业的业务可以使用不同的 5G 网络切片来承载，即使提供相同业务的不同厂商也可以作为网络切片的租户，购买、管理、运营各自的网络切片从而向自己的终端客户提供通信服务。三大典型网络切片场景如图 13-2 所示。

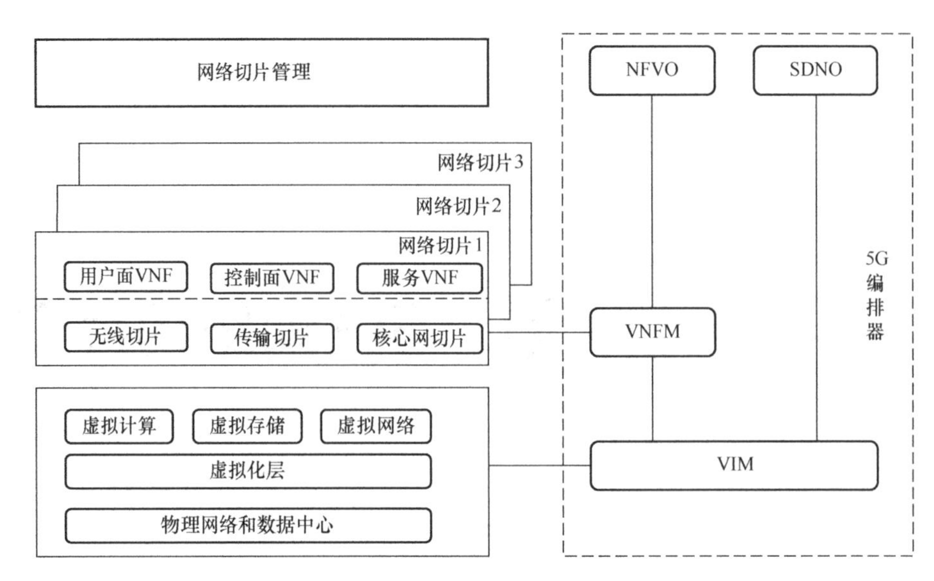

图 13-1 5G 网络切片技术架构

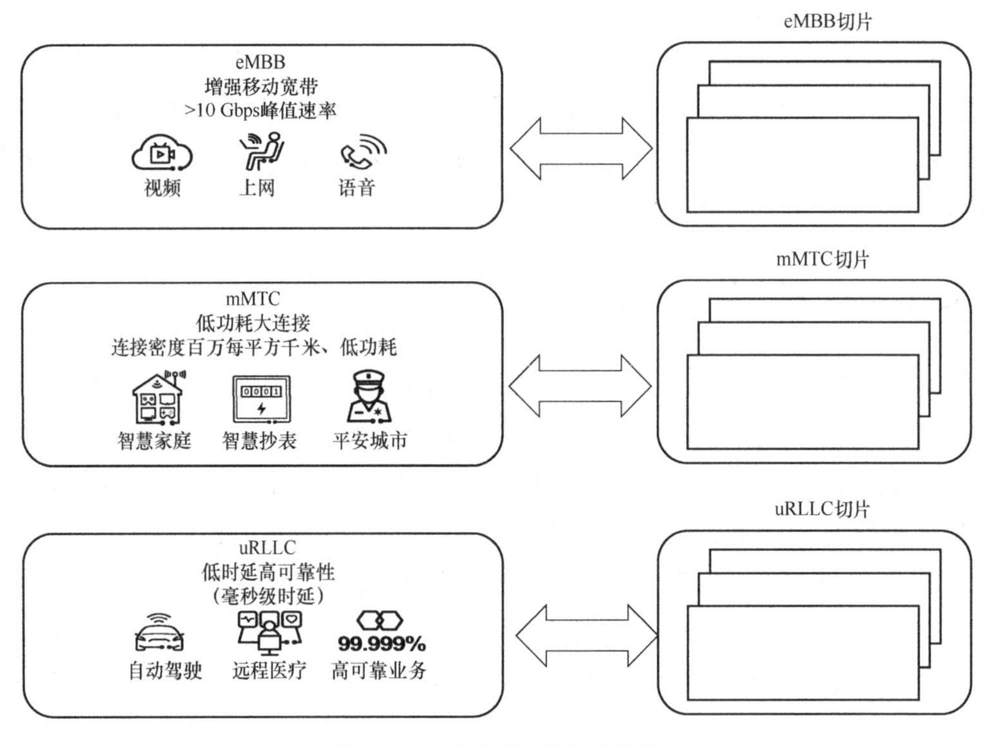

图 13-2 三大典型网络切片场景

13.2 5G 网络切片架构与实现

网络切片是端到端的，包含多个子域，并且涉及管理面、控制面和用户面，网络切片端到端架构如图 13-3 所示。

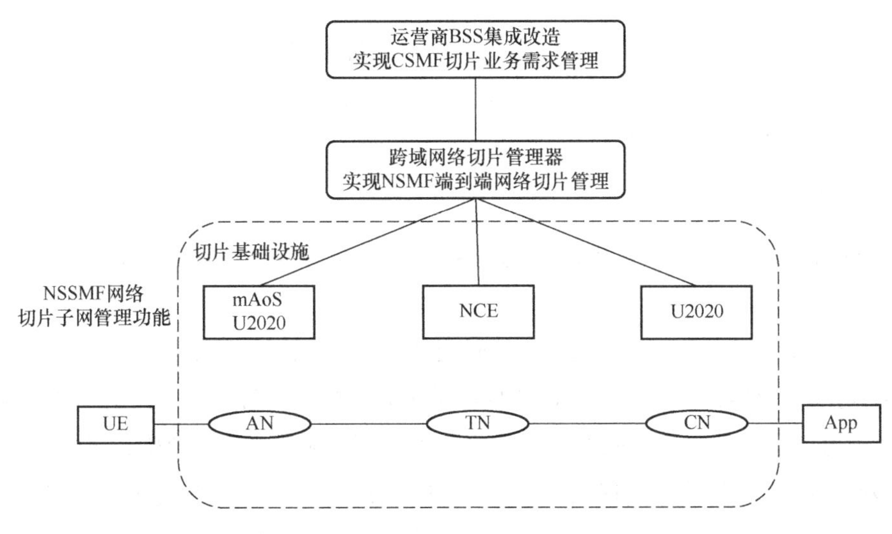

图 13-3　网络切片端到端架构

网络切片端到端架构主要包括通信服务管理功能、网络切片管理功能和网络切片子网管理功能几个关键部件。

通信服务管理功能（Communication Service Management Function，CSMF）是网络切片设计的入口。承接业务系统的需求，转化为端到端网络切片需求，并传递到 NSMF 进行网络设计。CSMF 一般由运营商 BSS 集成改造提供。

网络切片管理功能（Network Slice Management Function，NSMF）负责端到端的网络切片管理与设计。得到端到端网络切片需求后，产生一个网络切片的实例，根据各子域/子网的能力，进行分解和组合，将对子域/子网的部署需求传递到 NSSMF。NSMF 一般由跨域网络切片管理器提供。

网络切片子网管理功能（Network Slice Subnet Management Function，NSSMF）负责子域/子网的网络切片管理与设计。核心网，传输和无线有各自的 NSSMF，例如，无线 NSSMF 为 mAoS（负责无线网络切片 KPI 呈现）和 U2020（负责无线网络切片配置）；传输 NSSMF 为 NCE，核心网 NSSMF 为 U2020。

NSSMF 将子域/子网的能力上报给 NSMF，得到 NSMF 的分解部署需求后，实现子域/子网内的自治部署和使能，并在运行过程中对子域/子网的网络切片进行管理和监控。通过 CSMF、NSMF 和 NSSMF 的分解与协同，完成网络切片端到端的设计和实例化部署。

1. 切片（网络切片的简称，下同）在无线侧的实现

无线对切片是分阶段实现的，当前阶段主要完成无线网络对切片的感知，打通终端接入切片网络的端到端流程。后续的切片规划将根据市场需求及标准情况而定。

1）初始阶段

（1）对切片的感知，打通了 UE 接入切片网络的端到端流程。

（2）切片级优先级（即对切片内用户群设定的群优先级）：如对高优先级切片内用户设定最低保障速率，对低优先级切片内用户设定最大速率；在网络拥塞时，高优先级切片内用户可抢占低优先级切片内用户的资源。

2）增强阶段

（1）不同的切片可根据业务需求选择各自最适合的 PHY/MAC/RLC/PDCP 无线协议栈。

① 对于 uRLLC 切片，为保证业务低时延及高可靠，PHY 层采用低时延优化的编码方式，MAC 层采用 HARQ 盲重传，RLC 层不采用确认模式。盲重传是在空口同时重复发送以提升可靠性，因为低时延，RLC 重传已经来不及了，所以没有必要确认模式了。

② 对于 eMBB 切片，为保证大带宽，PHY 层采用大负荷优化的编码方式，MAC 层采用 HARQ 重传，RLC 层采用确认模式。如果强调 eMBB 业务大带宽诉求，则误块率（BLER）一般会设置得比较高，HARQ 重传和 RLC 重传是有必要的。

③ 对于 mMTC 切片，为保证深度覆盖及低功耗，PHY 层采用覆盖增加及能耗优化的编码方式，MAC 层采用多次 HARQ 重传来提供深度覆盖，数据面采用 Data over NAS 信令面传输方式。

（2）切片资源包括空口资源（频谱、小区）和设备资源（AAU、BBU 资源）；切分方式包括硬切（资源隔离）和软切（资源抢占）。

① 在空口资源调度时，能做资源预留（某段空口时频资源给某切片专用，资源隔离）、基于优先级的资源抢占（高优先切片抢占低优先级切片的空口资源）、基于切片业务容量的空口资源保障和限额等。

② 在设备资源调度时，设备资源如 CPU、内存、队列等被某切片专用或基于切片优先级抢占式的共享使用。

2. 切片在核心网侧的实现

在 SA 架构下，核心网的各网络功能被化整为零，打散为众多更细颗粒的模块化组件，微服务就是 5GC 功能的最小模块化组件。核心网侧的切片实现如下。

（1）微服务按业务需求不同进行灵活的编排形成不同的切片，如对于不同的切片，选择部署不同的微服务功能。

① FWA 切片：终端固定不需要部署移动性管理，而需要部署 CPE 接入管理，另外考虑到 FWA 上承载的 IPTV 业务，需要部署 IPTV 组播功能。

② uRLLC 切片：因为低时延、高可靠的要求，所以在会话管理中需要增加 1+1 热备份功能，用户面功能增加低时延转发/时延监控等功能。

（2）根据时延或带宽等需求不同，切片的微服务可以灵活地部署在网络的不同位置。

① FWA 切片：因为对时延不敏感，所以 FWA 切片对应的核心网微服务都可以部署在

核心数据中心。

② uRLLC 切片：因为低时延的要求，所以 uRLLC 切片的用户面微服务必须就近部署在边缘数据中心。而时延不敏感的信令面微服务如接入移动性管理以及会话管理功能可按要求选择部署在核心或区域数据中心。

（3）各微服务可被不同切片独占或共享。

① 每个切片各有一套完整的核心网微服务功能，相当于每个切片各有一套核心网，彼此之间互不影响。

② 某些微服务可以被多个切片共享（如统一的用户接入鉴权管理、统一的用户数据管理、统一的用户策略管理），其他微服务（移动性管理、会话管理、用户面功能等）每个切片各有一套。

3. 切片在承载网的实现

承载网切片的实现分为转发层和控制层两个层面，转发层有光层硬管道（硬隔离）、IP 层硬管道（硬隔离），IP 层软管道（层次化 QoS 调度）；控制层实现各切片间不同的逻辑拓扑以及智能选路。

（1）转发层软硬管道隔离。

① 光层硬管道：通过为不同的业务分配不同的波长（λ）或者单波长内不同的光通道数据单元，即一个波长内不同的时隙单元，实现各切片的光传输资源独占和业务隔离。

② IP 层硬管道：采用 FlexE 技术实现不同切片分配独享的接口资源，实现基于硬管道的业务隔离（FlexE 技术：Ethernet 接口的物理层划分时隙，MAC 层灵活选择一个或多个时隙组成可变带宽的接口，如在 5×40 Gbps 的接口上提供 20 个 10 Gbps 的带宽）。

③ IP 层软管道：通过流量工程（Traffic Engineering，TE）隧道技术（通过在每个路由器节点上配置控制协议协商链路带宽，实现逻辑隧道上各个节点的带宽预留）构建软管道为不同的业务切片分配链路带宽资源，通过 HQoS（层次化 QoS：采用多级调度的方式，精细区分不同用户和不同业务的流量，提供区分的带宽管理）实现不同用户不同业务流量的优先级调度。

（2）控制层实现各切片间不同的逻辑拓扑以及智能选路：网络云化引擎（Network Cloud Engine，NCE）控制器，IGP 多拓扑扩展技术实现各切片独立逻辑拓扑、选路和管理；基于时延、带宽等进行智能选路，提供确定的时延/带宽保障。

4. 跨域切片管理器进行跨域管理

（1）切片实例的生命周期管理包括切片实例创建、监控、释放等。

① 分解网络需求到无线、传输、核心网各个域，完成切片 E2E 配置。

② 收集各单域信息，汇总形成切片级统计指标进行可视化呈现。

（2）与 BSS 集成支持行业切片模板设计和上线。

5. 切片与 QoS 的区别

QoS 是指在既定的网络（相同的网络拓扑，网络中的各网元也相同）中，通过抢占带宽预留等方案实现对不同的业务数据流获得不同带宽速率。

切片不仅是 QoS，QoS 仅是切片实现方式中的一种（软切）。切片还可以实现如下功能。

（1）不同切片间的资源可以是隔离的，彼此不能共享（硬切）。

（2）不同切片的无线协议栈可以不同。

（3）不同切片的网络拓扑可以不同。

（4）不同切片的网元功能可以不同。

13.3 5G 网络切片风险及目标

切片作为 5G 网络最重要的特性之一，提供了灵活快速的按需定制网络能力，但同时也带来了新的安全威胁。

13.3.1 切片引入新的安全风险

切片基于 5G 网络构建，一方面针对 5G 网络的攻击都会对切片产生安全影响，另一方面切片自身也存在一定的安全问题，如切片间隔离性、切片未授权接入、切片管理安全风险等。另外，切片分为公众网切片及行业网切片，行业网中又分为普通行业网切片及专网切片，均可提供差异化服务，因此相应也有差异化的安全需求。综上所述，切片从提出起，安全就成为必须解决的问题和要提供的服务。

切片新引入的安全风险主要体现在以下几个方面。

1. 终端接入切片的安全风险

终端接入切片的安全风险主要是切片的非授权访问，非法用户终端绕过切片的认证授权或合法用户以未授权的方式对切片进行操作，都会造成对切片的非授权访问，从而影响切片的合法接入，用户无法正常进行通信，或者数据信息被拦截、窃听等。另外，对于行业用户而言，无法自主控制接入专属切片的终端合法性，可能导致通过切片攻击企业私有网络，非法获取企业敏感数据等风险。

2. 切片间的信息泄露、干扰和攻击

如果不同安全级别的切片之间共享了一些硬件资源、网络功能，但切片之间隔离不彻底，则攻击者可能通过对低安全级别的切片进行侧信道攻击来获取高安全级别的切片信息，可能导致信令或数据泄露。

当用户访问多个切片时，切片间的数据信息机密性和完整性可能受到攻击，如果切片间出现了信息泄露，则会造成网络数据和用户数据的泄露。

另外，攻击者在访问一个切片时，可能消耗其他切片的资源，导致资源不足，会对其他切片发起 DoS 攻击。切片间的信息泄露、干扰和攻击等就要求为切片配置相应的安全机制，以限制数据信息在切片间的流动。

3. 切片间的通信安全

当切片实现专用网络功能时，切片间的通信是不可避免的。不同切片之间、RAN 切片和核心网切片之间都需要进行通信。在所有网间切片通信中，切片之间的接口可能会受到攻击，从而破坏了切片的机密性和完整性，导致切片无法正常工作。

4. 切片管理安全风险

切片为授权的第三方提供通过合适的 API 创建和管理切片配置的能力，通过 API 可以获取切片信息，并通过 API 请求对切片的管理，攻击者可能利用第三方的 API 对切片发起攻击，非法获取切片的管理功能权限、越权管理或获取其他切片资源及数据，从而导致用户的数据信息泄露或影响切片的正常通信功能。

5. 5G 网络通用虚拟化安全风险

网络虚拟化为 5G 网络切片的实施提供了技术基础，实现了 5G 网络灵活性和弹性部署等特点，因此 5G 网络切片继承了虚拟化技术产生的安全问题，包括 VNF 安全威胁、NFVI 安全威胁和 MANO 安全威胁，这些威胁可参考云安全威胁，这里不再赘述。

13.3.2 切片的安全目标

切片的安全目标是遵照安全三同步原则，从设计、部署到运营全方位满足通信网络和业务安全需求，有效应对当前攻防态势，以安全内生、安全即服务为演进方向。

5G 网络切片安全，应着重保护运营商的核心网和无线网的安全，不低于传统的电信网，并能抵抗来自第三方应用的攻击。同时，针对不同安全等级的切片，提供特定的端到端隔离方案、差异化安全策略。安全防护策略应根据运营以及攻击行为的变化，集中管理、可编排、可扩展；可以按需、灵活动态地为切片提供安全服务。切片安全架构如图 13-4 所示。

灵活的安全架构，支持不同业务的端到端安全保护，提供多层次的切片安全保障。支持运营商向垂直行业用户特定的安全需求提供不同等级安全保护的切片。差异化安全能力包括管理安全能力、网络设备资源安全能力。

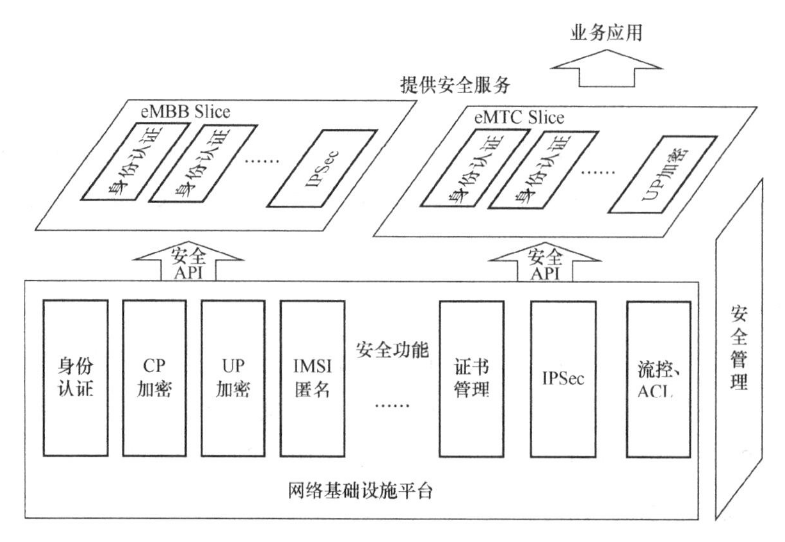

图 13-4　切片安全架构

13.4　5G 网络切片安全要求

应确保承载切片功能的主机系统安全。例如，在无线 CBS 网元架构下，如何保证 Host NE 上运行的 Guest NE（属于不同切片）是可信的，而不是被伪造的、被攻击的或恶意的。同时，如何保证 Host 是可信的，不会在 Host 上安装恶意的 Guest NE。

13.4.1　切片接入安全要求

1. 切片选择辅助信息的隐私保护

切片选择辅助信息（主要是切片标识）对于某些切片而言可能属于敏感信息。5G 网络切片选择辅助信息（Network Slice Selection Assistance Information，NSSAI）进行隐私保护传输，即不进行明文传输或不传输，具体内容如下。

（1）初始注册，终端与网络间没有安全上下文时，信令不携带 NSSAI。

（2）终端与网络间有安全上下文时，应使用安全上下文对携带 NSSAI 的信令进行加密。

（3）5G 网络与外部数据网络之间如果需要传送隐私级别高的 NSSAI（如切片认证流程中与部署在外部数据网络的 AAA 服务器间），则可进行通道加密保护，使用 NSSAI 的变体代替 NSSAI 本身。

2. 用户接入切片认证授权

用户接入切片时应执行网络首次认证，保证接入网络的用户是合法的。

通过切片签约校验、切片选择、授权和分组数据单元会话机制来防止对切片的未授权访问：用户认证成功后，网络应基于用户的签约下发允许用户访问的 NSSAI；用户访问不同切片使用不同的 PDU 会话；用户应在允许其访问的 NSSAI 范围内发起新的 PDU 会话；核心网应在检测 PDU 会话请求合法后通过 NSSF 和 NRF 选择对应可访问的切片网元（如 SMF、UPF 等）执行会话建立。

进一步讲，除了执行运营商网络接入认证来保证接入 5G 网络的用户的合法性，还可执行由切片用户、运营商和切片租户共同完成的切片接入认证和授权，保证接入合法切片、防止对切片的未授权访问，该流程基于 EAP，AMF 充当 EAP 认证者角色，部署在运营商网络或外部网络的 AAA 服务器执行认证授权。该功能为切片租户提供对切片使用的可控性。在该过程中，运营商可通过启用 NAS 加密、EAP 通道保护、PLMN 与 AAA 间通道保护等手段按需保护认证信息（如 EAP ID）的安全。

13.4.2　切片之间的安全隔离要求

为防止切片之间相互影响及攻击行为，需要做好切片间在网元、数据、网络、故障等层面的隔离控制。

1. 网元隔离

为防止运行在统一的基础设施资源上的切片网元间通过公用的基础设施资源进行相互访问或影响，按照隔离程度，支持基于切片物理机专用、虚拟机专用、切片网元公用三种网元隔离手段。

当业务安全要求级别高且硬件资源充足时，切片网元独占物理服务器；当业务安全要求级别不高或硬件资源不充足时，切片网元共享物理服务器；切片间也可共享网元。

基础设施虚拟化隔离应实现 vCPU 调度隔离、内存隔离、磁盘 I/O 隔离，防止恶意虚拟机私自访问相邻虚拟机资源。

2. 数据隔离

数据隔离包括数据访问控制、数据加密存储及数据残留与销毁等。

（1）数据访问控制：当控制面或用户面对存储资源进行访问时，可支持访问控制，包括强身份认证和细粒度授权（如对数据库的访问可控制到表、列级别）。

（2）数据加密存储：可根据数据不同的安全级别采用不同的存储加密机制。例如，对于重要程度低的数据，可以明文存储；对于核心关键数据，应进行加密存储并提供完整性验证能力。

（3）数据残留与销毁：切片所包含的虚拟机终止或迁移后存储资源上原有的数据应彻底删除，防止数据被非法恢复。

3. 网络隔离

网络隔离包括多切片共享网元间的网络隔离，不同切片间的网络隔离，切片网络与外部数据网络的网络隔离，管理、业务和存储三平面隔离，物理隔离，切片内网元访问控制，切片间网元通信访问控制等多个层面。

（1）多切片共享网元间的网络隔离：当多个切片间有共享网元时，如果切片安全级别要求不同，则共享网元所接入的不同切片网络平面间应做隔离；针对高安全级别要求的切片，应防止不同切片通过共享网元非法访问切片内的网元，如果切片内网元与多切片共享网元之间经过了物理边界，则可直接在物理边界防火墙上配置控制策略，如果切片内网元与多切片共享网元之间通过虚拟网络互联，则可在虚拟网络边界部署虚拟防火墙来提供访问控制。

（2）不同切片间的网络隔离：如果切片间业务安全级别要求不一致或位于不同资源池，则应将不同切片划分到不同的安全域，可通过为高安全级别要求切片划分单独 VLAN 实现，如果不同安全域的切片间需互访（如 AMF 重定位时互联），则使用防火墙和 IPS 进行访问控制，以实现与其他切片的网络隔离。

（3）切片网络与外部数据网络的网络隔离：在切片网元与外网设备间应做好边界防护，保护切片内网与外网间的安全。

（4）管理、业务和存储三平面隔离：服务器、交换机应支持管理、业务和存储三平面物理/逻辑隔离。对于业务安全级别要求高且资源充足的场景，应支持三平面隔离。

（5）物理隔离：对于业务安全级别要求不高的场景，可支持三平面逻辑隔离。

（6）切片内网元访问控制：同一个切片内的网络功能应实现认证和完整性保护，确保一个切片网络里的各个网络功能组件是可信的，而不是被伪造或篡改的。可使用 SBA 访问控制机制确保公用网络功能或外部网络功能合法访问切片内的网络功能：在 NRF 中配置发现列表，确定网络功能所能访问的目标网络功能实例的列表，供网络功能寻找目标网络功能；进一步讲，对高安全级别要求的切片，可通过静态授权方式（在切片内网元本地配置授权列表）或基于 OAuth 2.0 实现切片网元访问的授权验证。

（7）切片间网元通信访问控制：切片间或提供网络服务的功能间的通信应有安全机制控制。

4. 故障隔离

切片间网络故障、网元业务故障、网元虚拟机故障等应不会影响其他切片的正常运行。

13.4.3 切片差异化安全服务要求

切片差异化安全服务要求涵盖切片用户面空口安全差异化机制和使用差异化的切片安全策略这两个方面。

1. 切片用户面空口安全差异化机制

gNB 支持根据核心网为一个 PDU 会话下发的用户面安全策略来决定是否为该 PDU 会

话激活空口用户面加密和完整性保护功能，required 代表激活，not needed 代表不激活。可通过在核心网 SMF 上配置 PDU 会话安全策略提供切片级别的空口用户面加密完整性保护差异化能力，当一个用户同时访问多切片时，支持其接入不同切片的不同 PDU 会话有不同的空口用户面加密完整性保护激活状态。

2. 使用差异化的切片安全策略

不同的切片间采用差异化的安全协议和安全策略。例如，对时延要求较高的切片，密钥算法、密钥协商和派生可要求轻量；对能耗要求高的切片，密钥算法要求能耗低、安全交互的频率要低；对有隐私保护要求的切片，认证过程中可能要求不携带身份信息，身份 ID 要求动态匿名化等。

切片安全策略原则如下。

（1）建立最低安全需求基线，满足基本安全需求。

（2）不同安全级别的切片间要严格隔离，防止从低安全级别的网络向高安全级别的网络渗透。

（3）不同安全级别的切片具备独立认证。认证方案呈现多样化，可以采用统一的认证，也可以独立认证。

13.4.4 切片的 DDoS 防护

防止一个切片的攻击、资源耗尽、异常等缘故而导致其他切片不可服务，造成 DoS 攻击。例如，若当前 CBS 网络仅授权一个切片的逻辑网元对物理资源的使用权，而不限制这个逻辑网元具体能使用多少资源，就会导致这个逻辑网元在忙时消耗所有网络资源，或者申请超过业务所必需的基本资源，导致其他网元申请资源失败。

防止切片的 DoS 攻击。

（1）要做到网络隔离。

（2）现在切片所需的资源，对资源的合法使用进行授权、鉴权。

（3）被共享的物理资源、网络功能服务要具备抗攻击能力、故障或异常隔离能力。

（4）物理基础设施对网络通信具备 ACL、流控机制，对切片具备独立的 ACL 和流控机制。

13.4.5 切片安全管理要求

切片安全管理如图 13-5 所示。

下面主要针对切片管理系统的功能、架构等做出以下安全要求。

1. 切片管理系统安全能力

对切片管理系统安全能力的要求做到以下六点。

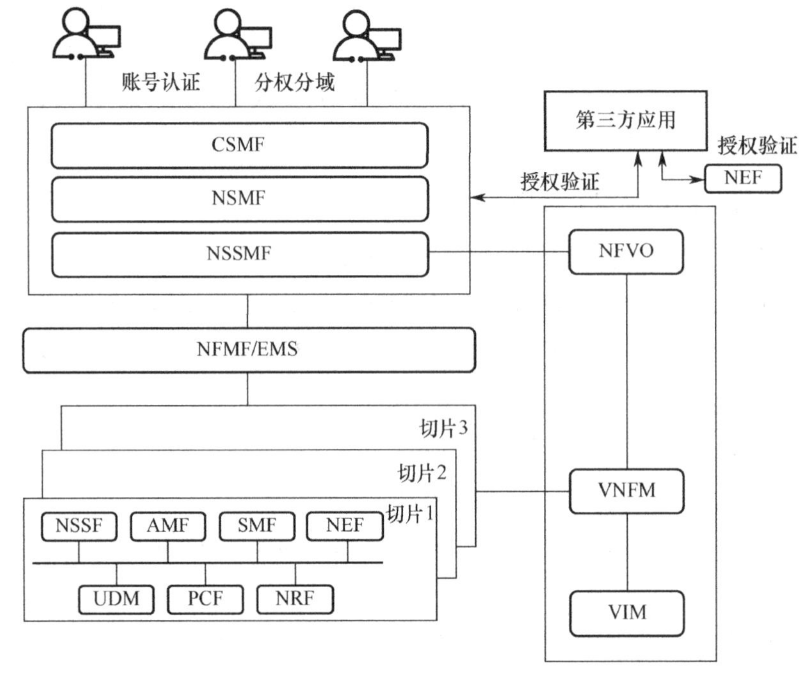

图 13-5　切片安全管理

（1）应确保切片管理者可信，防止同一运营商网络里不同切片管理者之间的伪造攻击，其之间应互不影响。

（2）切片的管理系统应提供认证、授权、日志、审计等功能，保证操作安全。

（3）切片的管理系统应支持切片租户分权分域，租户对其拥有管理权限的切片管理操作、信息查看应相互隔离。

（4）切片模板及切片实例化所需要的镜像、软件包等应做完整性保护和校验。

（5）切片终止时应完全删除相关敏感信息；确保相关配置如凭证、IP 等资源及时回收与更新，在凭证、IP 地址释放并分配给其他切片后，保证系统安全策略能够符合需求。

（6）子切片管理器通过接口动态部署、删除子切片实例时，需要和资源管理系统相互进行身份认证，避免非法获取对切片生命周期管理功能。

2. 切片管理通信及数据安全

切片管理通信及数据安全包括以下四点。

（1）应支持对敏感数据（如私钥、敏感业务数据等）进行保护，防止非法访问和篡改等。

（2）切片管理系统与 MANO 之间应使用 HTTPS 安全协议进行交互，TLS1.2 以上。

（3）切片管理系统与操作维护终端之间应支持通信安全，使用 SSH v2 登录，禁止使用不安全的加密算法。

（4）Telnet 登录，使用 SFTP 安全传输。

3. 网络防护和监控

网络防护和监控包括以下四点。

（1）切片管理系统网元间如果跨安全域，则应做好边界防护和域间通信安全。

（2）提供实时的切片安全监控能力或态势感知能力、应急处置以及故障恢复能力，实时掌握切片的运行情况、可能的攻击及故障状况，通过联动处置定位和修复故障，保护切片。

（3）5G 网络的安全态势可视能力：包括应用层安全、基础设施安全、用户面/信令面/管理面的安全监控可视，实现人工+自动化的快速响应闭环，保障运营商网络和数据不受来自外部和内部用户的入侵和破坏，同时对内部人员误操作和非法操作进行审计监控，作为事后追溯的可靠证据来源，便于事后责任追踪。可为行业用户提供切片安全态势感知业务门户。

（4）安全服务：针对不同行业用户的差异化安全诉求，切片提供可分级的安全运维能力和安全服务。例如，企业可选择异常终端检测能力，可提供网络流量清洗、恶意网址检测、网络封堵服务。此外，在用户有需求时，还可提供安全测试、安全培训、代码审计、等保测评、安全集成等安全服务。

4. 租户级安全运维

租户级安全运维包括账号认证、分权运维和分域运维三个层面。

（1）账号认证：多切片公用切片管理器进行切片的运维和管理，对切片管理面的账号进行认证。

（2）分权运维：对运营商运维账号进行分权管理，避免超级管理员账号操纵所有切片；运维能力开放给租户后，要对租户的运维能力进行权限管理。

（3）分域运维：运维数据要分域管理，不同的运维账号、租户只能对指定的切片网络的运维数据进行访问和管理。

5. 切片管理能力对外开放安全

对切片管理面开放 API 的第三方调用进行身份授权验证，以及对第三方 API 的授权验证，防止受损 API 操纵切片，避免来自第三方 API 的攻击。

13.5　切片安全技术

5G 网络需要承载多类型的业务场景，各场景区别于 4G，不再使用一张网络提供服务，而是利用切片技术在同一个硬件基础设施上按需分配资源，组合出不同且相互隔离的切片网络。

13.5.1 切片相关概念介绍

切片是一个端到端的概念，包括无线、传输及核心网，UNC 则提供了核心网内的切片功能，主要由 NSSF 网络功能来实现。切片使用单网络切片选择辅助信息（Single Network Slice Selection Assistance Information，S-NSSAI）进行标识，相关概念如下。

（1）Subscribed S-NSSAIs：表示 UE 在其归属运营商签约的一个或者若干个切片，其中的某个或者某几个切片可以标识为默认切片（default S-NSSAI）。

（2）Requested NSSAI：表示 UE 期望使用的切片，在注册流程中提交给网络。

（3）Configured NSSAI：是当前为 UE 服务的运营商（Serving PLMN）为其配置的切片，这里的“当前为 UE 服务的运营商”既可以是 UE 的归属运营商（Home PLMN），也可以是拜访运营商（Visited PLMN）。

（4）Allowed NSSAI：也是在注册流程中，AMF 通过 Registration Accept 消息下发给 UE 的一种切片集类型，表示 UE 在指定接入类型（3GPP 或非 3GPP）、在指定区域内可用的切片集合。它是对 UE 请求的切片、UE 签约的切片和注册区域支持的切片的交集。

（5）Rejected S-NSSAIs：如果 UE 携带的 Requested NSSAI 不被网络接纳，如该 Requested NSSAI 不适用于某个区域，或者全网不适用，则 AMF 会以 Rejected S-NSSAIs 的形式返回给 UE。

从包含切片的数量来看，Subscribed S-NSSAIs >= Configured NSSAI >= Allowed NSSAI。UE 在决策 Requested NSSAI 时会过滤掉存在于 Rejected S-NSSAIs 中的切片。

13.5.2 切片接入安全技术

为确保能够为用户正确选择和访问切片，将合适的切片分配给适当的签约用户，就要保证切片的接入认证安全。

1. 切片接入注册

当用户接入切片时，对切片进行注册，通过切片访问控制保证用户接入正确切片，通过会话机制防止用户的未授权访问。在切片选择过程中，提供交互消息的真实性、完整性和机密性的能力。用户注册到切片的流程如图 13-6 所示。

（1）用户发起注册流程，请求消息携带用户的标识（SUCI、5G-GUTI 或 PEI）、Requested NSSAI 等信元，（R）AN 根据用户携带的 AN 信息（Requested NSSAI、5G-S-TMSI）结合相关策略选择初始 AMF，并将注册请求发送给初始 AMF。

（2）初始 AMF 获取用户的签约信息，其中包括用户的签约 S-NSSAIs。AMF 首先根据配置决定是否由本 AMF 决策切片。

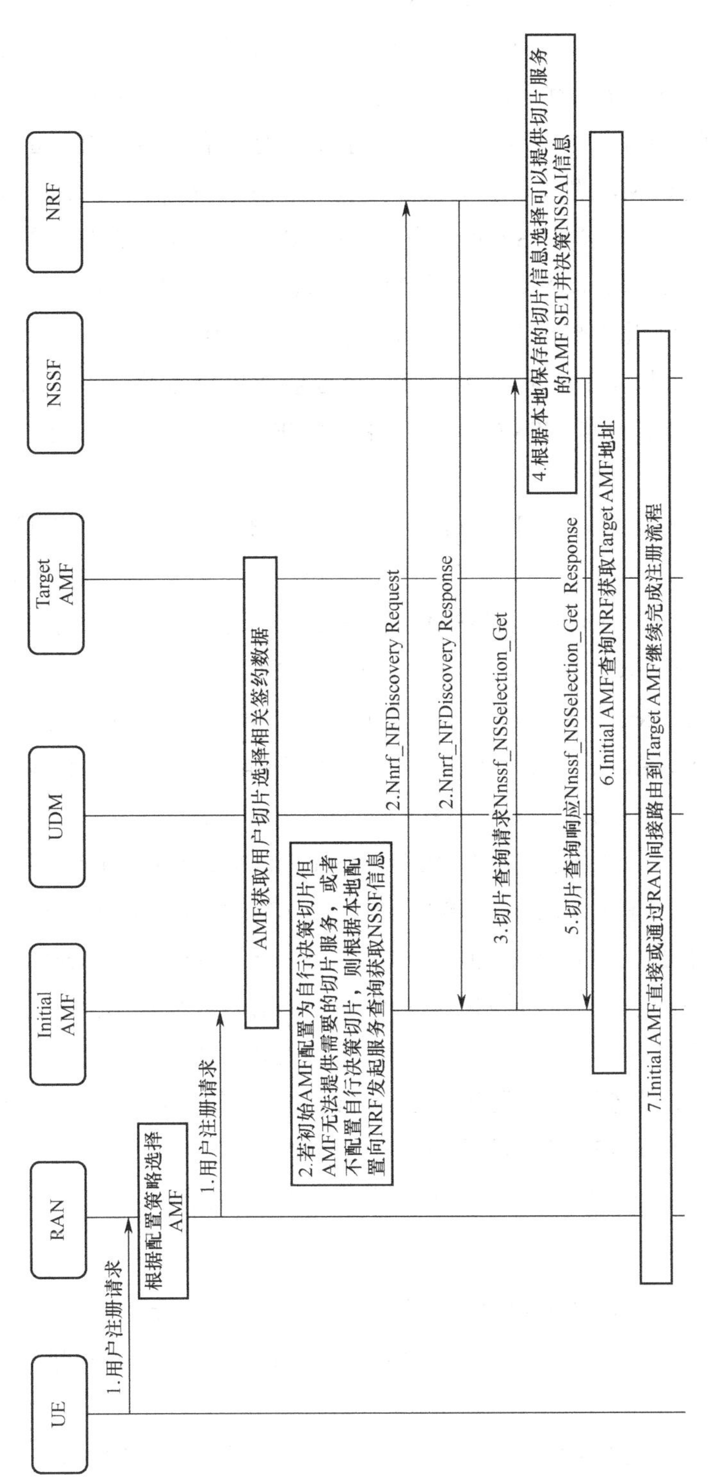

图 13-6　用户注册到切片的流程

① 若配置为自行决策或没有相关配置，则 AMF 判断是否可以同时支持用户请求的 Requested NSSAI 和签约 S-NSSAIs 交集的切片集合。若用户未携带 Requested NSSAI，则 AMF 判断是否支持所有标记为 default 的签约 S-NSSAIs。如果初始 AMF 可以全部支持，则继续后续注册流程的处理。如果无法全部支持且本地没有可用 NSSF 的缓存信息，则 AMF 根据本地配置的 NRF 地址，通过服务化接口向 NRF 发送 NF Discovery 请求消息查询获取 NSSF 信息。若获取 NSSF 信息失败，则 AMF 会判断能否部分支持 UE 请求的 Requested NSSAI 和签约 S-NSSAIs 交集的切片集合，如果可以则由本 AMF 继续提供后续注册流程的处理，否则将由初始 AMF 向 NRF 查询目标 AMF。

② 若没有配置为自行决策，则 AMF 会直接通过服务化接口向 NRF 发送 NF Discovery 请求消息查询获取 NSSF 信息，并由 NSSF 来进行切片的分配，后续流程同上一步。

（3）AMF 根据 NRF 返回的可用 NSSF 信息以及 AMF 和 NSSF 的通信状态，选择一个可用的 NSSF，并向选择的 NSSF 发送切片选择请求消息 Nnssf_NSSelection_Get，消息携带 NF Type、NF ID、Requested NSSAI（该信元为可选信元，如果用户请求没有携带 Requested NSSAI，则不需要携带）、签约 S-NSSAIs、TAI 等信元。

（4）NSSF 根据 AMF 请求消息携带的信息以及 NSSF 配置的切片信息，生成该用户允许接入的 Allowed S-NSSAIs 列表，然后根据本地的切片配置信息，查询可以为用户提供切片服务的 AMF 信息，可以是 AMF SET 或 Candidate AMF List。

（5）NSSF 返回切片选择响应消息 Nnssf_NSSelection_Get Response，消息携带 NSSF 分配的 Allowed NSSAI 和 Configured NSSAI、Target AMF SET 或 Candidate AMF List 等信息。如果 AMF 采用通过 RAN 间接重路由的方式，则 NSSF 必须返回 AMF SET。

（6）初始 AMF 收到 NSSF 返回的切片查询消息后进行 AMF 重路由选择，需要根据 RAN 的支持能力选择重路由方式。如果选择间接重路由方式，则 NSSF 必须返回 Target AMF SET 信元；如果选择直接重路由方式，则 AMF 需要根据 Target AMF SET 或 Candidate AMF List 查询 NRF 获取目标 AMF 的 IP 地址。

（7）重路由到目标 AMF 后，目标 AMF 继续完成注册流程。

2. NSSAI 机密性保护

S-NSSAI 是指单网络切片选择辅助信息，用来标识一个切片。NSSAI（主要是其中的 SD 部分）属于敏感信息，5G 网络需对 NSSAI 进行隐私保护传输，即不进行明文传输或不传输，如图 13-7 所示。

（1）初始注册，终端与网络间没有安全上下文时，信令不携带 NSSAI。

（2）终端与网络间有安全上下文时，使用安全上下文对携带 NSSAI 的信令进行加密。

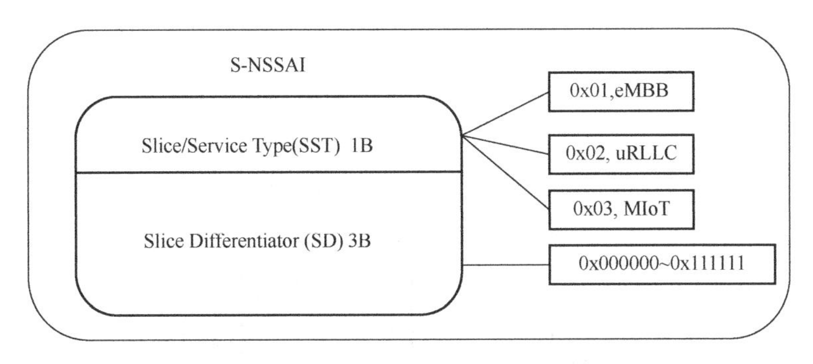

图 13-7　对 NSSAI 进行隐私保护传输

（3）5G 网络与外部数据网络间如果需要传送隐私级别高的 NSSAI（如切片认证流程中与部署在外部数据网络的 AAA 服务器间），则进行通道加密保护，可使用 NSSAI 的变体代替 NSSAI 本身。

（4）用户在 RRC 消息中发送 NSSAI。用户接入切片注册中 NSSAI 保护流程如图 13-8 所示。

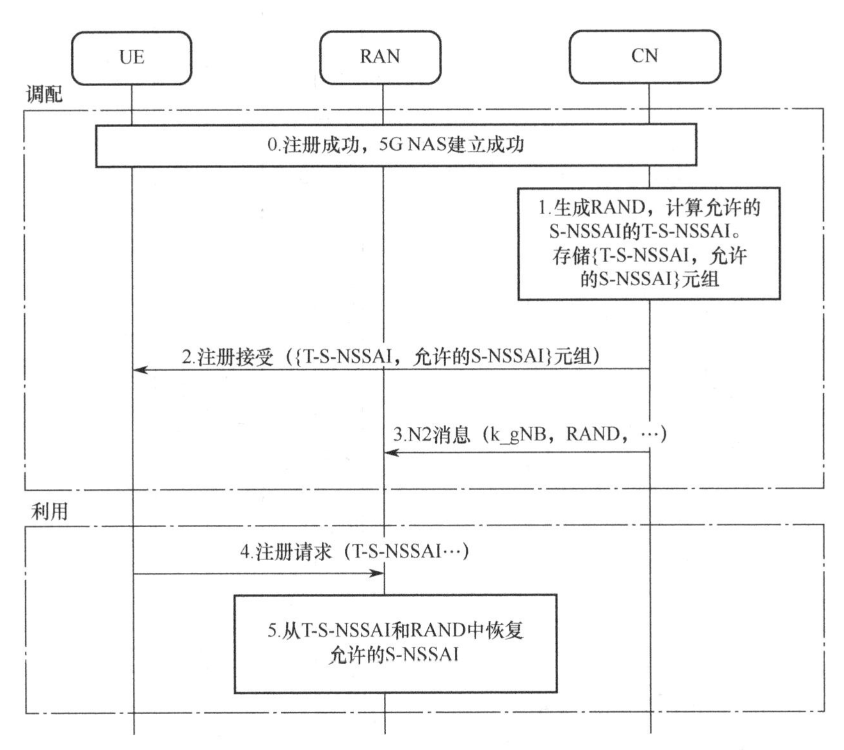

图 13-8　用户接入切片注册中 NSSAI 保护流程

3. 接入切片二次认证

除了执行运营商网络接入认证来保证接入 5G 网络用户的合法性外，根据用户需求可选执行由切片用户、运营商和切片租户共同完成的接入切片二次认证和授权，实现用户自主控制接入切片网络鉴权。接入切片认证对比如图 13-9 所示。

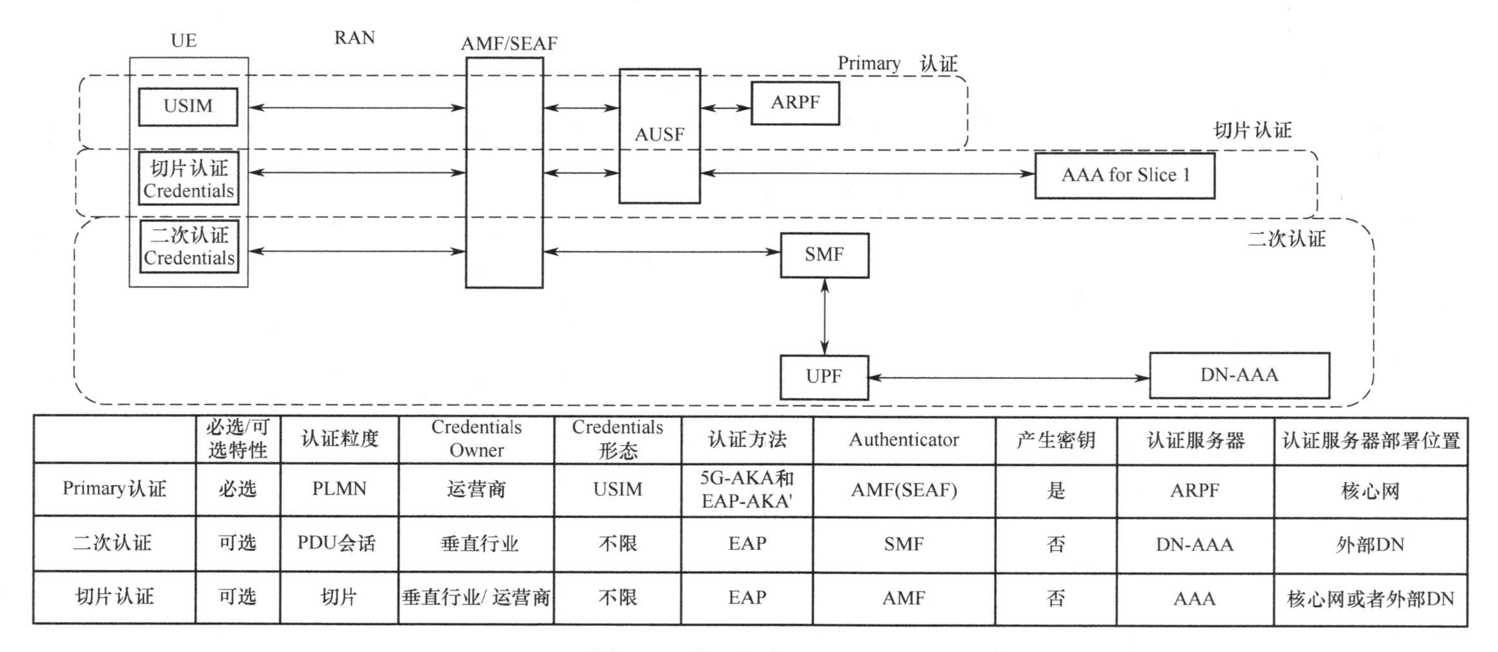

	必选/可选特性	认证粒度	Credentials Owner	Credentials 形态	认证方法	Authenticator	产生密钥	认证服务器	认证服务器部署位置
Primary认证	必选	PLMN	运营商	USIM	5G-AKA和EAP-AKA'	AMF(SEAF)	是	ARPF	核心网
二次认证	可选	PDU会话	垂直行业	不限	EAP	SMF	否	DN-AAA	外部DN
切片认证	可选	切片	垂直行业/运营商	不限	EAP	AMF	否	AAA	核心网或者外部DN

图 13-9　接入切片认证对比

13.5.3　切片安全隔离技术

切片安全隔离技术包括硬件资源隔离技术、通信网络切片隔离技术及方案、无线切片隔离技术及方案、传输切片隔离技术及方案、核心网切片隔离技术及方案这五个层面。下面对这五个层面进行详细介绍。

1. 硬件资源隔离技术

硬件资源隔离技术包括 vCPU 调度隔离、内存隔离、磁盘 I/O 隔离和内部网络隔离。

1）vCPU 调度隔离

vCPU 的上下文切换，由 Hypervisor 负责调度。Hypervisor 使虚拟机操作系统运行在 Ring 1 上，有效地防止了虚拟机 Guest OS 直接执行所有特权指令；应用程序运行在 Ring 3 上，保证了操作系统与应用程序之间的隔离。

2）内存隔离

虚拟机通过内存虚拟化来实现不同虚拟机之间的内存隔离。Hypervisor 负责将客户机的“物理地址”映射成“机器地址”，再交由物理处理器来执行。

3）磁盘 I/O 隔离

虚拟机所有的 I/O 操作都会由 Hypervisor 截获处理；Hypervisor 保证虚拟机只能访问分配给它的物理磁盘空间，从而实现不同虚拟机存储空间的安全隔离。

4）内部网络隔离

支持 VLAN、安全组等多种方式实现 VM 之间的网络隔离。

2. 通信网络切片隔离技术及方案

5G 通信网络端到端（无线、传输、核心网）的切片隔离保障，主要有三种不同的切片隔离保障方案，分别为基于 QoS 保障、专属 5G 服务、专用 5G 网络，见表 13-1。

表 13-1　三种不同的切片隔离保障方案

5G 网络	QoS 保障	专属 5G 服务	专用 5G 网络
无线	5QI 优先级保障	5QI 高优先级+RB 无线空口资源预留	载频独享的专用基站或小区
传输	VPN 隔离+QoS 调度	FlexE 接口隔离+VPN 隔离	FlexE 接口+FlexE 交叉
核心网	公用大网、toB 核心网	SMF、UPF 网元逻辑资源独占专享	SMF、UPF 网元或更多定制化的 5GC 物理资源专建专享

行业用户可以根据其业务特点，对不同的网络环节进行不同的方案组合，形成具有行业特色的 5G 切片隔离方案。

3. 无线切片隔离技术及方案

无线切片隔离技术主要实现网络切片在 5G 基站部分的资源隔离和保障。根据业务的时延、可靠性和隔离要求，可以分为 QoS 调度（软切片）、RB 资源预留（硬切片）、频谱切片和专网切片，实际部署可以根据行业业务需求按需组合使用这些切片隔离方式。四种无线切片技术及对比如图 13-10 所示。

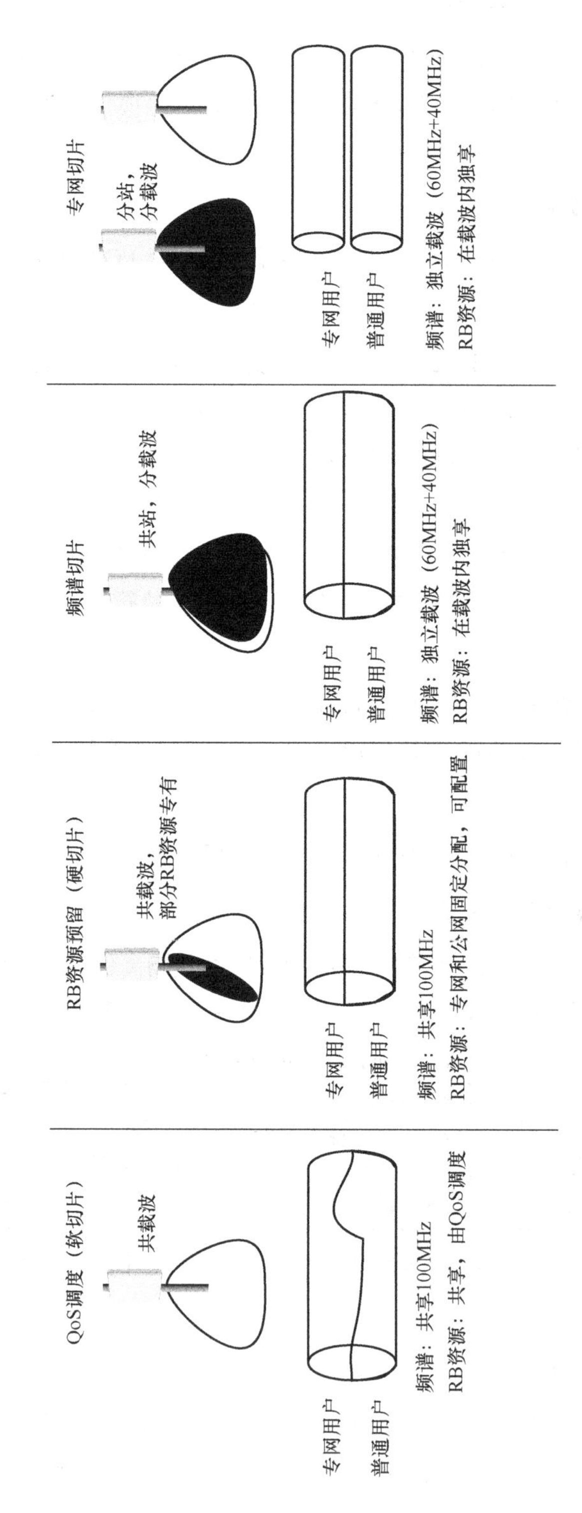

图 13-10　四种无线切片技术及对比

无线切片技术对比结论见表 13-2。

表 13-2　无线切片技术对比结论

切片方案	资源隔离度	成熟度	SLA 等级	资源调度	成本	结　论
QoS 调度	低	高	低	高	低	无法真正保障业务不受普通用户的影响
RB 资源预留	高	中	高	高	中	可以保障安全和 SLA 服务等级，成本适中
频谱切片	高	低	高	低	高	频谱利用率低，配置复杂，运营商大多数不采用
专网切片	最高	高	高	低	最高	当前无政策支持，同时建设成本最高

1）QoS 调度（软切片）

基于 QoS 调度，可以确保在资源有限的情况下，不同业务“按需定制”，为业务提供差异化服务质量的网络服务，包括业务调度权重、接纳门限、队列管理门限等，在资源抢占时，高优先级业务能够优先调度空口的资源，在资源拥塞时，高优先级业务也可能会受影响。

2）RB 资源预留（硬切片）

RB 资源预留允许多个切片公用同一个小区的 RB 资源。根据各切片的资源需求，为特定切片预留分配一定量 RB 资源。RB 资源预留分为动态共享和静态预留两种方式。

（1）动态共享方式为指定切片预留的资源允许在一定程度上和其他切片复用，在该切片不需要使用预留的 RB 资源时，预留的 RB 资源可以部分或全部用于其他切片数据传输。在上下行有数据传输时，可以及时调配所需资源。

（2）静态预留方式为指定切片预留的资源在任何时刻都不能分配给其他切片用户使用，确保任何时刻都有充足资源可用。

RB 是空口资源分配的最小单位，在每个调度周期内，按照频分的方式调度给终端用户，每个 RB 包括连续的 12 个子载波（SCS），典型的 5G NR 空口带宽为 100 MHz，典型上下行子帧配比为 8∶2，子载波带宽为 30 kHz，可用 RB 总数为 273 个。无线空口 RB 资源预留原理如图 13-11 所示。

3）频谱切片

频谱切片是指不同切片使用不同的载波小区，通过载波隔离使每个切片仅使用本小区的空口资源，切片间严格区分确保各自资源。该方案使用频谱做物理隔离，但实际上频谱资源是有限的，因此该方式使用场景有限。

专网切片这里不再赘述。

4. 传输切片隔离技术及方案

5G 基站与核心网之间的移动传输网络根据对切片安全和可靠性的不同诉求，分为硬隔离技术和软隔离技术，根据业务对隔离度、时延和可靠性的不同需求，传输切片隔离技术包括硬隔离技术中的 FlexE 接口隔离和 FlexE 交叉隔离，软隔离技术中的 FlexE 子接口隔离和 VPN+QoS 隔离。传输切片隔离技术对比如图 13-12 所示。

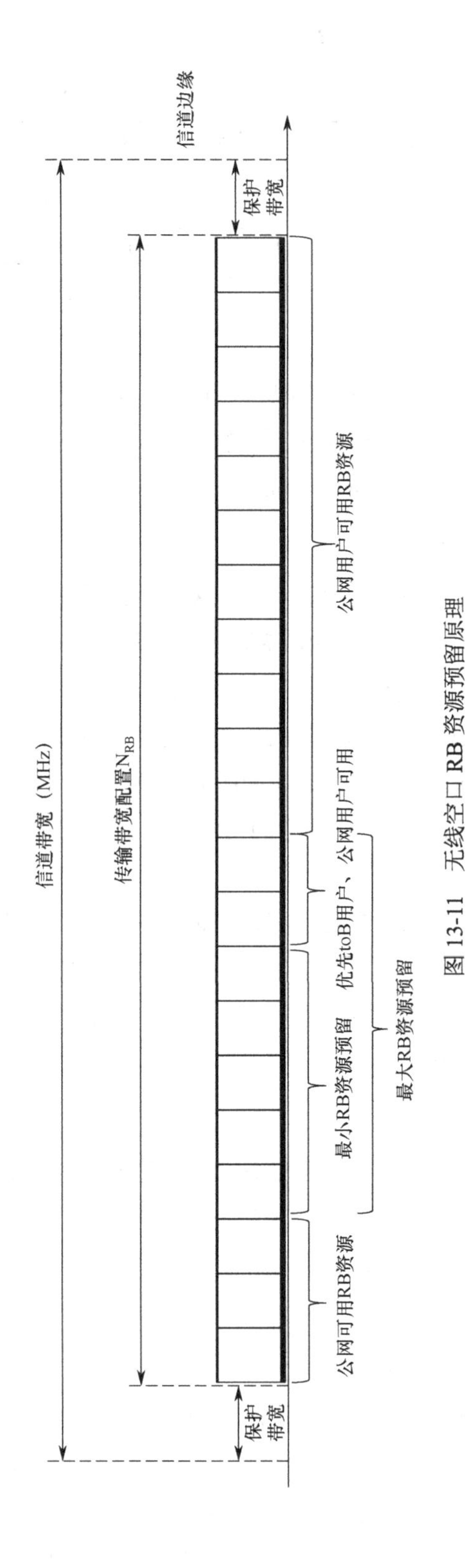

图 13-11 无线空口 RB 资源预留原理

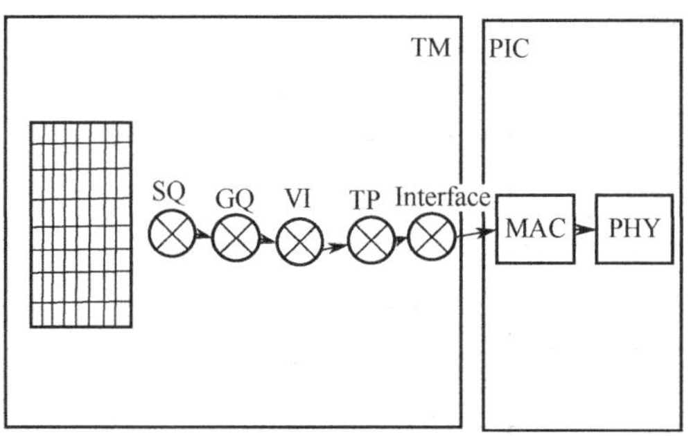

信道化子接口：队列级隔离

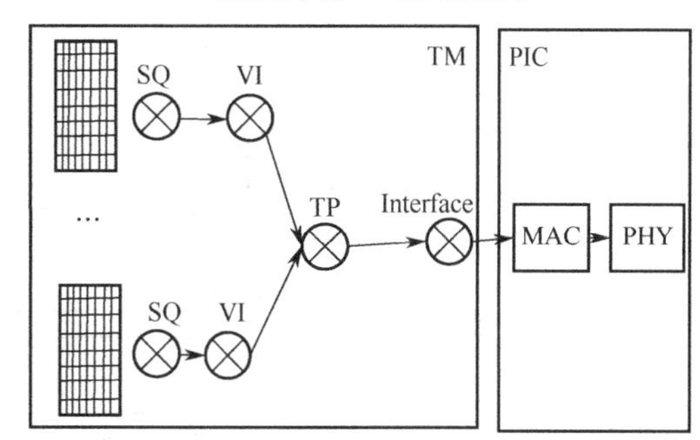

FlexE：物理时隙级隔离

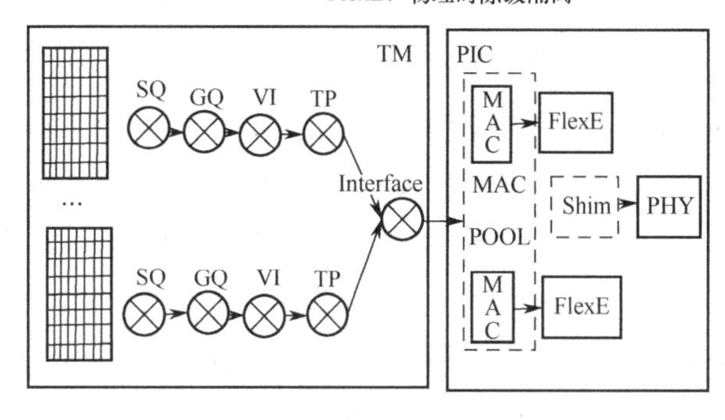

图 13-12　传输切片隔离技术对比

层次化 QoS（HQoS）是一种通过多级队列调度机制，解决区分服务模型下多用户多业务带宽保证的技术。传统的 QoS 采用一级调度，基于物理端口的 Cos 队列进行隔离，单个端口只能区分业务优先级，无法区分用户。由于共享 Cos 队列，因此只要属于同一优先级的流量，使用同一个端口队列，不同用户的流量彼此之间就会竞争同一个队列资源，无法对端口上单个用户的单个流量进行区分服务。HQoS 采用多级调度的方式，可以精细区分不同用户和不同业务的流量，提供区分的带宽管理。

信道化子接口是指将一个大带宽物理以太网端口划分为子接口。不同接口承载不同类型的业务。接口之间的业务互相隔离、互不影响，接口内的业务各自遵循 HQoS 调度，从而实现带宽的物理隔离。

FlexE 技术是基于时隙调度将一个物理以太网端口划分为多个以太网弹性硬管道，使得网络既具备类似于 TDM（时分复用）独占时隙、隔离性好的特性，又具备以太网统计复用、网络效率高的双重特点，实现同一分片内业务统计复用，分片之间业务互不影响。通过使用 FlexE 技术，可以将物理网络进行分片，形成多个逻辑网络，不同的切片业务承载于不同的逻辑网络之上，从而实现业务的硬隔离。FlexE 管道之间硬隔离，管道内支持资源统计复用，还可对不同的业务进行 VPN 逻辑隔离。FlexE 的通用架构如图 13-13 所示，可以支持任意多个不同子接口（FlexE Client）在任意一组 PHY（FlexE Group）上的映射和传输，从而实现上述捆绑、通道化及子速率等功能。

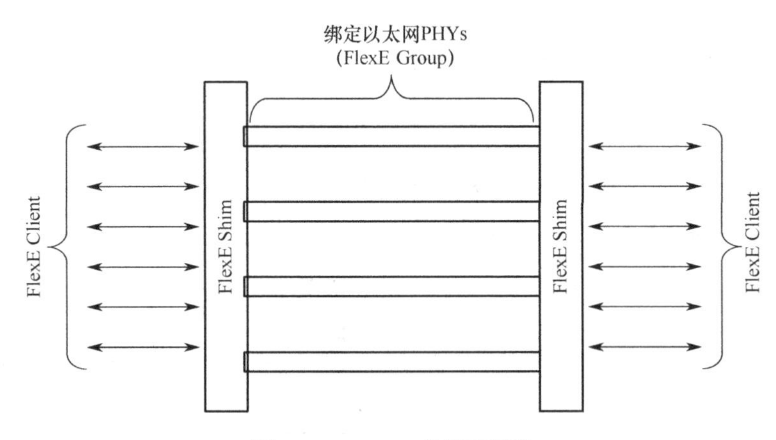

图 13-13　FlexE 的通用架构

其中，FlexE Client 对应于外在观察到的用户接口，一般为 64 bit 或 66 bit 的以太网码流，支持 n×5G 速率；FlexE Shim 则是 MAC/RS 和 PCS/PHY 层之间的子层，完成 FlexE Client 到 FlexE Group 携带内容之间的复用和解复用，实现 FlexE 的核心功能；FlexE Group 是绑定的一组 FlexE PHY。

综上所述，HQoS 技术在相同优先级的业务之间带宽和时延无法隔离，无法为高价值流预留资源；而 FlexE 子接口技术则需要在 TM 层面物理端口级进行汇聚调度，在 MAC 进行存储转发，也没有在物理端口上隔离，但隔离效果比 QoS 要好很多。FlexE 拥有独立的 TM 通道，独立 SQ/GQ/VI/TP 资源，不需要在物理端口层面再进行汇聚调度，在 MAC 层也有独立的 MAC，独占 MAC 的 FlexE 时隙通道，因此 FlexE 属于硬隔离，其隔离效果最好，适用于高安全业务。

除此之外，FlexE 交叉技术是基于时隙交换硬管道技术，可实现确定性超低时延转发。FlexE 交叉技术是在 FlexE 接口技术基础上，增加 FlexE Client 交叉与电信级 OAM 和保护功能，实现 FlexE 组网的技术。其带宽基于时隙分配，可以确保资源不被抢占，同时业务处理和交换基于时序交换，也不会出现资源拥塞，质量有保证。另外，因为业务转发只需解析到 FlexE，属于 1.5 层交换，所以业务处理时延可低至微秒级。FlexE 交叉技术如图 13-14 所示。

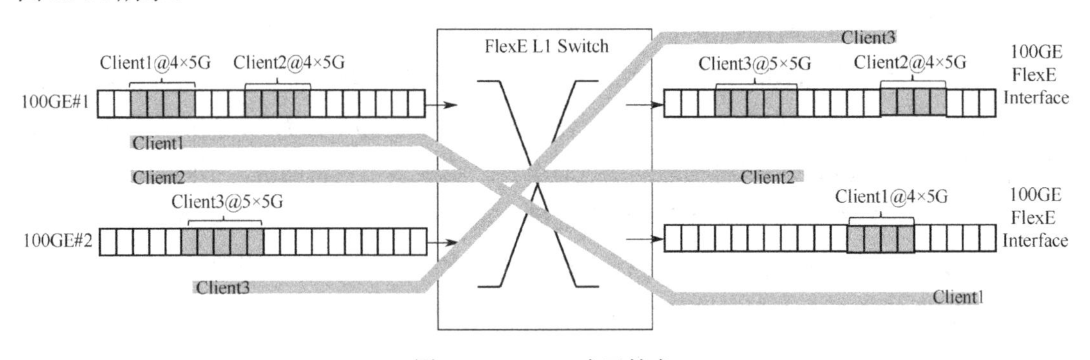

图 13-14　FlexE 交叉技术

传输侧当前能提供四组通道能力，传输侧通道切片技术对比如表 13-3 所示。

表 13-3　传输侧通道切片技术对比

传输切片方案	资源隔离度	成熟度	SLA 等级	成本	适用业务及场景
QoS+VPN	低	高	低	低	5G toC 个人流量套餐业务及局域专网内业务
FlexE 子接口	高	中	高	中	移动接入区域不固定的行业应用，专网内高安全要求业务
FlexE 接口	高	低	高	中	固定接入区域的 5G toB 垂直行业生产类业务
FlexE 交叉隔离	最高	高	高	最高	固定 toB 白金专线业务，同时建设成本最高

5. 核心网切片隔离技术及方案

核心网切片隔离主要实现网络切片在 5GC 部分的资源和组网隔离与 SLA 保障。其中资源视图主要针对为切片隔离分配的 5GC 硬件资源层、虚拟资源层和网元功能层；而组网视图则主要针对 5GC 数据中心内的交换机/路由器设备的隔离性。核心网切片部署形态如图 13-15 所示。

（1）硬件资源层：主要指基于 X86 或 ARM 架构的各种服务器，可支持“共享”和“独占”两种隔离模式，其中独占模式也就是我们常说的“物理隔离”。

（2）虚拟资源层：也就是网络功能虚拟化（NFV）基础设施，通过虚拟机、容器等虚拟化技术，在通用性硬件上承载传统通信设备功能的软件处理，从而实现新业务的快速开发、部署和弹性缩扩容。虚拟资源层同样可支持“共享”和“独占”两种隔离模式，其中独占模式也即我们常说的“逻辑隔离”。

（3）网元功能层：如上所述，得益于 3GPP 标准定义的网络功能虚拟化（NFV）和服务化架构（SBA），5GC 的网络功能/虚拟化网络功能（NF/VNF）层同样可以支持不同层级的按需隔离模式，保证不同切片间的业务独立性。

① 完全共享模式：能力等同于 2/3/4G 网络的“一条跑道、尽力而为”，通常适用于公众网的普通消费者业务，对安全隔离性无任何特殊需求。

② 部分独占模式：结合行业实际需求，通过共享大部分网元功能+少量网元功能独占专享的方式，在安全隔离性需求和成本之间做到平衡，从而能够满足大多数通用行业的网络切片分级需求。

③ 完全独占模式：能力等同于建设一张完整的行业专用核心网，安全隔离性最好，但建设和运营成本也最高。

13.5.4　切片网络虚拟化安全技术

切片网络虚拟化安全技术包括 VNF 安全、NFVI 安全、MAMO 安全这三部分。

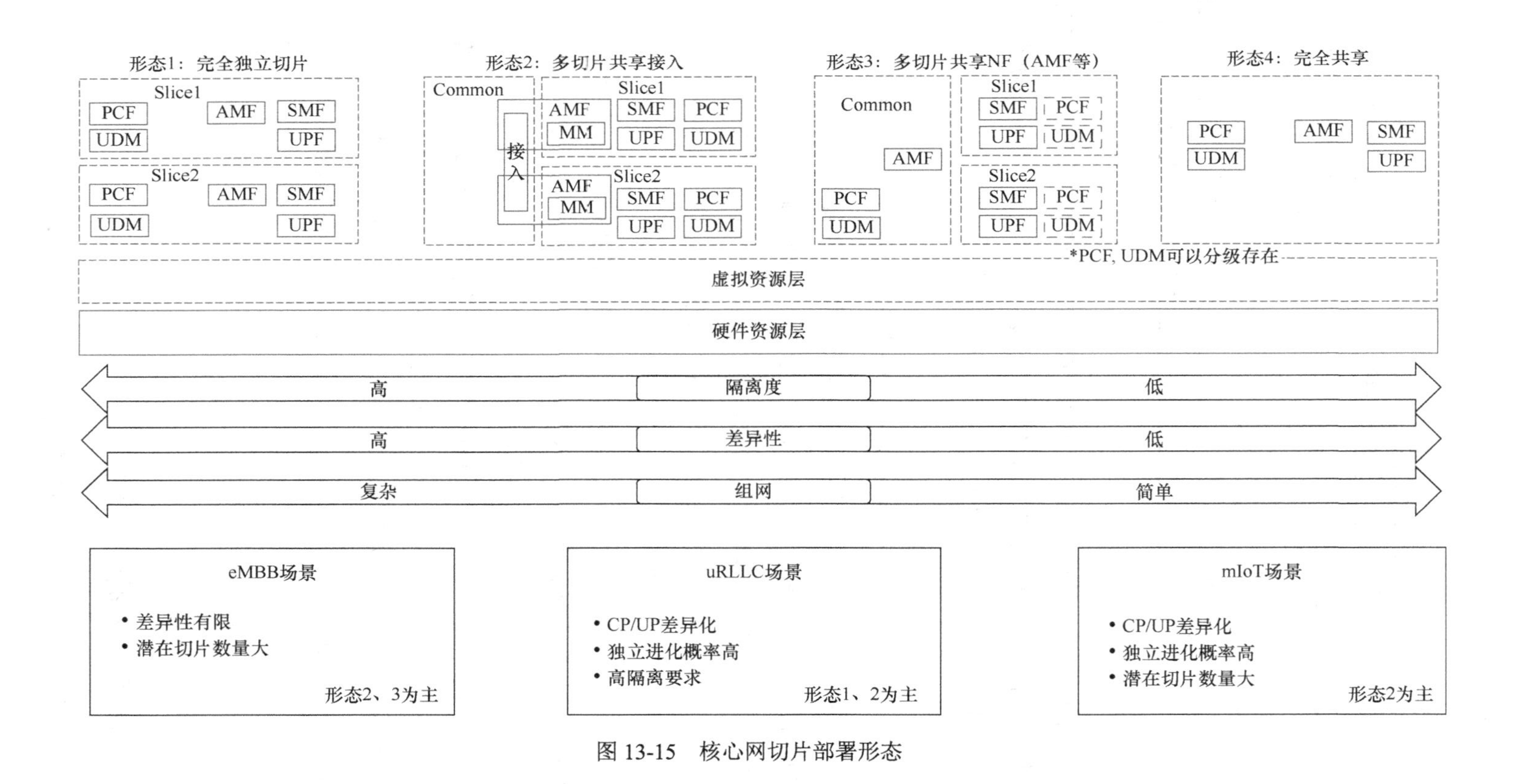

图 13-15　核心网切片部署形态

1. VNF 安全

VNF 生命周期各个阶段对 VNF 提出了安全技术要求。在对 VNF 软件包进行安全管理时，如上载前、实例化以及更新时进行完整性验证；在 VNF 实例化、实例管理、VNF 弹性伸缩、实例终止过程中对 VNF 进行访问控制，如认证和权限验证；VNF 实例终止时需彻底清除 VNF 实例所占用的虚拟内存以及存储资源中的信息。

2. NFVI 安全

NFVI 的安全要求主要包括虚拟机系统安全加固和防护、系统访问控制和完整性验证、Hypervisor 安全等方面。硬件资源安全要求包括通用服务器和存储硬件资源的安全，物理主机应具备防病毒、防入侵的要求，硬件资源所处的环境需要具备物理安全要求，如机房环境安全、防盗等。基础网络安全要求包括 SDN 控制器安全、转发层安全、南北向 API 安全等。SDN 控制器安全要具备防 DDoS 攻击、访问控制、日志分析、安全加固等；转发层安全保证路由协议安全、抑制 DDoS 攻击等；南北向 API 安全要采用双向认证、启动 SSL 等安全传输协议保证机密性和完整性。

3. MANO 安全

MANO 实体在安全方面应防止非法访问、敏感信息泄露；安装防病毒软件，定期查杀病毒以及升级病毒库；进行安全加固，实现安全服务最小化原则、最小影响原则。MANO 实体（如 NFVO）需防 DDoS 攻击，当实体运行在虚拟机上时，需要保证虚拟机的安全隔离。MANO 实体间交互时通信内容需受到机密性和完整性保护，实体间双向认证。MANO 的安全管理在权限、日志、账号口令等方面提出授权、审计和合理设置的要求。

第 14 章 5G 网络安全运营和管理

随着 5G 网络的大规模部署和应用，5G 基础设施云化、MEC 边缘下沉、切片等新技术的运用带来了新的安全威胁，全网的运营面临管理困难、部署繁杂、边界模糊造成的安全威胁等现状。如何实时检测、管理、闭环 5G 网络的安全风险，提供便捷、高效、安全的运维方案成为亟待解决的问题。

14.1 5G 网络安全运营挑战与需求

5G 作为新型网络的重要网络基础设施，其安全运营相关技术也将进行深度变革，在新技术与应用场景高度融合的场景中，安全运营整体目标要实现从被动响应向主动防护的转变，从粗放式管理到精细化控制的转变。

14.1.1 5G 网络安全管理风险

在 5G 网络的运维上，面临运维客户端安全管控弱、客户端之间容易横向渗透以获取高安全域的运维访问权限、运维人员越权访问 EMS 或者设备、5G 网元之间通过 NMS 域横向渗透、5G 网元之间通过以 EMS 网元为跳板渗透到其他网元、toB 切片业务门户到 NSMF 等的访问风险。

在 5G 网络 MEC 边缘节点的管理上，为了满足用户超低时延和数据本地卸载的需求，MEC 下沉数量越来越多，安全管理难度越来越大。具体表现为企业应用多样化、安全防护诉求多样化、安全管理责任界面复杂化、传统安全防护手段缺少自助管理机制等。MEC 由于同时容纳运营商和企业两方的应用，存在内部、外部双重安全边界问题，安全责任在混

杂的情况下，难以有效进行统一的安全防护建设，并且容易形成在私有云和政企云之外的业务孤岛。

在 5G 网络部署上，已难以通过传统的安全硬件进行规模化安全防护建设，而业务节点小、多、散的情况，导致部署需求复杂度越来越高。

5G 场景下除要关注 5G 通信管道网络及其通信的安全状态外，还需要关注行业终端、MEC 节点和切片的安全情况，同时需要为行业用户提供按需的安全服务能力。对于行业用户来说，重点是关注终端接入的安全性和边缘 MEC 上企业 App 及其数据安全，同时防止来自运营商 5GC 和 Internet 的威胁。

14.1.2　5G 网络安全运营的需求及目标

要做好 5G 网络安全运营，首先要对网络运维和管理人员提供统一的安全接入门户，实现用户的集中管理、接入认证、访问日志审计等功能。其次是安全按需编排，提供差异化安全服务，即通过为每种业务提供单独的切片，以及结合业务安全需求，为切片按需编排对应的安全能力，并且能弹性伸缩，以达到为各种应用提供差异化的安全服务的目的。最后是网络能力开放安全管理，在运营商将网络能力开放之前，需要对网络能力开放给租户进行授权，租户只有在认证和授权通过之后，才能访问网络，不同的角色将获取不同的网络接入权限，租户和网络之间通过建立安全隧道，保证操作和运营数据的安全传输。安全管理运营架构如图 14-1 所示。

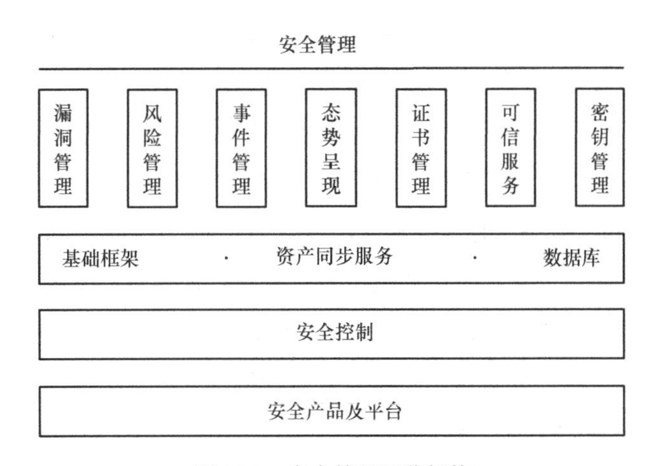

图 14-1　安全管理运营架构

随着 5G 和 IoT 深度结合，在万物互联的场景下，不仅要求运营商要关注 5G 运营，行业用户也应关注 5G 承载的边缘应用运营。对于运营商来说，重点关注的是整个 5G 网络的资产安全，尤其是来自边缘 MEC 对 5GC 及运维管理面的安全威胁，实现快速检测、响应和恢复，防止给 toB 行业客户造成重大经济和安全损失。因此，运营商应建立统一的安全管理运营架构，并提供不局限于以下的安全能力。

（1）支持对终端向 5G 网络发起的 DDoS 攻击的检测，如信令风暴的检测和溯源。

（2）支持对无线侧、承载网侧、核心网侧、MEC 侧的全网 5G 网元的安全漏洞管理，包括网元漏洞检测和修复能力。

（3）支持管理全网中各种主流安全设备产品，能够采集 5G 各网元安全日志，实现全网安全态势感知能力。

（4）支持 MEC 环境安全态势感知能力，能检测来自 Internet 和企业内网的入侵事件。

（5）具备流量监测能力，其中 MEC 应能识别业务数据出园风险。

（6）支持监控切片安全状态能力。

（7）支持提供证书安全管理和远程证明能力，确保 5G 网元安全启动。

对于行业用户来说，用户主要关心 MEC 整体环境安全，防止 MEC 节点被入侵和攻击，防止 MEC 节点业务数据泄露。同时，需实现防护来自 MEC 节点向企业内网入侵和攻击行为。

14.2 统一安全运营中心

为了加强对 5G 网络的统一管理和运营，可以建立统一安全运营中心，划分独立的安全运维区域，建立安全的信息传输路径，对网络中的安全设备进行集中管控。在设备上采取审计措施，对链路、设备和服务器运行状况进行监控并能够告警。对安全策略、恶意代码、补丁升级进行集中管理，对安全事件能够有效识别、及时预警和动态分析，展现全网安全态势。通过统一安全运营中心，实现全网安全风险可视、可感、可控，以及安全策略的统一编排和安全事件自动化响应，在网络和业务因攻击受损时能快速恢复业务或服务，保持 5G 业务弹性。5G 安全态势感知系统逻辑架构如图 14-2 所示。

从图 14-2 中可知，该态势感知技术可以覆盖 5G 资产，包括 5GC 网元、切片、虚拟机、物理机、中间件等，并能将各层级资产进行关联，根据资产关联关系来定位漏洞、脆弱性与攻击事件等威胁事件对业务的影响，在大量的安全事件中寻找事件之间的因果关系，能够追踪攻击链，定位威胁发生的源头，并分析可能的波及范围，能够根据资产价值及业务影响来确定处置方式与手段。另外，态势感知可以基于对网络攻击事件的深度挖掘，结合网络的基础设施情况和运行状态，能够对网络安全态势做出评估，对未来可能遭受的网络攻击进行预测，提供针对性的预防建议和措施。在工业互联网业务与 5G 移动互联网交互的关键路径上，对网络中的流量和各种日志信息持续地进行收集分析，对网络异常流量进行解析，包括攻击流量特征、威胁文件传输等，从而发现网络流量异常行为或者用户异常行为，主动对未知威胁提前干预。

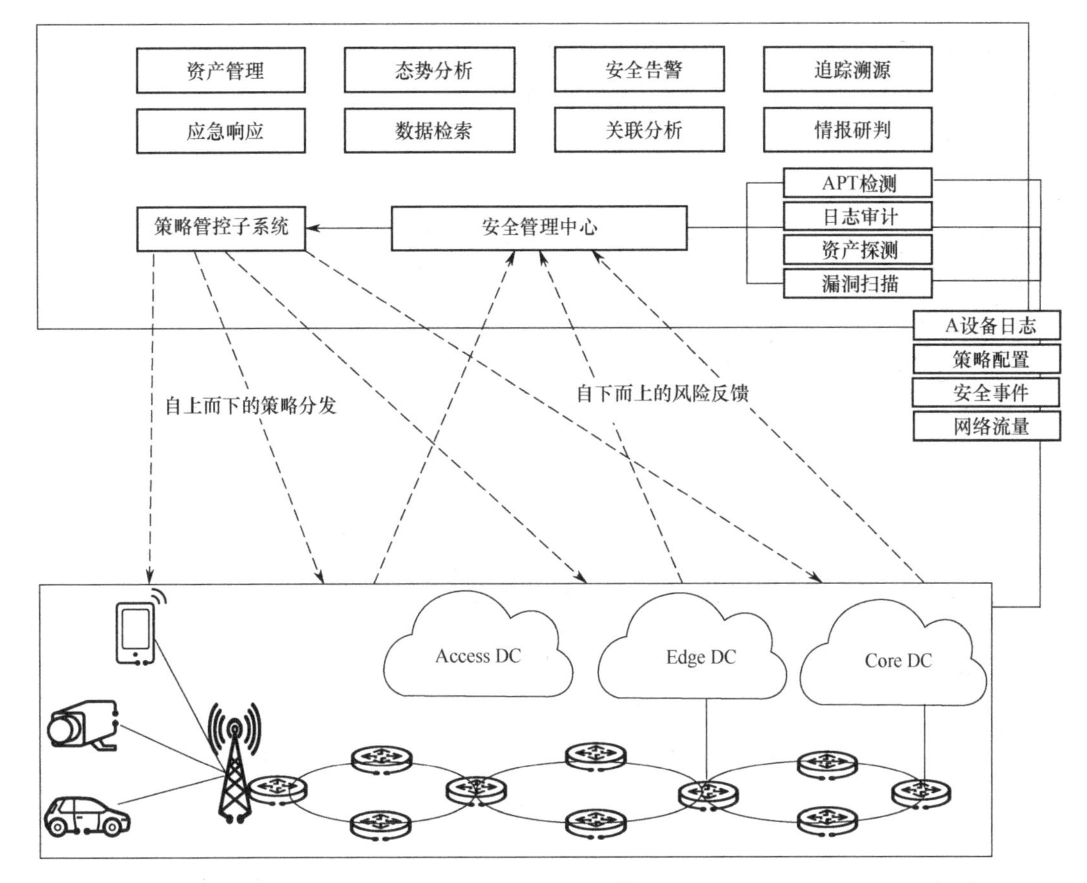

图 14-2　5G 安全态势感知系统逻辑架构

14.3　MEC 安全运营

MEC 网络的很多重要数据都会在靠近用户端就近完成，根据其业务大多数在本地处理的特性，其数据完全暴露在核心网之外，集中安全管控无法覆盖到每个边缘端，边缘节点可能缺乏完善防护。MEC 平台可能会遭到攻击，被窃取敏感数据或被实施 DDoS 攻击等，甚至被作为跳板攻击核心网。根据 MEC 面临的威胁特点，结合安全态势与威胁变化，除要在组网安全、接入认证、虚拟化安全、数据面安全、业务平台安全、App 安全进行全面防护外，还应加强安全策略管控，开展安全审计，并通过边缘节点的安全态势感知和提供边缘安全即服务，以更好地帮助运营商和边缘云用户实现边缘安全实时检测、感知和处理，以及快速安全运维。MEC 安全运营逻辑如图 14-3 所示。

在 MEC 面向行业应用的场景下，MEC 节点中混合了运营商服务组件（UPF、MEP）和企业业务应用，在安全责任混杂的情况下，难以有效进行统一的安全防护建设，同时企业业务应用还要面临政府/行业合规要求。针对这种情况，运营商需要建立 5G MEC 云安全服务平台，该平台的设计目标包括构建云安全服务平台、基于安全服务化逻辑、自动化编排部署技术。同时，针对企业在 MEC 中部署的业务应用所需的安全防护/安全合规目标的防护能力，平台为其提供按需配置使用的安全服务。

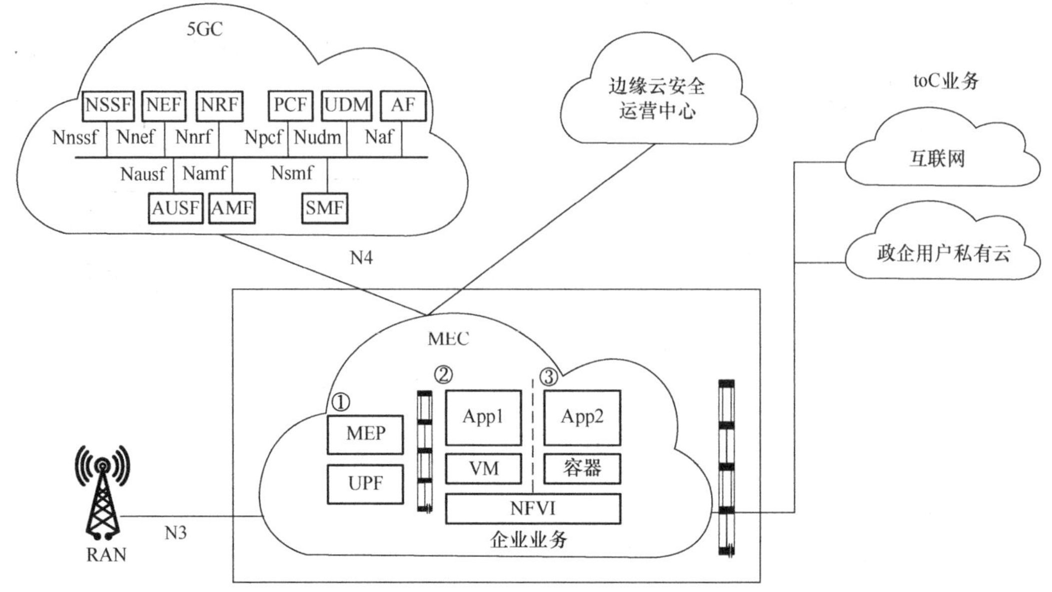

图 14-3　MEC 安全运营逻辑

MEC 安全运营的能力建设，可以通过电信运营商或第三方权威机构统一建设安全运营中心节点，集中管理所有边缘节点的安全设备和系统，提供统一的安全运营入口。然后，运营商通过统一安全运营中心，向行业用户边缘云应用按需发放满足企业用户自运营的安全服务能力。MEC 安全即服务框架如图 14-4 所示。

通过 MEC 安全运营能力建设，可以解决如下安全问题。

（1）数据安全告警：通过边缘防火墙 DPI 特性及出园流量大小，识别和判断通过 MEC 节点的业务数据出园事件，并上报告警。

（2）护自己：通过统一安全运营中心纳管运营商全网（含边缘计算）的安全实例，实时感知全网安全态势，即时阻断外部入侵，保护通信基础设备免受外部攻击威胁。

（3）保业务：通过统一安全运营中心节点和边缘节点联动，按需为企业租户发放边缘应用云漏洞扫描、云审计、云 WAF 和云堡垒机等安全服务，保证边缘云租户的 Apps 业务安全。

（4）定边界：将对 MEC 的运维事件、安全攻击事件、数据出园事件通过日志服务器开放给企业用户 IT 网络，方便责任定界及运营商自证清白。

（5）易运营：运营商通过统一安全运营中心节点，统一对众多的 toB MEC 节点进行安全运营和安全策略的编排设置。

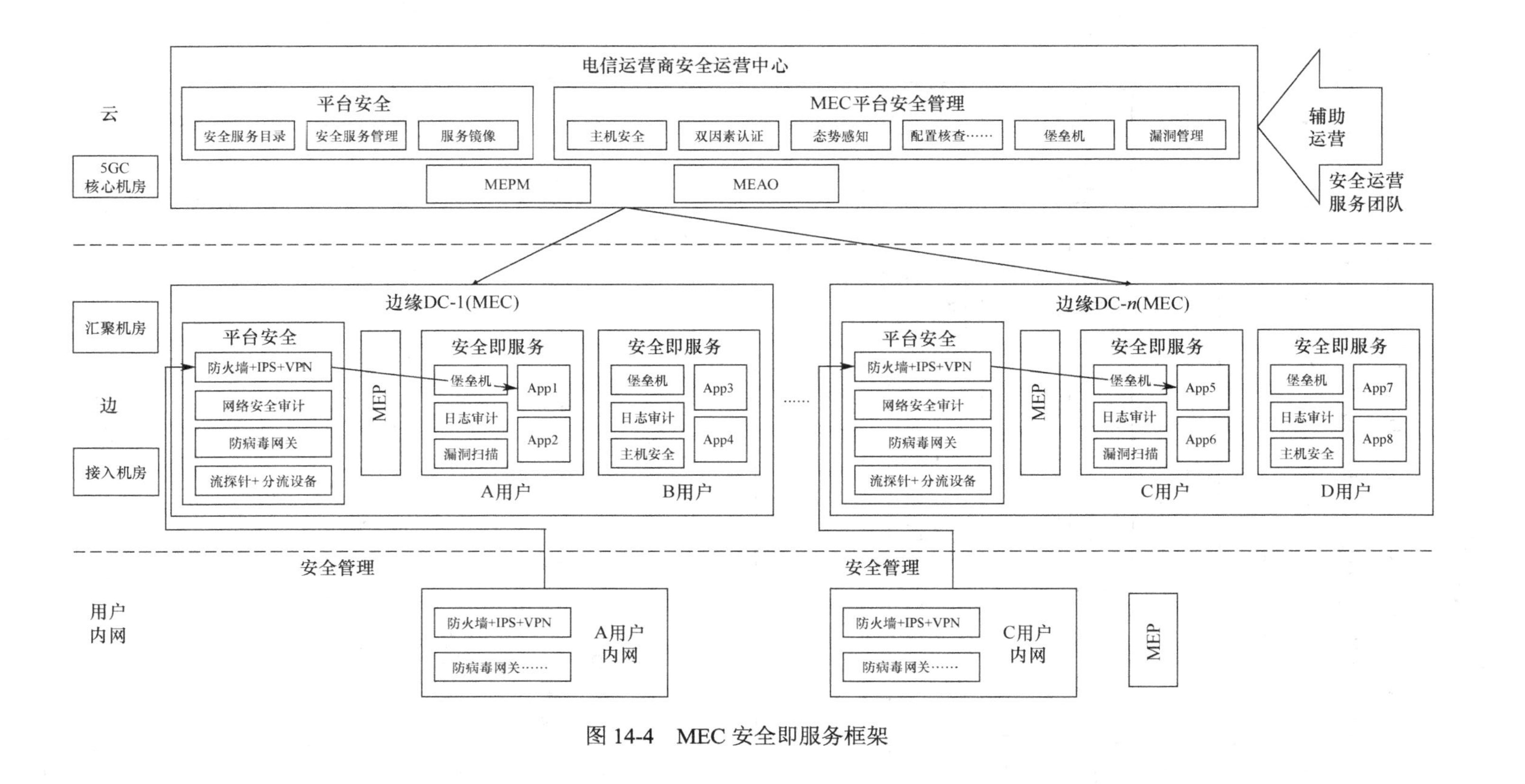

图 14-4　MEC 安全即服务框架

14.4 安全服务能力开放

随着 5G 技术应用到各行各业，行业用户原有的封闭式私有 IT 网络面临对外暴露的风险，因此园区行业用户对运营商提供相应的安全检测、处理和运维等服务具有强烈的诉求，也就是用户希望将 5G 安全服务能力向其开放。5G 安全服务能力开放架构如图 14-5 所示。

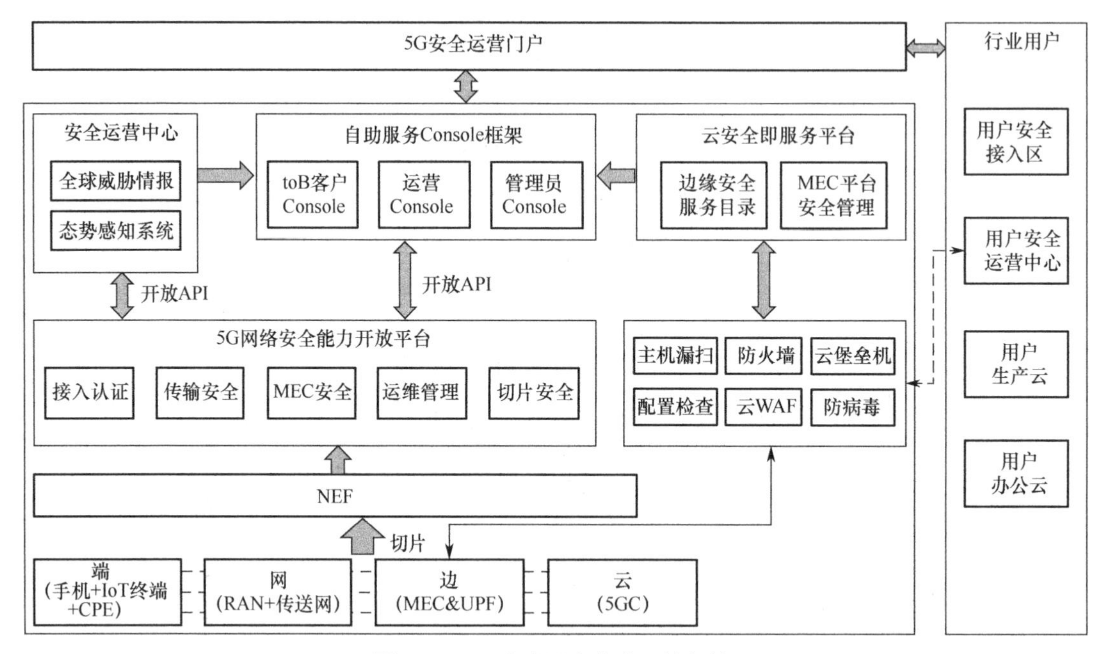

图 14-5　5G 安全服务能力开放架构

1. 终端接入控制服务

运营商应通过租用方式，为行业用户提供其自主可控的终端接入二次认证服务，尤其是企业园区的中小行业用户。

2. 终端异常检测服务

运营商可以通过大数据分析能力，对终端上报基站和核心网的信令数据、话统数据等进行统计分析，为园区行业用户提供网络侧的终端安全监控能力。

（1）运营商需支持 5G 终端 SIM 卡挪用异常（机卡分离）的监测和告警，并向行业用户开放。

（2）运营商需支持 5G 终端位置分布异常的监测和告警，并向行业用户开放。

（3）运营商需支持 5G 终端业务流量超出正常的业务范围等异常突变的监测和告警，并向行业用户开放。

（4）运营商需支持上述 5G 异常终端的溯源定位，并向行业用户开放。

3. 异常终端处理服务

对于监测到的发生异常和恶意行为的终端，运营商应支持向行业用户开放让异常终端

下线、降级等安全处理措施。

4. 边缘计算安全即服务

运营商可以通过统一的安全服务平台和运营中心，为行业用户的边缘云应用提供按需的安全即服务能力。

（1）运营商需支持向园区行业用户提供边缘云主机漏洞扫描服务。

（2）运营商需支持向园区行业用户提供主机配置核查服务。

（3）运营商需支持向园区行业用户提供云堡垒机，以及边缘云日志审计服务。

（4）对于面向公网开放的边缘云应用，运营商需支持向园区行业用户提供边缘云 WAF 和入侵检测服务。

（5）运营商需支持边缘云防病毒网关，并按需为企业园区用户提供服务。

（6）运营商需支持向园区行业用户提供边缘云应用数据库审计服务。

（7）运营商需支持向园区行业用户提供边缘云应用页面防篡改服务。

5. 切片安全管理

运营商应通过对外开放平台，向企业园区用户以租用形式开放自有切片安全状态监控和管理服务。

6. 数据保护

数据保护是运营商为用户提供的必备安全服务能力，主要包括以下两点要求。

（1）运营商应通过 MEC 网关等设备按需为园区用户提供数据端到端加密保护服务。

（2）运营商需通过网管或 MEC 网关为园区用户提供业务策略流量控制服务。

5G 安全能力开放拓扑视图如图 14-6 所示。

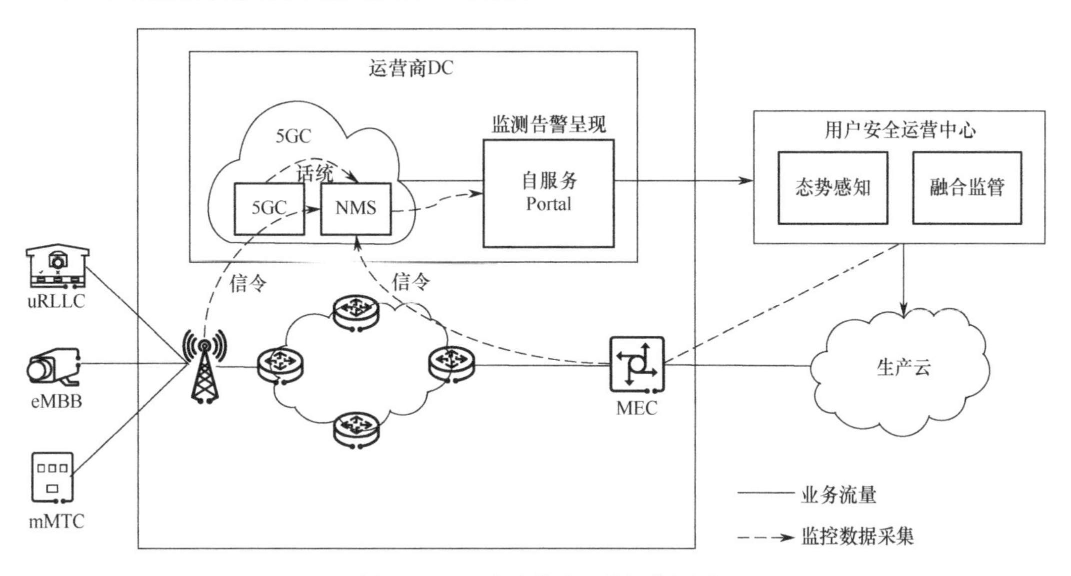

图 14-6　5G 安全能力开放拓扑视图

14.5　安全管理

5G 网络 NMS 域面临运维客户端安全管控弱、网元间横向渗透、运维人员越权访问、通过 toB 业务门户越权等多种风险，因此除安全运营等技术手段外，还应从管理上保障 5G 网络的运维安全合规，安全管理具备以下能力。

（1）账号安全：运维人员登录应采用多因素身份认证，所有的网管服务器运维账号都被堡垒机托管。

（2）网络安全：应构建独立的管理面网络，与互联网隔离，部署防火墙、入侵检测、数据防泄露等安全防护措施。

（3）操作安全：应强制控制所有运维操作都通过堡垒机进行，并进行日志记录和审计。

（4）运维流量加密：运维管理流量应全程（从运维终端到被管设备）加密。

（5）日志与审计：对所有运维活动进行日志记录与审计，应构建管理面网络的全面安全态势感知能力。

第15章 5G网络能力开放安全

随着 5G 网络建设的快速推进和发展，丰富的互联应用使运营商开放其网络能力已是大势所趋。而区别于传统的 2G、3G、4G 通信网络的是，5G 网络除面向传统的 toC 外，还为 toB 提供开放的通信服务。

15.1 5G网络安全能力开放概述

eMBB、uRLLC、mMTC 三大典型应用场景几乎覆盖了 5G 时代所有行业应用，各使用场景网络能力需求差异化大，将促使运营商提供统一的网络能力及安全能力。

15.1.1 能力开放背景

5G 网络能力开放主要为第三方 App 服务提供商提供所需的网络能力，包括网络功能、网络资源、业务信息和用户数据等，5G 网络能力开放将能满足用户以下需求。

1. 提供差异化服务

网络能力开放，可以为不同用户提供差异化服务，包括差异化安全服务，可以基于开放电信业务能力更快地推出丰富的互联网应用。

2. 提高资源利用率

开放的电信能力及信息也能够促进运营商更好地进行网络建设及运营，最大限度地优化网络及提升网络资源利用率。

3. 合作共赢

网络能力开放后，个人用户、CP/SP、政企用户等受众群体与网络服务商都能从能力开放运营构建的生态链中获取最大化的利益，因此网络能力开放对参与方是双赢和可实际运作的运营模式。

4. 优化用户体验

对个人用户，提供更高的用户体验、基于地理位置的信息服务、通过平台获取个人收益。对 CP/SP 用户或政企用户，通过网络能力开放能够降低企业嵌入电信业务能力的门槛、节省人力成本与运营成本、构建小型化网络进行专网运营等。

15.1.2 网络安全能力开放场景

为满足行业用户的灵活需求，运营商需要把切片能力、MEC 能力以及安全能力等开放给用户，从而更好地满足行业应用。

1. 切片能力开放

为了方便第三方应用更好地利用运营商的切片资源，5G 网络支持向应用层开放切片管理能力。切片能力开放架构如图 15-1 所示。

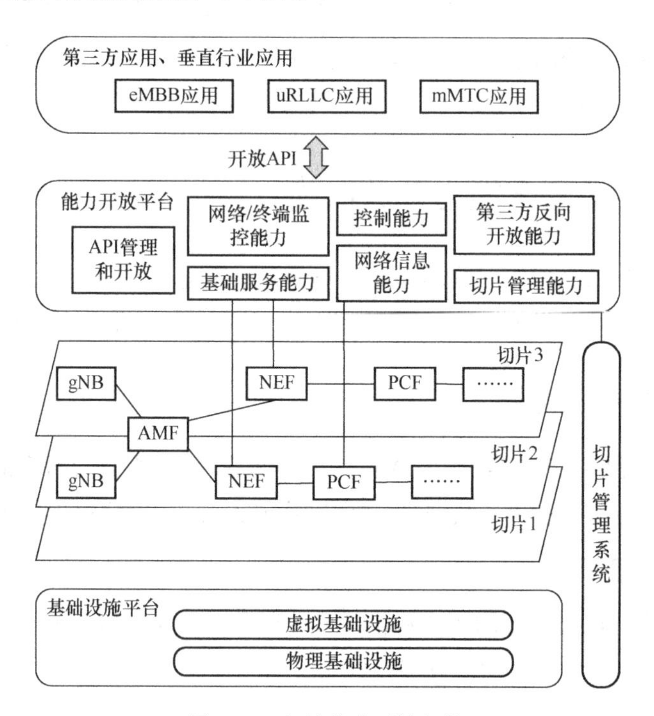

图 15-1 切片能力开放架构

5G 网络切片技术使得运营商可以将同一张物理网络分成多个切片，为不同的应用场景提供专用服务。为了方便第三方应用更好地利用运营商的切片资源，5G 网络支持向应用层开放切片管理能力，如切片的生命周期管理能力等。每个切片中都可能存在 NEF，同时，同一个切片也可能覆盖多个不同的区域，这些区域对应的控制面会部署单独的 NEF，在实际部署中，通常采用 NEF 级联的方式接入统一的能力开放平台。图 15-1 中，能力开放平台与切片管理系统、多个切片子网的 NEF、策略控制功能（PCF）进行互联，实现切片能力开放。开放的能力主要包括底层网络资源控制、切片的创建、管理、销毁等。能力开放平台中的“切片管理能力”模块，通过 API 管理模块向第三方提供开放接口，可供被授权的第三方调用，其在接到第三方调用请求后，将应用的服务请求映射成切片需求，选择合适的子切片组件，映射为网络服务实例和配置要求，并将指令下达给网络中的“切片管理系统”，切片管理系统进一步完成子切片及其网络、计算、存储资源的部署。

2. MEC 能力开放

MEC 本质上是在靠近用户的位置，在网络的边缘提供计算和数据处理能力，以提升网络数据处理效率。MEC 平台可以向第三方应用开放网络能力，提高精准信息及资源控制能力，提供高价值智能服务能力。MEC 平台开放的信息和能力主要包括：无线负载信息、网络拥塞和吞吐量信息、链路质量信息、本地分流能力、位置信息、QoS 能力、计费能力，以及短消息业务能力、QCI（QoS 等级标识）和路由优化等。5G MEC 能力开放架构如图 15-2 所示。

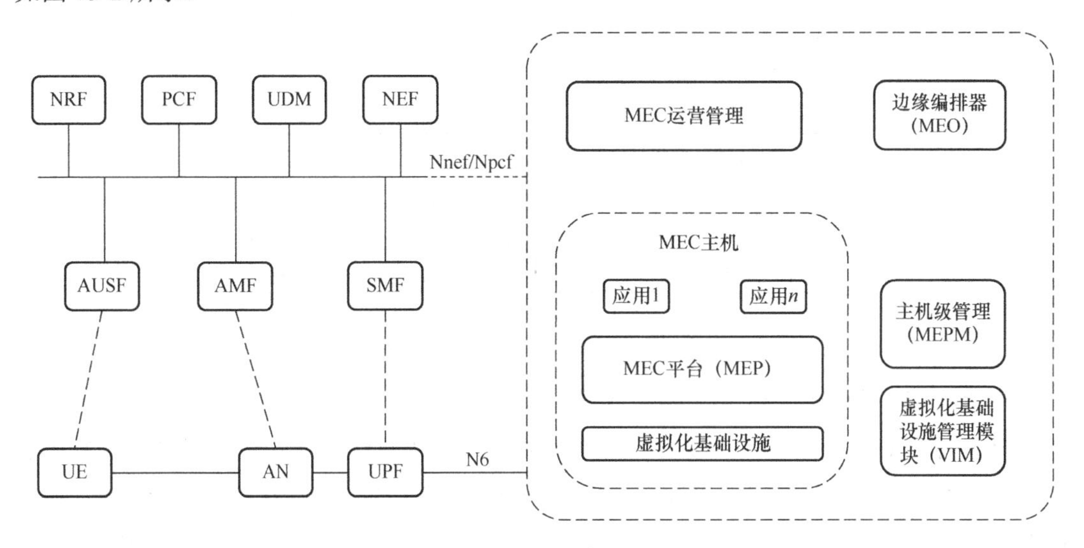

图 15-2　5G MEC 能力开放架构

MEC 系统通常由 MEC 主机、MEC 系统虚拟化管理［边缘编排器（MEO）、虚拟化基础设施管理模块（VIM）、移动边缘平台管理器（MEPM）］、MEC 运营管理等组成。其中，MEPM 可以和主机一起部署在边缘，也可以和 MEO 及 MEC 运营管理等系统级网元一起部署在相对集中的位置。

MEC 主要实现业务流的本地转发、分流策略控制、本地流量计费和 QoS 保证等功能。MEC 应用经由 NEF 与 5G 网络互联：一方面，NEF 将 UE 和业务流相关的信息，如 UE 的位置信息、无线链路质量、漫游状态等开放给 MEC 平台，MEC 平台基于此对 MEC

应用进行优化；另一方面，MEC 应用可以通过 NEF 将应用的相关信息，如业务时长、业务周期、移动模式等共享给网络，网络据此进一步优化资源配置。

3. 安全能力开放

为了帮助第三方应用提供商更好地构建业务安全能力，5G 网络除可以提供开放的业务能力外，还可以提供开放的安全服务能力。具体应用场景包括：运营商向第三方应用提供安全服务，如接入认证、授权控制、网络防御等，或者第三方应用通过对被授权的切片进行管理，从而实现对网络安全能力的配置与调整。5G 安全能力开放架构如图 15-3 所示。

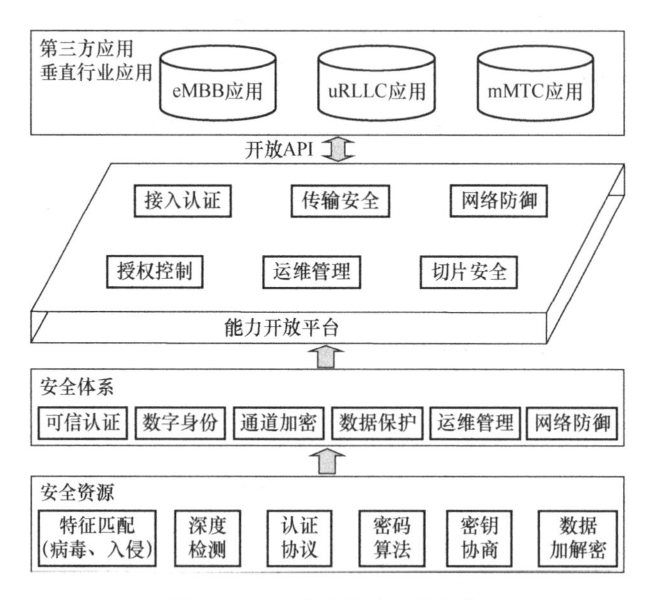

图 15-3　5G 安全能力开放架构

从图 15-3 中可知，5G 网络基于计算资源和虚拟化能力，可以建立独立于设备和应用的安全资源，如特征匹配、深度检测、认证协议、密码算法、密钥协商以及数据加解密等。基于安全资源，可建立可信认证、数字身份、通道加密、数据保护、运维管理、网络防御等安全体系能力。行业应用可根据各自的安全需求（如接入认证、授权控制、传输安全、运维管理、切片安全等），通过能力开放平台，灵活使用运营商网络的安全能力和安全资源，实现定制化的安全防护。

15.2　5G 网络能力开放

5G 网络能力开放大致可以分为应用层、能力层和资源层。应用层是能力开放的需求方，能力层是能力开放的核心，资源层完成对底层网络资源的抽象定义。

15.2.1　3GPP 5G 能力开放网元定义

在 3GPP 网络中，我们通过 NEF 网元来实现开放 5G 网络的能力，图 15-4 所示为 3GPP 定义的 NEF 网元在 5G 网络架构中的位置。

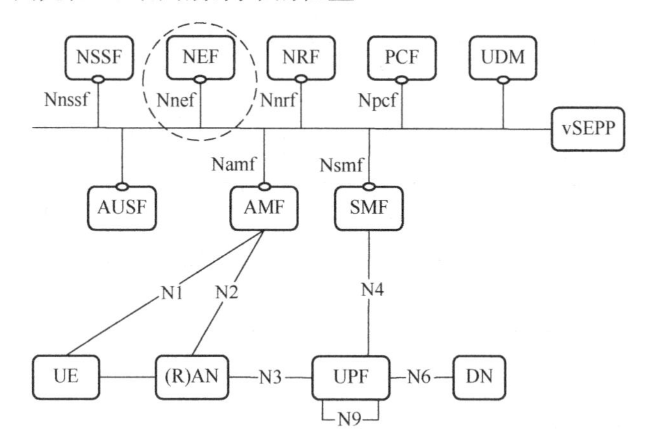

图 15-4　3GPP 定义的 NEF 网元在 5G 网络架构中的位置

NEF 网元支持监控能力、供应能力和策略/计费能力等外部展示功能。可监测 5G 系统中 UE 的特定事件，并通过 NEF 使这些监测事件信息用于外部展示，同时允许外部提供可在 5G 系统中用于 UE 的信息。

NEF 可支持开放的典型能力如下。

（1）能力和事件开放：通过统一的标准接口将 NF 开放的能力和事件安全地开放给第三方应用。

（2）接收外部应用信息：为外部应用提供安全手段，例如，针对预期的 UE 行为，NEF 提供 AF 的认证、授权和限制功能。

（3）内部信息与外部信息转换：将外部 AF 的交换信息与内部 3GPP 网络功能的交换信息进行翻译。

（4）从其他 NF 接收信息：将 5G 网络信息按需安全提供给数据分析平台或外部。

（5）PFD 功能：NEF 支持以 PULL 和 PUSH 模式向 SMF 提供 PFD。

（6）对外开放 NWDAF 的分析结果（5G）：基于 NWDAF 的网络数据分析结果开放。

（7）MEC/UL CL 控制（5G）：UL CL 本地流分发控制。

（8）为垂直行业提供能力开放（5G）：扩展行业用户参数配置能力，包括 V2X/IPTV/5GLAN 等。

15.2.2　5G 网络能力开放架构

5G 网络实时产生海量的用户、业务、网络相关的统计信息和数据，是大数据分析的重要来源，能力开放平台与大数据分析中心进行对接与联动，对 5G 网络数据进行更详细的分析，充分发掘其蕴藏的价值。5G 网络能力开放架构如图 15-5 所示。

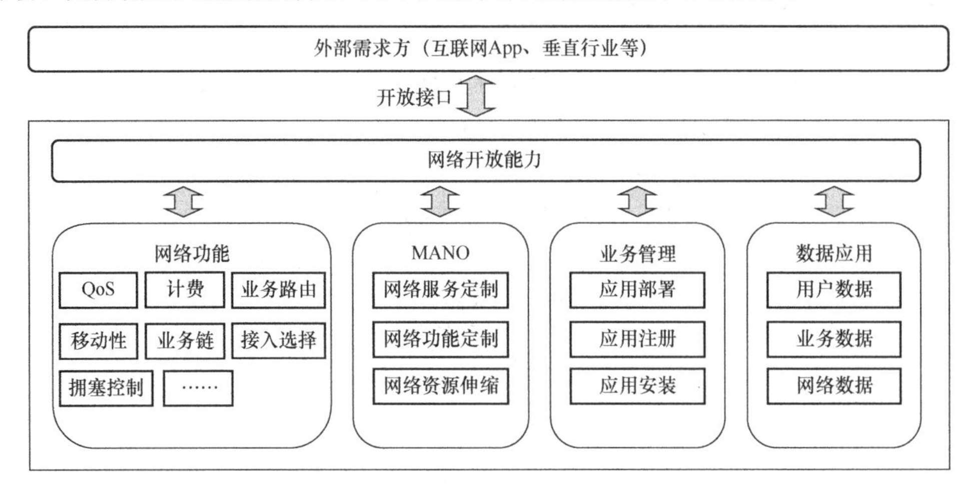

图 15-5　5G 网络能力开放架构

（1）通过开放 5G 网络的业务能力，能够引导行业应用将业务逻辑和数据存储部署在运营商网络内更靠近用户的位置。

（2）为第三方用户提供高性能（时延保证与连接服务）和高可靠的业务部署环境。

（3）在降低业务开发门槛的同时，可以更便捷地获取并利用网络运行信息，如用户移动轨迹、小区负载等，提升终端用户的服务体验。

通过 NEF 将运营商基础通信网络的通信能力、带宽控制能力以及信令数据分析信息等，以标准化 API 安全地提供给第三方合作伙伴，与行业用户创建合作共赢的商业生态系统。

15.3　5G 网络能力开放安全要求

3GPP 规定的 5G 网络的基本安全能力虽然能满足行业用户的诉求，但与一些高敏感行业仍然存在安全能力差距，常见增量安全需求如下。

（1）终端接入不可控：接入终端的种类更多，安全风险上升，但接入认证由运营商实现，企业用户不能自主掌控。

（2）业务流量不可见：运营商网络流量对企业不可见，缺乏监测和控制能力。

（3）业务接入不可控：缺乏企业可控的精细化访问控制能力。

因此，针对 5G 网络能力开放，还需要满足更多的用户安全诉求，包括 NEF 网元与上层应用之间、NEF 网元与 5G 网元之间需要实现安全通信和认证授权。

NEF 网元支持将 5G 网络功能对外开放给第三方应用，则 NEF 与第三方应用之间的接口应至少满足以下要求。

（1）支持 NEF 与应用功能之间通信的完整性保护、重放保护和机密性保护。

（2）支持 NEF 与应用功能的相互认证，对于 NEF 与驻留在 3GPP 运营商域外的应用功能之间的认证，NEF 和 AF 之间应使用 TLS 执行基于客户端和服务器证书的相互身份验证。

（3）内部 5G 核心信息，如 DNN、S-NSSAI 等，不能发送到 3GPP 运营商域之外。

（4）SUPI 不能由 NEF 在 3GPP 运营商域外发送。

（5）NEF 应能够判断应用功能是否被授权与相关网络功能进行交互。

15.4　5G 网络能力开放安全技术和方案

5G 网络能力开放是相对 4G 的一个重要能力提升，大大优化了用户的业务体验，例如，在 5G 网络中可以考虑通过能力开放为行业用户提供切片服务的质量可视、线上订购等功能。

15.4.1　5G 网络能力开放架构概述

为了保障 3GPP 网络能力开放的安全性，NEF 网元需要支持统一的 API 架构 CAPIF，以支持对接 5G 网络能力开放平台，实现通过标准开放的 API 将网络能力安全地开放给第三方应用的目的。5G 能力开放整体方案架构如图 15-6 所示。

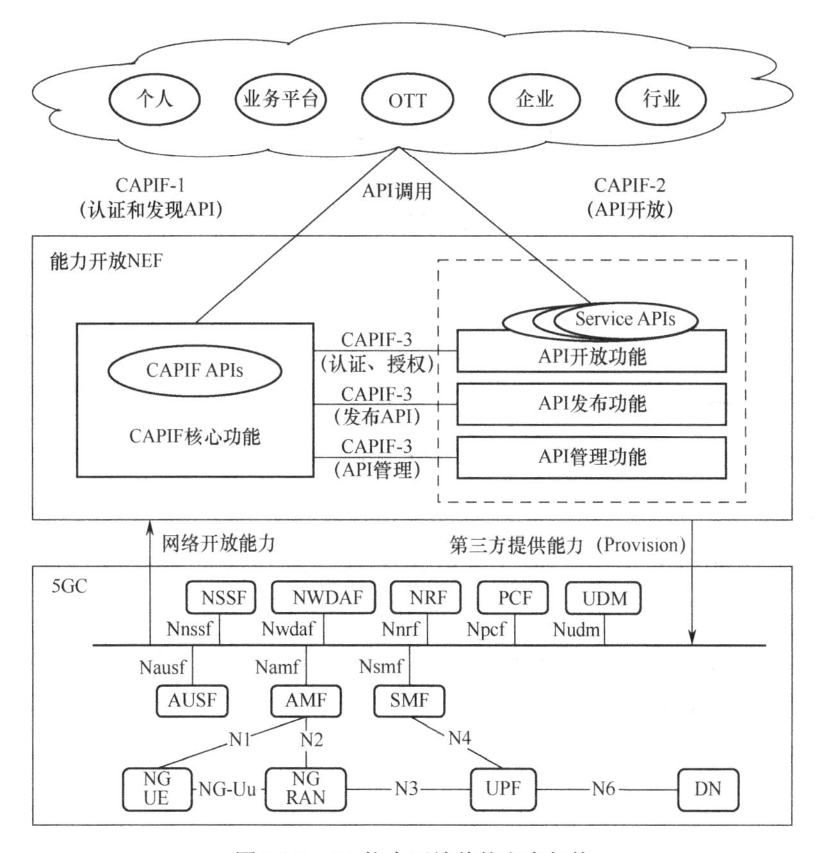

图 15-6　5G 能力开放整体方案架构

从图 15-6 中可知，CAPIF 架构主要由核心功能、API 开放功能及 API 调用功能组成。

其中，核心功能是控制中枢，对 API 调用功能进行认证和授权，并对 API 开放功能进行管理和配置；API 调用功能在核心功能的控制下调用 API 开放功能提供的服务。通常，核心功能通常与 API 开放功能合设，由 NEF 实现，而 API 调用功能则由第三方行业应用实现。

NEF 参照完整 3GPP CAPIF 架构执行映射，NEF 即实现完整的能力开放平台，在该部署场景下，NEF 实现通用 API 架构的核心功能、API 开放功能、API 发布功能和 API 管理功能。

15.4.2 5G 网络能力开放接口安全

PLMN 信任域内的 CAPIF 核心功能和第三方信任域 API 提供者域之间支持 NDS/IP 安全，以保护不同 IP 安全域之间的通信。CAPIF 功能安全模型如图 15-7 所示。

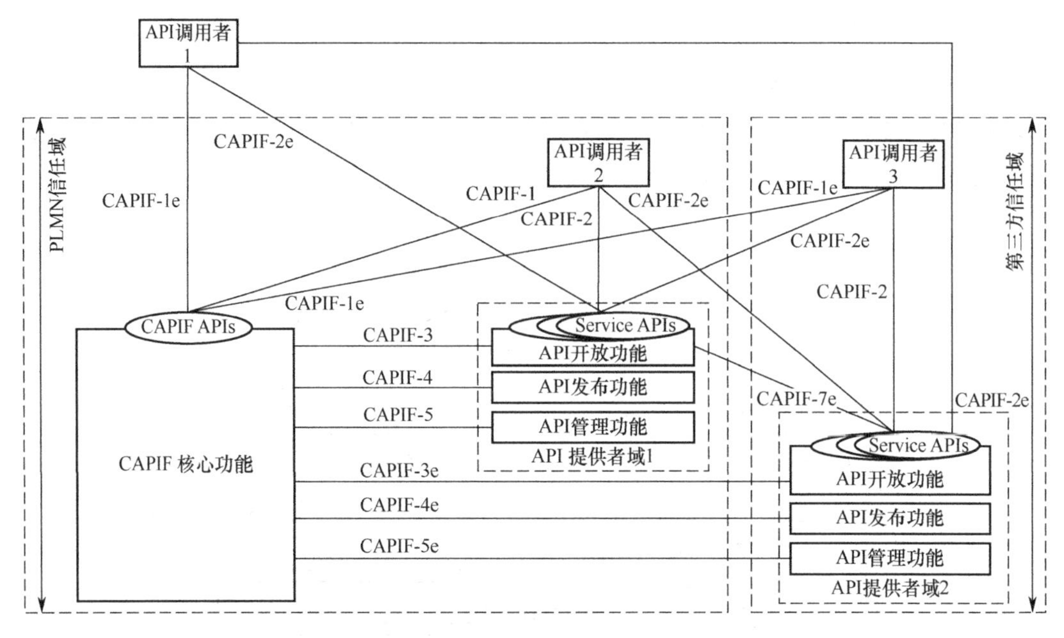

图 15-7 CAPIF 功能安全模型

PLMN 信任域内的 API 调用者和 PLMN 信任域外的 API 调用者都需要认证和授权。当 API 调用者在 PLMN 信任域外时，CAPIF 核心功能与 API 开放功能利用 CAPIF-1e、CAPIF-2e 和 CAPIF-3 接口，在授予对 CAPIF 服务的访问权限之前对 API 调用者进行登录、身份认证和授权。当 API 调用者在 PLMN 信任域内时，CAPIF 核心功能与 API 开放功能通过 CAPIF-1、CAPIF-2 和 CAPIF-3 接口，在授予对 CAPIF 服务的访问权限之前对 API 调用者执行身份验证和授权。

1. API 调用者注册上线流程

API 调用者和 CAPIF 核心功能应使用 TLS 建立安全会话。在建立安全会话后，API 调用者向 CAPIF 核心功能发送 Onboard API 调用者请求消息。Onboard API 调用者请求消息携带在预调配 Onboard 注册信息期间获得的 Onboard 凭据，该凭据可以是 OAuth 2.0 访问令牌。当使用基于 OAuth 2.0 访问令牌的机制作为入职凭据时，访问令牌应编码为 IETF RFC 7519 中规定的 JSON Web 令牌，应包括 IETF RFC 7515 中规定的 JSON Web 签名，并应根据 OAuth 2.0、IETF RFC 7519 和 IETF RFC 7515 进行验证，也可以使用其他凭据（如消息摘要）。API 调用者注册的安全流程如图 15-8 所示。

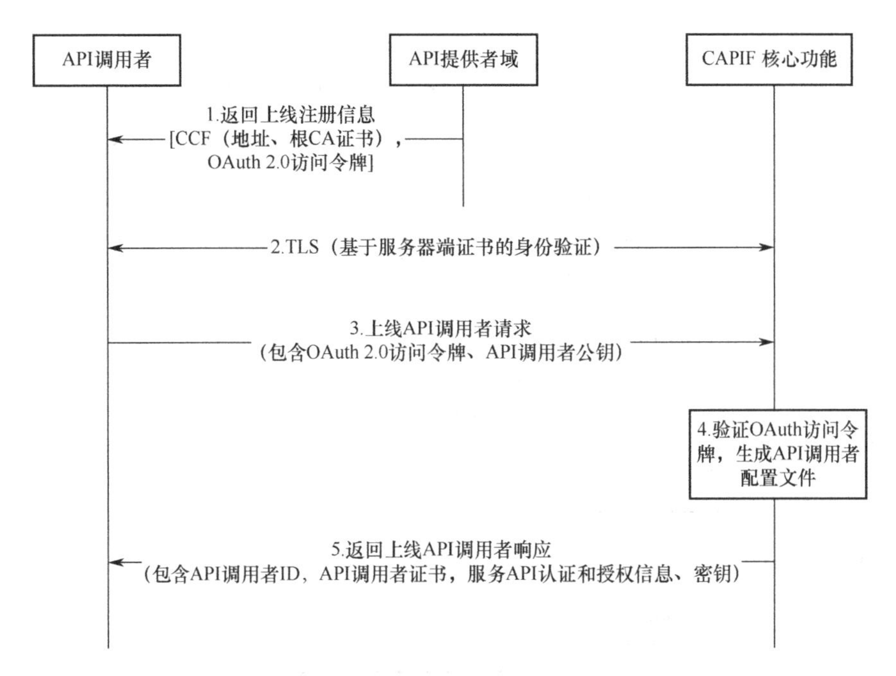

图 15-8　API 调用者注册的安全流程

2. 认证和授权流程

API 调用者和 API 开放功能，使用基于 API 开放功能（AEF）预共享密钥（PSK）的 TLS 连接建立专用安全会话。CAPIF-1e 身份验证用于引导预共享密钥，以验证 CAPIF-2e 的 TLS 连接。使用 TLS 的 CAPIF-2e 接口认证和保护如图 15-9 所示。

在 API 开放功能对 API 调用者身份验证之前，API 调用者首先需要在 CAPIF 核心功能上完成认证并建立安全会话，以获取 AEF 派生密钥；然后，API 调用者向 AEF 发起认证请求，如果 AEF 上已经有有效密钥，则直接验证 API 调用者身份并建立安全接口连接，如果 AEF 上没有有效密钥，则 AEF 向 CAPIF 核心函数请求安全信息（AEFPSK），再与 API 调用者进行身份验证和安全接口建立。

3. API 调用者下线安全流程

API 调用者下线的触发需要 API 调用者在线，并通过内部发生事件触发下线动作作为前提。API 调用者下线的安全流程如图 15-10 所示。

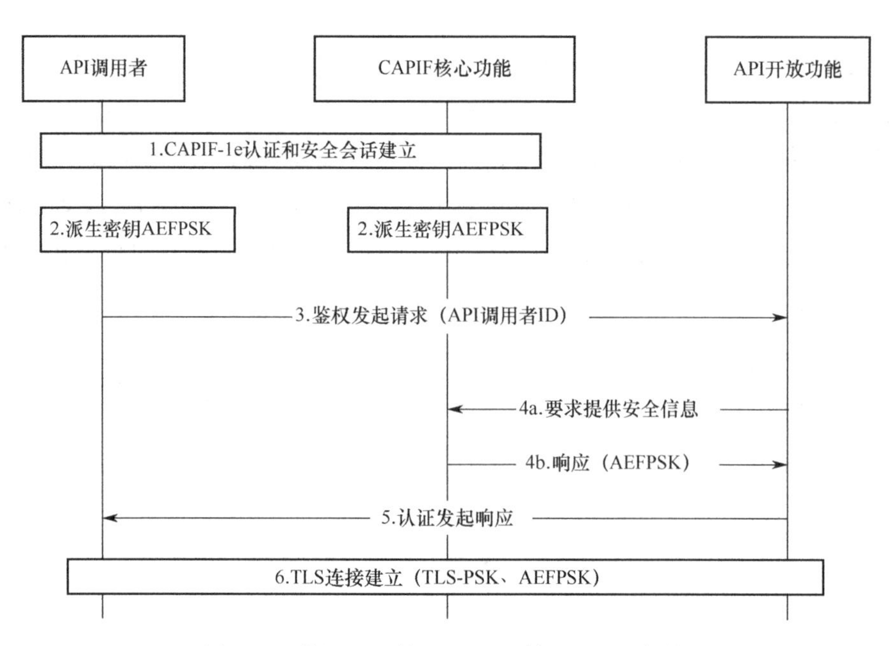

图 15-9　使用 TLS 的 CAPIF-2e 接口认证和保护

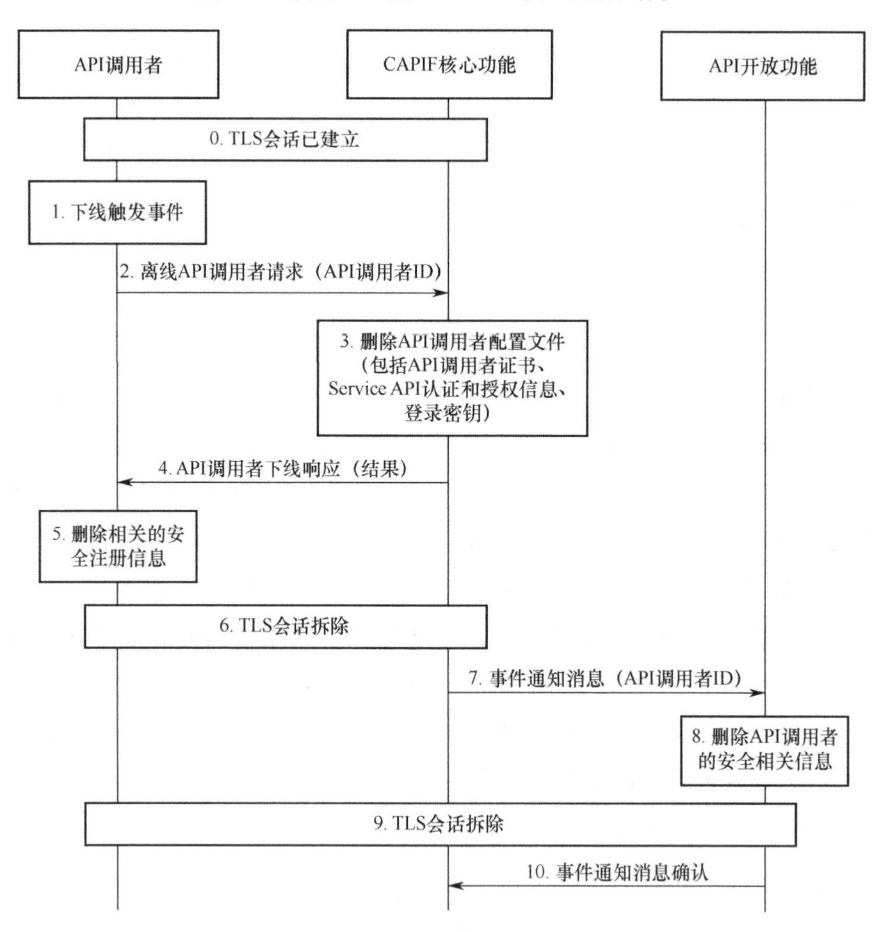

图 15-10　API 调用者下线的安全流程

在触发下线动作后，首先 API 调用者向 CAPIF 核心功能发送 API 调用者下线请求消息（包括 API 调用者 ID）；CAPIF 核心功能验证收到的 API 调用者 ID，并检查该 API 调用者是否存在相应的配置文件，验证成功后 CAPIF 核心功能取消 API 调用者的注册，并删除 API 调用者配置文件，同时发送下线成功响应消息给 API 调用者；然后 API 调用者删除 API 调用者 ID、Service API 认证/授权信息、API 调用者证书、登录密钥等相关安全注册信息。CAPIF 核心功能会拆除与 API 调用者的 TLS 会话，并向 API 开放功能发送事件通知消息，以指示此 API 调用者不再有效。API 开放功能根据先前用于验证 API 调用者的方法删除与此 API 调用者关联的安全相关信息，从而断开与 API 调用者的 TLS 连接。

第16章 5G网络常用安全工具

虽然 5G 网络提供了更高强度的加密、更安全的网络隔离措施等安全机制，但仅仅这些 5G 网络自有的安全能力是远远不够的，5G 网络建设设计过程中仍然需要借助一些专业的安全防护工具或产品来保障网络安全。

16.1 防火墙

防火墙是由软件和硬件设备组合而成的，主要用于保护一个网络区域免受来自另一个网络区域的网络攻击和网络入侵。因其隔离、防守的属性，灵活应用于网络边界、子网隔离等位置，具体如企业网络出口、大型网络内部子网隔离、数据中心边界等。防火墙对流经它的网络通信进行扫描，这样就能够过滤掉一些攻击，以免其在目标计算机上被执行。防火墙还可以配置关闭不使用的端口，而且它也能禁止特定端口的流出通信，封锁特洛伊木马。此外，防火墙可以禁止来自特殊站点的访问，从而防止来自不明入侵者的所有通信。业界主流防火墙的主要功能如下。

1. 网络安全的屏障

一个防火墙（作为阻塞点、控制点）能极大地提高一个内部网络的安全性，并通过过滤不安全的服务而降低风险。由于只有经过精心选择的应用协议才能通过防火墙，所以网络环境变得更安全。防火墙可以禁止不安全的 NFS 协议进出受保护的网络，这样外部的攻击者就不可能利用这些脆弱的协议来攻击内部网络了。防火墙同时可以保护网络免受基于路由的攻击，如 IP 选项中的源路由攻击和 ICMP 重定向中的重定向路径。防火墙应该可以拒绝所有以上类型攻击的报文并通知防火墙管理员。

2. 强化网络安全策略

通过以防火墙为中心的安全方案配置，能将所有安全软件（如口令、加密、身份认证、审计等）配置在防火墙上。与将网络安全问题分散到各个主机上相比，防火墙的集中安全管理更经济。例如，在网络访问时，一次一密口令系统和其他的身份认证系统完全可以不必分散在各个主机上，而集中在防火墙上。

3. 监控审计

如果所有的访问都经过防火墙，那么防火墙就能记录下这些访问并做出日志记录，同时也能提供网络使用情况的统计数据。当发生可疑动作时，防火墙能进行报警，并提供网络是否受到监测和攻击的详细信息。另外，收集一个网络的使用和误用情况也是非常重要的。理由是可以清楚防火墙是否能够抵挡攻击者的探测和攻击，并且清楚防火墙的控制是否充足。而网络使用统计对于网络需求分析和威胁分析等而言也是非常重要的。

4. 防止内部信息的外泄

利用防火墙对内部网络的划分，可实现内部网络重点网段的隔离，从而限制了局部重点或敏感网络安全问题对全局网络造成的影响。再者，隐私是内部网络非常关心的问题，一个在内部网络中不引人注意的细节可能包含了有关安全的线索而引起外部攻击者的兴趣，甚至因此暴露了内部网络的某些安全漏洞。使用防火墙就可以隐蔽那些内部细节，如 Finger、DNS 等服务。Finger 显示了主机的所有用户的注册名、真名，最后登录时间和使用 Shell 类型等，而 Finger 显示的信息非常容易被攻击者所获得。攻击者可以知道一个系统使用的频繁程度，这个系统是否有用户正在连接上网，这个系统是否在被攻击时引起注意等。防火墙可以同样阻塞有关内部网络中的 DNS 信息，这样一台主机的域名和 IP 地址就不会被外界所了解了。除了安全作用，防火墙还支持具有 Internet 服务性的企业内部网络技术体系 VPN（虚拟专用网络）。

5. 日志记录与事件通知

进出网络的数据都必须经过防火墙，防火墙通过日志对其进行记录，能提供网络使用的详细统计信息。当发生可疑事件时，防火墙更能根据机制进行报警和通知，提供网络是否受到威胁的信息。

16.2　IPS

入侵防御系统（Intrusion Prevention System，IPS）是计算机网络安全设施，是对防病毒软件（Antivirus Programs）和防火墙（Packet Filter，Application Gateway）的补充。IPS 是一个能够监视网络或网络设备的网络数据传输行为的计算机网络安全设备，能够及时地中断、调整或隔离一些不正常或具有伤害性的网络资料传输行为。IPS 主要应用于企业、互联网数据中心（Internet Data Center，IDC）和校园网等，为网络系统提供应用和流量安全保障。

目前最新的 IPS 产品既具备传统 IPS 产品的功能，又在此基础上进行了扩展，更好地保障了客户应用和业务安全。

1. 标准的 IPS 功能

IPS 提供丰富的面向漏洞和威胁的签名库，可以及时检测并阻断攻击。

2. 应用感知、应用层威胁防御

IPS 具备强大的网络应用识别和管控能力，管理员可以基于应用配置安全策略、带宽策略等进行应用管控，而不仅限于基于端口、协议、服务的策略配置。

同时，IPS 还可以防御针对各类应用的攻击，保障应用安全。

3. 环境感知

通过录入资产信息（操作系统、资产类型、资产价值等），结合资产情况对攻击事件进行风险评估，标识攻击事件风险级别，为管理员提供可靠的事件结果。

同时，管理员可以根据资产信息，选择合适的操作系统、应用等生成入侵防御策略，进行有针对性的防护。

4. 未知威胁检测

通过与沙箱联动检测 APT 攻击、零日攻击等新型网络攻击。

下面介绍 IPS 入侵防御系统的主要特点。

（1）签名更新快，漏洞及时检测。

由于经济利益的驱使，新型的攻击层出不穷，威胁日新月异。当新的漏洞被发现时，安全厂商会在第一时间发布对应的签名，来防御针对该漏洞的攻击。

安全厂商有专业的签名开发团队密切跟踪全球知名安全组织和软件厂商发布的安全公告，对这些威胁进行分析和验证，并遵从国际权威组织公开披露的网络安全漏洞列表（Common Vulnerabilities and Exposures，CVE）的兼容性认证要求，生成基于各种软件系统（操作系统、应用程序、数据库）漏洞的签名库。此外，通过遍布全球的蜜网，实时捕获最新的攻击、蠕虫病毒、木马等，提取威胁的特征，发现威胁的趋势。在此基础上，安全厂商能够在最短的时间内发布最新的签名，及时升级检测引擎和签名库。

（2）即插即用，部署灵活。

IPS 出厂时所有业务接口都工作在二层，并且两两组成固定接口对。所谓的接口对，就是一进一出两个接口，当 IPS 直路部署时，只需要将接口对串行接入需要保护的网络链路上，而不用改变现有网络拓扑即可完成部署。

为了降低配置难度，IPS 在每个接口上都应用了默认的 IPS 策略，真正做到即插

即用。

另外，考虑到实际网络环境的多样性，IPS 的固定接口对允许被拆分为两个独立的接口。接口对拆分后可用于旁路检测、旁挂防御、路由部署等组网场景。

（3）全新软硬件架构，产品性能业界领先。

IPS 硬件采用专用多核平台，多个 CPU 并行处理大大提高了产品性能。软件方面，IPS 采用全新的智能感知引擎（Intelligence Aware Engine，IAE）进行威胁检测，一次解析、多业务并行处理的软件架构极大地提升了威胁检测性能。

IPS 系列产品覆盖百兆、千兆和万兆型号，用户可以根据需求灵活选购。

（4）沙箱联动检测 APT，潜在威胁无所遁形。

高级持续性威胁（Advanced Persistent Threat，APT）是一种针对特定目标进行长期持续性网络攻击的攻击模式。传统的安全产品只能基于已知的病毒和漏洞进行攻击防范。但在 APT 攻击中，攻击者会利用零日漏洞进行攻击，从而顺利突破被攻击者的防御体系。

目前，防御 APT 攻击最有效的方法就是沙箱技术，通过沙箱技术构造一个隔离的威胁检测环境，然后将文件送入沙箱进行隔离分析并最终给出是否存在威胁的结论。如果沙箱检测到恶意文件，则可以通知 IPS 实施阻断。

（5）网络环境动态感知，策略配置及风险评估智能化。

在企业 IT 环境、流量应用类型比较复杂的情况下，为降低管理员的策略配置及攻击事件评估的难度，IPS 提供安全态势感知功能动态感知网络环境。

根据网络环境识别风险等级高的攻击事件，过滤可能误报的攻击事件，以便管理员聚焦于关键事件的处理。

管理员根据被保护 IT 资产的具体情况（资产类型、操作系统、资产价值等）进行入侵防御策略调整和有针对性的防护。

（6）专业的病毒查杀，保护网络免受病毒侵扰。

IPS 能够快速准确地对文件传输病毒进行扫描和查杀，可以防范多种躲避病毒检测的机制，实现针对病毒的强大防护能力。

安全厂商由专业的病毒分析团队持续追踪最新、最热门的病毒，让用户在最短的时间内获得最新的病毒库。

（7）强大的应用层 DDoS 防护，保障服务正常。

IPS 除支持传统的网络层和传输层 DDoS 防护外，还支持强大的应用层 DDoS 防护，为正常网络服务和流量安全提供保障。

以前的流量型攻击主要以 SYN 泛洪攻击为主，现在已经演变为以 UDP 泛洪攻击、ICMP 泛洪攻击等大流量攻击为主的攻击。DDoS 攻击另一个显著的特征是应用层攻击越来越占主导地位，流行的是针对 Web 服务的攻击和针对 DNS 服务的攻击，尤其是 DNS 泛洪攻击，攻击造成的危害范围更大。

IPS 具有流量模型自学习能力，并采用层层过滤的检测和清洗技术，能够有效防护应用层 DDoS 攻击，如 DNS 泛洪攻击、HTTP 泛洪攻击、HTTPS 泛洪攻击等。

（8）领先的应用识别数量，可以满足精细化应用管理需求。

IPS 通过加载应用识别特征库可识别 6000+网络应用，主流应用协议全覆盖、支持热门加密 P2P 协议、Web 2.0 应用、移动应用、微应用等，并且支持自定义应用快速响应定制化需求。

基于识别出的应用类型，IPS 可进行精细化的应用访问控制、应用带宽管理等管控。

16.3 IAM

身份识别与访问管理（Identity and Access Management，IAM）也可以称作统一身份认证平台，具有单点登录、强大的认证管理、基于策略的集中式授权和审计、动态授权、企业可管理性等功能。通过搭建企业统一身份识别与访问管理平台，打通信息孤岛，实现用户单点登录，以及对现有主要应用系统的账号、认证、授权和用户行为审计的统一入口管理，做到“统一身份、统一应用、统一认证、统一权限、统一审计”，将身份安全管理贯穿组织的全业务流程，将不同维度的人员纳入统一的安全管控体系，合理控制“什么人”，在“什么时间”，有权限进入“哪些系统”以及在系统中有权限访问哪些关键“数据”，做到对异常访问行为的有效防范，从而全面保障信息安全，有效提升内控管理水平，实现信息化业务向全流程无纸化、高效统一、安全可靠、合法合规方向发展。

按照“统一身份、集中管理、简化应用、保障安全”的原则，打破各系统独自进行认证和账号管理的格局，建立统一的认证和账号权限管理体系，从而提高信息化服务和管理水平。同时使得用户只需要记一个账号密码、访问一个地址、登录认证一次即可单点登录到有权限访问的应用系统，提升用户体验和工作效率。

统一身份认证平台是对人、应用等的统一管理，向上提供统一的业务控制台，给管理维护人员和业务操作等各种维护人员使用，向下通过标准接口协议集成各类应用系统和身份设备。统一身份认证平台的功能架构如图 16-1 所示。

统一身份识别与访问管理包括身份管理、认证管理、权限管理、监控预警管理及合规审计管理五大功能模块。通过与第三方认证源对接，为自然人、法人以及政企工作人员提供用户身份生命周期管理，实现统一用户访问体验以及提供身份安全合规保障体系，做到事前风险预警、事中访问控制和事后责任追溯。

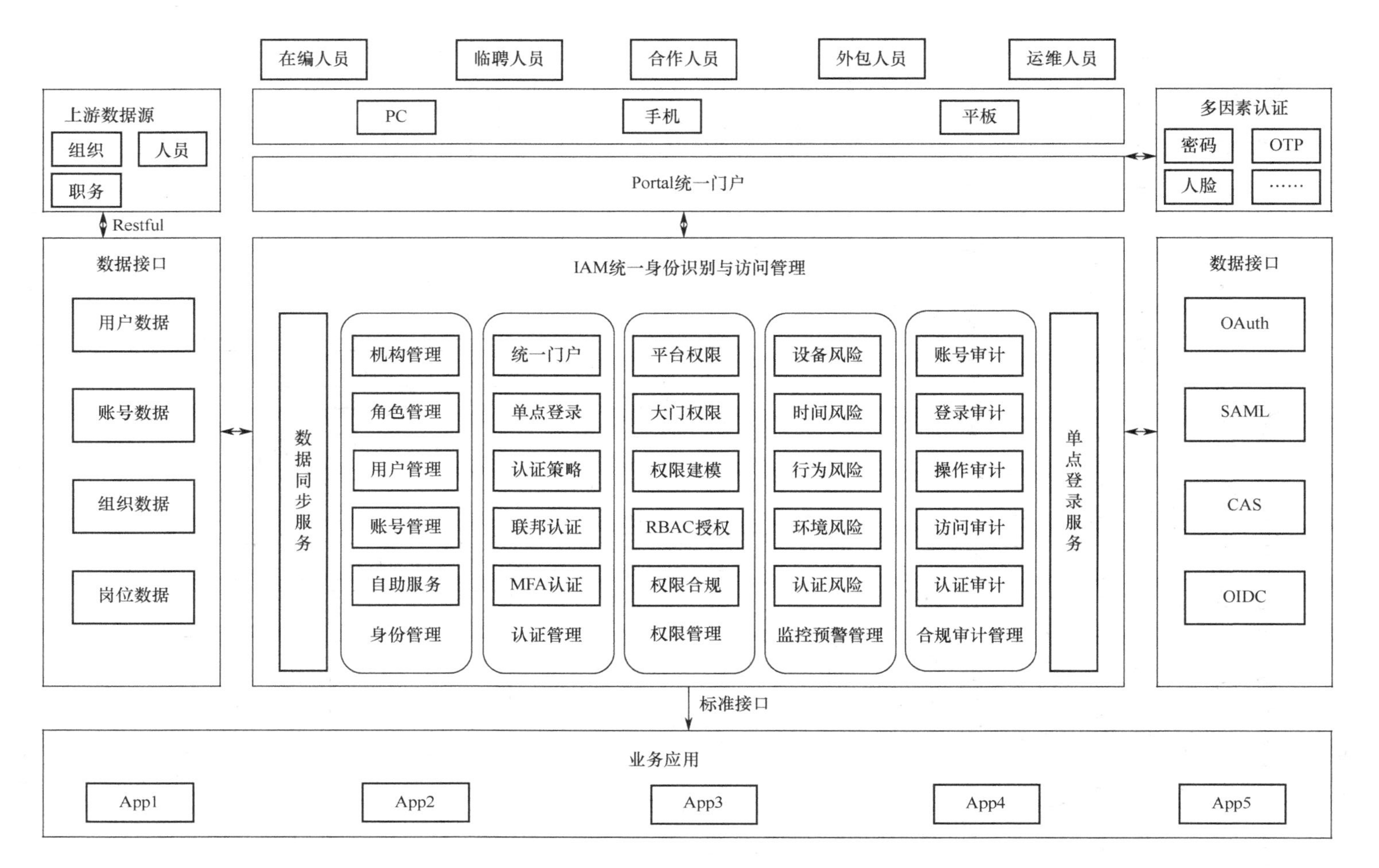

图 16-1　统一身份认证平台的功能架构

16.4 网闸

网闸，也可以称之为安全隔离与信息交换系统。它是使用带有多种控制功能的固态开关读写介质，连接两个独立主机系统的信息安全设备。由于两个独立的主机系统通过网闸进行隔离，使系统间不存在通信的物理连接、逻辑连接及信息传输协议，不存在依据协议进行的信息交换，而只有以数据文件形式进行的无协议摆渡。因此，网闸从物理上隔离、阻断了对内网具有潜在攻击可能的一切网络连接，使外部攻击者无法直接入侵、攻击或破坏内网，保障了内部主机的安全。

安全隔离与信息交换系统部署于内外网隔离的网络场景中，分别连接外部网络和内部网络，在安全隔离的前提下，实现外网用户对内网各应用服务器的访问，包括数据库、FTP、邮件服务器等，可广泛应用于政府、军队和大型企业等。

安全隔离与信息交换系统采用多主机加专用硬件的设计架构，切断不同网络域的TCP/IP 协议通信，实现网络隔离。设备不接受任何未知来源的主动请求，数据读取和发送通过主动请求和专用 API 的方式进行。通过自定义内容检查机制为白名单策略提供进一步的安全保障。安全隔离与信息交换系统包括内网处理单元、外网处理单元和隔离硬件卡三部分。系统中的专用隔离硬件卡分别连接内网处理单元和外网处理单元，这种独特的设计保证了隔离硬件卡中的数据暂存区在任意时刻仅连通内网或外网，从而实现内外网的安全隔离。安全隔离与信息交换系统框架如图 16-2 所示。

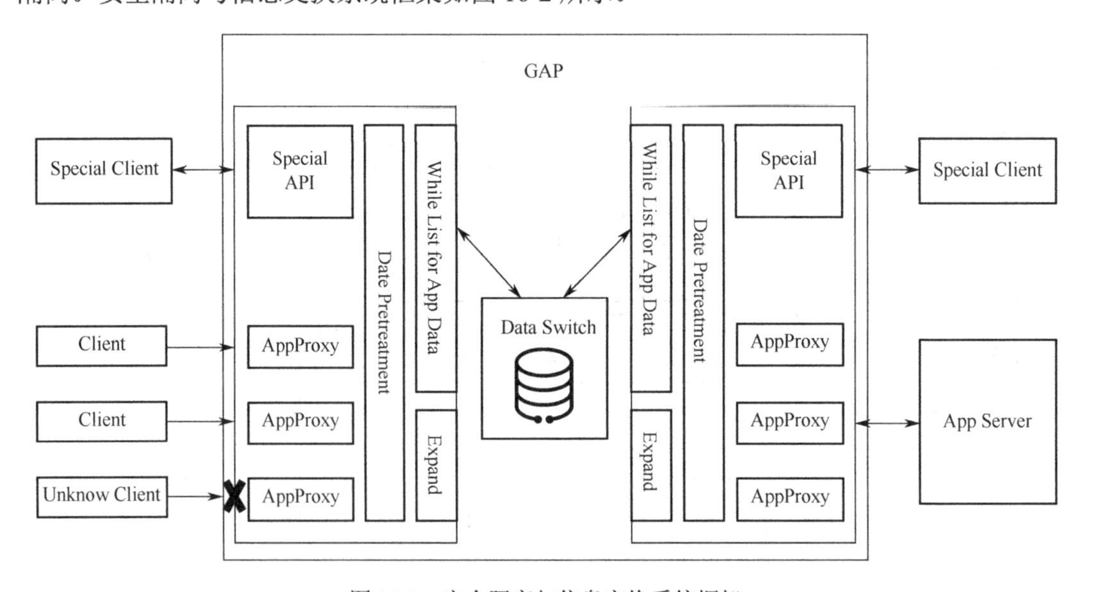

图 16-2 安全隔离与信息交换系统框架

此外，安全隔离与信息交换系统有 G 模块和 AM 模块两种模式可选。G 模块采用了独特的内容检查和过滤技术，建立了统一的特征库，只有符合特征库描述的数据才能通过，其他数据一律禁止通过。AM 模块支持文件同步传输、FTP 应用代理、邮件代理、TCP/UDP 代理。安全隔离与信息交换系统特点如下。

1. 可靠的安全隔离和受控的信息交换

数据安全隔离硬件通过独立控制电路和读写保护电路保证信任网络和非信任网络之间链路层的断开，从而保证网络间的安全隔离。通过硬件实现安全隔离，彻底阻断了 TCP/IP 协议以及其他网络协议，通过自定义的通信机制进行数据的读写，实现可控的信息交换。

2. 先进的系统架构

安全隔离硬件是保障网络间安全隔离的重要部件，它独立于内外网单元，不接受外部的指令控制，实现在内外网单元纯数据摆渡。

3. 快速恢复机制

系统支持一键还原功能，当系统出现严重配置错误、系统损坏时，可通过后台管理员操作将系统还原成初始状态。

4. 基于 SSL 通道确保安全传输

可在邮件访问、FTP 访问、数据库同步等传输过程中启用 SSL 通道，对客户端进行身份认证，并基于 SSL 协议实现全程传输加密，进一步提升业务数据传输安全性。

5. 广泛的业务场景

系统支持文件、数据库、文件客户端多种传输方式，能够满足不同应用行业场景的传输需求。

16.5 WAF

Web 应用防火墙（WAF）是集 Web 防护、网页保护、负载均衡、应用交付于一体的 Web 整体安全防护设备的一款产品。它集成全新的安全理念与先进的创新架构，保障用户核心应用与业务持续稳定的运行。Web 应用防火墙还具有多面性的特点。例如，从网络入侵检测的角度来看，可以把 WAF 看成运行在 HTTP 层上的 IDS 设备；从防火墙角度来看，WAF 是一种防火墙的功能模块；还有人把 WAF 看作“深度检测防火墙”的增强。接下来我们介绍 WAF 的功能。

Web 应用防火墙提供高效的 Web 应用安全边界检查功能。WAF 整合了 Web 安全深度防御及站点隐藏等功能，能全方位地保护用户的 Web 数据中心。通过对所有 Web 流量（包括客户端请求流量和服务器返回的数据流量）进行深度检测，提供了实时有效的入侵防护功能。WAF 充分考虑用户已有环境的差异性，对环境兼容性、应用多样性进行了深入的分析和总结。其主要功能如下。

1. 使网站更安全

网站安全防护是 WAF 的核心能力，产品针对网站安全防护方面涉及的技术能力包括以下多个方面。

1）双模式安全引擎

采用白名单与黑名单相结合的方式实现安全引擎，白名单可以快速识别安全的请求，提升了访问性能，黑名单基于特征匹配技术的深入识别，可以将缓存绕过白名单检测的攻击行为。

2）黑名单安全技术

黑名单安全技术是 WAF 提供默认的安全策略，对 Web 网站或应用进行严格的保护。这些安全规则来自 Snort、常见缺陷列表（Common Weakness Enumeration，CWE）、开放式 Web 应用程序安全项目（Open Web Application Security Project，OWASP）组织，以及安全研究团队对国内典型应用的深入研究成果。WAF 内置了 30 余类的通用 Web 攻击特征，集成了 580 多个类别的攻击特征，全面覆盖了 Web 应用安全存在的主要安全威胁，通过规则库匹配技术实现各类 SQL 注入、跨站、挂马、挑战黑洞（Challenge Collapsar，CC）、扫描器等攻击的安全防护，同时具有低误报率、低漏报率特点。同时，WAF 通常支持自定义规则。

3）白名单安全技术

WAF 白名单安全技术通过对正常访问行为的分析与总结，实现了假定安全的检测逻辑。

由于不同网站有着各自独立的特性与访问规律，因此 WAF 的白名单安全特征采用了自学习建模技术，针对所防护的网站进行流量学习，再以概率统计学为基础不断地安全分析与收敛，最终形成一套针对网站特性的安全白名单规则。

WAF 通过白名单安全技术可以有效防护零日等攻击，误报率低。同时，大大提高了网站访问性能，避免了特征库黑名单技术带来的局限性，如规则库的庞大及复杂，对管理员的安全技术水平要求高等。

4）IP 信誉库

WAF 内置 IP 信誉库，IP 信誉库中包含恶意的 IP 地址，如果有恶意的 IP 地址访问网站，WAF 就会进行告警或阻断。

5）区域访问控制

WAF 内置 IP 地址库（中国+全球国家），可以有效对某区域的 IP 进行控制。

6）智能防护

WAF 自动跟踪攻击者的行为，可以对攻击者 IP 自动进行锁定，降低网站被入侵的风险。

7）CC 精准防护

WAF 采用独创的检测算法对 CC 攻击进行防护。支持多重检测算法，独创的集中度和速率双重检查算法，减小误判实现精准防护，可基于 URL、请求头字段、目标 IP、请求方法等多种组合条件进行检测，检测对象支持 IP、IP+URL 或者 IP+User-agent 算法，IP 可支持 NAT 前的地址解析；支持挑战模式，客户端访问时 WAF 发起 JS 挑战验证是真实客户还是 CC 工具发起的访问；支持根据流量模型监控流量是否异常，按需开启 CC 防护策略；支持基于地理位置的识别，可设置不同地理区域的防护单元；支持 CC 慢攻击的防护；支持 CC 规则的 IP 白名单功能。

8）虚拟补丁

WAF 支持将第三方扫描工具的扫描结果导入 WAF 并生成策略规则。

2. 使访问更快速

为了更好地增强用户业务体验，WAF 产品采用服务优先原则的高性能算法、多种加速方案及高速缓存技术，使用户可以得到更快速的访问体验。

1）服务优先原则的高性能算法

WAF 产品产生时延的最主要环节是特征匹配阶段，特征匹配范围越广、算法越复杂、特征数量越多其防护能力理论上会越好，同时造成的业务时延也最长，而且对基于黑名单签名技术的 WAF 产品正常请求者的时延影响最大。WAF 产品采用了白名单签名技术，对正常的请求只需要进行一次特征匹配即可实现快速转发，从而极大地降低了黑名单匹配数百条甚至上万条特征匹配带来的业务时延。

2）多种加速方案

除安全检测方面的性能优化外，WAF 产品还提供了多种加速方案，从而使部署 WAF 后的整体效果不是访问时延增加了，而是具有减小访问时延的明显差异。

3）高速缓存

WAF 支持将 jpg、html、txt 等静态文件进行缓存，当用户访问这些静态文件时，WAF 可以直接将本地的静态文件返回给客户端。

3. 使运维更简单

WAF 产品属于应用层安全产品，国外也称之为程序防火墙，因此需要管理人员对程序代理有一定的理解，只有对各种常见的 Web 开发语言非常熟悉才能用好产品。这无形中增加了运维人员的技术要求和人员资源本成。WAF 产品充分利用服务自发现、策略自学习、安全日志自动分析与挖掘技术实现了智能、便捷的管理与维护。

1）服务自发现

Web 站点的主要属性有网络 IP 地址、服务端口、访问域名，特别是在有虚拟主机的环境中如果域名对应关系配置失误将导致业务访问错误跳转，而且很难分析出原因。使用 WAF 产品可自动发现这些重要的服务属性，只需将 WAF 接入网络即可即插即用。

2）策略自学习建模

WAF 产品的策略涉及如 Cookie、URI、POST 内容、响应状态码等复杂的 HTTP 协议属性，常规情况下的策略调整稍有不当就会导致业务不能正常使用，或者产生新的漏洞而被直接入侵。WAF 策略中的自学习建模技术采用对访问流量的自学习和概率统计算法实现自动生成，使管理人员可以投入更多的精力来保障业务的使用，无须投入大量时间学习 WAF 本身的使用。

3）策略规则在线更新

WAF 支持策略规则的在线更新功能。

4）支持 PCI-DSS 报表功能

WAF 支持对网站的合规扫描功能，并且可以将扫描结果以 PDF、HTML、Word 的方式导出。

5）规则误判分析

WAF 可以对海量的告警日志进行分析，并生成分析结果，一键完成规则的调整，避免规则的误判。

16.6 态势感知

态势感知是以安全大数据为基础，可动态、整体地洞悉、处置安全风险的能力。它可以从全局视角提升安全威胁识别准确率、简化安全威胁分析流程、加快威胁响应处置速度。态势感知最终为决策与行动服务，是安全整体能力的落地。

网络安全态势感知是一种基于环境动态、整体地洞悉安全风险的技术。它以安全大数据为基础，利用数据融合、数据挖掘、智能分析和可视化等技术，直观显示网络环境的实时安全状况，为网络安全提供保障。网络安全态势感知的工作过程大致分为安全要素采集、安全数据处理、安全数据分析和分析结果展示这几个关键阶段。安全要素采集获取与安全紧密关联的海量基础数据，包括流量数据、各类日志、漏洞、木马和病毒样本等；安全数据处理通过对采集到的安全要素数据进行清洗、分类、标准化、关联补齐、添加标签等步骤，将标准数据加载到数据存储中；安全数据分析和分析结果展示利用大数据处理引擎，从海量数据中挖掘和量化安全风险事件，提取系统安全特征和指标，汇总成有价值的威胁情报，并将网络安全风险通过可视化技术直观展示出来。

网络安全态势感知的核心是态势要素获取、态势理解和态势预测，其基础是多源异构数据采集、数据处理、数据存储及数据分析等技术，并需要与其他网络产品、安全产品和业务系统进行联动，是大数据技术在网络安全领域的重要实践。

下面介绍网络安全态势感知系统的功能。安全态势感知系统基于大数据平台开发，结合智能检测算法可进行多维度海量数据关联分析，主动实时地发现各类安全威胁事件，还原出整个 APT 攻击链攻击行为。同时，安全态势感知系统可采集和存储多类网络信息数据，帮助用户在发现威胁后调查取证以及处置问责。安全态势感知系统以发现威胁、阻断威胁、取证、溯源、响应、处置的思路设计，助力用户完成全流程威胁事件闭环。安全态势感知系统架构如图 16-3 所示。

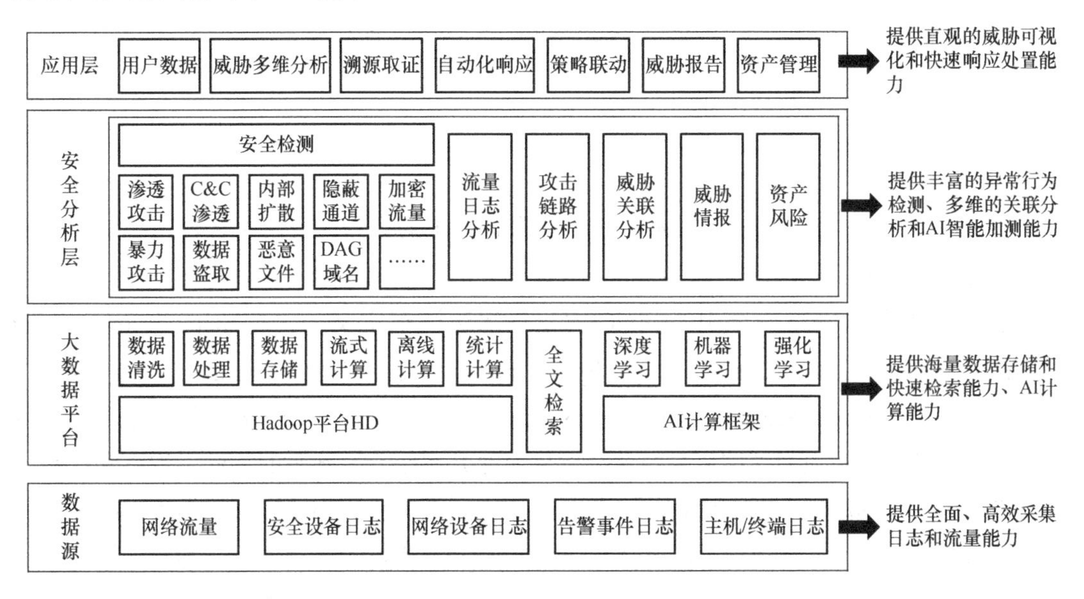

图 16-3　安全态势感知系统架构

借助网络安全态势感知，网络监管人员可以及时了解网络的状态、受攻击情况、攻击来源以及哪些服务易受到攻击等情况；网络用户可以清楚地掌握所在网络的安全状态和趋势，做好相应的防范准备，避免和减少网络中病毒和恶意攻击带来的损失；应急响应组织也可以从网络安全态势中了解所服务网络的安全状况和发展趋势，为制定有预见性的应急预案提供基础。

第 17 章 5G 安全渗透测试

渗透测试（Penetration Test）是一种模拟黑客攻击的行为，使用黑客攻击和漏洞发现技术，对目标系统安全性进行深入探测，来评估计算机系统安全及网络空间安全的一种评估方法。英国国家网络安全中心（NCSC）将渗透测试定义为“A method for gaining assurance in the security of an IT system by attempting to breach some or all of that system's security, using the same tools and techniques as an adversary might”，即一种通过使用与对手可能相同的工具和技术来尝试破坏系统安全，从而提升系统安全水平的方法。渗透测试是一种循序渐进并且逐渐深入刺探的技术过程。渗透测试的工作原则是应该采用不影响业务系统运行的攻击方法进行测试，包括 Web 网站渗透测试、服务器渗透测试、数据库渗透测试等多个渗透测试环节。渗透测试是一个完整、系统的测试过程，涵盖了网络层面、主机层面、数据库层面以及应用服务层面。

17.1 渗透测试的方法

要想完成一次高质量的渗透测试，渗透测试团队除具备高超的实践技术能力外，还需要掌握一套完整和正确的渗透测试方法论。

虽然渗透测试目标的网络系统环境与业务模式千差万别，而且测试过程中需要充分发挥测试人员的创新与应变能力，但是渗透测试的流程、步骤与方法具有共性，并且可以用一些标准化的方法体系进行规范和限制。

接下来，介绍目前业界比较流行的开源渗透测试方法体系标准。

1. PTES 渗透测试执行标准

2010 年发起的渗透测试过程规范标准（Penetration Testing Execution Standard，PTES），其核心理念是通过建立渗透测试的基本准则，来定义真正的渗透测试过程，并得到业界的广泛认同。

PTES 包含前期交互、情报搜集、威胁建模等 7 个阶段，如图 17-1 所示。

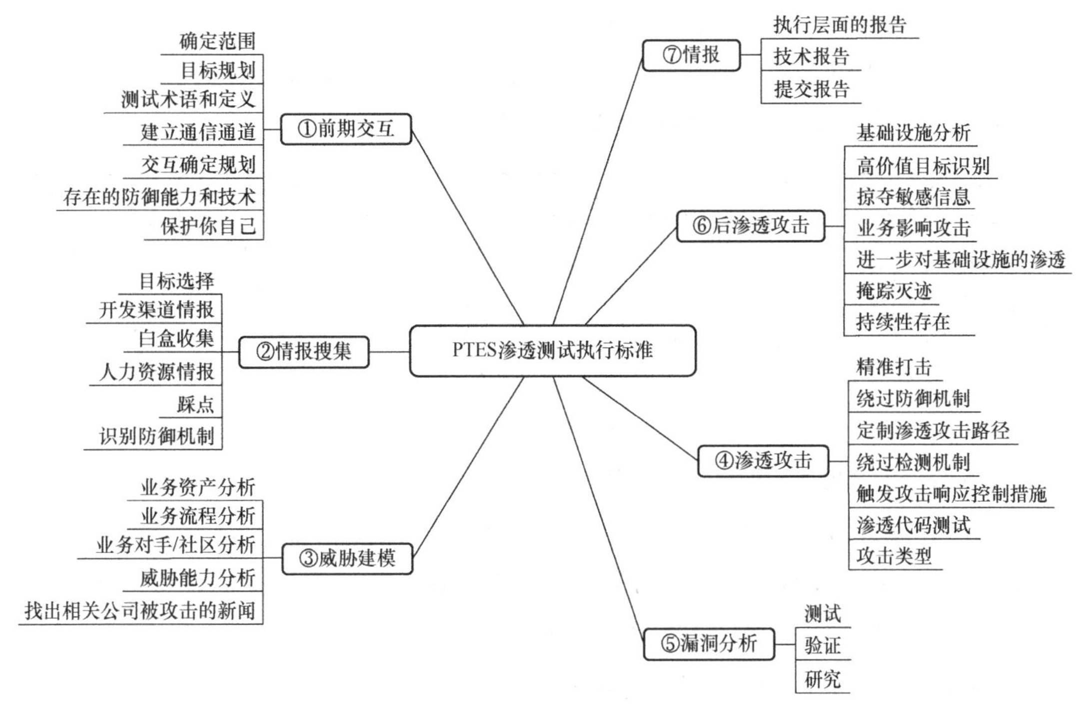

图 17-1　PTES 的 7 个阶段

2. OSSTMM——安全测试方法学开源手册

安全测试方法学开源手册（Open Source Security Testing Methodology Manual，OSSTMM）是一个被业界认可的用于渗透测试和分析的国际标准，在许多组织内部的日常安全评估中都使用该标准，由 ISECOM 安全与公开方法学研究所制定，最新版本为 2010 年发布的 v3.0。OSSTMM 提供物理安全、社会工程学、数据网络、无线通信媒介和电信通信这 5 个方向非常细致的测试用例，同时给出了评估安全测试结果的指标标准。

OSSTMM 的特色在于非常注重技术细节，是一个具有很好的可操作性的方法指南。它基于纯粹的科学方法，在业务目标的指导下，协助审计人员对业务安全和所需开销进行量化。

该方法论可以分成 4 个关键部分，即范围划定（Scope）、通道（Channel）、索引（Index）和向量（Vector）。“范围划定”定义了一个用于收集目标环境中所有资产的流程。一个“通道”代表了一种和这些资产进行通信和交互的方法。该方法可以是物理的、光学的，或者是无线的。所有这些通道组成了一个独立的安全组件集合，在安全评估过程中必须对这些组件进行测试和验证。这些组件包含了物理安全、人员心理健康、数据网络、无线通信媒体和电信设施。“索引”是一个非常有用的方法，用来将目标中的资产按照其特定标识（如网卡物理地址、IP 地址等）进行分类。一个“向量”代表一个技术方向，审计人员可以在这个方向上对目标环境中的所有资产进行评估和分析。该过程建立了一个对目标环境进行整体评估的技术蓝图，也称为审计范围（Audit Scope）。

3. 网络安全杀伤链

网络安全杀伤链（Cybersecurity Kill Chain，CKC）是由洛克希德马丁公司提出的，它包含 7 个环节，除可实际看到黑客进行渗透测试的攻击过程外，还可用于网络防护，并且越早防护对系统的影响越小。网络安全杀伤链如图 17-2 所示。

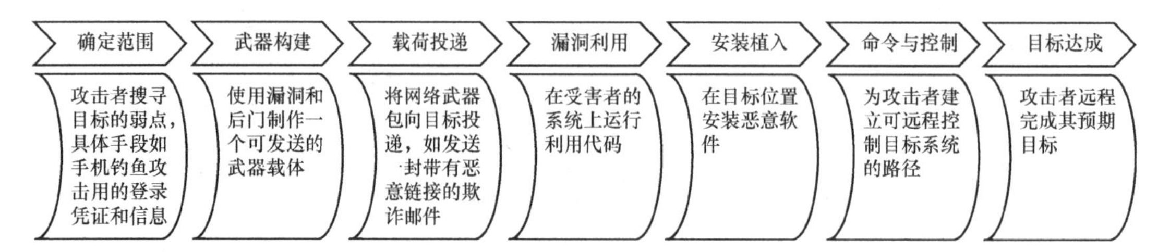

图 17-2　网络安全杀伤链

4. NIST SP 800-42 网络安全测试指南

NIST SP 800-42 是美国国家标准与技术研究院（National Institute of Standards and Technology，NIST）发布的网络安全测试指南，该指南讨论了渗透测试的流程与方法，虽然不及 OSSTMM 全面，但是它容易被企业安全管理部门所接受。

5. OWASP 十大 Web 应用安全威胁项目

根据 Web 攻击情况，OWASP 发布了十大 Web 应用安全威胁，针对目前最普遍的 Web 应用层，为安全测试人员和开发者提供了如何识别与避免这些安全威胁的指南。OWASP 十大 Web 应用安全威胁项目（*OWASP Top Ten*）只关注具有最高风险的 Web 领域，可以在渗透测试中作为渗透方向的参考。

17.2　渗透测试的法律边界

渗透测试具有一定的破坏性风险，在实施渗透测试之前，获取准确的书面（或电子）授权是非常重要的事情。如果没有获得正式授权，就私自进行渗透测试，或者超出了授权范围进行渗透测试，都可能导致渗透测试人员面临法律诉讼的问题，甚至可能违法。

《中华人民共和国刑法》明确规定了入侵和破坏计算机系统的刑罚。

（1）第二百八十五条中规定，违反国家规定，侵入国家事务、国防建设、尖端科学技术领域的计算机信息系统的，处三年以下有期徒刑或者拘役。

（2）第二百八十六条中规定，违反国家规定，对计算机信息系统功能进行删除、修改、增加、干扰，造成计算机信息系统不能正常运行，后果严重的，处五年以下有期徒刑或者拘役；后果特别严重的，处五年以上有期徒刑。

违反国家规定，对计算机信息系统中存储、处理或者传输的数据和应用程序进行删除、修改、增加的操作，后果严重的，依照前款的规定处罚。

故意制作、传播计算机病毒等破坏性程序，影响计算机系统正常运行，后果严重的，依照第一款的规定处罚。

正规渗透测试开始前都必须和甲方签署授权协议，并指定授权范围和要求。如果是内部团队对自己公司的系统进行安全测试，则是否需要签署授权协议可以由内部沟通决定。授权协议应该包含如下内容。

（1）渗透测试任务是谁授的权，授权给谁进行测试？

（2）测试的目的是什么？

（3）测试允许的时间范围是多少？

（4）测试人员的数量和接入点是哪里？

（5）允许测试的 IP 范围或域名是什么？

（6）是否可以使用有风险的安全测试手段，如 DDoS 攻击、拖库、挂马、恶意代码等？

（7）是否可以进一步渗透内网？

（8）是否可以使用社会工程学攻击？

（9）是否可以使用物理测试手段？

（10）是否允许查看或修改文件、数据库内容？

（11）是否要对 IT 管理团队或管理措施进行测试？

（12）测试如果遇到业务停顿等问题如何紧急停止？

在渗透测试过程中，必须严格遵循授权协议。在渗透系统的环境选择方面，优先对测试环境进行渗透测试；在模拟黑客的攻击行为选择上，要“点到为止”，不进行或少进行破坏性、危险性的测试方法，并做好一旦业务受影响立即停止测试恢复业务的准备。

针对重要信息系统及关键信息系统进行渗透测试，需要符合有关部门的管理要求与规定。必须得到正式的渗透测试的公文，并上报相关主管部门，才可以进行渗透测试。

17.3　渗透测试分类

按照渗透测试的方法与视角，通常可以将渗透测试分为黑盒测试、白盒测试和灰盒测试三类。

17.3.1　黑盒测试

黑盒测试（Black-box Testing），渗透测试团队将从一个远程网络位置来评估目标系统，没有任何目标系统内部网络拓扑、内部资料等相关信息，完全模拟真实网络环境中的外部攻击者，采用流行的攻击技术与工具，有组织、有步骤地对目标组织进行逐步渗透和入侵，揭示目标网络中一些已知或未知的安全漏洞，并评估这些漏洞能否被利用获取控制权或者操作业务资产，从而造成损失等。

黑盒测试的缺点是测试较为费时费力，并且难以全面发现问题，同时需要渗透测试人员具备较高的渗透测试能力。其优点在于这种类型的测试更有利于挖掘系统潜在的漏洞以及脆弱环节、薄弱点等。

17.3.2 白盒测试

白盒测试（White-box Testing），进行白盒测试的团队可以了解到授权的目标系统内部数据，如内部网络拓扑、系统代码片段等，因此这可以让渗透测试人员以最小的代价发现和验证系统中严重的漏洞。白盒测试的实施流程与黑盒测试类似，不同之处在于目标定位和情报收集所花费的时间成本少很多，渗透测试人员可以通过正常渠道从甲方取得各种资料，包括网络拓扑、员工资料甚至网站程序的代码片段，也可以和单位相关员工进行访谈以收集更多的信息。

白盒测试的缺点是无法有效地测试组织的应急响应程序，也无法判断他们的安全防护计划对检测特定攻击的效率，还无法判断目标站点是否在互联网中泄露了过多可利用的信息。其优点是在测试中发现和解决安全漏洞所花费的时间和代价要比黑盒测试少很多。

17.3.3 灰盒测试

灰盒测试（Grey-box Testing）是白盒测试和黑盒测试的结合，它可以对目标系统进行更加深入和全面的安全评估。

灰盒测试的优点就是能够同时发挥白盒测试和黑盒测试的各自优势。在采用灰盒测试方法的外部渗透测试场景中，渗透测试人员也类似地需要从外部逐步渗透进入目标网络，但他所拥有的目标网络底层拓扑与架构有助于更好地决策攻击途径与方法，从而达到更好的渗透测试效果。

17.4 渗透测试框架

5G 网络渗透总体来说其路线是从攻击发起端开始的，入侵应用终端，应用终端可以是合法终端也可以是攻击者伪造的非法终端，通过应用终端侵入基站，进一步渗透到 MEC 以及核心网，由于 5G 网络在企业上会大规模应用，可先入侵到企业应用，通过企业应用进一步侵入核心网，之后可进行企业的内网渗透，包括放置后门、机密数据外发等。

与 4G 相比，5G 网络下主要有三大场景：eMBB、mMTC 和 uRLLC。这些场景下的 UE 通过基站接入 5G RAN，进而接入下沉的 MEC，MEC 通过承载网与 5GC 互联，其间每部分都存在大量的攻击与重点防护点，根据 5G 网络的整体组网以及 5G 网络数据存在控制面和用户面两个面的数据分析，5G 网络安全渗透攻击框架如图 17-3 所示。可大致从两个横向面，一个是控制面主要威胁到运营商运维面的安全，另一个是用户面主要从网络不同的层级对用户数据产生威胁，以及 5 个纵深点进行分析：UE、RAN、MEC、承载网、核心网。

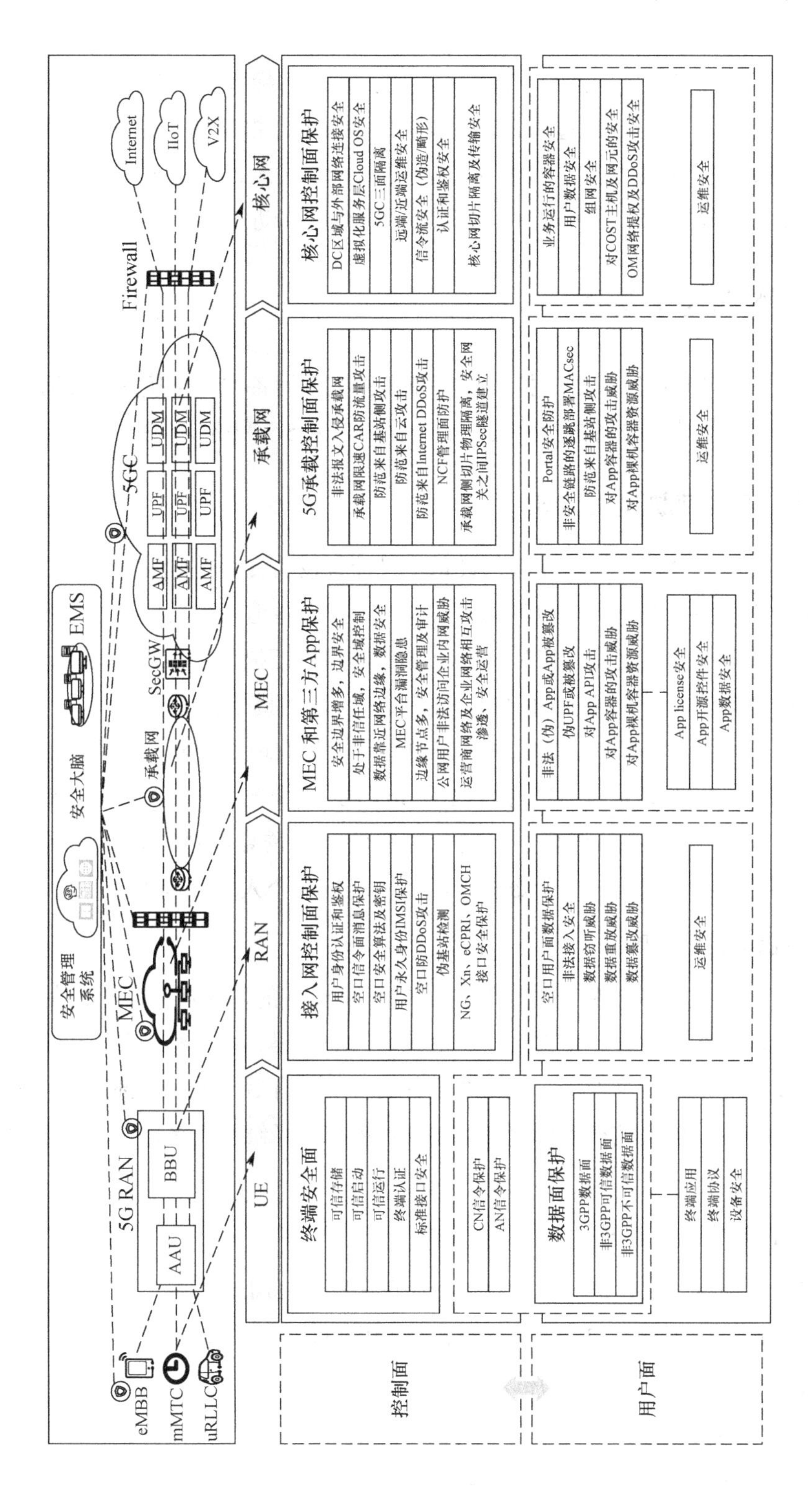

图 17-3 5G 网络安全渗透攻击框架

渗透攻击手段在发起端可通过信息搜集的方式获取目标域名、真实 IP、设备指纹信息等，进一步分析 Web 漏洞，通过暴力破解、中间件漏洞、框架漏洞等方法获得攻击入口。后续可通过远程溢出 RCE、反序列化 RCE、代码/命令注入、SQL 注入等获取权限，之后便是权限的提升以及维持，同时可进一步进行内网横向移动。

17.5 终端安全渗透

5G 网络提供对海量用户的支持，并保障多种类型设备的安全接入。在万物互联的场景中，如何确保海量接入设备自身的安全，是保障未来 5G 网络安全的基础。

17.5.1 终端威胁风险分析

在保证网元安全性上，需要在接入设备中设计有效的终端基础安全模块，使在设备接入网络的初始阶段完成自身安全检测成为可能，并在设备运行阶段定期进行安全验证和维护，以保障设备自身的安全性。同时，由于 5G 网络中还提出了对低功耗的设计需求，这就给保证在低功耗设备上实现通信的安全保护带来了新的挑战。

因此，5G 网络环境的终端是威胁入侵的重点，从物理层硬件，到终端的操作系统以及终端承载的软件，尤其是具备特殊权限的 IoT 设备，一旦被植入风险，将会造成不可预估的损失。攻击者通过向终端用户发布恶意软件，诱导其接入，获取用户的通信链路，进而得到用户终端的用户身份数据、活动情况以及个人隐私等敏感信息。

1. 利用供应链进行攻击

攻击者在产品生产或软件开发过程中，针对供应链的攻击相较于传统的软件漏洞利用，攻击面从软件本身的边界扩大到软件内部所有的代码、模块和服务。供应链威胁可能发生在产品发售的任何一个阶段，如终端设备出厂前留有后门或由内部工作人员批量植入恶意代码；第三方销售渠道在销售前篡改软硬件内容；经维修人员操作后，固件内容被篡改等。

2. 修改设备的配置数据

在物联网终端中，配置信息一般直接存储在闪存（Flash）芯片中，开发者通常把启动参数写入 Flash 固定地址，攻击者通过修改此处内容以影响正常的启动流程，给予攻击者驻留系统的机会，进而威胁网络的机密性和完整性。

3. 利用防护能力低的用户设备

对于低成本的物联网终端、山寨手机等设备，由于其设备资源受限，因此其无法支撑复杂的安全策略，加上开源软件和第三方软件大量引入，设备必然存在很多漏洞，黑客可以利用漏洞进行系统提权、篡改设备信息等操作，进而对用户的敏感信息进行窃取。

4. 利用 IMSI 捕获发起攻击

攻击者通过安全漏洞，收集 IMSI 与设备的对应关系，结合位置信息定位，进而可以对受害者发起拒绝服务攻击。

5. 利用不良的体系结构

此类威胁适用于所有 5G 网络相关设备，是指开发者在开发过程中由于安全意识不强无意引入的软硬件功能缺陷，如架构设计自身不完善、未完全遵循规范的标准要求等，从而导致被攻击者利用。

17.5.2 典型终端渗透测试方法

在终端渗透测试过程中，应充分考虑终端遭受攻击的可能的情况，包括恶意修改终端固件、设备串口提权、启动链篡改和终端信息篡改等。接下来我们从终端可能遭受的攻击角度，详细介绍终端渗透测试的方法。

1. 恶意修改终端固件测试

通过逆向分析终端固件的执行程序，查找关键调用函数（认证、授权），以及是否存在特殊的硬编码信息，如设备密码、用户身份、网络特征码。分析终端固件中关于认证、加入网络的函数逻辑，伪造设备身份，检查伪造设备是否可以成功加入网络；或者向终端固件中加入后门程序，而后重新写入设备，检查是否可以远程连接并控制终端固件。通过模拟恶意修改终端固件的场景，验证终端固件是否具备在加载前校验 MD5 值的安全机制，若当前终端固件的 MD5 值与服务端返回的数据不一致，则应禁止该终端固件的加载运行。

2. 设备串口提权测试

拆解终端设备，找到开发板上的管理接口，通过网线、USB 等，连接 PC 与终端设备。使用 PUTTY、XSHELL 等终端软件，通过串口连接终端设备并获得设备权限，通过上传提权程序或查找设备 root 账号信息进行提权，进而获得终端设备的最高权限。通过该方法验证终端设备是否将所有与终端用户业务无关场景的物理接口隐藏在内部，同时管理接口是否启用了用户身份的验证机制。

3. 启动链篡改测试

安全启动链是终端在每个启动阶段先进行加载，然后验证（如使用 RSA），再执行下一个阶段的链。通过逆向接管终端的引导链，可在执行过程中获取最高级别特权。分析启动链的代码安全机制，探测代码陷阱，可识别启动过程的安全风险（如溢出攻击）。通过该方法验证终端系统在启动过程中每一步所包含的组件是否会经过签名校验，可确保只有在验证了信任链后才会被执行，包括引导加载程序、内核、内核扩展、基带固件，避免最底层的软件被篡改的风险。

4. 终端信息篡改测试

拦截入网终端设备向基站侧发送的信令包，修改其中关于终端设备电器及计算资源参数，而后发送篡改后的信令，检查基站侧是否会接受不合理的终端设备电器及计算资源参数。

5. 弱加密数据泄露测试

终端上存在用户的大量私有数据，一旦终端设备的权限被获取，则明文或弱加密算法的私有数据存在泄露的风险。获取终端设备权限，遍历设备内所有文件，检查是否存在有通过明文或弱密码加密后存储在系统内部的业务数据文件，可确保终端内的所有文件系统都通过有效的安全加密机制对文件数据进行加密后再留存或备份。

6. 用户数据篡改测试

终端上存在用户的大量私有数据，一旦终端设备的权限被获取，则对于终端存放的私有数据存在被篡改的风险。获取终端设备权限，遍历设备内所有文件，寻找应用程序配置文件及设备参数管理程序，检查是否可以篡改设备发送及存储的数据。通过此方法，验证终端是否禁止允许通过修改应用程序配置文件或设备参数管理程序的方式，篡改终端设备发送和存储的数据。

7. 伪 UE 信令模拟测试

利用终端厂商或网络侧没有遵循支持协议的加密性和完整性的标准要求，对空口侧的用户注册和去注册的报文进行截获，通过伪 UE 模拟该 UE 频繁向网络侧发送注册/去注册请求，迫使受害 UE 释放连接。通过该方法验证 UE 是否支持与 gNB 之间的 RRC 和 NAS 信令的完整性保护和重放保护，是否支持用户数据的完整性保护和重放保护，以满足基于 gNB 发送的指示来激活用户数据的完整性保护。

8. 终端信息追踪测试

5G 系统为了增强隐私架构，使用加密方式提升用户身份标识。当 UE 初始注册时，根据 HN Public Key 把 SUPI 加密成 SUCI，并发送初始注册请求，AMF 转发 SUCI 给 AUSF 和 UDM 进行认证，并获取解密后的 SUPI，之后 AMF 根据 SUPI 生成 5G-GUTI，并保存映射关系，用于下次注册或 PDU 会话请求。5G-GUTI 是临时身份证，但如果长时间不变，那么也可以在一段时间内用于固定身份的追踪。检查 5G-GUTI 的变更周期，查看该数值是否长期不变，如果核心网没有对 5G-GUTI 做定时更新，则存在被追踪的安全隐患。

9. SUCI 上报攻击测试

对终端发起真实身份核验的 Identify Request 请求，要求终端上报真实身份。当 5G 网络下终端在收到网络侧发送的 Identity Request 时，需要回复 SUCI，如果伪基站不断地要求终端发送 SUCI，则会导致终端电力的快速消耗。模拟伪基站向终端大量发起 Identify Request 请求，以检查终端每次发送的 SUCI 是否都是随机的，以及终端是否对 SUCI 的上报频率做出了限制。

17.6　接入网安全渗透

17.6.1　接入网威胁风险分析

5G 网络呈现节点超高密度部署、多种网络技术体制并存、多种安全机制并存等特点，导致 5G 网络对大量数据安全计算、多域超短时认证和授权、异构网络安全通信、无缝的安全漫游切换等成为 5G 网络接入（空口）方面的主要安全问题。

1. 滥用频谱资源

利用频谱资源动态分配的特点，通过模仿合法许可单元的特性，对无线电频率造成干扰，占用特定的空闲频谱带。这种对频谱的非法占用也可能导致网络节点拒绝未授权单元对频谱资源的申请，从而阻止某人进入核心网络。

2. 利用中间人攻击

攻击者将自身置于关键网络设备之间，利用 ARP 欺骗、MAC 地址欺骗等中间人技术将自己伪装成合法的网络单元，结合流量重定向等手段进行流量嗅探、数据窃取等恶意行为。

3. 无线电干扰

无线通信的传播介质是空气，无线发送的数据会覆盖范围内的所有终端，或者预期之外的接收设备，这为恶意用户提供了隐蔽的可攻击机会。攻击者可以通过干扰无线电造成无线电接入服务阻塞，妨碍目标用户正常接入无线网络访问网络资源。

4. 无线侧拒绝服务攻击

在各种针对无线网络的攻击方式中，DDoS 攻击以其隐蔽性好、破坏性强的特点成为黑客攻击的首选方式，通过在无线接口上传输大量数据，耗尽组件资源，使组件提供的无线电频率减少或完全关闭，从而达到拒绝服务的目的。

5. 信令风暴

移动网络受到恶意软件或应用程序发起的“信令风暴”的影响，可能会导致蜂窝、骨干信令服务器和云服务器的带宽过载，还可能会耗尽移动设备的电池电量。

17.6.2　典型接入网渗透测试方法

基于接入网的威胁风险分析的结果，可以从针对接入网的已知漏洞（aLTEr）攻击、非法终端 CPE 接入、非法占用频谱资源、MAC 地址欺骗、ARP 欺骗、重定向攻击、基站侧信令风暴、伪基站接入、伪基站用户入网、基站侧提权、数据面无线资源竞争等多层面开展。

1. aLTEr 攻击测试

利用无线网络的数据链路层中的漏洞，拦截用户与真实网络之间的通信，对通信内容进行修改，执行 DNS（域名系统）欺骗，将用户重定向到恶意或钓鱼网站。通过中继节点（Relay Node）截取被测试 UE 与 DN 通信的数据包，修改被测试 UE 的 UP 报文中的 DNS 数据报文，将 IP 地址篡改成指定的 DNS 服务器 IP 地址。此威胁最初是在 LTE 网络中发现的，虽然 5G 网络支持经过身份验证的加密协议，但该安全功能并非是强制性的，而是作为可选的配置参数，通过此方法验证 5G 基站是否开启对用户的加密和完整性保护算法功能，以防止用户数据被恶意篡改。aLTEr 攻击原理如图 17-4 所示。

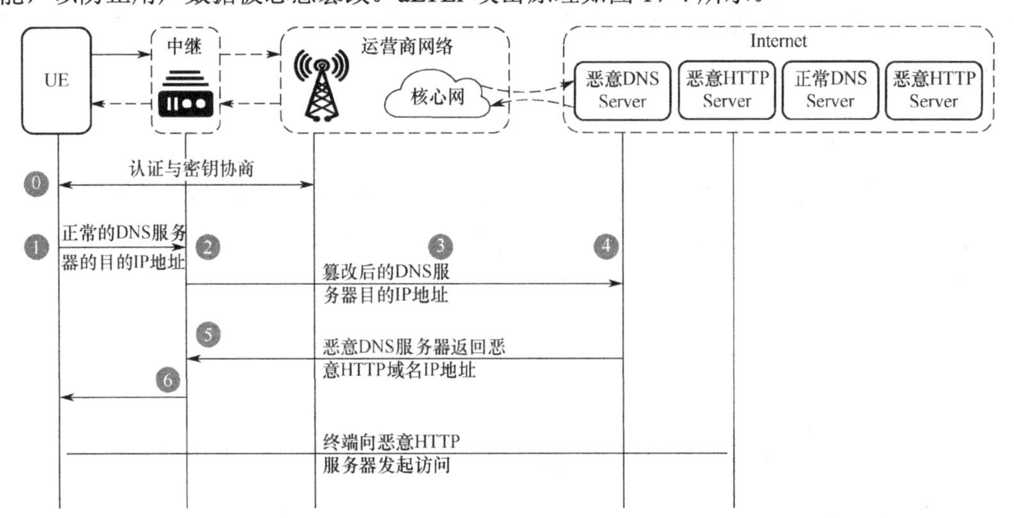

图 17-4　aLTEr 攻击原理

2. 非法终端 CPE 接入测试

使用任意终端，加入特定 CPE 网络，查看是否能成功访问特定业务区内的服务。通过此方法验证对于特定数据网络的业务，是否支持对终端进行设备准入和访问控制策略，以防恶意终端通过 CPE 接入专有数据网络。

3. 非法占用频谱资源测试

频谱资源一般是根据运营商所分配的频段、配置信息进行动态分配的。利用技术手段，伪装成大量合法的网络节点去占用空闲的频谱资源，查看是否会造成正常的访问节点因无法申请到相关资源而遭到拒绝服务。5G 频谱方案如图 17-5 所示。

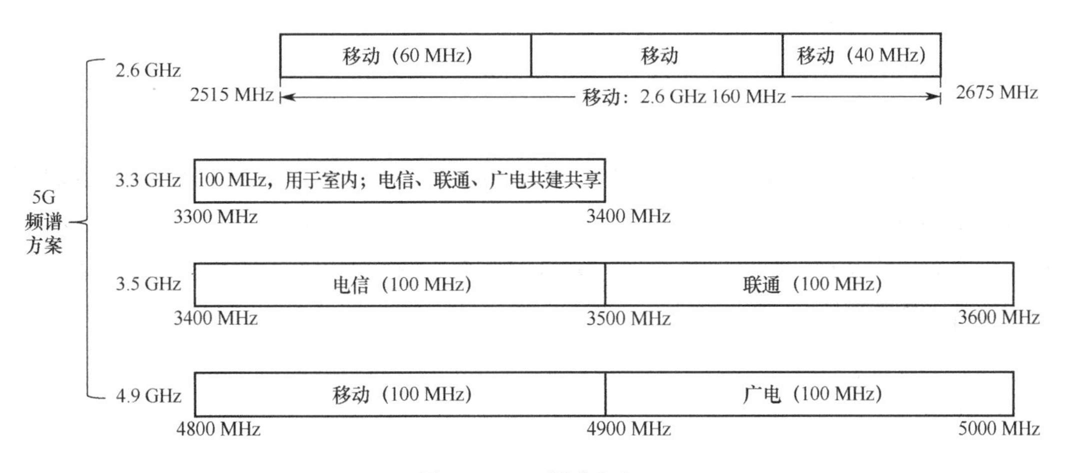

图 17-5　5G 频谱方案

4. MAC 地址欺骗测试

利用设备厂商的驱动程序，修改终端的 MAC 地址为网络允许的合法 MAC 地址，检查设备是否可以正常接入网络。

5. ARP 欺骗测试

ARP 欺骗属于中间人攻击方式的一种，截获终端设备发出的 ARP 请求报文，利用工具伪造对应的 ARP 响应消息，并持续不断地向终端设备发出，将网关的 IP 地址与错误的 MAC 地址进行关联，使终端设备将错误的 MAC 地址添加到其 ARP 缓存中，从而影响终端的正常网络访问行为，通过此方法验证网络是否具备 ARP 攻击的相关防御措施。

6. 重定向攻击测试

利用伪基站局部功率大的优势，干扰屏蔽运营商的通信信号，骗取终端与伪基站空口建立连接。当伪基站 TAC 与 UE 之前驻留网络的 TAC 不同时，UE 会向伪基站发起 Tracking Area Update Request 请求消息，之后伪基站向 UE 发送 Tracking Area Update Reject 消息，此时 UE 可以接收并响应未受完整性安全保护的 Tracking Area Update Reject 消息。UE 重新发起附着流程，并在 Attach Request 消息中携带 IMSI，此时伪基站向 UE 发送 Attach Reject 消息，拒绝 UE 附着到网络，并向 UE 发送 RRC Connection Release 消息，消息中携带 redirectedCarrierInfo 信元。当 redirectedCarrierInfo 信元指示为 GSM/EDGE 无线通信网（GSM EDGE Radio Access Network，GERAN）时，UE 选择接入 2G 网络基站，造成网络降级。通过此方法验证 5G 基站是否支持及启用重定向信令消息的加密和完整性保护算法功能。RRC 释放消息可携带导致 UE 网络降级的信息如图 17-6 所示。

7. 基站侧信令风暴测试

模拟大量终端的频繁上下线操作，检测基站服务状态及资源运行状态是否正常，验证基站侧对频繁上下线的设备是否具备锁定断网处理的能力，针对大量终端同时上下线的场景，基站是否具备抗 DDoS 的能力。

8. 伪基站接入测试

在伪基站上配置 AMF N2 接口 IP，配置 PLMN 参数，通过伪基站向 AMF 发起 NG Setup Request 消息，检查是否可以正常建立 NGAP 连接。通过此方法验证 AMF 与 gNB 之间是否具备鉴权认证机制以保证合法的 gNB 接入核心网，防止攻击者通过非法基站接入核心网进行恶意攻击。

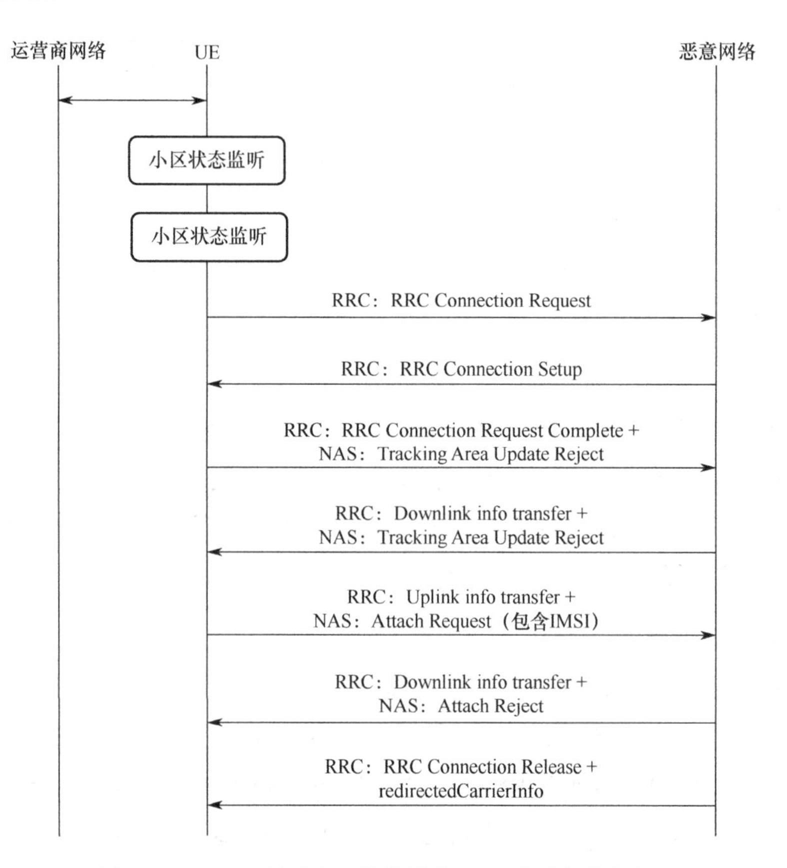

图 17-6　RRC 释放消息可携带导致 UE 网络降级的信息

同理可以验证仿真 AMF 主动向基站侧发起相关访问请求的场景。

9. 伪基站用户入网测试

通过伪基站接入 AMF，建立正常的 NGAP 连接，在掌握真实用户开户信息的前提下，伪造真实用户发起注册请求，检查 AMF 是否会响应伪造用户的注册请求。通过此方法验证 N2 接口的加密和完整性保护功能是否正常启用。

10. 基站侧提权测试

通过 PC 连接 5G 基站的网络，访问 SSH 连接基站管理系统，尝试利用弱口令等手段爆破 root 用户密码获取 5G 基站的最高权限；对于通过 Web 界面管理的 5G 基站，尝试利用 SQL 注入或口令爆破等手段进入 Web 管理系统，通过 SQL 注入或结合任意文件读取与文件上传漏洞进行 WebShell 上传，获取管理员权限。

11. 数据面无线资源竞争测试

通过伪造大量终端设备，加入业务网络中，发送数据占用信道资源，查看业务网络 QoS 是否大幅度降低影响业务需求，验证在终端设备数量增多时，是否以最高优先级服务主业务，当终端数量超过阈值时，是否禁止低优先级设备占用信道资源。

17.7 承载网安全渗透

承载网是为 5G 无线接入网和核心网提供网络连接的基础网络，不仅要为这些网络连接提供灵活调度、组网保护和管理控制等功能，还要提供带宽、时延、同步和可靠性等方面的性能保障。承载网安全渗透测试的重点主要是安全隔离能力的有效性。

17.7.1 承载网威胁风险分析

满足 5G 承载需求的承载网主要包括转发平面、协同管控、5G 同步网三部分，在此架构下同时支持差异化的网络切片服务能力。承载网架构如图 17-7 所示。

SDN 控制器是承载网和核心网网络调度的中心，其本身存在不少安全脆弱点，作为网络的“大脑”，一旦攻击者攻破控制器，就可以向所有的网络设施发送指令，很容易使整个网络瘫痪。此外，负责数据转发的底层交换设备也容易遭受各种攻击，如攻击者直接入侵交换机用虚假流信息填满流表、修改交换机对数据包的操作。

1. 利用网络配置数据的恶意操纵

对关键配置数据的管理和保护策略不当，可能会导致不可预测的系统行为和对关键平台的未授权访问，从而影响网络的机密性和完整性，涉及通过伪造配置数据来发起其他攻击来损害核心网络元素，如 SDN 控制器、网络功能、管理和编排功能等。

2. 利用网络资源编排的恶意操纵

通过操纵网络资源编排器配置来执行攻击。这种威胁包括通过更改协调器中的设置来修改网络功能行为，从而破坏网络功能之间的分离。

3. 利用中间人攻击

攻击者将自身置于关键网络设备之间，利用 ARP 欺骗、MAC 地址欺骗等中间人技术将自己伪装成合法的网络单元，结合流量重定向等手段进行流量嗅探、数据窃取等恶意行为。

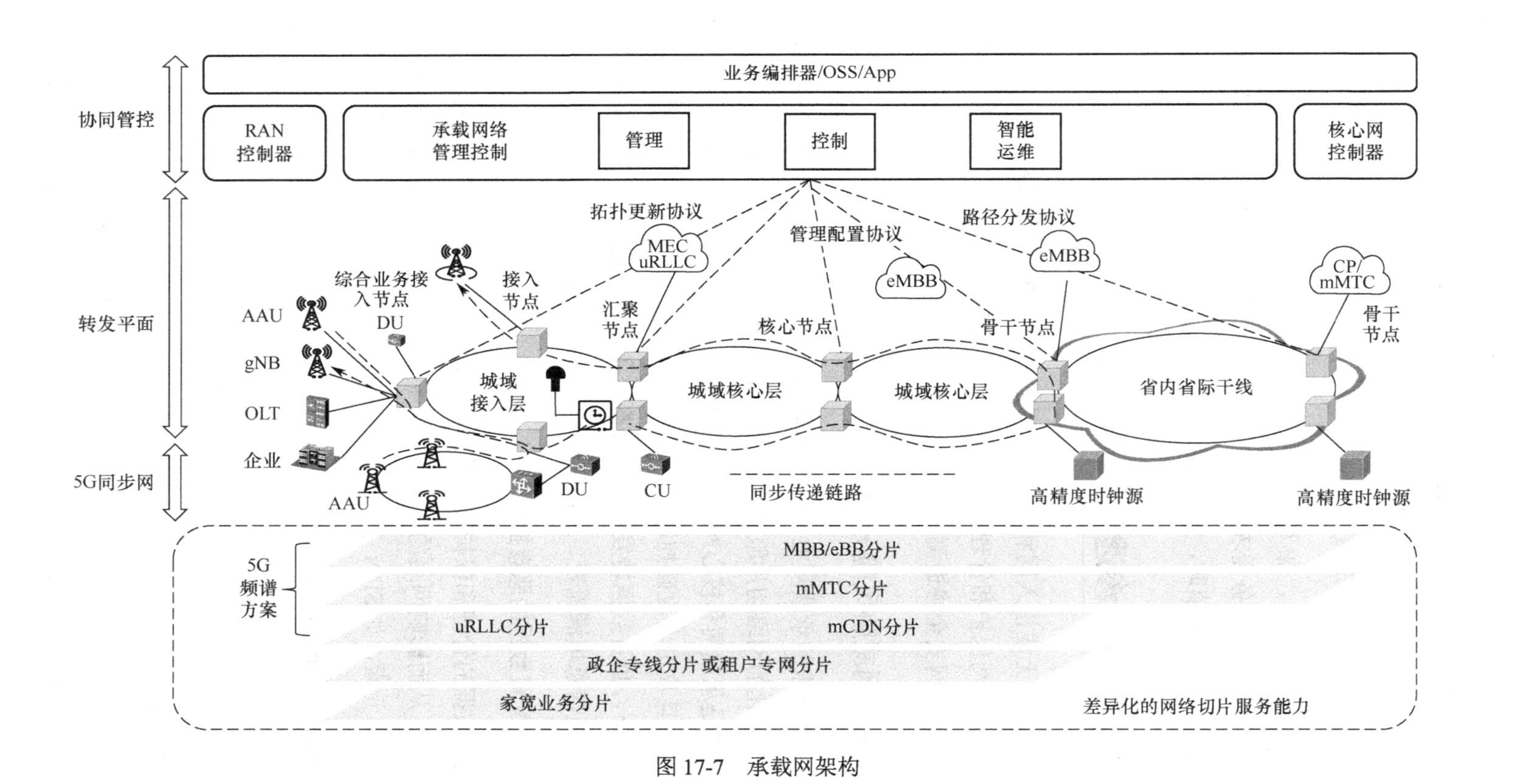

业务编排器/OSS/App
协同管控
RAN
控制器
承载网络
管理控制
管理
控制
智能
运维
核心网
控制器
拓扑更新协议
管理配置协议
路径分发协议
MEC
uRLLC
eMBB
eMBB
CP/
mMTC
转发平面
综合业务接
入节点
接入
节点
汇聚
节点
核心节点
骨干节点
骨干
节点
AAU
DU
gNB
OLT
企业
城域
接入层
城域核心层
城域核心层
省内省际干线
5G同步网
AAU
DU
CU
同步传递链路
高精度时钟源
高精度时钟源
5G
频谱
方案
MBB/eBB分片
mMTC分片
uRLLC分片
mCDN分片
政企专线分片或租户专网分片
家宽业务分片
差异化的网络切片服务能力

图 17-7　承载网架构

17.7.2　典型承载网渗透测试方法

基于承载网安全威胁分析的结果，承载网的渗透测试主要从 FlexE 网关攻击测试和中间人攻击测试这两方面展开。

1. FlexE 网关攻击测试

通过 SSH 连接 FlexE 所在网关，尝试利用爆破手段获得网关权限，并进行提权。查看其中所有 VPN 通道的入口 IP，修改 IPtable 破除 VPN 之间的隔离，使得流量可以跨切片流动，破坏切片隔离性。

2. 中间人攻击测试

使用中间人设备加入承载网两个路由器之间，发送大量 ARP 及 RARP 请求等手段形成链路中间人，与通信的两端建立起独立的链路层交互，从而控制整个链路层交互。

17.8　核心网安全渗透

核心网的网络安全是整个 5G 端到端的安全技术中最重要的组成部分之一。由 NFV/SDN 技术构建的虚拟网络共享物理资源，安全边界变得模糊，网络虚拟化、开放化使得攻击更容易，安全威胁传播更快、波及面更广，因此核心网的渗透测试工作是非常必要的。

17.8.1　核心网威胁风险分析

核心网采用服务化架构实现，对网元进行了拆分，所有的网元通过接口接入系统中，使得核心网可以提供以比传统网元更精细粒度的运行服务，打破了传统电信网络以能力封闭换取能力提供者自身安全性的传统思路，使得能力外部使用者对能力提供者（5G 网络）的攻击成为可能。核心网面临的主要威胁如下。

1. 利用远程访问操纵网络功能

远程访问是一种常用的访问形式，通常用于系统的远程运行和维护。若攻击者通过社工等手段，获得了关键网络组件的远程访问权限，便可以通过控制关键网元进而从事其他恶意活动，如篡改配置数据和分发恶意软件等。

2. 利用 API 漏洞

5G 网络通过 API 的方式对外提供开放性和可编程性的能力，部分能力有可能被运营商也通过 API 的形式向公众提供，对于访问控制措施或权限配置分配不当的 API，则有可能会暴露核心网络功能和敏感参数。攻击者可能利用这些 API 的漏洞，向核心网发起不同类型的攻击，使整个网络处于危险之中。

3. 身份认证流量剧增

攻击者在短时间内发送大量的认证请求，造成拒绝服务的情况。

4. 恶意网络功能注册

攻击人员利用社工等手段，以内部人员的身份向 5G 网络注册未经授权或植入恶意代码的网络功能，以进行网络中的敏感信息获取、恶意软件分发等下一步恶意行为。

5. 核心网组件的恶意泛洪攻击

攻击者利用数据泛洪，耗尽组件资源，使组件提供的服务减少或完全关闭。对于 SDN 组件，攻击者通过伪造一小部分的请求信息，利用 SDN 控制器将请求进行放大，从而引发大量的请求响应。泛洪攻击也可能来自分布式的 DoS 攻击，如通过控制僵尸设备引发 DoS 攻击事件，使网络对外提供的各种外部接口无法进行正常的服务。

6. 利用系统配置的漏洞

攻击者利用不当的系统配置，在核心网中进行敏感资源获取等恶意活动。这种出于无意的错误配置，为攻击者创造了接触网关键资产或者发动攻击的条件和机会。不当的系统配置包括访问控制规则的配置、管理权限的配置、安全防护软件的配置、网络切片的配置、流量隔离的配置、编排软件的配置等。

7. 内存抓取

攻击者扫描软件组件的物理内存，或者在内存中进行数据结构解析，提取未经授权的敏感信息，核心网的不同组件都有可能发生内存抓取类型的威胁。

8. 网络流量操纵

修改或伪造传输中的数据/消息，利用信息校验不严格的漏洞，通过重放或伪造新消息的方式，将非法数据注入网络，以达到修改流优先级、时延转发数据、绕过身份认证等恶意目的。

17.8.2 典型核心网渗透测试方法

针对核心网的渗透测试主要从未授权 UPF 访问测试、N2 信令伪造攻击测试、N4 信令伪造攻击测试、信令风暴测试、信令重放攻击测试、核心网组件泛洪攻击测试、API 利用测试、UE 地址超额分配测试等方面开展。

1. 未授权 UPF 访问测试

通过仿真的 SMF 向核心网 UPF 发起 PFCP 偶联请求，查看 UPF 是否会接受仿真 SMF 发起的偶联请求。通过此方法，验证 UPF 是否开启完善的鉴权机制，以免攻击者可以通过非法的 SMF 接入 UPF，从而进行下一步恶意攻击。

同理可以验证仿真 UPF 主动向核心网 SMF 发起相关访问请求的场景。

2. N2 信令伪造攻击测试

抓取合法用户 N2 接口的 NGAP 消息，获取 AMF-UE-NGAP-ID 和 RAN-UE-NGAP-ID，伪造 ueContextReleaseRequest 消息并修改 NGAP-ID 为截获的 ID 内容，查看 AMF 是否会回复该伪造消息并强迫正常用户下线。通过此方法验证在共享 AMF 的情况下，AMF 是否会对不同基站之间的 N2 会话进行安全隔离。

3. N4 信令伪造攻击测试

抓取合法用户 N4 接口的 PFCP 消息，获取 UPF 发送给 SMF 的会话端点标识（Session Endpoint Identifier，SEID），伪造 PFCP Session Deletion Request 消息并修改 SEID 为截获的用户 SEID 内容，查看 UPF 是否会回复该伪造消息并删除 PFCP 会话。通过此方法验证在共享 UPF 的情况下，UPF 是否会对不同 PFCP 偶联间的会话进行安全隔离。

4. 信令风暴测试

仿真大规模 gNB 发起的海量接入认证消息和服务化接口消息，用以对核心网网元造成冲击和影响。通过该方法检测 AMF 网元对接入认证信令消息和服务化接口上的信令负载的抗冲击能力，检测核心网网元与核心网系统产生的接入处理时延和认证消息拒绝情况，同时检测与认证相关的网元如 UDM/AUSF 对在与 AMF 之间的服务化接口上形成的消息负载的处理时延情况。

5. 信令重放攻击测试

抓取测试 UE 与 5G 基站的入网及认证过程，而后使用新的 UE 加入网络，在 UE 加入网络的过程中，重放所抓取的不同入网阶段的信令，查看设备入网的状态，验证通过该方法是否可以绕过身份认证环节。

6. 核心网组件泛洪攻击测试

利用工具对核心网网元进行包围测试，触发大量的请求信令报文或者流量，查看核心网组件的功能是否受到影响。

7. API 利用测试

遍历查看核心网对内和对外提供的全部 API，对内接口是核心网内部 NF 之间交互所用的 API，对外接口是通过网元能力开放功能向第三方提供的 API。由于通常情况下内部接口不会对第三方暴露，所以相对安全，但是暴露给第三方的 API，则需要查看是否采取了相应的防护措施，不直接对第三方暴露的，查看是否存在由于 API 的权限分配不当造成安全隐患。

8. UE 地址超额分配测试

仿真大量 UE 入网，UE 数量超过核心网可分配的 IP 地址数量，验证后入网的 UE 是否会抢占之前已入网的 UE IP，从而导致先入网 UE 的业务中断。通过此方法验证用户的地址分配方式是否存在漏洞，防止攻击者利用该漏洞影响正常用户业务。

17.9 MEC 安全渗透

为满足行业用户业务时延等要求，5G 网络中的部分计算资源需要下沉到企业园区，使得运营商对这些资源的管控能力变弱，某些能力开放给用户也可能存在新的风险。MEC 安全渗透测试的目的是尽可能地发现这种模式下的脆弱性及风险，并及时采取相应的措施。

17.9.1 MEC 威胁风险分析

MEC 存在的威胁及面临的风险主要包括 MEC 网关伪造、边缘节点过载、开放的 API、网络服务安全威胁、MEC 平台攻击、通信协议漏洞、管理漏洞、隐私数据获取等方面。

1. MEC 网关伪造

边缘网关的开放性，使得用户的自身设备也可以参与到 MEC 场景中，若攻击者通过部署自己的 MEC 网关对外提供 MEC 服务，达到与中间人攻击相似的效果。

2. 边缘节点过载

在本地发起对边缘网络的攻击，若通过使用特定移动应用程序或物联网设备，向边缘节点组件发起泛洪请求或泛洪流量，导致边缘节点过载，破坏边缘设备附近的网络区域。

3. 开放的 API

为了便于用户开发所需的应用，MEC 需要为用户提供一系列开放的 API，允许用户访问 MEC 相关的数据和功能。在缺少有效的认证和鉴权手段，或者 API 的安全性没有得到充分测试和验证的情况下，攻击者有可能通过仿冒终端接入、漏洞攻击、侧信道攻击等手段，达到非法调用 API、非法访问或篡改用户数据等恶意攻击目的。

4. 网络服务安全威胁

在移动边缘架构下，接入设备数量庞大，类型众多，多种安全域并存，安全风险点增加，并且更容易实施分布式拒绝服务攻击。MEC 节点部署位置下沉，导致攻击者更容易接触到 MEC 节点硬件。攻击者可以通过非法连接访问网络端口，获取网络传输的数据。此外，传统的网络攻击手段仍然可威胁 MEC 系统，例如，恶意代码入侵、缓冲区溢出、数据窃取，以及篡改、丢失和伪造数据等。

5. MEC 平台攻击

MEC 平台（MEP）本身是基于虚拟化基础设施部署的，对外提供应用的发现、通知

的接口。攻击者或恶意应用对 MEP 的服务接口进行非授权访问，拦截或者篡改 MEP 与 App 等之间的通信数据，对 MEP 实施 DDoS 攻击。攻击者可以通过恶意应用访问 MEP 上的敏感数据，窃取、篡改和删除用户的敏感隐私数据。

6. 通信协议漏洞

MEC 节点连接海量的异构终端，承载多种行业的应用，终端和应用之间采用的通信协议具有多样化特点，多数以连接、可靠为主，并未像传统通信协议一样考虑安全性，所以攻击者可能利用通信协议漏洞进行攻击，包括拒绝服务攻击、越权访问、软件漏洞、权限滥用、身份假冒等。

7. 管理漏洞

管理安全威胁主要包括恶意内部人员非法访问、使用弱口令等。由于 MEC 节点分布式部署，因此对于运营商来说将意味着有大量的边缘节点需要进行管理和运维。为了节省人力，边缘节点依赖远程运维，如果升级和补丁修复不及时，则会导致攻击者利用管理漏洞进行攻击。

8. 隐私数据获取

MEP 可收集、存储与其连接设备的数据，包括应用数据、用户数据等。MEP 业务开展过程中可获得和处理用户敏感隐私数据，因为未实施数据分级分类管理，未部署敏感数据加密、脱敏手段，或者开展不合规的数据开放共享等，所以都可能导致隐私数据的泄露。

17.9.2 典型 MEC 渗透测试方法

针对以上威胁及风险分析的结果，可通过 UPF 非法访问测试、边缘应用攻击测试、API 利用测试、API 应用仿冒测试、容器内应用攻击测试和 Web 门户安全测试等方法来实现。

1. UPF 非法访问测试

模拟 MEC 应用被恶意掌控的场景，通过 MEC 应用主动发起对 UPF 管理地址的访问，查看 UPF 是否支持拒绝转发 MEC App 主动发起的报文。

2. 边缘应用攻击测试

利用运维通道、应用通信协议、软件实现漏洞等方式，尝试缓冲区溢出漏洞攻击，对软件包或配置进行篡改，通过此方式验证 App 对外运维管理接口是否支持双向认证和最小授权，是否按需实施漏洞扫描修复等安全加固方式，以保障软件包和配置的防篡改。

3. API 利用测试

模拟恶意 App 访问的场景，通过 MEC App 发起对 MEP API 的访问，验证 MEP 是否对 MEC App 进行了服务注册、发现以及授权管理，同时使用白名单等安全加固方式防止未授权访问和恶意攻击。

4. App 应用仿冒测试

对于系统（应用）中通过指定包名的方式显式调用某一应用程序的情况，如果此应用程序未被预装，则攻击者发现此调用接口后，可以仿冒此应用程序，并被系统（应用）启动。攻击者通过模仿的方式，开发相同的界面，诱导用户使用，攻击者通过仿冒对应的展示内容，诱导用户去点击操作。

5. 容器内应用攻击测试

尝试发现和利用容器中运行的应用侧漏洞（如 Web 应用漏洞、Redis 未授权访问等）进行突破，利用这些漏洞进入容器内部并达成初始访问。

6. Web 门户安全测试

使用口令破解工具，并分析利用验证码产生的不同机制特点进行破解，把每一次的返回包 Token 更新放入每一次的请求包实现循环暴力破解；导入账号/口令字典，对用户名和密码进行弱口令破解。

17.10 通用场景安全渗透

通用场景下的安全渗透测试思路及方法也适用于 5G 网络，如针对已知漏洞利用的测试，包括系统漏洞、中间件漏洞及 Web 应用漏洞。另外，也需要针对危险的服务端口、不安全的口令及不安全的配置等方面进行全面测试。

1. 系统漏洞

使用漏洞扫描工具，扫描整体网络中所有的主机设备、网元、Web 应用等 5G 网络资产，对其安全脆弱性进行检测。漏洞利用是常用的渗透攻击行为，需要管理员定期对设备固件进行更新，升级病毒数据库，进行补丁修复等加固行为。

2. 中间件漏洞

根据中间件类型、版本等信息，寻找历史暴露过的漏洞 POC，检查当前的中间件是否存在相应的漏洞。中间件漏洞是最容易被 Web 管理员忽视的漏洞，因为这并不是应用程序代码上存在的漏洞，而是一种由应用部署环境的配置不当或者使用不当造成的漏洞。管理员应当定期按照中间件漏洞加固方案，加固系统。

3. Web 应用漏洞

原理同上，扫描云平台系统，搜索漏洞库中是否存在虚拟化逃逸、命令执行等漏洞，并尝试对漏洞进行利用。

4. 端口利用

使用 nmap 等扫描工具对系统服务端口进行扫描，将扫描结果与业务服务所需要的端口进行对比，发现是否存在开放与业务无关的端口，或者使用了默认端口的系统服务。著名的永恒之蓝就是利用了 445 文件共享端口，在无须用户任何操作的情况下植入勒索软件、远程控制木马、虚拟货币挖矿机等恶意程序。对于与业务无关的端口应当进行关闭；对于使用了默认端口的系统服务，应当进行修改，禁止系统服务使用默认的开放端口。

5. 口令爆破

使用口令破解工具，导入账号/口令字典，对服务登录口令进行暴力破解。弱口令没有严格和准确的定义，通常认为容易被别人猜测或被破解工具破解的口令均为弱口令。系统应通过账号锁定、双因子验证、动态验证码等手段进行防爆破增强。

6. 基线配置检查

按照等级保护 2.0 三级要求，核查网络中网元及设备的基线配置。对于不符合等级保护需求的，按照基线报告加固建议进行加固。

第 18 章 5G 垂直行业安全与实践

随着以数字化、网络化、智能化为特征的全球第四次工业革命孕育兴起，5G 作为新一轮科技革命的核心通用技术，以其超大带宽、超广连接、超低时延三大特性，成为全球各国的发展重点，对于推动经济转型、社会进步、民生改善具有重要意义。

18.1 5G 赋能垂直行业安全概述

截至 2020 年年底，全球 131 个国家的 412 家运营商采取各种方式投资 5G，59 个国家和区域的 140 个运营商已推动 5G 商用，全球共建成超 100 万个 5G 基站。目前，远程教育、远程医疗、工业互联网、自动驾驶、智慧城市、智慧港口等 5G 场景应用如雨后春笋般层出不穷。特别是 5G 三大特性激发了新一轮规模创新，为各行各业带来了新的商机，行业应用边界势必更加宽泛。另外，5G 所带来的强大连接能力也是行业提升自身效率、进一步提升竞争力的契机，为行业数字化带来广阔的发展空间，加速推动各行各业的数字化转型。根据 5G 应用产业方阵发布的《5G 应用创新发展白皮书》分析，随着 5G 融合应用的不断发展和演进，工厂、矿山、港口、电网、交通等 10 余个领域初步形成了有望规模商用的应用场景。在智慧工厂领域，5G+机器视觉、AR/VR 辅助装配等业务融合型应用，通过部署 5G 边缘计算基础设施，将 5G 技术与人工智能（AI）等新技术在边缘侧进行融合，解决原来 AI 技术受限于终端的处理能力及成本等问题；在智慧电网领域，5G 技术主要以移动巡检、视频监控、环境监测等新型业务方式增强电力系统管理能力，如配网差动保护应用利用 5G 低时延及高精度网络授时特性，实现配电网故障的精确定位和隔离，并快速切换备用线路，停电时间可由小时级缩短至秒级；在智慧港口领域，5G 的低时延、高可靠和大带宽的技术特点可满足港口的远程操控、高清视频辅助控制以及复杂环境监控等场景的需求，通过用 5G 无线网络的远程控制替代传统的有线控制，实现了作业现场的无人化操作，提升了操作灵活性和可靠性，人工成本大幅降低，改善了工人的作业环境，港口作业效率显著提高。

5G 作为实现万物泛在互联、人机深度交互、智能引领变革的新型技术，应用场景从移动互联网拓展到工业互联网、车联网、医疗健康等更多领域，其价值将在垂直行业的应用中得到进一步体现。5G 与行业深度融合发展的同时也带来了新的安全风险和挑战，并且由于垂直行业的差异化，其网络安全风险及消除这些风险的安全方案也不一样。目前的 5G 安全架构和机制基本能满足行业通用安全需求，但面向垂直行业的差异化网络安全能力需求，还要进一步通过差异化的安全方案和能力来支撑垂直行业用户的 5G 网络满足国家安全等级保护的要求，并且实现 5G 网络快速部署。

18.2　5G 赋能垂直行业的安全挑战

5G 网络建设作为新基建之首，传统安全和非传统安全融合。垂直行业高业务价值引发更多的攻击风险，安全威胁以国家安全数据、商业机密等为目标，以操纵市场、取得战略优势，损害关键信息基础设施为出发点，由传统的个人黑客技术性单点攻击逐步向商业性、有组织的高级持续攻击转变。

18.2.1　垂直行业的安全监管挑战

为了应对网络安全风险带来的挑战，法律法规和标准层面不断完善安全防护体系和指南。以我国为例，《网络安全法》《关键信息基础设施保护条例》、网络安全等级保护系列标准以保护国家关键信息基础设施安全为重点，提出了网络安全实战化、体系化、常态化新理念，注重全方位主动防御、安全可信、动态感知和全面审计，强化安全集中管控，要求持续增强动态防御、主动防御、纵深防御、精准防护、整体防控、联防联控六大能力，并对使用新技术的信息系统提出了安全扩展要求。5G 作为数字经济的重要基石，需要在安全保障更为可靠有效、安全响应更为快速准确等方面提供更为有力的支撑。

同时，在行业领域，业务数据通常涉及企业商业秘密、个人隐私等，一旦被非法获取、利用后，可能会对社会秩序、公共利益乃至国家安全带来严重损害，各国对于数据保护的意识和要求不断提升，为了保障数据采集、传输、存储、处理、销毁生命周期的安全，需要信息基础设施具有相应的安全能力。

18.2.2　行业应用的安全挑战

在 5G 垂直行业应用安全方面，5G 安全机制除要满足基本通信安全要求外，还需要为不同业务场景提供差异化的安全服务，能够适应多种网络接入方式及新型网络架构，保护用户隐私，并支持提供开放的安全能力。一是 5G 网络受到攻击时会影响上层关键设施或关键应用的稳定运行。二是上层关键应用由于错误配置等原因发生资源滥用，或者受到恶意控制，也会对 5G 网络安全产生严重的影响。三是 5G 行业应用具备各自特点，需面向不同场景，提供差别化的安全能力，以满足行业安全生产要求：从信息安全三要素 CIA（机密性、完整性和可用性）来看，5G 网络承载的行业应用，因业务需求的多样化，针对 CIA 三要素的安全策略也存在差异化需求，如工业制造要求高可用性、数据不出园区，远程医疗要求高度的用户隐私数据保护，车联网要求匿名认证、防跟踪等。四是 5G 垂直行业应用安全是端到端安全，网络安全、应用安全、终端安全的问题将相互交织、相互影响，导致安全责任边界模糊，需要制定相关规范和准则，引导产业链共担安全责任。

18.2.3　新业务特征带来新安全挑战

在万物移动互联时代，5G 网络业务需要无所不包，广泛存在。这样才能支持更加丰富的业务，才能在复杂的场景上使用。新业务及新特性引入的同时也带来了新的安全挑战。

1. 新业务面临新的安全挑战

5G 网络需要满足前所未有的连接场景需求，主要包括三大新业务场景：增强型的移动宽带（eMBB）、超高可靠低时延通信（uRLLC）和海量机器类通信（mMTC）。不同的业务场景均面临不同的安全挑战。

（1）eMBB：该场景下的主要安全风险是超大流量对于现有网络安全防护手段形成挑战。由于 5G 数据速率较 4G 增长 10 倍以上，网络边缘数据流量将大幅提升，现有网络中部署的防火墙、入侵检测系统等安全设备在流量检测、链路覆盖、数据存储等方面难以满足超大流量下的安全防护需求，传统安全边界设备面临较大挑战，MEC 成为新的安全焦点。

（2）uRLLC：该场景下的主要安全风险是低时延需求造成复杂安全机制部署受限。安全机制的部署，如接入认证、数据传输安全保护、终端移动过程中的切换、数据加解密等均会增加时延，过于复杂的安全机制不能满足低时延业务的要求。

（3）mMTC：该场景下的主要安全风险是泛在连接场景下的海量多样化终端易被攻击利用，对网络运行安全造成威胁。接入设备多、应用地域和设备供应商标准分散、业务种类多，大量功耗低、计算和存储资源有限的终端难以部署复杂的安全策略，一旦被攻击就容易形成僵尸网络，将成为攻击源，从而引发对用户应用和后台系统等的网络攻击，带来网络中断、系统瘫痪等安全风险。进而引发对用户应用和后台系统等的网络攻击，带来网络中断、系统瘫痪等安全风险。

2. 5G 新特征引入多样的安全挑战

5G 新特征也引入了多样的安全挑战，具体主要包括以下几个方面。

（1）5G 信息基础设施安全。一是虚拟化技术在 5G 网络大规模应用，使得网络边界变得模糊，传统依靠物理隔离、部署安全手段的纵深防御体系不再适用，如何进行有效安全隔离及实施安全防护成为全新问题。二是在服务化架构中，用网络功能 NF（Network Function）代替了原来的网元 NE（Network Entity），使得每个网络功能可以对外呈现通用的服务化接口，这一机制促使 5G 网络功能可以以非常灵活的方式在网络中进行部署和管理，但相比于传统网络的物理接口，灵活的服务化接口也更容易被攻击者进行利用。三是 MEC 导致边缘网络基础设施暴露在不安全的环境中，基础设施的安全风险增大；MEC 的本地业务处理特性，使得数据在核心网之外终结，运营商的控制力减弱，攻击者可能通过 MEC 平台或应用攻击核心网，造成敏感数据泄露、（D）DoS 攻击等。四是网络能力开放使得数据从封闭平台扩展到开放平台，导致 5G 时代运营商网络和第三方之间的安全责任划分问题较 4G 更为突出。

（2）终端安全。异构接入和终端形态多样化带来的泛终端安全风险，尤其是那些种类繁多、能力差异大、安全防护措施不健全的物联网终端，容易遭受物理攻击和系统破解，可能受到恶意控制而成为大规模攻击源（如僵尸网络），同时也使得数据泄露的风险点增多、违法有害信息管控难度增大。

（3）数据安全。业务数据通过公有 5G 环境，行业对自身的业务数据控制能力减弱，可能会带来数据泄露风险。

（4）安全运维管理。原本将较封闭的企业网络变得较为开放，并且引入了大量新技术和新运维对象，对安全管理、运维人员都带来了新的安全风险和挑战。

18.3　典型行业 5G 安全方案实践

本节主要通过 5G 在智能电网、智能制造以及智慧港口的安全实践，来讲述针对不同行业的安全需求，5G 网络如何进行整体的安全防护方案设计。

18.3.1　智能电网

1．行业介绍

智能电网是指电力通信利用 5G 技术，在电力生产控制过程中实现智能化、无人化、安全化。智能电网无线通信应用场景总体上可分为控制、采集两大类。其中，控制类包含智能分布式配电自动化、用电负荷需求侧响应、分布式能源调控等；采集类主要包括高级计量、智能电网大视频应用。

将 5G 技术应用在智能电网的应用场景可细分为以下五类。

第一类，利用 5G 低时延特性、切片等新技术，保护电网差动等操作，如智能电网配网差动保护。

第二类，利用 5G 低时延特性，切片、MEC 等新技术，保证电网三遥操作，如智能电网配网自动化三遥。

第三类，利用 5G 高带宽特性，切片、MEC 等新技术，保证电网业务正常、安全操作，如智能电网无人巡检、智能电网应急通信。

第四类，利用 5G 高带宽、低时延特性，切片、MEC 等新技术，保证电网业务正常、安全操作，如智能电网配网 PMU、智能电网精准负荷控制。

第五类，利用 5G 高带宽、海量连接特性，切片、MEC 等新技术，保证电网业务正常、安全操作，如智能电网高级计量。

五类业务场景及场景描述见表 18-1。

表 18-1　五类业务场景及场景描述

业务分类	主要业务场景	场景描述
第一类	智能电网配网差动保护	智能分布式配电自动化终端，主要实现对配电网的保护控制，通过继电保护自动装置检测配电网线路或设备状态信息，快速实现配网线路区段或配网设备的故障判断及准确定位，快速隔离配网线路故障区段或故障设备，随后恢复正常区域供电
第二类	智能电网配网自动化三遥	在配电环节，设备与电网主站之间通过 5G 上行传输遥信和遥测数据，5G 下行传输遥控指令，结合 5G 切片等技术实现对配电网的检测、控制和故障快速隔离
第三类	智能电网无人巡检	在发电/输电/配电等环节，利用 5G 无人机、5G 机器人，实现高清视频采集和回传，扩大巡检范围、提升巡检效率，助力无人巡检、无人值守
	智能电网应急通信	在应急通信场景，通过应急通信车+无人机的 5G 适配改造，实现一台 5G 无人机的高清视频回传，与一台 5G 无人机基站通信，以及应急通信车与主站的数据通信能力，满足应急通信保障需求
第四类	智能电网配网 PMU	在配电环节，利用 5G 网络对 PMU 设备进行高精度网络授时，并通过 5G 网络把不同节点的电压电流相位数据回传到监测主站，助力实现故障精确定位和及时处理，减少光纤部署成本
	智能电网精准负荷控制	引导非生产性空调负荷、工业负荷等柔性负荷主动参与需求侧响应，实现对用电负荷的精准负荷控制，解决电网故障初期频率快速跌落、主干通道潮流越限、省际联络线功率超用、电网旋转备用不足等问题。快速负荷控制系统将达到毫秒级时延标准
第五类	智能电网高级计量	在用电环节，通过 5G+智能电表/集中器的适配改造，采用 5G 无线网络传输用电信息，实现采集内容丰富、采集频次提升、双向互动的用电信息深度采集，满足智能用电和个性化用户服务需求

2. 安全需求

网络安全是 5G 赋能智能电网首要关注的问题，电网行业客户对网络安全是非常重视的，一方面是来自行业监管部门的要求，另一方面，作为国家关键基础设施行业，其业务稳定安全运行是其他重点行业乃至整个社会经济民生的重要保障。

1）行业监管要求和客户需求

电网是关系国计民生的国家重要基础设施，如发生大规模电力事故，将可能导致数以百

万计的人受到影响，造成严重的经济损失和人员伤害。因此，安全是智能电网压倒一切的根本性需求，需加强电力监控系统的信息安全管理，防范黑客及恶意代码等对电力监控系统的攻击及侵害，保障电力系统的安全稳定运行。中华人民共和国国家发展和改革委员会于2014 年发布了《电力监控系统安全防护规定》，指出电力监控系统安全防护工作应当落实国家信息安全等级保护制度，按照国家信息安全等级保护的有关要求，坚持“安全分区、网络专用、横向隔离、纵向认证”的原则，保障电力监控系统的安全；国家能源局于 2015 年发布了《电力监控系统安全防护总体方案》（国能安全〔2015〕36 号），该方案确定了电力监控系统安全防护体系的总体框架，细化了电力监控系统安全防护总体原则，定义了通用和专用的安全防护技术与设备，提出了梯级调度中心、发电厂、变电站、配电等的电力监控系统安全防护方案及电力监控系统安全防护评估规范。

2）业务安全需求

对 5G+智能电网主要业务特点及应用场景进行分析，5G 电力网络面临的主要安全风险及需求如下。

（1）终端接入安全。

恶意终端非法接入 5G 电力业务专网，可能造成真实电力业务终端的网络资源被抢占、攻击电网业务应用、窃取并篡改电力系统敏感信息等威胁。因此，终端接入电力 5G 通信网络，必须进行身份认证，包括接入切片认证、核心网主认证，对敏感电力业务还需电网用户进一步进行自主控制的二次身份认证和授权。

若终端对电力业务数据未实施加密传输等保护措施，则可能导致电网敏感数据泄露、电力应用业务数据被篡改等一系列风险，因此，电力终端应采取技术措施对重要业务数据进行加密和完整性保护。

（2）5G 管道安全。

电力网络的安全性关乎国计民生，需要使用独立的 5G 网络，与公众网络物理隔离，防止来自公网的攻击。

不同敏感度的大区电力业务，需要根据安全级别，实现差异化的切片安全隔离，具体内容如下。

① 应根据电网局域专网、管理信息大区、生产非控制大区和生产控制大区的安全级别不同，提供安全级别逐级上升的切片隔离度。

② 来自管理面的威胁易对电力切片业务造成重大影响，应对电力业务管理面设立单独的安全域，做好边界防护和用户权限控制。

③ 从无线到核心网及边缘、到主站电力业务系统之间的通信业务信息易泄露或被篡改，从而为生命财产安全带来重大威胁。因此需要采取安全协议和加密技术等措施保障5G 通信管道的数据安全。

④ 对于部分智能电网中部署的边缘节点，存在通过 MEC 相互渗透对运营商核心网及电网系统进行攻击的风险。因此需要对边缘节点进行安全管控，包括对 MEC 平台、MEC 编排管理系统，以及下沉 UPF 进行安全加固和身份校验等措施。

⑤ 电网业务流量大多比较敏感，需采取本地分流等措施，防止电力业务数据流出电网园区。

（3）安全管理。

① 应通过融合的统一安全管理平台，提供安全态势感知系统，对电力终端安全状态实时监测和告警。

② 应提供安全即服务，为电网边缘应用、终端安全管理等提供安全服务。

③ 应提供电力切片差异化安全管理自运营服务。

3. 安全解决方案

5G+智能电网的建设首先需要遵从行业监管要求中关于电力安全防护“安全分区、网络专用、横向隔离、纵向认证”十六字方针的基本原则。在满足“十六字”方针的基础上，5G+智能电网安全体系包括“云、管、端”三大领域，即终端安全接入身份认证、5G 电力专用管道网络安全隔离和加密、云侧安全监控和管理三个方面来端到端保障电力业务的安全性。5G+智能电网安全框架如图 18-1 所示。

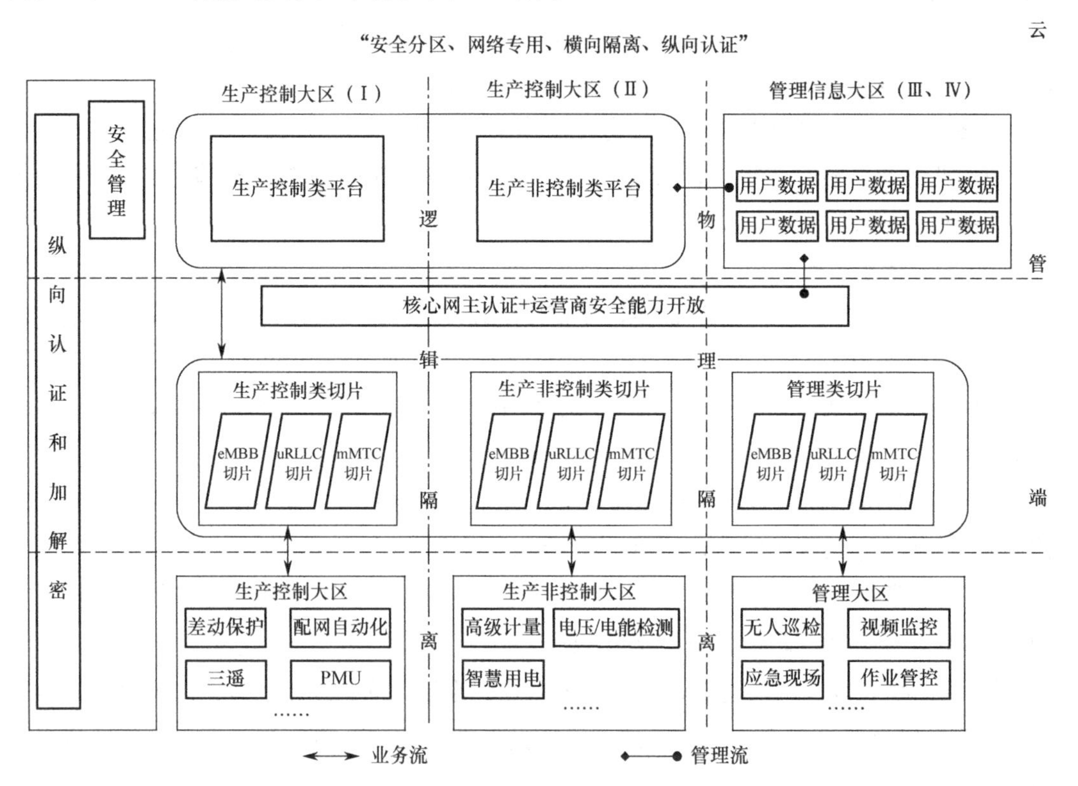

图 18-1　5G+智能电网安全框架

在十六字方针中，“安全分区”主要针对不同安全级别的电力业务和设备，管侧安全重点聚焦于“网络专用、横向隔离”，端侧安全重点聚焦“纵向认证”，云侧安全则主要实现安全检测、响应和恢复等安全管理能力，如对通信管道侧和电力终端侧实现安全监测及管理。

1）电力应用终端接入安全

电力应用终端接入 5G+智能电网需满足“纵向认证”要求，既要通过电信运营商核心网主认证，也要根据电网系统的重要性实现对终端接入身份二次认证的自主控制。终端接入安全方案可以通过以下方式实现。

（1）电力终端通过空口接入 5G 网络采用双向鉴权机制，根据 NSSAI 为终端选择正确的切片，保证合法终端只能接入指定的切片网络。

（2）电网内部部署 AAA 服务器并对接运营商核心网，实现对接入电力专用切片的终端通过核心网转发的身份消息进行二次身份认证。

（3）设置基于 IP 地址和端口的访问控制功能，主站安全防护设备采用防火墙、UTM、IPS 等设备，并开启基于 IP 地址端口的访问控制功能。

2）5G 管道安全

5G 智能电网通信管道网络包括无线、传输、核心网和 MEC 节点，该网络也需要满足电网“网络专用、横向隔离”的安全要求，同时还需要确保敏感电力业务在整个通信过程中的数据安全，具体内容如下。

（1）在网络专用方面，电网生产大区和管理信息大区接入的 5G 网络与公众网完全隔离，达到“终端到终端”的专网水平，不与其他业务混用，构建电力 5G 专用网络。

（2）在横向隔离方面，可以根据电力业务安全等级不同对无线、传输以及核心网分别使用不同的切片隔离技术。

① 对于无线，可以采用基站独享和基站共享模式。其中基站独享模式适用于发电站、变电站等场景的局域网络，而基站共享模式适用于配电、输电等场景的 5G 广域网络。基站共享模式有 5QI（QoS）、RB 资源预留、独立频谱三种切片隔离方式，其安全隔离级别由低到高，可根据业务隔离要求灵活选择。推荐安全级别要求最高的生产控制大区业务切片采用 RB 资源预留实现物理隔离和资源独享，生产非控制大区业务切片采用 RB 资源预留+QoS 优先级保障，管理信息大区业务切片采用 5QI（QoS）优先级保障即可。

② 对于传输，有 QoS+VPN 软隔离、信道化子接口和 FlexE 硬隔离这几种隔离技术，隔离效果由低到高，其中 FlexE 硬隔离效果好且成本适中。推荐生产大区和管理大区之间采用 Flex 硬隔离方式实现大区之间的横向隔离，大区内部采用 QoS+VPN 软隔离方式实现内部业务逻辑隔离。

③ 对于核心网，电力业务可以采用核心网元完全独享和部分共享公网核心网元资源

的模式。除对安全要求特别高需独享整个 5GC 所有网元外，推荐独建专用的边缘UPF，共享运营商大网其他 5GC 网元，以实现业务面独立隔离。核心网按业务需求为客户提供通过 VLAN/VXLAN 划分切片，并在物理或虚拟网络边界部署硬件或虚拟防火墙完成访问控制，基于物理部署实现切片的物理隔离，保证每个切片都能获得相对独立的物理资源。

④ 另外，生产控制大区和生产非控制大区的 5G 切片网络至少通过逻辑隔离实现各自大区的电力应用专用。不同安全区的电力业务终端提供不同的 DNN 地址池，通过终端NSSAI 绑定指定 DNN，实现业务数据网络专用。

（3）MEC 节点安全。

① 下沉到发电站和变电站等特定园区的 MEC 与本地边缘云之间通过防火墙隔离。

② 通过 UL CL 本地分流措施，以及防火墙白名单限制，实现电力业务数据流量本地闭环，防止业务数据泄露。

③ MEC 集成 TPM2.0 实现安全启动。对于 MEC 上需要部署电力应用的场景，启用MEC 平台软件安装完整性校验，实现 API 安全能力，包括开放 API 访问双向认证、API访问流控。

（4）数据传输安全。

① 电力 5G 终端集成安全芯片或安全模块，并在主站部署加密认证网关，与终端建立国密标准的 IPSec VPN 隧道，实现数据的 IP 层加密和双向认证。

② 对于敏感电力业务，其 5G 电力终端开卡注册时需激活业务面空口加密；UPF 至配电力业务主站通过 IPSec 或 MPLS 专线连接，防止数据泄露。

3）安全监测和管理

电网切片管理面可以向电网用户开放，所有开放接口都应具备认证和鉴权，管理面的传输通过 TLS 加密和完整性保护；在 NSMF 管理功能上，支持分权分域，防止越权运维；流程内的不同节点也支持指定相应的角色。

运营商以租户形式开放切片管理能力，电网用户可通过运营商切片开放平台自主监控和管理电网切片。

运营商核心网开放异常终端安全监测和处理能力，电网内部建设安全管理中心并与运营商安全开放能力对接，实现对终端接入可控、异常终端可视、终端可自主管理。

4．案例介绍

1）方案概述

电网 5G 鉴权认证加固总体方案包括终端接入安全、切片管道安全、终端访问安全、切片管理安全四个方面。终端接入安全主要为集成南网定制化安全模块，支持国密算法、终端双向鉴权、业务切片 ID 号加密保护。切片管道安全主要包括无线资源预留、传输资源隔离、核心网设备独享、业务通道 IPSec 加密、MEC 公专网边界防护隔离。终端访问安全包括行业定制化端到端二次鉴权认证、密钥分发、证书注入。切片管理安全主要包括关键 KPI 监控、避免越权运维、杜绝数据泄露、防止资源抢占。电网安全方案如图 18-2 所示。

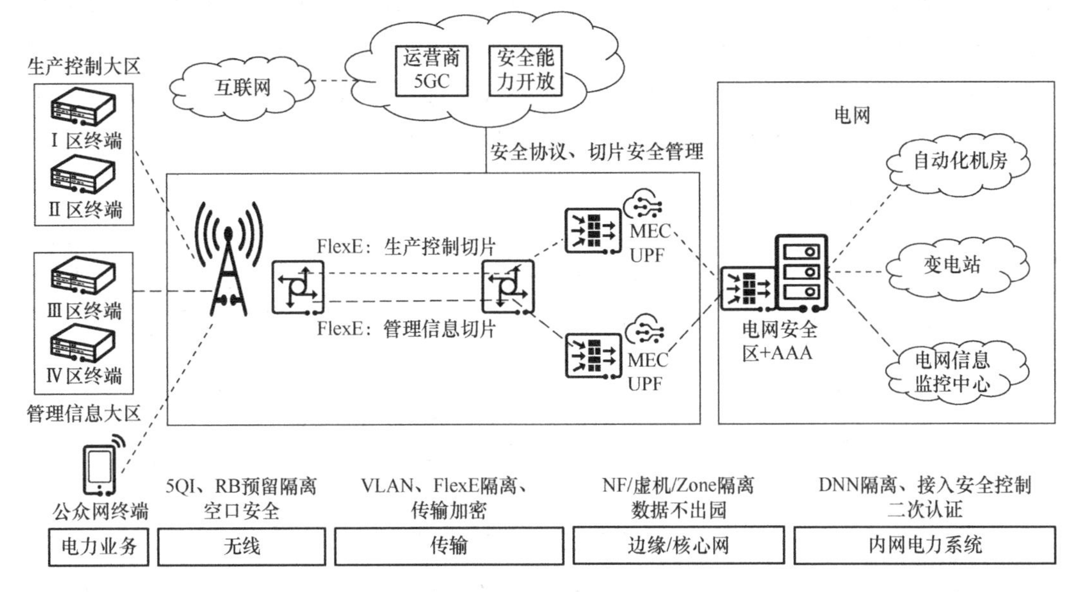

图 18-2　电网安全方案

2）终端接入安全

本案例中 5G 终端除通过核心网 3GPP 主认证外，还采用 5G CPE 与国密型号的安全模组之间的一体化详细方案设计，通过终端定制安全模块一体化集成，实现 IPSec VPN 隧道加密及终端安全接入二次认证。电网终端接入二次认证方案如图 18-3 所示。

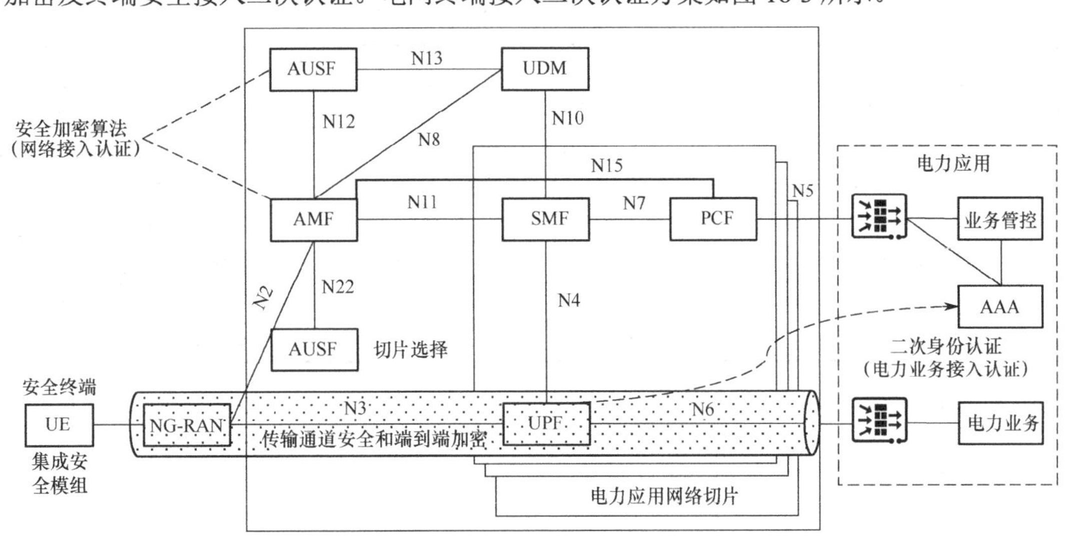

图 18-3　电网终端接入二次认证方案

通过二次认证网关（DN-AAA）/EAP 接口，完成终端到二次认证网关间的 PDU 会话二次鉴权认证。

3）切片管道安全隔离

根据电网安全生产大区业务及管理信息大区业务安全隔离需求，在 5G SA 端到端网络构建生产大区和管理大区两个切片所需专用承载网络资源，核心网采用专属 UPF/SMF，传输承载通过 FlexE 硬隔离，无线网根据业务特点灵活选择 QoS 及 RB 资源隔离方式，部分变电站、配电房场景需配置专属基站或小区。电网端到端切片如图 18-4 所示。

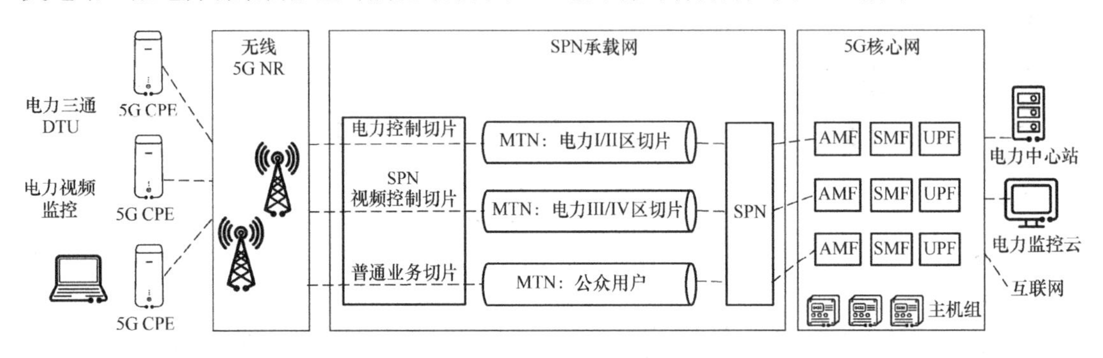

图 18-4 电网端到端切片

图 18-4 中包含电网专用切片的一个三层组网方案，其中控制类切片承载电力生产业务，如差动保护、三遥和精准负荷控制，电力终端装置通过 5G CPE 接入 5G 网络，5G 核心网出口交换机配置路由互通，连接配电自动化主站系统。控制类业务通过网络切片技术与信息采集类业务（电力 III/IV 区业务）、移动应用类业务形成端到端隔离。电力行业不同业务隔离方案见表 18-2。

表 18-2 电力行业不同业务隔离方案

电力业务类别		隔离方案		
大类	典型业务	5G 无线网	5G 承载网	5G 核心网（SMF+UPF）
生产控制类	配网差动保护、配网广域同步向量测量 PMU 和配网自动化三遥业务等	高优先级 QoS+RB 无线空口资源预留	FlexE 接口隔离+VPN 隔离	SMF、UPF 网元物理或逻辑资源专建专享
生产非控制类	高级计量、电能/电压质量监测、工厂/园区/楼宇智慧用电等	QoS 优先级保障	FlexE 接口隔离+VPN 隔离	SMF、UPF 网元物理或逻辑资源专建专享
管理区视频类	变电站机器人巡视、输配电线路无人机巡视、视频监控等	QoS 优先级保障	FlexE 接口隔离+VPN 隔离	SMF、UPF 网元逻辑资源独占专享

4）切片管理安全

通过多层次安全措施协同防护。

（1）避免越权运维。

避免越权运维的措施如下。

① 切片 API 的 TLS 认证，基于 OAuth 授权的安全业务门户防止切片越权运维。

② 通过数字签名和证书，切片模板和实例防篡改。

（2）杜绝数据泄露。

杜绝数据泄露措施如下。

① 5G AKA 基础上，提供切片二次认证，提供企业应用会话级鉴权。

② 差异化 key 加密传输防止切片窃取数据、引发切片攻击等。

③ 空口 NSSAI 加密，保护敏感用户隐私。

④ 切片级的 FW 防护、端到端网络加密（IPSec）。

（3）防止资源抢占。

通过虚拟及物理隔离技术，确保不抢占周边切片资源。

5）案例方案优势

实现电网可信终端安全接入、设备自主可控，全天候数字电网安全态势感知，实现切片安全隔离和差异化的切片安全级别部署方式，满足“安全分区，网络专用，横向隔离，纵向认证”的要求。

（1）产业效益。

5G 技术对于行业而言，也不是一蹴而就、拿来就用的。具体到电力行业，需要网络设备商、集成商、解决方案提供商、芯片模组厂商等产业各方的共同努力，根据电力业务特点主动适配电网安全稳定运行而做出革新改变，共同完成“具有电力特色的 5G 安全防护体系”。通过对 5G 智慧电网端到端安全解决方案的研究，可更有效地提供一个适用于电力行业的 5G 整体解决方案，从而为后续规模应用打下坚实基础。

（2）推广价值。

5G 智慧电网端到端安全解决方案，通过在系统层、网络层、设备层部署不同安全产品及服务，构成一整套电力行业网络安全架构，为 5G 融入电力行业，乃至千行百业奠定了坚实的基础。

（3）推动 5G 融入电力行业。

5G 网络切片技术将可以作为运营商助力智慧电网建设的切入点，通过 5G 网络切片针对业务特点实现定制化网络，对网络进行分区以提供对电网不同级别的访问，以启用精细的安全策略设置，满足智慧电网各种特色业务的安全要求。

（4）以点带面融入千行百业。

智能电网业务场景众多，各有特色，全面涵盖了 5G 大带宽、低时延、高可靠、大连接的场景。通过 5G 安全技术的研究，全面梳理、挖掘智能电网不同业务场景下的差异化安全需求，借鉴“纵深防护”“零信任”“内生安全”等先进安全理念，创新 5G 智能电网的应用安全解决方案，由电力复制推广到公安、工业、车联网等其他行业市场，形成规模效应；远期还可由中国走向世界，面向一带一路等国家/地区进行复制推广。

18.3.2 智能制造

1. 行业介绍

5G 在“智慧制造”行业内的应用，综合利用了 5G 低时延、大带宽和海量机器终端通信的特点，解决制造工厂内采用光纤与 Wi-Fi 等通信方式存在线路部署复杂、建设和运维成本高、稳定性与可靠性差等问题，实现制造工厂内机器与机器之间、机器与云平台之间、机器与人之间的快速可靠连接，极大地提高了生产效率，为制造行业工厂内部安全通信提供了全新的方案。

针对制造行业的典型应用场景进行分析，可以将 5G 技术在制造行业的应用场景分为以下四类。

第一类，基于 5G 低时延、大带宽的特性，通过网络切片和 MEC 技术，保证远程精准操控的网络需求，例如，远程机器人控制、远程机械臂。

第二类，基于 5G 大带宽特性及 MEC 高算力、低时延特性，将终端侧视频采集到云端进行分析，以支撑机器视觉、辅助 AI 检测、AR 应用辅助排查故障和指导。

第三类，基于 5G 海量连接特性，采集工厂内 PLC 终端传感器数据传输至云端进行分析，并利用 5G 低时延特性，实现 PLC 控制操作，如 PLC 控制、PLC 协同和 PLC 云化场景。

第四类，基于 5G 低时延特性，结合基站精确定位、MEC、网络切片新技术，将需操作的对象位置等信息实时上报云端分析和处理，实现工厂内物料自动配送、AGV 调度、自动驾驶和设备剪辫子等能力。智能制造业务场景分类及描述见表 18-3。

表 18-3　智能制造业务场景分类及描述

业务分类	业务场景	场景描述
第一类	室内定位	利用 5G 基站支持高精度定位的技术，实现资产盘点、资源调度、物料透明可视、人员热力图等
第二类	机器视觉-AI 检测	在生产制造中，利用 5G 大带宽和 MEC 低时延、高算力的特性，通过超高清摄像头，拍摄待检测物品，经 5G 网络上传至云端进行图像识别和分析，实现物品 AI 检测。包括印刷缺陷、来料缺陷、组装缺陷、包装检测等场景
	远程现场-AR 应用	在生产制造环境中，利用 5G 大带宽的特性，通过 AR 技术，实现快速排查故障与检修指导。包括远程指导、在线维修、参观厂验等场景
第三类	5G PLC	在生产过程中，利用 5G 网络实现 PLC 之间，PLC 与厂内系统之间的系统数据传输，在保证数据安全和实时性的同时，减少车间内的布线成本，快速实现产线产能匹配，助力柔性制造。如 PLC 控制、PLC 协同、PLC 云化场景

（续表）

业务分类	业务场景	场景描述
第四类	智能物流	在生产车间或园区中，通过视觉、雷达、无线等多种技术融合定位和障碍物判断，经低时延 5G 网络上传位置和运动信息，实现终端按规划路线送货并自动避障，提升产线自动化水平。包括 AGV 调度、物料自动配送、自动驾驶等场景
	远程控制-设备剪辫子	在生产车间中，5G LAN、通用/自动化/整机设备剪辫子

2. 安全需求

5G 网络使得原来不联网或相对封闭的工厂控制专网连接到互联网上，这无形中增大了工控协议与工厂 IT 系统漏洞被利用的风险。针对行业监管要求和客户需求，结合以上场景及其业务特点进行分析，制造业接入 5G 网络主要包括以下安全挑战和需求。

1）制造终端接入安全

制造终端接入安全主要考虑一些工厂业务的特殊终端，终端身份仿冒以及终端接入位置的限制等措施，另外还需要及时识别和阻断非法或异常终端。

（1）工厂各业务场景包含大量不具备 5G 通信能力的哑终端，如大量未经认证的哑终端通过 CPE 等 5G 路由入网，可能造成肉鸡 DoS 攻击、数据泄露等风险，因此需要 5G 路由终端和企业侧 IoT 平台对入网哑终端有身份认证措施。

（2）若非法 5G 终端通过身份仿冒接入工厂的 5G 专用网络，则可能造成故障注入、DDoS 攻击、敏感业务数据泄露等风险，因此 5G 网络需要对入网 5G 终端进行身份认证，对重要业务还应通过企业侧对终端进行二次身份认证。

（3）应通过位置控制技术限制重要业务终端只能接入室内制造专网，如果接入室外范围的非法网络，可能存在被终端恶意吸附并控制，从而造成安全生产和终端数据泄露的风险。

（4）应能快速识别和阻断已接入工厂 5G 网络的非法和异常终端，防止损失进一步扩大。

2）MEC

智慧制造行业的 MEC 节点一般位于制造园区内部，用于构建端到端的 5G 制造专网，实现业务数据的本地闭环。

（1）MEC 节点上运营商和工厂资源深度耦合，可能通过边缘工厂 App 的漏洞，以边缘 App 作为跳板来攻击运营商核心网，也有可能通过运营商管理面，渗透到企业内网。因此要采取身份验证、隔离等手段防止企业 App 和运营商边缘网元之间的相互渗透。

（2）MEC 节点的 5G 网元和 MEC 平台依赖远程运维和管理，需要通过合理的身份权限管理、MEC 加固和漏洞扫描等措施，防止通过运营商管理面对 MEC 进行攻击。

（3）对于制造行业来说，MEC 节点有多个接口出口到运营商 5GC，应防止通过恶意操作或攻击导致的业务数据出园风险。

3）数据泄露

业务数据流出制造园区，造成敏感信息泄露风险。应能监测到业务数据出园事件，并能通过安全运营等手段快速阻断业务数据出园的端口，并具备快速恢复的能力。

敏感业务数据及用户隐私数据需采取跨信任域端到端加密，防止数据泄露。

4）网络切片

切片隔离不彻底，可能导致制造工厂业务数据泄露。

制造工厂包含多种不同安全要求的 5G 业务，需要提供差异化的安全隔离和稳定度的切片资源，对于 PLC、机器视觉等高安全要求的业务应保证切片端到端隔离且资源不受其他切片影响。

终端绕过核心网认证授权，非法接入切片可能导致业务数据泄露及通过切片攻击制造工厂私有网络的风险。

切片管理权限管理不合理或存在越权等漏洞，可能导致切片资源不可用的风险，进而影响正常的生产活动。

3. 安全解决方案

针对上述 5G 新技术应用到制造业场景的安全风险和需求，需提供有效方案解决终端安全入网身份认证和控制、制造业务数据不出园保障、消除行业客户与基础电信运营商对 MEC 安全性的担忧，同时能够实时监控和处理基于 5G 网络的制造专网的安全状态，确保 5G 网络的稳定性，避免造成制造业用户的重大经济损失。智慧制造总体安全架构如图 18-5 所示。

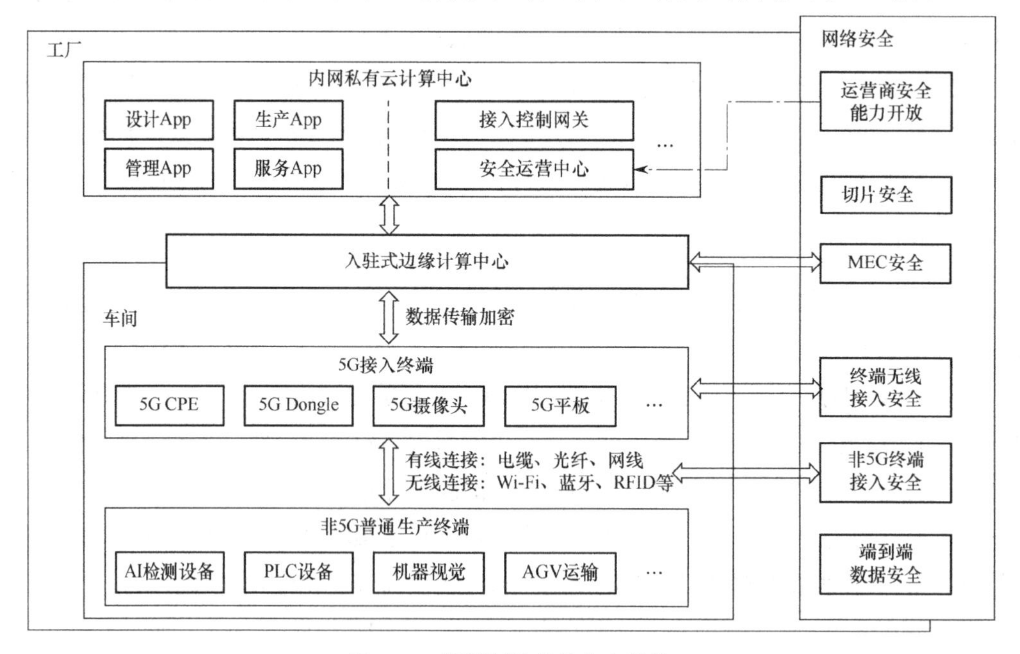

图 18-5　智慧制造总体安全架构

5G 制造业安全方案需明确运营商和行业用户的安全责任边界，以保证包含业务数据不流出生产园区的商业敏感信息安全及确保关键业务的稳定可持续生产为基本目标。安全方案可从终端接入安全、MEC 安全、切片安全、端到端数据安全这几个方面考虑整体安全性。

1）终端接入安全

在 5G+智慧工厂场景下，不仅包含 5G 终端，也有大批存量的不具备 5G 能力的工厂终端，所有这些工厂终端都要考虑接入 5G 制造专网的安全性和可靠性。

（1）工厂内部 IT 网络部署 AAA 系统，所有终端访问工厂内部 IT 系统都需要先经过 AAA 认证，实现工厂自主可控的终端接入 5G 制造专网的二次身份鉴权。

（2）对于重要的生产终端，企业可通过运营商 UDM 网元签约绑定 SIM 卡的方式，或者自有 AAA 系统实现机卡绑定认证，以防止 SIM 卡遗漏或被非法拔插，造成非法终端侵入工厂专用 5G 网络。

（3）对于终端入网位置范围有要求的制造业用户，应通过 UPCF 或 AAA 批量对指定终端 SIM 卡实施位置绑定策略，以防止终端出园后接入外部非法网络。

（4）对于数据有保密要求的业务，应打开空口用户面加密和完整性保护。

（5）用户如果发现非法终端接入园区 5G 专网，则能通过运营商开放的安全运营服务将非法终端及时下线或通过 AAA 即时阻断。

2）MEC 安全

（1）组网安全。

边缘节点安全组网如图 18-6 所示。

① 安全域划分：如果企业应用在 MEC 节点部署，则可将 MEC 划分为内部的运营商安全域、企业应用安全域，以及 MEC 外部安全域。其中，运营商安全域中又可划分为 UPF 网元子域和 MEC 子域（MPF 和自有 App）。

② 安全域隔离：各安全域之间的计算资源采用 vDC 技术做物理隔离，域间数据通信采用防火墙隔离。安全子域之间根据实际风险和需求可防火墙隔离。

③ 平面隔离：MEC 组网层面上管理平面、信令平面、业务平面和存储平面四平面物理或 VLAN 逻辑隔离。

（2）边缘安全即服务。

电信运营商应根据 MEC 计算资源面临的实际风险设置安全接入区，并按需部署安全防护设备保障 MEC 节点的自有资源及用户边缘云业务应用不受任何外部攻击的威胁。应根据制造业客户要求，为客户提供边缘安全即服务，防止来自 MEC 之外的安全攻击威胁，同时让运营商和客户都能透明化实时感知 MEC 上的安全漏洞和态势，并监控和审计业务数据出园风险。

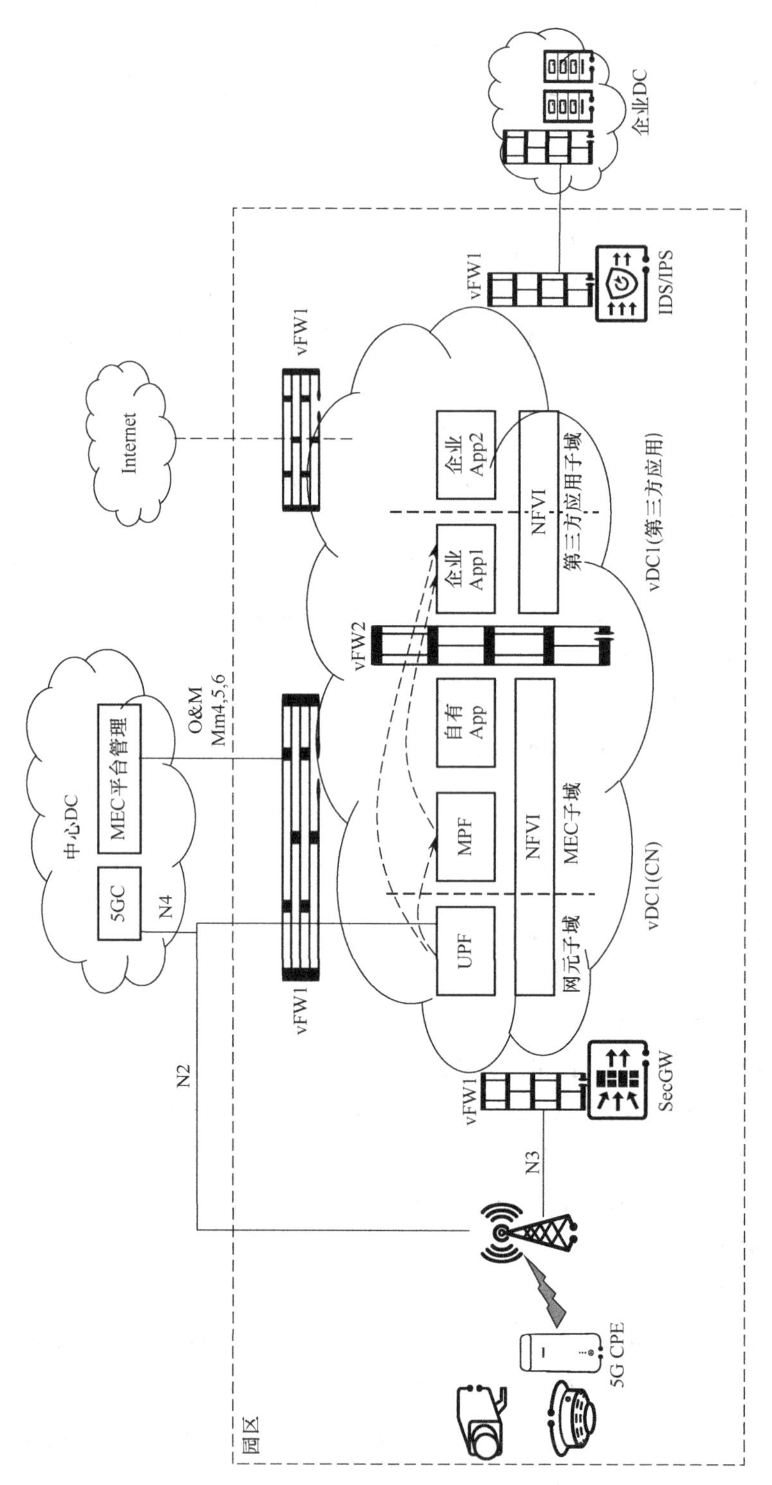

图 18-6　边缘节点安全组网

3）端到端数据安全

端到端数据安全主要通过业务流量本地闭环、业务流量传输加密和数据出园监控等手段来实现。

（1）业务流量本地闭环：生产终端通过绑定边缘 UPF 的 DNN 或端到端切片方式实现业务流量本地卸载。

（2）业务流量传输加密：生产终端到企业应用之间的业务流量如通过安全不可控区域，应通过 IPSec/L2VPN 等方式实现传输通道加密。

（3）数据出园监控：通过防火墙 DPI 监测流量业务类型及 N9 接口流量，监控园区出口流量是否包含业务数据，并上报给安全运营中心告警。

4）切片安全

制造业切片安全示意图如图 18-7 所示。

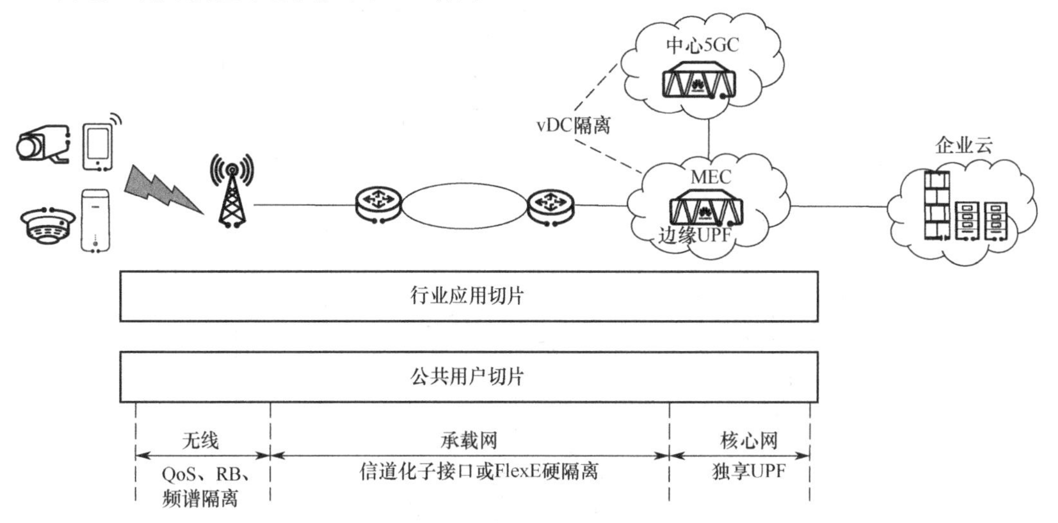

图 18-7　制造业切片安全示意图

为机器视觉、远程现场、5G PLC 等高安全和高可靠要求的业务提供高安全隔离的 5G toB 专属切片，与其他普通业务隔离，以保障业务所需网络资源稳定可靠和防止数据泄露。

对于安全性和隔离性要求高的切片，可规划单独的 vDC 和主机组部署，进行物理隔离；对于要求一般的切片，可规划单独 vDC，公用主机组，进行逻辑隔离。

4. 案例介绍

1）安全方案概述

某智慧工厂使用入驻式 MEC，对工厂的安全风险整体评估，并提出相应的优势解决方案。针对终端安全接入、数据安全及防外部攻击安全需求，设计该智慧工厂的安全方案，如图 18-8 所示。

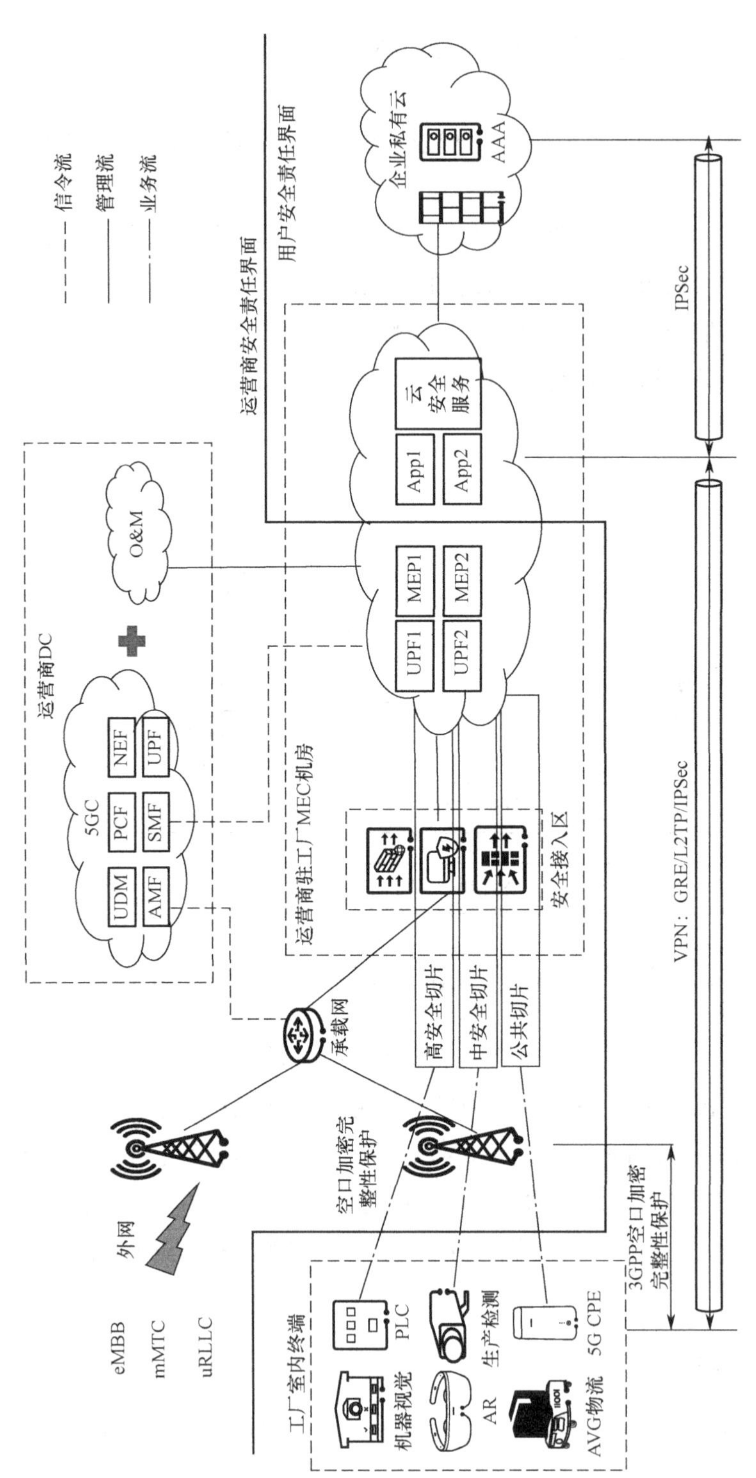

图 18-8 某智慧工厂的安全方案

该工厂根据实际场景和相应的安全风险，从“端、管、边、云”全面提出安全要求，主要从 5G 终端接入安全性、5G 管道的加密和防篡改安全性、MEC 相互攻击的安全防护及数据不出园的要求、云侧安全管理和运维方面提出了整体的安全方案，案例方案要求如下。

（1）终端接入安全。

制造行业终端主要通过终端身份认证和终端接入位置管控等手段来保障接入安全。

① 终端身份认证：通过“机卡绑定+二次认证”方案，实现工厂对终端身份合法性的自主可控验证，防止非指定终端接入室内制造专网，以及 SIM 卡被恶意插拔造成的非法终端身份风险。

- 在工厂内部 IT 网络部署 AAA 服务器，并导入合法终端对应的 IMEI 和 IMSI 等身份认证信息。然后通过 AAA 代理与电信运营商核心网 SMF 网元实现安全 VPN 专线直连。
- 终端在注册入网时将携带 IMSI 和 IMEI 等身份认证信息通过核心网 SMF 转发给工厂 AAA 做二次身份认证，工厂 AAA 将接收信息中的 IMEI 和 IMSI 组合作为终端唯一身份信息，与上一步中已导入的终端身份信息做匹配校验，以同时实现 AAA 对机卡绑定终端的身份二次认证。

② 终端接入位置控制：通过 UPCF 签约策略绑定终端（含 SIM 卡）和 NCGI 小区的关系，实现工厂指定终端只能接入室内制造专网，不能接入室外网络。

通过营帐 BOSS 系统将用户号码和允许用户接入的小区列表开到 UPCF 中。当用户从 5G 网络接入时，SMF 会携带用户的位置信息（如 NCGI）给 UPCF，UPCF 判断用户接入的位置信息是否在允许接入的范围内，如果在范围内则允许接入，如果不在范围内则禁止接入。

（2）园区 MEC 安全。

园区 MEC 安全可以通过两种方案来实现。

方案一：MEC 划分信任域，分区安全隔离，实现由外向内的分层隔离与防护。

① 信任域划分：例如，总体框架中的 MEC 节点，将边缘 MEC 划分为运营商安全域（含网元子域 UPF、平台子域 MEP 及自有 App）、工厂应用安全域（包括机器视觉、AI 检测等 VM 及应用，可以根据安全级别设置子域）。

② 分区通信安全隔离：对外，MEC 部署边缘防火墙防护外部攻击，并设置典型安全策略，任何对 MEC 的外部访问（包括 5GC、O&M、终端侧、工厂内网侧）都需要经 MEC 边缘防火墙安全过滤；对内，根据信任域划分（虚拟）防火墙不同的安全区域实现运营商、工厂领域隔离，安全区域之间的资源采用 VDC 隔离，通信使用防火墙隔离。各信任域内的安全子域之间根据实际客户需求可使用防火墙隔离。

方案二：运营商在 MEC 节点设置安全接入区，按需部署安全防护设备，同时通过安全运营中心对工厂提供边缘网络云安全即服务，在保障自身安全的同时解决了工厂对 MEC

节点的安全担忧。

① 设置安全接入区保护自己：在 MEC 节点安全接入区按需部署防火墙、IPS、WAF、安全接入网关、流探针（不采集业务流量）、堡垒机和日志服务器设备，防止 MEC 内资产受到外部攻击以及来自工厂内网的攻击。

② 为工厂提供云安全服务保业务：通过运营商安全运营中心按需为工厂下发云安全服务，如虚拟日志审计、主机漏洞扫描、入侵检测等，保障工厂的边缘云业务安全。

③ 安全透明化：边缘安全接入区的安全事件日志及设备操作日志发送给工厂日志审计服务器，让边缘安全措施透明化，解决工厂对 MEC 运维及数据出园的担忧。

（3）切片安全。

根据不同的业务安全要求，提供差异化安全级别的切片隔离方案。

不同业务安全级别（对应的无线、传输和核心网）的切片隔离方案见表 18-4。

表 18-4　不同业务安全级别的切片隔离方案

位　置	低安全业务	中安全业务	高安全业务
无线	QoS 优先级保障	高优先级 QoS+RB 无线空口资源预留	载频独享的专用基站或小区
传输	VPN 隔离+QoS 隔离调度	FlexE 接口隔离+VPN 隔离	FlexE 接口+FlexE 交叉
核心网	公用大网 toB 核心网	SMF、UPF 网元逻辑资源独占专享	SMF、UPF 网元物理资源专建专享

① 为机器视觉、5G PLC 等高安全和极高可靠要求的业务提供高安全隔离的 5G toB 专属切片，与其他普通业务隔离，以保障业务所需超低时延等网络资源稳定可靠和防止数据泄露。

② 为 AR 远程现场、AGV 智能物流等安全要求的业务提供中安全隔离的 5G toB 专属切片，能够满足较高的安全隔离性和资源占用优先级。

③ 为 AR 参观、视频生产监测等无特别要求的业务，可公用运营商大区核心网，无线和传输采用 QoS 优先级保障，并确保数据不出园。

（4）工厂业务数据安全。

工厂业务数据安全可以采用两种不同的方案实现。

方案一，通过业务数据端到端加密保护业务数据安全。

① 对于包含敏感数据的重要业务，根据实际跨安全域风险，可选择从终端到 MEC 之间的 N3 接口业务数据、MEC 到企业 DC 之间的 N6 接口业务数据均使用 IPSec 加密。

② 对于边缘 UPF 与中心 UPF 互通场景，推荐基于 SecGW 实现 UP 面的 IPSec 加密；若企业本地流量不需要流向中心 UPF，则通过 SMF 下发的分流策略进行规则匹配，实现基于 DNN+位置的本地分流，以防止业务数据出园。

③ 建议 N4 信令采用 IPSec 加密，以 UPF 外挂 SecGW 为起点，终结在运营商边缘路由器，密钥由运营商管理。

④ 二次认证的信令包含终端身份认证信息，可通过 MPLS VPN 或 IPSec 专线保护。

方案二，通过防火墙 DPI 特性识别流量业务类型的功能，监控所有出园区的接口流量是否包含业务数据，若发现则产生告警事件，或者上报给安全运营中心。

2）案例方案优势

制造行业用户 App 与运营商网元需在 MEC 上共同部署，用户应用及运营商网元深度耦合，如何解决用户及运营商和边缘节点的互信是难点。本案例主要优势如下。

（1）在终端接入安全上，提供了企业自主可控的终端接入合法性控制、终端位置锁定控制，实现了只有企业允许且仅在指定室内区域范围的终端能够接入 5G 网络，防止了非法终端伪造身份接入网络造成数据泄露和影响业务的风险。

（2）在 MEC 上，通过流量本地卸载，防止了数据出园的风险，保护了数据安全；构建边缘安全接入区，实现了边缘节点上运营商网元及企业 App 之间的相互隔离防护，以及边缘零信任安全要求。

（3）通过提供安全即服务能力、数据出园安全检测，让运营商和用户都能感知 MEC 节点上各自关注的安全状态，同时又不泄露彼此数据，打消了工厂客户和基础电信运营商双方的安全顾虑。

3）效益和推广价值

工厂制造业从原有的封闭网络，到使用开放的 5G 网络，网络安全性是极其重要的一个无法绕过的难点，行业用户普遍担心原有封闭网络的数据泄露和内部 IT 系统受到入侵。因此，5G 技术在工厂制造业的推广，需要通过安全样板点建设构建行业标杆，通过对 5G 智慧工厂端到端的安全解决方案的研究，提供一个适用于制造工厂行业的 5G 整体安全解决方案，消除行业用户安全担忧，从而为后续 5G 在行业内的规模应用打下坚实基础。

本案例通过在终端接入、5G 管道、MEC 和切片安全维度提供端到端的安全方案，构筑了一整套适用于智慧工厂场景的网络安全架构及方案建议，在行业内率先落地智慧工厂“端、管、边、云”结合的端到端的安全方案，全面验证了智能制造 5G 局域专网中机器视觉、PLC、室内定位、室内物流、远程维修等多个场景的安全可行性，消除了行业客户和运营商双方的安全担忧。通过该安全方案在制造行业构建安全标准基础，实现以点带面，更好地推进 5G 在制造工厂的大规模使用。

18.3.3　智慧港口

1. 行业介绍

“智慧港口”对通信连接有低时延、大带宽、高可靠的严苛要求，自动化码头的大型特种作业设备的通信系统要满足控制信息、多路视频信息等高效、可靠传输。目前港口自动化采用的光纤与 Wi-Fi 等通信方式存在建设和运维成本高、稳定性与可靠性差等问题，5G 技术的低时延、大带宽、高可靠、大容量等特性结合基于 5G 虚拟园区网的港口专网方案、端到端应用组件，为港口解决好自动化设备的通信问题提供了全新方案，为“智慧港口”建设注入新动力。

针对港口的应用场景进行分析，可以将 5G 技术在智慧港口行业的应用场景分为下列四类。

第一类，基于 5G 低时延特性，使用切片和 MEC 技术，满足港机远程实时操控。

第二类，基于 5G 大带宽传输能力，以及切片、MEC 技术，使用高清视频拍摄并回传到业务平台，用于港口园区视频监控，龙门吊、桥吊等桥机设备的远程操控视频辅助。

第三类，基于 5G 低时延特性，使用切片、MEC 技术，满足远程操控、集卡无人驾驶、堆场自动理货的高要求。

第四类，基于 5G 大带宽传输、低时延的能力，使用切片和 MEC 技术，满足港口视频监控、AI 识别，以及无人机/机器人巡检等的要求。

智慧港口业务场景分类及描述见表 18-5。

表 18-5 智慧港口业务场景分类及描述

业务分类	业务场景	场景描述
第一类	远程控制——龙门吊/桥吊远程控制	在港口的生产作业过程中，针对垂直运输系统中的龙门吊/桥吊设备，借助 5G 网络承载 PLC 控制信息，实现港机的远程操控，提升工作效率、改善工作环境
第二类	高清视频回传——吊车位置操控辅助、远程监控	面向装卸区、运输区的移动摄像机高清视频回传，龙门吊/桥吊位置回传、海面潮汐监控、船舶集装箱视频监控
第三类	自动驾驶和定位——AGV/IGV 集卡控制	在港口的生产作业过程中，针对水平运输系统中的 AGV/IGV 集卡，借助 5G 以及路边感知系统，结合定位技术，实现港口园区内 IGV 集卡/AGV 集装箱运输车辆的自动驾驶，实现安全生产、改善工作环境
第四类	视频监控与 AI 识别——人员智能监控、集卡/集装箱监控与识别、机器人和无人机巡检	视频监控在港口应用场景： 自动理货——吊车摄像头对集装箱编码 ID 识别，集装箱残损检测 安全防护——对司机面部表情、驾驶状态进行智能分析，对疲劳、瞌睡等异常现象预警 运营管理——车牌号识别、人脸识别、货物识别管理 智能巡检——利用无人机、机器人，借助 5G 低时延、高可靠特性，快速智能巡检

2. 安全需求

对以上港口场景的业务特点进行分析，港口行业主要包括以下 5G 安全需求。

1）终端接入风险

为防止港口园区内非法终端接入港口 5G 专用网络，造成港口业务数据被窃取，甚至攻击港口内部 IT 系统的风险，港口 5G 网络应对所有入网终端进行身份访问认证和控制。

对于无人驾驶、远程控制等关键的 uRLLC 业务，非法终端发起的诸如 DDoS 攻击可对网络可靠性和时延造成严重影响，甚至瘫痪港口通信业务。因此，在空口和 MEC 需具备防 DDoS 攻击的能力。

2）网络切片

如果非法终端伪造身份接入港口专用切片，则可导致业务受损、人员受损及信息泄露等多重风险。因此，应提供终端接入切片认证、二次认证能力。

针对龙门吊、无人集卡等远程控制关键业务，需保持更高的安全隔离性，不受其他业务切片的影响，如果网络资源被抢占，则可能造成时延业务受影响；应严格控制切片资源、通信和数据隔离，防止数据泄露和切片之间的窜访。

3）MEC 安全

MEC 安全包括平台安全、管理安全和数据泄露防护这三个方面。

（1）平台安全。

MEC 作为港口应用和运营商边缘网元深度耦合的区域，存在攻击者通过 MEC 港口内网 IT 系统，甚至反向渗透运营商核心网的风险。因此，边缘节点应采取以下安全防护措施。

① MEC 与运营商核心网、港口内部 IT 系统之间应确保路由链路安全。

② MEC 与港口外部运营商网络、港口内部 IT 网络之间均应有防火墙等隔离防护措施。

③ 确保 MEC 平台自身安全性，以及安装在平台上的应用安全性，如平台安全加固、App 签名校验、API 双向认证鉴权和流控等措施。

（2）管理安全。

如果 MEC 管理面运维不当，或者攻击者通过管理面攻击运营商 MEC 节点的网元，则可能造成港口 5G 网络不稳定甚至瘫痪，进行威胁港口的正常业务和人员安全。因此，运营商侧应通过 TLS、SSH2 等安全协议管理 MEC 的基础设施资源和平台，并定期进行安全漏洞扫描和加固。

（3）数据泄露防护。

应通过终端绑定 DNN、切片、UL CL 等措施实现港口业务数据的本地闭环，防止敏感业务数据泄露，对港口业务造成损失。

4）数据泄露防护

数据泄露防护主要通过敏感数据传输加密保护和业务数据出园防护等安全防护措施实现。

（1）敏感数据传输加密保护。

针对港口园区视频监控、高清视频回传等 eMBB 业务，需防止数据被窃取和泄露的风险，应加强终端身份合法性控制，并提供敏感业务通信链路加密能力，保护港口用户面数据传输的安全性。

（2）业务数据出园防护。

业务数据存在通过 MEC 泄露的风险，因此需要从 5G 组网架构、业务数据出园监测、安全审计方面采取保护措施消减业务数据出园的风险。

3．安全解决方案

针对上述 5G 技术应用到港口场景面临的安全风险和需求，需要合理的安全解决方案来打造港口 5G 数据专网，实现港口数据的本地流量卸载，保障数据端到端传输的安全性，同时根据业务优先级实现差异化的 SLA 安全保障。智慧港口安全框架如图 18-9 所示。

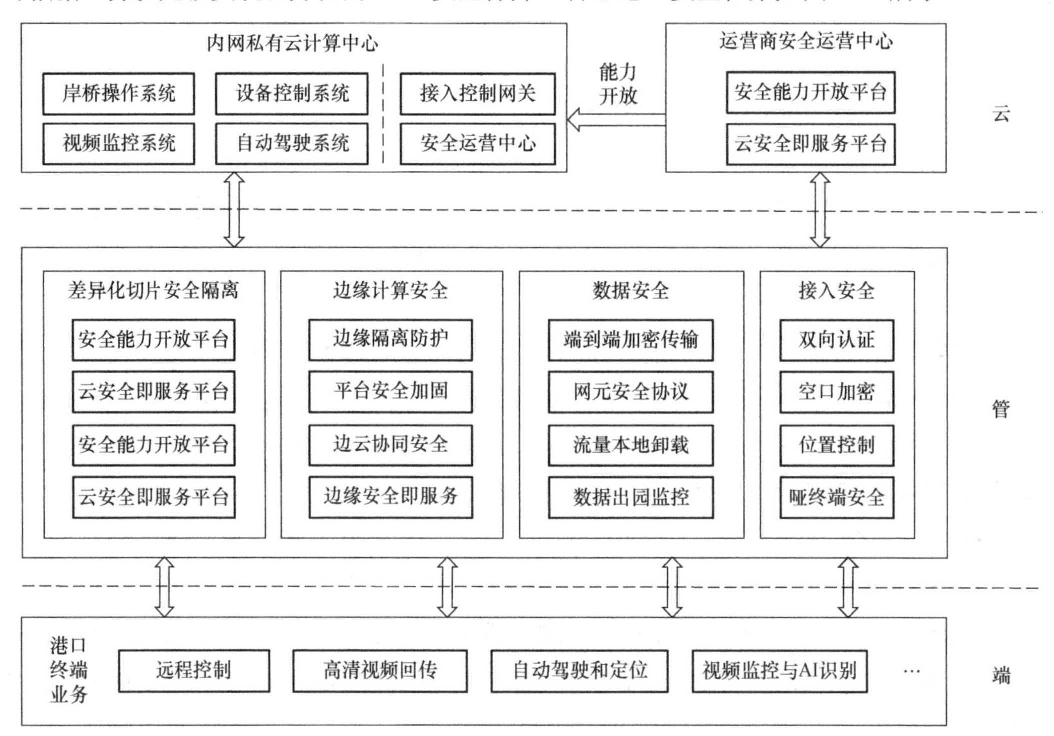

图 18-9　智慧港口安全框架

港口安全总体框架从终端接入安全、切片安全、MEC 安全和数据泄露防护方面规划。

1）终端接入安全

终端接入安全主要通过以下方案实现，包括鉴权和信令加密、终端二次认证、终端接入认证、终端接入位置管控及异常终端行为检测等。

① 港口终端接入 5G 网络应启用空口 5G AKA 双向鉴权和信令面加密，对于龙门吊、AGV 集卡等敏感业务，需开卡签约时启用业务面空口加密。

② 港口内网应设置 DMZ 并部署 AAA 服务器，实现对终端接入港口 5G 网络的机卡绑定校验和身份合法性二次认证。

③ 港口塔吊等终端设备，应通过物理网线或强 Wi-Fi 认证方式接入 CPE，并在 CPE 上设置 MAC 或 IP 白名单地址池。

④ 对于港口移动第三、四类业务的可移动 5G 终端，应通过 AMF 设置 TAC 等方案绑定终端和小区方式，以限制终端接入港口 5G 网络的位置范围。

⑤ 应通过安全运营中心实现对终端异常行为的检测和告警，并支持对异常终端重点监控和阻断接入。

2）切片安全

通过将港口业务切片 S-NSSAI、终端 IMSI 和 TAI 绑定的方式，限制合法的港口业务终端只能在指定位置范围接入指定的业务切片。

港口业务和公网业务通过物理安全隔离，港口园区内不同安全要求的港口业务应实现切片安全分级，如远程控制、视频监控及 AI 识别等敏感业务应使用高安全级别的切片。

3）MEC 安全

MEC 安全主要通过边缘隔离防护以及边缘安全即服务来实现。

（1）边缘隔离防护。

MEC 使用独立机房部署在港口园区，MEC 节点与运营商 5GC、港口企业内网之间必须通过防火墙隔离。如果 MEC 节点上托管企业 App，则位于运营商信任域内的 UPF 网元和 MEP 与港口企业边缘应用 App 之间也要通过防火墙隔离，App 之间可以通过 MEC 提供的 VPC 能力实现资源隔离。

（2）边缘安全即服务。

如果港口 MEC 节点仅采用 UPF 分流模式，则 MEC 仅需部署防火墙，由运营商通过网管远程管理 MEC 即可。如果港口采用 MEC 托管 App 的模式部署，则根据用户需求，运营商可提供边缘安全即服务。

电信运营商应根据 MEC 计算资源面临的实际风险设置安全接入区，并按需部署安全防护设备（如防火墙、WAF、IPS），保障 MEC 节点的自有资源及企业边缘云应用不受任何外部攻击的威胁。

边云协同安全，运营商构建统一的 5G 网络云安全运营中心，提供边缘威胁情报分析、安全态势感知、安全管理和编排、安全事件应急响应能力。

根据企业用户要求，提供主机漏洞扫描、防病毒、堡垒机等边缘安全即服务，帮助用户发现和抵御 MEC 外部安全攻击，同时透明化实时感知边缘节点的安全漏洞和态势。

4）数据泄露防护

智慧港口数据泄露防护主要通过数据传输加密及数据出园防护和检测这两方面的安全措施来保障。

（1）数据传输加密。

港口终端接入 5G 网络空口启用信令面加密，敏感业务终端 SIM 卡开卡激活 UP 面空口加密。

按需启用港口 5G CPE 到 MEC 网关、MEC 网关到港口企业内网之间的 IPSec VPN 隧道，实现端到端业务数据加密保护。

端到端 5G 网络中各网元之间采用安全协议，如港口基站到核心网之间采用 DTLS、边缘节点到核心网之间采用 TLS/SFTP 等安全协议。

（2）数据出园防护和检测。

采用 DNN 绑定及端到端切片方案，构建港口业务专用 5G 通道，实现港口业务数据本地卸载闭环。

采用流量探针、出园流量大小等监控手段，实时感知业务数据出园风险并进行告警。

4. 案例介绍

1）安全方案概述

某智慧港口采用了仅 UPF 下沉到港口 MEC 机房实现本地流量卸载的方案，没有将港口自有 App 部署到 MEC 节点，MEC 机房网元及设备由运营商远程管理。港口安全方案拓扑如图 18-10 所示。

（1）终端接入安全。

智慧港口终端接入安全主要通过以下几个安全防护措施来实现。

① 为港口客户定义独立 Sub PLMN 号码，并提供独立的 SIM 卡，公网和专网用户在不同的 PLMN 小区接入。

② 采用在港口控制中心网络部署 AAA 服务器，实现对接入港口 5G 切片网络的终端进行二次身份鉴权和机卡绑定。

③ 切片场景下，5G 核心网提供 5G 设备 SUPI 和切片标识 S-NASSI 给港口中心机房的 AAA 服务器，支撑 AAA 服务器对接入指定切片的 5G 终端进行二次身份认证。

④ 对于 AGV 集卡、视频监控设备及 AI 识别等 5G 移动设备，根据核心网上报的终端位置信息，实时控制移动 5G 终端的入网位置，防止设备移出港口。

⑤ 对于通过无线接入 CPE 的港口生产终端，CPE 可启用 Wi-Fi 双向认证和加密，同时设置允许接入的白名单生产终端 MAC/IP 地址池。

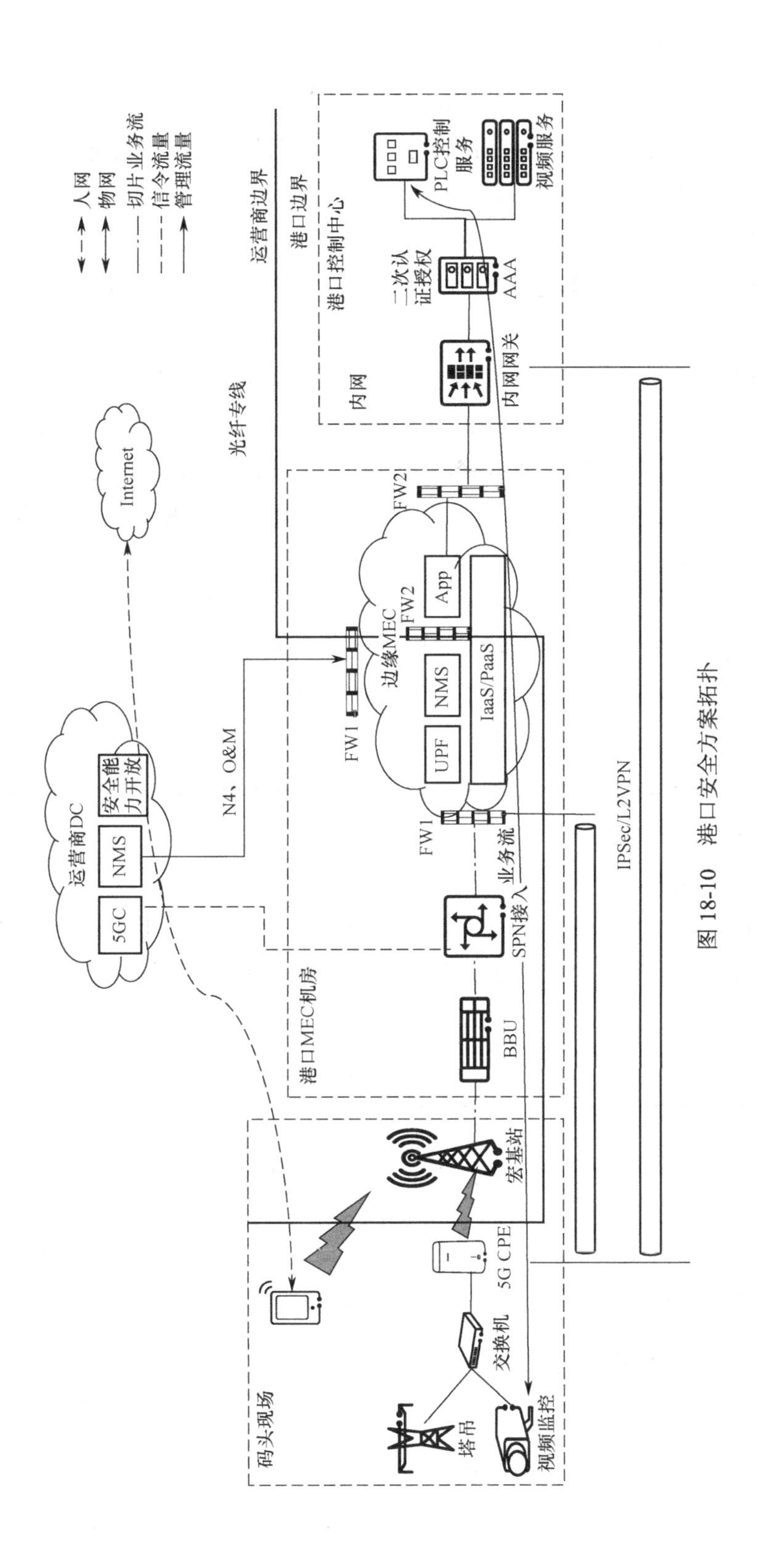

图 18-10　港口安全方案拓扑

（2）数据安全保护。

在港口业务数据安全保护方面，塔吊等重要业务，实施 5G 客户终端设备（CPE）到港口 IT 网络安全网关之间端到端的 IPSec 加密，整个数据传输管道业务数据无法解密，从而防止数据在 5G 传输管道中被泄露。

（3）MEC 安全。

MEC 安全防护措施主要包括边界防护、不同业务系统 App 的隔离措施及数据泄露防护。

① 边界防护：港口园区内 MEC 机房部署两套防火墙，分别为运营商管控的 FW1 和港口企业管控的 FW2；FW1 实现 MEC 与运营商 5GC、5G 基站之间的通信隔离，并同时可以启用 IPSec VPN，实现信令面加密隧道；FW2 则实现 MEC 内部运营商责任界面（如 MEP、UPF）与港口边缘应用 App、港口企业内网之间的通信隔离，同时可按需启用或单独部署 IPS 实现 App 入侵防护。

② 使用MEC 云平台安全能力 VPC，来隔离港口不同业务系统的 App。

③ 数据泄露防护：通过边缘防火墙阻断 N9 接口流量流出港口区域，同时通过运营商开放监控边缘节点上的端口状态和数据流出类型，实时检测数据出园事件。

（4）切片安全性。

切片的安全性保障主要通过切片分级隔离、切片安全能力的提供和终端接入切片的管控等方案来实现。

① 切片分级隔离。

港口使用的行业 5G 网络，与 5G 公众网络物理隔离，使用不同的核心网物理资源，基站采用定制建网的方式，仅行业物网独用。对于港口不同要求的业务，切片网络隔离方案见表 18-6。

表 18-6　切片网络隔离方案

业务类别		隔离方案		
大类	典型业务	5G 无线网	5G 承载网	5G 核心网
远程控制	龙门吊/桥吊远程控制	静态 RB 资源预留	FlexE 接口隔离+VPN 隔离	行业共享中心核心网，港口共享 UPF 资源
无人驾驶与定位	AGV/IGV 集卡控制	动态 RB 资源预留	FlexE 接口隔离+VPN 隔离	行业共享中心核心网，港口共享 UPF 资源
高清视频回传	吊车位置操控辅助、远程监控	QoS 优先级保障	FlexE 接口隔离+VPN 隔离	行业共享中心核心网，港口共享 UPF 资源
视频监控与 AI 识别	智能监控、集卡/集装箱监控与识别、机器人和无人机巡检	QoS 优先级保障	QoS 调度+VPN 隔离	行业共享中心核心网，港口共享 UPF 资源

② 切片安全能力的提供。

• 提供切片安全态势感知业务门户。

• 提供切片可分级的安全运维能力和安全服务。

• 提供切片级用户面加密。

③ 终端接入切片的管控。

• 在 5GC 配置 IMSI 与园区切片 S-NSSAI 对应关系，限制仅在港口园区 IMSI 清单内的终端才可以接入指定切片。

• 在 5GC 配置 TAI List 与园区切片 S-NSSAI 对应关系，限制仅能从港口园区基站才可以接入切片。

2）方案优势

该方案避免了运营商 5G 网元与港口应用之间在边缘节点的深度耦合，责任边界清晰，同时也能满足用户保护业务数据，实现 uRRLC 和 eMBB 业务的需求。

主要优势如下。

（1）部署模式方面：MEC 上仅部署运营商 5G 网元及安全设备，责任边界清晰，避免了复杂的 MEC 安全保护方案，解决了用户和运营商对攻击者以 MEC 为跳板攻击港口 IT 网络和 5G 核心网安全性的担忧，同时大幅降低了 MEC 安全设备及管理成本。

（2）终端接入安全方面：通过二次认证、机卡绑定等方式，确保了用户自主可控的终端可信接入，防止了恶意终端攻击 5G 网络，盗取业务数据的风险。

（3）数据保护方面：实现了业务流量本地卸载，解决了业务数据出园的担忧，同时通过端到端业务数据加密，防止了数据泄露。

（4）业务保障方面：通过端到端切片隔离及切片优先级保障，实现了不同种类的业务隔离，大幅降低了高安全、高可靠业务与其他业务的耦合性，保障了作业安全和效率。

（5）环境改善方面：通过塔吊等设备远程控制，实现现场无人作业，提升人员操作安全性；由“一人一吊”转变为“一人多吊”，工作效率大幅提升；工作环境由恶劣高空到舒适办公室，由全人工到 90%自动化。同时，通过 5G 新技术使光纤变无线，大幅降低成本，易运维。

3）效益和推广价值

在不对港口现场环境进行较大改造的情况下，实现港口效率大幅提升，确保了对港口不同业务按需提供数据安全和可靠性保护。同时改造成本较低，安全责任边界清晰，无须港口业投入人力进行安全运维，对港口业快速升级使用 5G 新功能提供了样板。

18.4　5G 行业应用安全风险评估规范

目前，我国正处于 5G 应用规模化发展的关键时期，5G 技术、产业、应用迈入无经验可借鉴的“无人区”，随着 5G 与电力、交通等垂直行业的深度融合，带来了从“通用安全”向“按需安全”转变的挑战，打破了网络世界与现实世界的边界，引发的安全风险受到各界关注，IT（信息技术）、CT（通信技术）、OT（运营技术）安全问题相互交织，给 5G 相关的安全保障工作提出了更高的要求。

为了保障垂直行业安全可靠地使用 5G 网络，迫切需要开展 5G 应用安全评估工作，2022 年 2 月，中华人民共和国工业和信息化部委托中国信息通信研究院立项了《5G 行业应用安全风险评估规范》，旨在为 5G 网络运营方、5G 业务及服务提供方和使用方开展 5G 行业应用安全评估提供技术参考。该规范将依据 5G 行业应用发展情况、安全评估工作范围的延展，适时修订、增加评估维度和内容。

《5G 行业应用安全风险评估规范》规定了面向 5G 行业应用的安全评估要求，涵盖 5G 行业通用安全、5G 典型应用场景安全、5G 专网安全、5G 关键技术安全、5G 行业应用安全保障和 5G 行业应用数据安全 6 个方面。

1. 5G 行业通用安全

5G 行业通用安全评估主要从应用基础安全、应用平台安全及应用合作安全这 3 个层面开展。应用基础安全主要通过确定行业用户的应用规模及应用类型、行业用户身份信息认证、应用服务的设备所处的网络环境及行业应用是否对公共安全造成影响等方面进行评估；应用平台安全主要评估构成应用平台的应用服务器、机房、节点等物理环境的安全性，同时也要考虑在应用平台采用云计算技术的情况下，如何确保其计算存储资源及云服务安全；应用合作安全一是要对合作方式进行合规性评估，二是要对合作方的安全保障能力进行评估，确保其信息安全管理工作及保障措施满足相关法律法规要求，能够保障应用的信息安全。

2. 5G 典型应用场景安全

5G 典型应用场景安全即对 5G eMBB、uRLLC、mMTC 三大典型应用场景的安全评估。基于企业为行业用户提供的应用场景不同，分别从基础安全保障能力的提供及高安全要求场景下的针对性安全防护措施两个维度开展评估。

3. 5G 专网安全

5G 专网安全评估主要包括 5G 终端接入安全、接口和信令安全、用户面安全和 5G 专网隔离安全这几个方面。5G 终端接入安全重点考虑终端接入认证及终端访问控制；接口和信令安全包括 AS 和 NAS 层信令安全、N2 及 N4 接口安全、核心网服务化接口安全；用户面安全重点考虑终端与基站间、基站与 UPF 间用户面数据的保密性和完整性保护；5G 专网隔离安全则主要评估专网与行业网络之间、专网能力开放平台或网元与行业网络之间、专网与公网之间以及跨运营商网络之间隔离机制的有效性。

4. 5G 关键技术安全

5G 关键技术安全包括 MEC 安全、网络切片安全、虚拟基础设施安全和网络能力开放安全这几个层面。MEC 安全主要评估组网安全、UPF 安全及 MEP 安全；网络切片安全评估包括切片隔离、切片访问控制及切片身份认证等机制；虚拟基础设施安全包括对虚拟资源的内部安全区域划分、操作系统及软件加固、集中管理审计及安全检测防御等；网络能力开放安全强调差异化开放能力的权限管理机制的建立及对开放接口的安全保护能力的提供。

5. 5G 行业应用安全保障

5G 行业应用安全保障评估主要通过安全管理制度、安全人员配置、安全运维管理、账号权限管理和应急处置机制等方面来开展。当企业为行业用户提供了使用 5G 网络进行承载或涉及 5G 关键技术的业务或项目时，均应在业务开展前进行此项评估。

6. 5G 行业应用数据安全

5G 行业应用数据安全评估首先要求企业根据《数据安全法》《个人信息保护法》等建立数据安全和个人信息安全管理制度，然后通过数据分类分级、重要数据安全管理、违法不良信息管理、数据安全生命周期和网络数据安全等方面全面评估行业应用数据的安全性。

18.5　总结与建议

5G 作为“新基建”的领跑基础设施，将驱动行业加快数字化转型。而保障 5G 行业网络的安全需要运营商、垂直行业和设备提供商协同合作共建安全生态，遵从垂直行业安全指南相关规范对行业系统的安全要求，构建覆盖全面、差异化的 5G 行业安全能力模型，面向行业提供 5G 安全能力集和建立测评基线，贯穿行业 5G 网络建设、部署和运行的生命周期，应对行业安全挑战，保障安全建设、安全运行、安全管理，为 5G+行业的结合创造更大的价值保驾护航。

第19章 5G安全未来展望

5G 技术是当前各行业数字化转型所追捧的热点，但绝对不会是信息技术发展的终点，随着人类社会的不断发展和进步，各种新兴的技术、运作模式都会快速发展迭代，逐渐成为促进人类社会进步的驱动力。

19.1 5G 未来展望

随着 5G 技术的大规模应用，结合物联网、人工智能、大数据、云计算、数字孪生、AR/VR 等新一代信息技术，5G 将会渗透到未来社会的各个领域，以用户和企业为中心构建全方位的信息生态系统。5G 提供光纤般的接入速率，“零”时延的使用体验，千亿设备的连接能力，超高流量密度、超高连接数密度和超高移动性等多场景的一致服务，业务及用户感知的智能优化，同时将为网络带来超百倍的能效提升和超百倍的比特成本降低，最终将实现“信息随心至，万物触手及”的总体愿景。

下一步，我们可以以 5G 为契机，实践产业合作，驱动创新应用，同步开展 5G 技术与行业应用结合的研究、试验和部署，锻造 5G 核心研发能力。推动新模式、新场景、新需求、新体验的发展应用，催熟 5G 产业链，打造合作、创新、共赢的 5G 生态圈。5G 将使信息突破时空限制，提供极致的交互体验，为用户带来身临其境的信息盛宴，同时通过 5G 无缝融合的方式，便捷地实现人与万物的智能互联。

1. 5G+物联网

5G 作为新一代通信技术，不仅速度更快，其广连接的特性将全面提升智能终端的部署与联动，如计算机/手机/PAD、智能摄像头、智能机器人、智慧路灯、智能井盖、智能门禁、智能灯具、智能窗帘、智能家电等各类智能传感器及设备，全面连接人机物，使得科技与人文的结合全面渗透到我们的生活、服务、治理各方面。

2. 5G+人工智能

从未来生活的智能化改善、未来服务的智能化升级，到未来治理的智能化改造、未来产业的智能化驱动，离不开人工智能技术所带来的变革。伴随着 5G 时代的到来，大量人机物互动的毫秒级响应及并发性接入将推动多场景融合的 AI 应用落地，同时利用 AI 算法和相关数据分析，建立生活、商家运营、物业服务的全场景连接，全面提升用户的便捷智能感受。

3. 5G+大数据

建立共融互通的数据平台，为用户提供管理服务、数字化治理等全面支撑。5G 为海量大数据服务提供高效网络，并赋能到现实场景的各个环节。将数字科技与生活实时结合，将信息以全面数字化形式存储于数字平台中并加以充分利用，为普通用户和管理者提供科学决策、精准管理、有效服务的数据支撑。

4. 5G+云计算

未来低成本建设以“按需分配，弹性服务”为原则给用户提供网络、计算和存储等资源服务，实现基础云平台资源共享共用，为数据资源汇聚共享、业务应用高效协同提供基础支撑。同时，5G 的高带宽、低时延、广连接等特性将驱动云计算从原来集中式计算向边缘延伸，以满足大量低时延应用需求所需要的轻量级计算能力、存储能力和高效的能耗要求，实现各类本地化应用快速协同处理，降低联系时延，为新一代信息基础设施建设和高质量数据服务提供保障。

5. 5G+数字孪生

未来数字化、可视化、集成化的数字孪生体系可以通过 5G 网络，依托三维信息模型，对各类基础设施数据进行收集、处理和分析，构建与物理实体之间的虚实映射、融合共生的数字孪生。

6. 5G+VR/AR

5G 网络高速率、低时延、广连接的特性逐步使内容源的展现从传统屏幕迈向立体互动及沉浸体验，大大提升用户观感性。推进 5G+超高清 VR/AR，赋能未来数字内容创新发展，打造覆盖未来全场景、全融合视听生态，全面革新用户的视听体验。

19.2　6G 发展愿景及技术思考

19.2.1　6G 总体愿景

与第一代到第四代移动通信网络相比，5G 网络拥有传输速率快、低时延、高容量等优势。但随着车联网、物联网、工业互联网、远程医疗等新业务类型和需求的发展，5G

网络显然无法满足 2030 年及未来的网络需求，研究人员已经开始关注第六代移动通信网络技术（The 6th Generation Mobile Communication Technology，6G）。全球业界已针对下一代移动通信技术——6G 逐步展开研究探索，6G 预计会在 2030 年后开始商用。面向 2030 年，人类社会将进入智能化时代，社会服务均衡化、高端化，社会治理科学化、精准化，社会发展绿色化、节能化将成为未来社会的发展趋势。从移动互联，到万物互联，再到万物智联，6G 将实现从服务于人、人与物，到支撑智能体高效连接的跃迁，通过人机物智能互联、协同共生，满足经济社会高质量发展需求，服务智慧化生产与生活，推动构建普惠智能的人类社会。

在数学、物理、材料、生物等多类基础学科的创新驱动下，6G 将与先进计算、大数据、人工智能、区块链等信息技术交叉融合，实现通信与感知、计算、控制的深度耦合，成为服务生活、赋能生产、绿色发展的基本要素。6G 将充分利用低中高全频谱资源，实现空天地一体化的全球无缝覆盖，随时随地满足安全可靠的人机物无限的连接需求。6G 将提供完全沉浸式交互场景，支持精确的空间互动，满足人类在多重感官，甚至情感和意识层面的联通交互，通信感知和普惠智能不仅可以提升传统通信能力，也将助力实现真实环境中物理实体的数字化和智能化，极大提升信息通信服务质量。

6G 将构建人机物智慧互联、智能体高效互通的新型网络，在大幅提升网络能力的基础上，具备智慧内生、多维感知、数字孪生、安全内生等新功能。6G 将实现物理世界人与人、人与物、物与物的高效智能互联，打造泛在精细、实时可信、有机整合的数字世界，实时精确地反映和预测物理世界的真实状态，助力人类走进人机物智慧互联、虚拟与现实深度融合的全新时代，最终实现“万物智联、数字孪生”的美好愿景。

19.2.2　6G 发展的驱动力及国内外形势

1. 驱动力背景

从社会需求看，未来社会面临的一系列问题，如人口老龄化造成的人力资本流失和社会成本增高，城市化加速带来的教育医疗资源、道路交通、就业、居住等挑战，社会公共安全、公共卫生安全等问题。为了缓解这些社会问题，需要下一代移动通信提供动态、高效、全空间、无死角的通信助力。

从业务场景看，面向未来的新业务和新场景，如全息交互、情感传递、空天一体化等，对移动通信提出了更高的要求，仅依靠 5G 现有的网络和技术难以实现，必将激发网络的更新换代。

从技术发展看，随着通信、计算、存储、传输技术的不断进步，新材料、新工艺、新器件等快速发展，人工智能、大数据、云计算等新技术和场景的融合诉求必将推动通信网络更新换代。

2. 全球业界抢占技术先机

2018 年 7 月 16 日，国际电信联盟（ITU）成立 ITU-T 2030 网络焦点组（Focus Group on Network 2030，FG NET－2030），致力于研究 2030 年及以后的网络能力，以支持未来如全息通信等新颖的前瞻性场景，满足在紧急情况下可以快速地响应新兴市场和垂直领域的高精度通信需求。

2019 年，LG 在韩国科学技术院研究所（KAIST Institute）内启用了一个 6G 研究中心，以抢占未来通信战略制高点。

2020 年 11 月，北美成立 Next G 联盟。2021 年 3 月，Next G 联盟正式启动 6G 路线图工作，联合 AT&T 和 Ericsson 牵头为北美 6G 制定总体战略和发展方向，以确保美国的全球领导地位。

欧盟为确保全球行业领先地位，与 Nokia 和 Ericsson 联手启动 6G 旗舰计划 Hexa-X。2021 年 1 月 12 日，Hexa-X 项目正式启动，是欧盟“Horizon 2020（地平线 2020）”计划中一项为期两年半的项目，由来自相邻行业和学术界的主要参与者 25 人组成联盟。Nokia 和 Ericsson 联手，制定 6G 研究方向，并将人类、物理世界和数字世界与 6G 关键促成因素联系起来。聚焦安全可信、智能连接、聚合网络、可持续发展、全球服务范围和极端体验六大挑战。

FCC 认为受频谱影响，美国 5G 进展缓慢；6G 需要提前启动频谱规划，为十年后的规模商用提供有力支撑；FCC 正在加速 5G 中频释放，政府启动资金资助计划，其主流运营商 Verizon、AT&T 更新 5G 发展战略，向 6G 发起进攻。

19.2.3 6G 应用场景分析

多样化的通信场景必将对未来网络的异构程度提出更大的需求，对无线通信网络的带宽和容量方面提出更高的要求，6G 网络将借助人工智能和机器学习技术，在网络服务质量（QoS）、业务体验质量（QoE）、安全性和能源效率等性能上，实现自动提升。6G 无线通信网络有望提供更高传输速率、更低传输时延、超大连接密度、更高的智能化水平、亚厘米级的地理定位精度、接近 100%的覆盖率和亚毫秒级的时间同步。网络通信正在经历与 20 世纪 80 年代计算机产业相似的巨大变化，网络软件化逐步成为网络发展的新趋势，以实现网络硬件和软件供应链的多样化，并推动网络转变为一个能够支持新兴物联网和数据科学应用的高能力平台。而 6G 的发展，为推动网络软件化提供了一种新的计算范式，同时不增加能耗成本。

相较于 5G 网络的关键性能 eMBB、mMTC 和 uRLLC 等指标，6G 网络实现了性能的进一步增强，并在应用场景实现扩展。

2019 年 3 月，美国贝尔实验室提出了一些 6G 的关键性能指标。其中提到，网络数据传输的峰值预计将超过 100 Gbps，连接密度将进一步得到提升，时延应小于 0.3 ms，能源效率将是 5G 的 10 倍，容量将是 5G 的 10 000 倍。5G 和 6G 的关键性能指标及应用场景对比如图 19-1 所示。

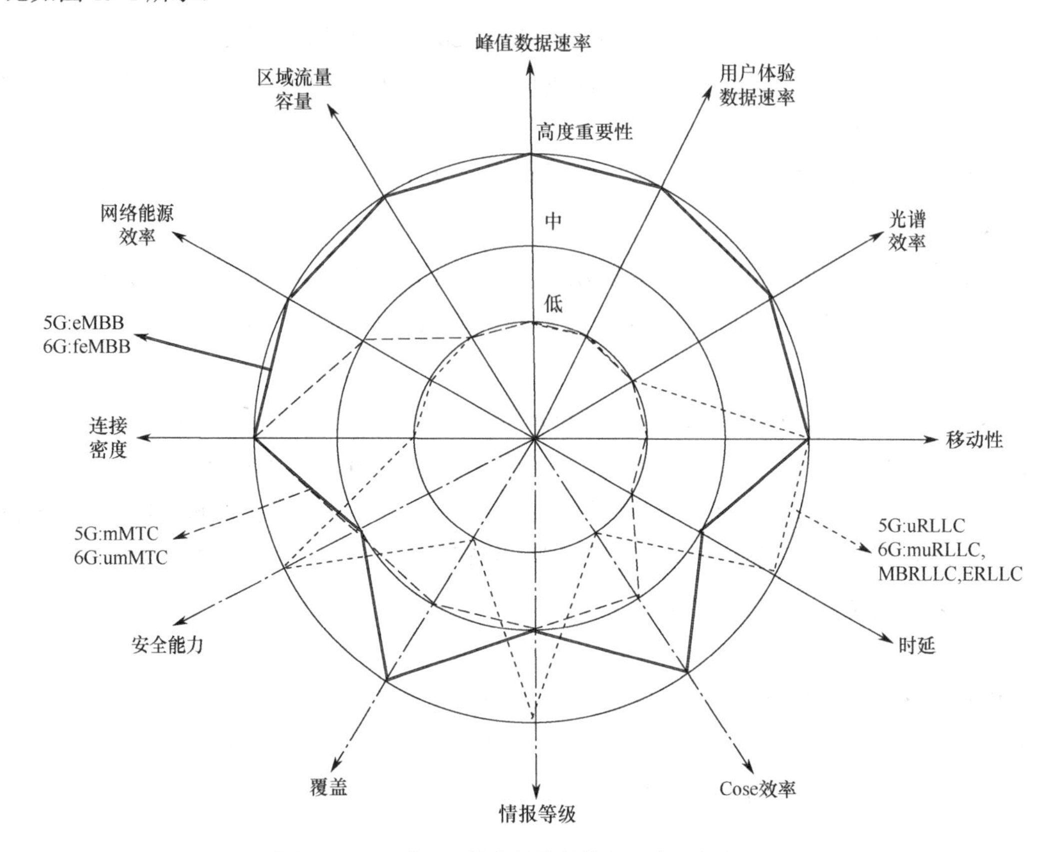

图 19-1　5G 和 6G 的关键性能指标及应用场景对比

通过应用 AI 技术，6G 网络将可以实现更优的网络管理和自动化水平，由于使用了极为异构的网络、多样化的通信场景、大量的天线和较宽的带宽，6G 网络的连接密度将增加 10～100 倍。6G 通信的应用场景如图 19-2 所示。

为了满足 6G 网络即将出现的带宽、时延、可靠性以及应用程序所设置的弹性需求，下一阶段网络的规模设计将是重点研究内容。国际电信联盟致力于研究 2030 年及以后的网络能力，以支持未来如全息通信等新颖的前瞻性场景，满足在紧急情况下可以快速地响应新兴市场和垂直领域的高精度通信需求。

未来的 6G 网络发展，将支持更加广泛的应用场景，实现安全可靠的穿戴设备、集成耳机、可植入传感器等以人为本的服务，支持更远距离的高速移动、极低功耗的通信，为 VR、物联网行业自动化、C-V2X、数字双体区域网络、节能无线网络控制和联合学习系统等方面的发展，提供更加可靠的网络支撑。

数字孪生局域网利用 6G 和 ICT 技术，可以模拟虚拟人体，实施全天候跟踪人体体征，提前预测疾病，还可以模拟虚拟人体的手术和用药，利用虚拟人体预测效果，加速药物研发，降低成本，从而提高人类的生活质量。

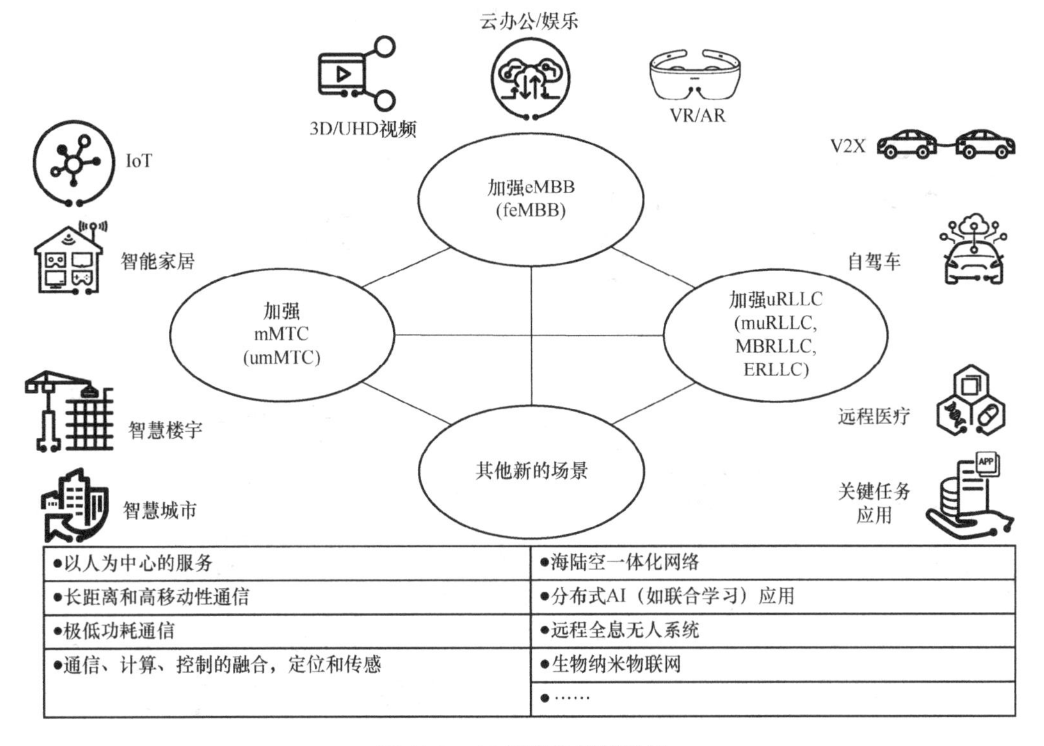

●以人为中心的服务	●海陆空一体化网络
●长距离和高移动性通信	●分布式AI（如联合学习）应用
●极低功耗通信	●远程全息无人系统
●通信、计算、控制的融合，定位和传感	●生物纳米物联网
	●……

图 19-2　6G 通信的应用场景

未来的 6G 网络将覆盖全球，实现“太空—空中—地面—海洋”一体化网络。为了实现 6G 网络更优的性能指标，扩展更加广泛的应用场景，6G 网络将在当前 5G 无线通信网络发展的基础上，发生四个新的模式转变。

（1）覆盖全球（Global Coverage），利用卫星通信、无人机通信、地面通信和海上通信，实现“太空—空中—地面—海洋”一体化网络。

（2）全频谱（All Spectra），所有频谱将得到充分探索，包括 6 GHz 以下、毫米波、太赫兹和光学频带。

（3）完整应用程序（Full Applications），将与通信、计算、控制 / 缓存和 AI 技术相结合，以实现更高的智能性。

（4）内生网络安全性（Endogenous Network Security），开发物理层和网络层的 6G 网络时，还将考虑内生网络安全性。

当前，一些研究已经初步尝试对不同网络的集成，但尚未充分研究用于全球覆盖的“太空—空中—地面—海洋”综合集成方法。

人们普遍认识到，由于 5G 地面通信网络受无线电频谱、服务地理区域覆盖范围和运营成本的限制，无法覆盖在所有地方不分时段地提供高质量和高可靠的服务，尤其是对于偏远地区即将到来的万亿级连接。为了在全球范围内提供真正无所不在的无线通信服务，必须开发一种“太空—空中—地面—海洋”一体化网络，以实现全球连通性，并允许各种应用程序访问，尤其是在偏远地区。“太空—空中—地面—海洋”网络控制架构如图 19-3 所示。

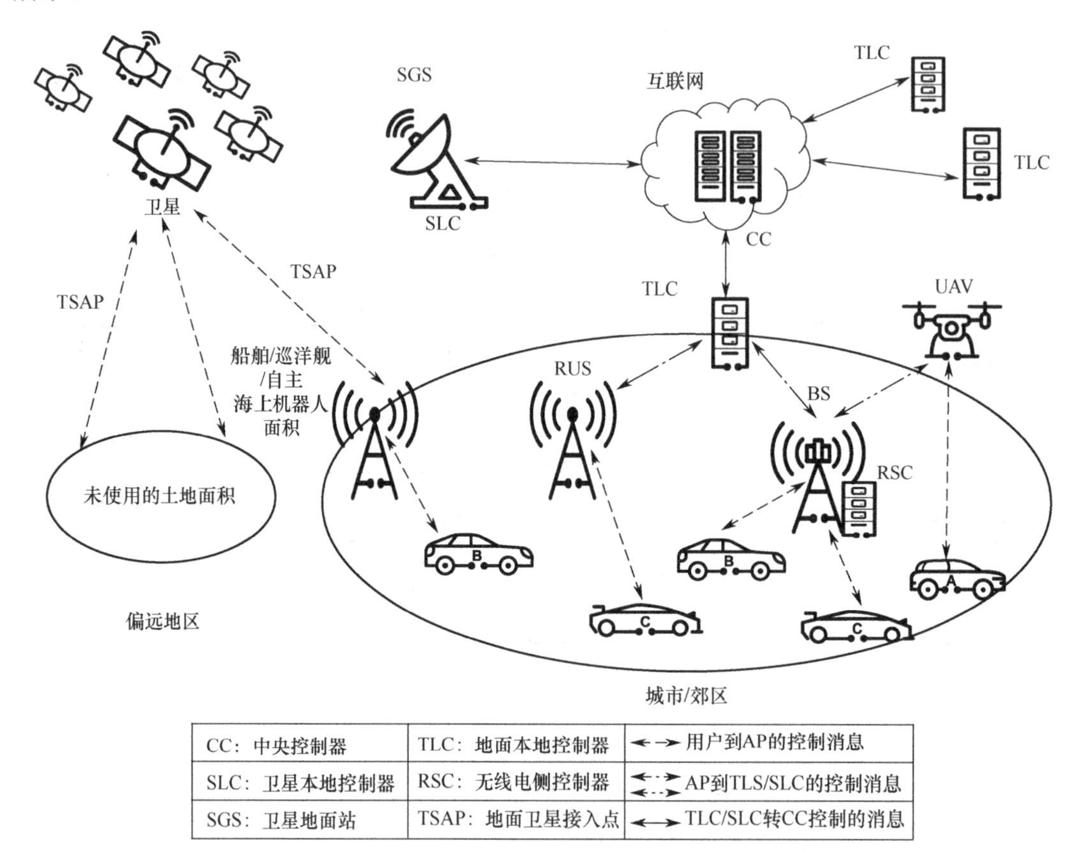

图 19-3 “太空—空中—地面—海洋”网络控制架构

为了有效地将具有不同规模的各种网段和多样化的无线电接入技术有效地整合到“太空—空中—地面—海洋”网络，6G 仍存在着许多挑战和机遇，需要进一步研究。

此外，随着人工智能和 ML 技术的快速发展，6G 网络有望具有更高的智能化水平。人工智能和 ML 技术可以从海量数据中学习特征，而不是从预先建立的固定规则中学习特征，从而极大地提高了网络的效率和时延。下一代无线网络必将向复杂系统方向发展，面对不同的应用场景，对网络服务的需求也会不同，因此，也就对网络性能优化的自适应性和智能化水平提出了更高的要求。人工智能可以实现感知网络流量、资源利用、用户需求和潜在威胁的变化等功能，并提供智能协调，而机器学习方法也可用于优化无线网络的物理层，可以用来重新设计当前的网络系统。目前，以深度学习和知识图谱为代表的人工智能技术正在迅速发展，通过将人工智能技术引入网络，将对网络及其相关用户、服务和环境的多维主客观要素进行表征、构建、学习、应用、更新和反馈。在获取知识的基础上，还可以实现网络的立体感知、决策推理和动态调整。智能－内生性网络的自演化闭环结构如图 19-4 所示。

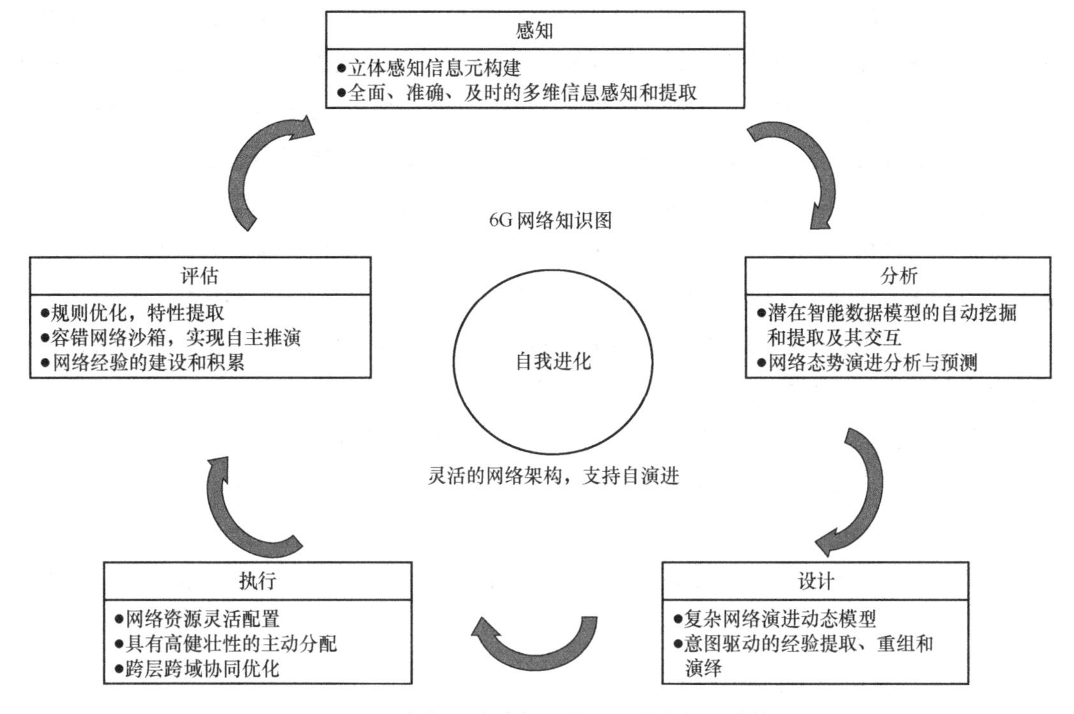

图 19-4　智能－内生性网络的自演化闭环结构

因此，网络可以根据我们想要的任何服务需求自动进行调整，研究人员将这样的网络称为 IEN，即自进化的闭环结构。

19.2.4　6G 关键技术与安全架构思考

为了满足未来 6G 更丰富的业务应用以及更极致的性能需求，需要探索关键核心领域新技术。当前，全球业界对 6G 关键技术的探索中，提出了一些潜在的关键技术方向以及新型网络技术。

1. 内生智能的新型网络

未来，人工智能技术将内生于未来移动通信系统并通过无线架构、无线数据、无线算法和无线应用等呈现出新的智能网络技术体系。AI 技术在 6G 网络中是原生的，从 6G 网络设计之初就考虑对 AI 技术的支持，而不只是将 AI 技术作为优化工具。总体上，可以从两个不同角度来看待无线 AI 技术在 6G 时代的发展方向，即内生智能的新型空口和内生智能的新型网络架构。

1）内生智能的新型空口

内生智能的新型空口，即深度融合人工智能、机器学习技术，将打破现有无线空口模块的设计框架，实现无线环境、资源、干扰、业务和用户等多维特性的深度挖掘和利用，显著提升无线网络的高效性、可靠性、实时性和安全性，并实现网络的自主运行和自我演进。内生智能的新型空口技术可以通过端到端的学习来增强数据面和控制信令的连通性、效率和可靠性，允许针对特定场景在深度感知和预测的基础上进行定制，且空口技术的组成模块可以灵活地进行拼接，以满足各种应用场景的不同要求。AI 技术的学习、预测和决策能力使通信系统能够根据流量和用户行为主动调整无线传输格式和通信动作，可以优化并降低通信收发两端的功耗。借助多智能体等 AI 技术，可以使通信参与者之间高效协同，最大化比特传输的能效。利用数据和深度神经网络的黑盒建模能力可以从无线数据中挖掘并重构未知的物理信道，从而设计最优的传输方式。在多用户系统中，通过强化学习，基站与用户可自动根据所接收的信号协调信道接入、资源调度等。每个节点可计算每次传输的反馈，以调整其发射功率、波束方向等信号方案，从而达到协同消除干扰、最大化系统容量的目的。此外，随着机器学习以及信息论的交叉融合和进一步发展，语义通信也将成为内生智能的新型空口技术的终极目标之一。通信系统不再只关注比特数据的传输，更重要的是，信息可以根据其含义进行交换，而同一信息的含义对于不同的用户、应用和场景可能有所不同。无线数据的高效感知获取、数据私密性的保证是人工智能赋能空口设计的关键难点。

2）内生智能的新型网络架构

内生智能的新型网络架构，即充分利用网络节点的通信、计算和感知能力，通过分布式学习、群智式协同以及云边端一体化算法部署，使得 6G 网络原生支持各类 AI 应用，构建新的生态和以用户为中心的业务体验。借助内生智能，6G 网络可以更好地支持无处不在具有感知、通信和计算能力的基站与终端，实现大规模智能分布式协同服务，同时最大化网络中通信与算力的效用，适配数据的分布性并保护数据的隐私性。这带来三个趋势的转变：智能从应用和云端走向网络，即从传统的 Cloud AI 向 Network AI 转变，实现网络的自运维、自检测和自修复；智能在云-边-端-网间协同实现包括频谱、计算、存储等多维资源的智能适配、提升网络总体效能；智能在网络中对外提供服务，深入融合行业智慧，创造新的市场价值。当前，网络内生智能在物联网、移动边缘计算、分布式计算、分布式控制等领域具有明确需求并成为研究热点。网络内生智能的实现需要体积更小、算力更强的芯片，如纳米光子芯片等；需要更适用于网络协同场景下的联邦学习等算法；需要网络和终端设备提供新的接口实现各层智能的产生和交换。

2. 增强型无线空口技术

增强型无线空口技术包括无线空口物理层基础技术、超大规模 MIMO 技术及带内全双工技术，下面分别详细介绍这三种技术。

1）无线空口物理层基础技术

6G 应用场景更加多样化，性能指标更为多元化，为满足相应场景对吞吐量/时延/性能的需求，需要对空口物理层基础技术进行针对性的设计。在调制编码技术方面，需要形成统一的编译码架构，并兼顾多元化通信场景需求。例如，极化（Polar）码在非常宽的码长/码率取值区间内都具有均衡且优异的性能，通过简洁统一的码构造描述和编译码实现，可获得稳定可靠的性能。极化码和准循环低密度奇偶校验（LDPC）码都具有很高的译码效率和并行性，适合高吞吐量业务需求。在新波形技术方面，需要采用不同的波形方案设计来满足 6G 更加复杂多变的应用场景及性能需求。例如，对于高速移动场景，可以采用能够更加精确刻画时延、多普勒等维度信息的变换域波形；对于高吞吐量场景，可以采用超奈奎斯特（FTN）采样、高频谱效率频分复用（SEFFM）和重叠 X 域复用（OVXDM）等超奈奎斯特系统来实现更高的频谱效率。在多址接入技术方面，为满足未来 6G 网络在密集场景下低成本、高可靠和低时延的接入需求，非正交多址接入技术将成为研究热点，并会从信号结构和接入流程等方面进行改进和优化。通过优化信号结构，提升系统最大可承载用户数，并降低接入开销，满足 6G 密集场景下低成本高质量的接入需求。通过接入流程的增强，可满足 6G 全业务场景、全类型终端的接入需求。

2）超大规模 MIMO 技术

超大规模 MIMO 技术是大规模 MIMO 技术的进一步演进升级。天线和芯片集成度的不断提升将推动天线阵列规模的持续增大，通过应用新材料，引入新的技术和功能，如超大规模口径阵列、可重构智能表面（Reconfigurable Intelligent Surface，RIS）、人工智能和感知技术等，超大规模 MIMO 技术可以在更加多样的频率范围内实现更高的频谱效率、更广更灵活的网络覆盖、更高的定位精度和更高的能量效率。

超大规模 MIMO 技术具备在三维空间内进行波束调整的能力，除地面覆盖外，还可以提供非地面覆盖，如覆盖无人机、民航客机甚至低轨卫星等。随着新材料技术的发展，以及天线形态、布局方式的演进，超大规模 MIMO 技术将与环境更好地融合，进而实现网络覆盖、多用户容量等指标的大幅度提高。分布式超大规模 MIMO 技术有利于构造超大规模的天线阵列，网络架构趋近于无定形网络，有利于实现均匀一致的用户体验，获得更高的频谱效率，降低系统的传输能耗。

此外，超大规模 MIMO 技术具有极高的空间分辨能力，可以在复杂的无线通信环境中提高定位精度，实现精准的三维定位；超大规模 MIMO 技术的超高处理增益可有效补偿高频段的路径损耗，能够在不增加发射功率的条件下提升高频段的通信距离和覆盖范围；引入人工智能的超大规模 MIMO 技术有助于在信道探测、波束管理、用户检测等多个环节实现智能化。

超大规模 MIMO 技术所面临的挑战主要包括成本高、信道测量与建模难度大、信号处理运算量大、参考信号开销大和前传容量压力大等问题，此外，低功耗、低成本、高集成度天线阵列及射频芯片是超大规模 MIMO 技术实现商业化应用的关键。

3）带内全双工技术

带内全双工技术通过在相同的载波频率上，同时发射、同时接收电磁波信号，与传统的 FDD、TDD 等双工方式相比，它不仅可以有效提升系统频谱效率，还可以实现传输资源更加灵活的配置。全双工技术的核心是自干扰抑制，从技术产业成熟度来看，小功率、小规模天线单站全双工已经具备实用化的基础，中继和回传场景的全双工设备已有部分应用，但大规模天线基站全双工组网中的站间干扰抑制、大规模天线自干扰抑制技术还有待突破。在部件器件方面，小型化高隔离度收发天线的突破将会显著提升自干扰抑制能力，射频域自干扰抑制需要的大范围可调时延芯片的实现会促进大功率自干扰抑制的研究。在信号处理方面，大规模天线功放非线性分量的抑制是目前数字域干扰消除技术的难点，信道环境快速变化，射频域自干扰抵消的收敛时间和健壮性也会影响整个链路的性能。

3. 新物理维度无线传输技术

除传统的增强无线空口技术外，业界也在积极探索新的物理维度，以实现信息传输方式的革命性突破，如可重构智能超表面技术、轨道角动量和智能全息无线电等。

1）可重构智能表面技术

可重构智能表面（RIS）技术（也称智能超表面技术）采用可编程新型亚波长二维超材料，通过数字编码对电磁波进行主动的智能调控，形成幅度、相位、极化和频率可控制的电磁场。智能超表面技术通过对无线传播环境的主动控制，在三维空间中实现信号传播方向调控、信号增强或干扰抑制，构建智能可编程无线环境新范式，可应用于高频覆盖增强、克服局部空洞、提升小区边缘用户速率、绿色通信、辅助电磁环境感知和高精度定位等场景。智能超表面技术用于通信系统中的覆盖增强，可显著提升网络传输速率、信号覆盖以及能量效率。通过对无线传播环境的主动定制，可根据所需无线功能，如减小电磁污染和辅助定位感知等，对无线信号进行灵活调控。智能超表面技术无须传统结构发射机中的滤波器、混频器及功率放大器组成的射频链路，可降低硬件复杂度、成本和能耗。智能超表面技术所面临的挑战和难点主要包括超表面材料物理模型与设计、信道建模、信道状态信息获取、波束赋形设计、被动信息传输和 AI 使能设计等。

2）轨道角动量

轨道角动量（Orbital Angular Momentum，OAM）是电磁波固有物理量，同时也是无线传输的新维度，是当前 6G 潜在关键技术之一。利用不同模态 OAM 电磁波的正交特性可大幅提升系统频谱效率。OAM 电磁波又称“涡旋电磁波”，其相位面呈现螺旋状，不是传统的平面相位电磁波。涡旋电磁波分为由天线发射的经典电磁波波束和用回旋电子直接激发的电磁波量子态。OAM 波束是一种空间结构化波束，可以看成是一种新型 MIMO 波束赋形方式，可由均匀圆形天线阵、螺旋相位板和特殊反射面天线等特定天线产生，不同 OAM 模态的波束具有相互正交的螺旋相位面。在点对点直射传输时，与传统 MIMO 波束相比可大幅降低波束赋形和相应数字信号处理的复杂度。OAM 波束传输最大的难点源于其倒锥状发散波束，使 OAM 波束在长距离传输和波束对准等方面面临挑战。随着工作频点和带宽的进一步提高，器件工艺、天线设计、射频信号处理等是未来商用需要克服的关键技术难点。OAM 量子态要求光量子或微波量子具有轨道角动量，目前发射和接收无法采用传统天线完成，需要特殊的发射接收装置。目前 OAM 量子态的研究主要集中在 OAM 电磁波量子的高效激发、传输、接收、耦合、模态分选等具体方法，以及设备小型化等领域。

3）智能全息无线电

智能全息无线电是利用电磁波的全息干涉原理实现电磁空间的动态重构和实时精密调控的，将实现从射频全息到光学全息的映射，通过射频空间谱全息和全息空间波场合成技术实现超高分辨率空间复用，可满足超高频谱效率、超高流量密度和超高容量需求。智能全息无线电具有超高分辨率的空间复用能力，主要应用场景包括超高容量和超低时延无线接入、智能工厂环境下超高流量密度无线工业总线、海量物联网设备的高精度定位和精准无线供电以及数据传输等。此外，智能全息无线电通过成像、感知和无线通信的融合，可精确感知复杂电磁环境，支撑未来电磁空间的智能化。智能全息无线电基于微波光子天线阵列的相干光上变频，可实现信号的超高相干性和高并行性，有利于信号直接在光域进行处理和计算，解决智能全息无线电系统的功耗和时延挑战。智能全息无线电在射频全息成像和感知等领域已有一定程度的研究，但在无线通信领域的应用仍面临许多挑战和难点，主要包括智能全息无线电通信理论和模型的建立；基于微波光子技术的连续孔径有源天线阵与高性能光计算之间的高效协同、透明融合和无缝集成等硬件及物理层设计相关的问题。

4. 太赫兹通信

太赫兹频段（0.1～10 THz）位于微波与光波之间，频谱资源极为丰富，具有传输速率高、抗干扰能力强和易于实现通信探测一体化等特点，重点满足 Tbps 量级大容量、超高传输速率的系统需求。太赫兹通信可作为现有空口传输方式的有益补充，将主要应用在全息通信、微小尺寸通信（片间通信及纳米通信）、超大容量数据回传、短距超高速传输等潜在应用场景。同时，借助太赫兹通信信号进行高精度定位和高分辨率感知也是重要的应用方向。

太赫兹通信需要解决的关键核心技术及难点主要包括以下几个方面。在收发架构设计方面，目前太赫兹通信系统有三类典型的收发架构，包括基于全固态混频调制的太赫兹系统、基于直接调制的太赫兹系统和基于光电结合的太赫兹系统，小型化、低成本、高效率的太赫兹收发架构是亟待解决的技术问题。在射频器件方面，太赫兹通信系统中的主要射频器件包括太赫兹变频电路、太赫兹混频器、太赫兹倍频器和太赫兹放大器等。当前太赫兹器件的工作频点和输出功率仍然难以满足低功耗、高效率、长寿命等商用需求，需要探索基于锗化硅、磷化铟等新型半导体材料的射频器件。在基带信号处理方面，太赫兹通信系统需要实时处理 Tbps 量级的传输速率，突破低复杂度、低功耗的先进高速基带信号处理技术是太赫兹商用的前提。在太赫兹天线方面，目前高增益天线主要采用大尺寸的反射面天线，需要突破小型化和阵列化的太赫兹超大规模天线技术。此外，为了实现信道表征和度量，还需要针对太赫兹通信不同场景进行信道测量与建模，建立精确实用化的信道模型。

5. 可见光通信

可见光通信是指利用 400～800 THz 的超宽频谱的高速通信方式，具有无须授权、高保密、绿色和无电磁辐射的特点。可见光通信比较适合室内的应用场景，可作为室内网络覆盖的有效补充。此外，可见光通信也可应用于水下通信、空间通信等特殊场景以及医院、加油站、地下矿场等电磁敏感场景。当前大部分无线通信中的调制编码方式、复用方式、信号处理技术等都可应用于可见光通信来提升系统性能，可见光通信的主要难点在于研发高带宽的 LED 器件和材料，虽然可见光频段有极其丰富的频谱资源，但受限于光电、电光器件的响应性能，实际可用的带宽很小，如何提高发射器件、接收器件的响应频率和带宽是实现高速可见光通信必须解决的难题。此外，上行链路也是可见光通信面临的重要挑战，通过与其他通信方式的异构融合组网是解决可见光通信上行链路的一种方案。

6. 通信感知一体化

通信感知一体化是 6G 潜在关键技术的研究热点之一，其设计理念是要让无线通信和无线感知两个独立的功能在同一系统中实现且互惠互利。一方面，通信系统可以利用相同的频谱甚至复用硬件或信号处理模块完成不同类型的感知服务；另一方面，感知结果可用于辅助通信接入或管理，提高服务质量和通信效率。在未来的通信系统中，更高的频段（毫米波、太赫兹甚至可见光）、更宽的频带带宽，以及更大的天线孔径将成为可能，这些将为在通信系统中集成无线感知能力提供可能。通过收集和分析经过散射、反射的通信信号获得环境物体的形态、材质、远近和移动性等基本特性，利用经典算法或 AI 算法，实现定位、成像等不同功能。虽然天线等系统部件可以实现公用，但由于通信和感知的目的不同，通信与感知一体化设计还有很多技术挑战，主要包括通感一体化信号波形设计、信号及数据处理算法、定位和感知联合设计，以及感知辅助通信等。此外，可集成的便携式通信和感知一体终端设计也是一个重要方向。

7. 分布式自治网络架构

6G 网络将是具有巨大规模、提供极致网络体验和支持多样化场景接入，实现面向全场景的泛在网络。为此，需开展包括接入网和核心网在内的 6G 网络体系架构研究。对于接入网，应设计旨在减少处理时延的至简架构和按需能力的柔性架构，研究需求驱动的智能化控制机制及无线资源管理，引入软件化、服务化的设计理念。对于核心网，需要研究分布式、去中心化、自治化的网络机制来实现灵活、普适的组网。分布式自治的网络架构涉及多方面的关键技术：去中心化和以用户为中心的控制和管理；深度边缘节点及组网技术；需求驱动的轻量化接入网架构设计、智能化控制机制及无线资源管理；网络运营与业务运营解耦；网络、计算和存储等网络资源的动态共享和部署；支持以任务为中心的智能连接，具备自生长、自演进能力的智能内生架构；支持具有隐私保护、可靠、高吞吐量区块链的架构设计；可信的数据治理等。

网络的自治和自动化能力的提升将有赖于新的技术理念，如数字孪生技术在网络中的应用。传统的网络优化和创新往往需要在真实的网络上直接尝试，耗时长、影响大。基于数字孪生的理念，网络将进一步向着更全面的可视、更精细的仿真和预测、更智能的控制发展。数字孪生网络（DTN）是一个具有物理网络实体及虚拟孪生体，且二者可进行实时交互映射的网络系统。数字孪生网络通过闭环的仿真和优化来实现对物理网络的映射和管控。其中，网络数据的有效利用、网络的高效建模等是必须攻克的问题。

网络架构的变革牵一发而动全身，需要在考虑新技术元素如何引入的同时，也要考虑与现有网络的共存共生问题。

8. 确定性网络

新一代信息技术与工业现场级操作技术的融合促使移动通信网络向“确定性网络”演进。工业制造、车联网、智能电网等时延敏感类业务的发展，对网络性能提出了确定性需求，包括：端到端的及时交付，即确定的最小和最大时延以及时延抖动；各种运行状态下有界的丢包率；数据交付时有上限的乱序等。

确定性的能力涉及端到端无线接入网、核心网和传输网络的系统性优化，涉及资源的分配、保护、测量、协同四个方面。在资源分配机制方面，沿着数据流经过的路径逐跳分配资源，包括网络中的缓存空间或链路带宽等，消除网络内数据包争用而导致的丢包现象；通过预调度、优化调度流程，减少调度时延和开销。在服务保护机制方面，包括研究数据包编码解决随机介质错误造成的丢包，设计数据包复制和消除机制防止设备故障，空口在移动、干扰、漫游时的服务保护方法等。在 QoS 度量体系方面，增加 QoS 定义的维度，包括吞吐量、时延、抖动、丢包率、乱序上限等，研究多维度 QoS 的评测方法，建立精准的度量体系。在多网络跨域协同方面，研究跨空口、核心网、传输网、边界云、数据中心等多域融合的控制方法和确定性达成技术。

确定性网络的应用在克服多方面极具挑战的技术之外，如何高效低成本地实现确定性网络、降低高精准带来高成本是决定其产业化推广需解决的问题。

9. 算力感知网络

为了满足未来网络新型业务以及计算轻量化、动态化的需求，网络和计算的融合已经成为新的发展趋势。业界提出了算力感知网络（或简称算力网络）的理念：将云边端多样的算力通过网络化的方式连接与协同，实现计算与网络的深度融合及协同感知，达到算力服务的按需调度和高效共享。

在 6G 时代，网络不再是单纯的数据传输，而是集通信、计算、存储为一体的信息系统。算力资源的统一建模度量是算力调度的基础，算力网络中的算力资源将是泛在化、异构化的，通过模型函数将不同类型的算力资源映射到统一的量纲维度，形成业务层可理解、可阅读的零散算力资源池，为算力网络的资源匹配调度提供基础保障。统一的管控体系是关键，传统信息系统中应用、终端、网络相互独立，缺乏统一的架构体系进行集中管控、协同，因此算力网络的管控系统将由网络进一步向端侧延伸，通过网络层对应用层业务感知，建立云边端融合一体的新型网络架构，实现算力资源的无差别交付、自动化匹配，以及网络的智能化调度，并解决算力网络中多方协作关系和运营模式等问题。

目前，产业界正从算网分治向算网协同转变，并将向算网一体发展。这需要兼顾从云到网和从网到云的应用层与网络层发展的结合，以及相应的中心化和分布式控制的协同。

10. 星地一体融合组网

6G 将实现地面网络、不同轨道高度上的卫星（高中低轨卫星）以及不同空域飞行器等融合而形成全新的移动信息网络，通过地面网络实现城市热点常态化覆盖，利用天基、空基网络实现偏远地区、海上和空中按需覆盖，具有组网灵活、韧性抗毁等突出优势。星地一体的融合组网将不是卫星、飞行器与地面网络的简单互联，而是空基、天基、地基网络的深度融合，构建包含统一终端、统一空口协议和组网协议的服务化网络架构，在任何地点、任何时间并以任何方式提供信息服务，实现满足天基、空基、地基等各类用户统一终端设备的接入与应用。

6G 时代的星地一体融合组网，将通过开展星地多维立体组网架构、多维多链路复杂环境下融合空口传输技术、星地协同的移动协议处理、天基高性能在轨计算、星载移动基站处理载荷、星间高速激光通信等关键技术的研究，解决多层卫星、高空平台、地面基站构成的多维立体网络的融合接入、协同覆盖、协调用频、一体化传输和统一服务等问题。由于非地面网络的网络拓扑结构动态变化以及运行环境的不同，地面网络所采用的组网技术不能直接应用于非地面场景，需研究空天地一体化网络中的新型组网技术，如命名/寻址、路由与传输、网元动态部署、移动性管理等，以及地面网络与非地面网络之间的互操作等。

星地一体融合组网需要拉通卫星通信与移动通信两个领域，涉及移动通信设备、卫星设备、终端芯片等，既有技术也有产业的挑战。此外，卫星在能源、计算等资源方面的限制也对架构和技术选择提出了更高的要求，需要综合考虑。

11. 支持多模信任的网络内生安全

信息通信技术与数据技术、工业操作技术融合，以及边缘化和设施的虚拟化将导致 6G 网络安全边界更加模糊，传统的安全信任模型已不能满足 6G 安全的需求，需要支持中心化的、第三方背书的以及去中心化的多种信任模式共存。

未来的 6G 网络架构将更趋于分布式，网络服务能力贴近用户端提供，这将改变单纯中心式的安全架构；感知通信、全息感知等全新的业务体验，以用户为中心提供独具特色的服务，要求提供多模、跨域的安全可信体系，传统的“外挂式”“补丁式”网络安全机制对抗未来 6G 网络潜在的攻击与安全隐患更具挑战性。人工智能、大数据与 6G 网络的深度融合，也使得数据的隐私保护面临着前所未有的新挑战。新型传输技术和计算技术的发展，将牵引通信密码应用技术、智能韧性防御体系，以及安全管理架构向具有自主防御能力的内生安全架构演进。

6G 安全架构应奠定在一个更具包容性的信任模型基础上，具备韧性且覆盖 6G 网络生命周期，内生承载更健壮、更智慧、可扩展的安全机制，涉及多个安全技术方向。融合计算机网络、移动通信网络、卫星通信网络的 6G 安全架构及关键技术，支持安全内生、安全动态赋能；终端、MEC、云计算和 6G 网络间的安全协同关键技术，支持异构融合网络的集中式、去中心化和第三方信任模式并存的多模信任架构；贴合 6G 无线通信特色的密码应用技术和密钥管理体系，如量子安全密码技术、逼近香农一次一密和密钥安全分发技术等；大规模数据流转的监测与隐私计算的理论与关键技术，高通量、高并发的数据加解密与签名验证，高吞吐量、易扩展、易管理，且具备安全隐私保障的区块链基础能力；拓扑高动态和信息广域共享的访问控制模型与机制，以及隔离与交换关键技术。

将安全架构与网络架构的迭代进行一体化设计是关键。通信网安全需兼顾通信和安全，在代价和收益之间做出平衡，同时以“安全防护无止境”为始终，从攻防对抗视角动态度量通信网安全状态，结合区块链等技术的引入不断演进。

附录 A 术语和缩略语

缩略语	英 文 全 称	中 文 对 照
1G	The 1st Generation Mobile Communication System	第一代移动通信系统
2G	The 2nd Generation Mobile Communication System	第二代移动通信系统
3G	The 3rd Generation Mobile Communication System	第三代移动通信系统
3GPP	3rd Generation Partnership Project	第三代合作伙伴计划
4G	The 4th Generation Mobile Communication System	第四代移动通信系统
5G	The 5th Generation Mobile Communication Technology	第五代移动通信技术
5G-AN	5G Access Network	5G 接入网络
5G AV	5G Authentication Vector	5G 认证向量
5GC	5G Core	5G 核心网
5G-GUTI	5G Globally Unique Temporary UE Identity	5G 全球唯一临时标识符
5G RAN	5G Radio Access Network	5G 无线接入网
6G	The 6th Generation Mobile Communication Technology	第六代移动通信技术
AAA	Authentication-Authorization-Accounting	鉴权、授权、计费
AAU	Active Antenna Unit	有源天线处理单元
ABBA	Anti-Bidding down Between Architectures	抗降维攻击
ACL	Access Control Lists	访问控制列表
AES	Advanced Encryption Standard	高级加密标准
AH	Authentication Header	认证头
AKA	Authentication and Key Agreement	认证和密钥协商
AM	Acknowledged Mode	确认模式
AMBR	Aggregate Maximum Bit Rate	聚合最大比特速率
AMF	Access and Mobility Management Function	接入和移动管理功能
AN	Access Network	接入网络
AR	Augmented Reality	增强现实
ARIB	Association of Radio Industries and Businesses	日本无线工业及商贸联合会
ARPF	Authentication credential Repository and Processing Function	认证凭证库和处理功能
AS	Access Stratum	接入层

（续表）

缩略语	英文全称	中文对照
ATM	Asynchronous Transfer Mode	异步传输模式
AUSF	Authentication Server Function	认证服务器功能
AUTN	Authentication Token	认证令牌
AV	Authentication Vector	认证向量
AV'	Transformed Authentication Vector	转换的认证向量
API	Application Programming Interface	应用程序接口
APT	Advanced Persistent Threat	高级持续性威胁
ASON	Automatically Switched Optical Network	自动交换光网络
AUC	Authentication Center	鉴权中心
AUTS	Resynchronization Token	再同步标记
BBU	Building Base band Unit	基带处理单元
BCH	Broadcast Channel	广播信道
BFD	Bidirectional Forwarding Detection	双向转发检测
BSR	Buffer Status Report	异常缓存状态报告
BSS	Business Support System	业务支撑系统
CA	Certification Authority	证书颁发中心
CC	Challenge Collapsar	挑战黑洞
CCSA	China Communications Standards Association	中国通信标准化协会
CISA	Cybersecurity and Infrastructure Security Agency	美国国土安全部网络安全和基础设施安全局
CK	Cipher Key	加密密钥
CKC	Cybersecurity Kill Chain	网络安全杀伤链
CPE	Customer Premises Equipment	客户终端设备
CPI	Customer Product Information	客户产品资料
CPU	Central Processing Unit	中央处理单元
cSEPP	consumer’s SEPP	服务请求方 SEPP
CSMF	Communication Service Management Function	通信服务管理功能
CU	Centre Unit	集中单元
CVE	Common Vulnerabilities and Exposures	网络安全漏洞列表
CWE	Common Weakness Enumeration	常见缺陷列表
DARPA	Defense Advanced Research Projects Agency	（美国）国防高级研究计划局
DCI	Data Center Interconnect	数据中心互联
DDoS	Distributed Denial of Service	分布式拒绝服务
DL-SCH	Downlink Shared Channel	下行共享信道
DMZ	Demilitarized Zone	半信任区
DoS	Denial of Service	拒绝服务
DRB	Data Radio Bearer	数据无线承载
DU	Distributed Unit	分布单元

（续表）

缩略语	英 文 全 称	中 文 对 照
DNAI	Data Network Access Identifier	数据网络接入标识
DAC	Discretionary Access Control	自主访问控制
EAP	Extensible Authentication Protocol	可扩展认证协议
ECC	Elliptic Curve Cryptography	椭圆曲线加密
EEM	Embedded Event Manager	嵌入式事件管理器
eMBB	Enhanced Mobile Broadband	增强型的移动宽带
EMS	Element Management System	网元管理系统
ENISA	European Union Agency for Cybersecurity	欧盟网络安全局
EPC	Evolved Packet Core	4G 核心网
EPF	MEC Process Function	MEC 处理功能
EPS	Evolved Packet System	演进的分组系统
ESP	Encapsulating Security Payload	封装安全载荷协议
ETSI	European Telecommunications Standards Institute	欧洲电信标准化协会
FBB	Fixed Broadband	固定宽带
FlexE	Flex Ethernet	灵活以太网
FlexE Client	Flex Ethernet Client	灵活以太网客户端
FlexE Group	Flex Ethernet Group	灵活以太网组
FSR	Feedback Shift Register Methods	反馈移位寄存器法
FRR	IP Fast Reroute	IP 快速重路由
FTP	File Transfer Protocol	文件传输协议
GSMA	Global System for Mobile Communications Association	全球移动通信系统协会
gNB	gNodeB	无线网络
GRE	Generic Routing Encapsulation	通用路由封装
GUTI	Globally Unique Temporary UE Identity	全球唯一临时用户标识
GW	Gateway	网关
HARQ	Hybrid Automatic Repeat Request	混合自动重传请求
HE	Home Environment	归属环境
HFN	Hyper Frame Number	超帧号
HLR	Home Location Register	归属位置寄存器
HPLMN	Home Public Land Mobile Network	归属公共陆地移动网络
HQoS	Hierarchical Quality of Service	层次化服务质量
HTTP	Hypertext Transfer Protocol	超文本传输协议
HTTPS	Hypertext Transfer Protocol Secure	超文本传输安全协议
I2RS	Interface to the Routing System	路由系统接口协议
IAD	Integrated Access Device	综合接入设备
IAE	Intelligence Aware Engine	智能感知引擎
IAM	Identity and Access Management	身份识别与访问管理
IBC	Identity-Based Cryptography	基于身份的密码
ID	Identifier	标识符

（续表）

缩略语	英 文 全 称	中 文 对 照
IDC	Internet Data Center	互联网数据中心
IDM	Identity Management	身份管理
IK	Integrity Key	完整性密钥
IKE	Internet Key Exchange	网络密钥交换
IMS	IP Multimedia Subsystem	IP 多媒体子系统
IoT	Internet of Thing	物联网
IP	Internet Protocol	互联网协议
IPRAN	IP Radio Access Network	IP 化无线接入网
IPS	Intrusion Prevention System	入侵防御系统
IPSec	Internet Protocol Security	互联网安全协议
IPSec VPN	Internet Protocol Security Virtual Private Network	基于互联网安全协议的虚拟专用网络
IPTV	Internet Protocol TV	网络电视
IPv6	Internet Protocol version 6	第六版因特网协议
ISIM	International Mobile Subscriber Identity	国际移动用户识别码
ISIS	Intermediate System to Intermediate System	中间系统到中间系统
ISO	International Organization for Standardization	国际标准化组织
ITU	International Telecommunication Union	国际电信联盟
ITU-T	Telecommunication Standardization Sector of the International Telecommunications Union	国际电信联盟电信标准分局
K	Key	密钥
L1	Layer 1	一层（物理层）
L2	Layer 2	二层（数据链路层）
L3	Layer 3	三层（网络层）
LAN	Local Area Network	局域网
LBO	Local Break-Out	本地流量卸载
LCG	Liner Congruence Generator	线性同余发生器
LDP FRR	Label Distribution Protocol FRR	标签分发协议快速重路由
LISP	Locator/ID Separation Protocol	名址分离网络协议
LTE	Long Term Evolution	长期演进
MAC	Mandatory Access Control	强制访问控制
MAC	Medium Access Control	介质访问控制
MAC-I	Message Authentication Code For Integrity	完整性消息认证码
MANO	Management and Orchestration	管理和编排
MBB	Mobile Broadband	移动宽带
MBGP	Multiprotocol Border Gateway Protocol	多协议边界网关协议
MD2	Message Digest Algorithm 2	消息摘要算法第二版
MD4	Message Digest Algorithm 4	消息摘要算法第四版
MD5	Message Digest Algorithm 5	消息摘要算法第五版
ME	Mobile Equipment	移动设备

（续表）

缩略语	英 文 全 称	中 文 对 照
MEAO	MEC Application Orchestrator	边缘计算应用编排器
MEC	Multi-access Edge Computing	多接入边缘计算
MEPM	Mobile Edge Platform Manager	移动边缘平台管理器
MIMO	Multiple-Input Multiple-Output	多输入多输出
MITM	Man-in-the-Middle	中间人
MME	Mobility Management Entity	移动性管理实体
mMTC	Massive Machine Type Communication	海量机器类通信
MPF	MEC Process Function	MEC 处理功能
MPLS	Multi-Protocol Label Switching	多协议标签交换
MPLS VPN	Multi-Protocol Label Switching Virtual Private Network	基于多协议标签交换虚拟专用网络
MSTP	Multi-Service Transport Platform	多业务传送平台
N3IWF	Non-3GPP access InterWorking Function	非蜂窝接入互通功能
NAI	Network Access Identifier	网络接入标识
NAS	Non Access Stratum	非接入层
NCE	Network Cloud Engine	网络云化引擎
NEF	Network Exposure Function	网络开放功能
NESAS	Network Equipment Security Assurance Scheme	网络设备安全保障计划
NF	Network Function	网络功能
NFS	Network Function Service	网络功能服务
NFV	Network Functions Virtualization	网络功能虚拟化
NFVI	Network Functions Virtualization Infrastructure	网络功能虚拟化基础设施
NFVO	Network Functions Virtualization Orchestrator	网络功能虚拟化编排器
NG	Next Generation	下一代
NIST	National Institute of Standards and Technology	美国国家标准与技术研究院
ng-eNB	Next Generation Evolved Node-B	下一代 eNB
NMS	Network Management System	网络管理系统
NS	Network Service	网络服务
NSMF	Network Slice Management Function	网络切片管理功能
NSSMF	Network Slice Subnet Management Function	网络切片子网管理功能
NSSAI	Network Slice Selection Assistance Information	网络切片选择辅助信息
NR	New Radio	新空口
NRF	Network Repository Function	网络存储功能
NSA	National Security Agency	美国国家安全局
NSA	Non-Standalone	非独立组网
NSSF	Network Slice Selection Function	网络切片选择功能
NVGRE	Network Virtualization using GRE	使用 GRE 的网络虚拟化
NWDAF	Network Data Analytics Function	网络数据分析功能
OAM	Operation, Administration and Maintenance	运行管理和维护
OAM	Orbital Angular Momentum	轨道角动量

（续表）

缩略语	英文全称	中文对照
ODNI	Office of the Director of National Intelligence	（美国）国家情报总监办公室
OMI	Open Management Infrastructure	开放管理基础设施
OMSIRT	Operation and Maintenance Security Incident Response Team	操作维护安全事件响应团队
OP	Operator Variant Algorithm Configuration Field	运营商可变算法配置域
OPS-5G	Open Programmable Secure 5G	开放可编程安全 5G
OSM	Open Source MANO	开源管理和编排
OSS	Operations Support System	运营支撑系统
OSSTMM	Open Source Security Testing Methodology Manual	安全测试方法学开源手册
OTT	Over The Top	通过互联网向用户提供各种应用服务
OTV	Overlay Transport Virtualization	虚拟化覆盖传输
OVSDB	Open vSwitch Database Management Protocol	开放 vSwitch 数据库管理协议
OWASP	Open Web Application Security Project	开放式 Web 应用程序安全项目
PBE	Password-Based Encryption	基于口令加密
PCEP	Path Computation Element Communication Protocol	路径计算单元的通信协议
PCF	Policy Control Function	策略控制功能
PCH	Paging Channel	寻呼信道
PCRF	Policy and Charging Rules Function	策略和计费规则功能
PDCP	Packet Data Convergence Protocol	分组数据汇聚协议
PDU	Protocol Data Unit	协议数据单元
PE	Provider Edge	运营商边缘
PFS	Perfect Forward Secrecy	完美前向安全性
PGW	Packet Data Network Gateway	分组数据网络网关
PHY	Physical	物理
PLMN	Public Land Mobile Network	公共陆地移动网
PRF	Pseudo-Random Function	伪随机函数
PSIRT	Product Security Incident Response Team	产品安全事件响应团队
PTES	Penetration Testing Execution Standard	渗透测试过程规范标准
PTN	Packet Transport Network	分组传送网
QFI	QoS Flow ID	服务质量流标识符
QoE	Quality of Experience	业务体验质量
QoS	Quality of Service	服务质量
RACH	Random Access Channel	随机接入信道
RAN	Radio Access Network	无线接入网
RAND	Random number	随机数
RBAC	Role-Based Access Control	基于角色的访问控制
RIS	Reconfigurable Intelligent Surface	可重构智能表面
RLC	Radio Link Control	无线链路控制
RRC	Radio Resource Control	无线资源控制
RRU	Remote Radio Unit	射频拉远单元

（续表）

缩略语	英 文 全 称	中 文 对 照
RTP	Real-Time Protocol	实时协议
SA	Standalone	独立组网
SA	Security Association	安全联盟
SaaS	Security as a Service	安全即服务
SBA	Service-Based Architecture	基于服务化架构
SBI	Service-Based Interface	基于服务化架构的接口
SCAS	Security Assurance Specification	安全保障规范
SDAP	Service Data Application Protocol	业务数据适配协议
SDH	Synchronous Digital Hierarchy	同步数字体系
SDN	Software Defined Network	软件定义网络
SDU	Service Data Unit	业务数据单元
SEAF	SEcurity Anchor Function	安全锚点功能
SEG	Security Gateway	安全网关
SEID	Session Endpoint Identifier	会话端点标识
SEPP	Security Edge Protection Proxy	安全边缘保护代理
SFTP	SSH File Transfer Protocol	SSH 文件传输协议
SGSN	Serving General Packet Radio System Support Node	通用分组无线系统业务支撑节点
SGW	Serving Gateway	服务网关
SID	Security Identifier	安全标识号
SIDF	Subscription Identifier De-concealing Function	用户标识去隐藏功能
SIM	Subscriber Identity Module	用户识别模块
SHA-1	Secure Hash Algorithm 1	安全散列算法-1
SHA-256	Secure Hash Algorithm 256	安全散列算法-256
SHH	Secure Shell	安全外壳协议
SMC	Security Mode Command	安全模式命令
SN	Serial Number	序列号
SNMP	Simple Network Management Protocol	简单网络管理协议
SPN	Slicing Packet Network	切片分组网
SQN	Sequence Number	序列号
SR	Scheduling Request	异常调度请求
SRB	Signaling Radio Bearer	信令无线承载
SR-BE	Segment Routing-Best Effort	段路由尽力转发
SRES	Signed Response	符号响应
SR-IOV	Single-Root I/O Virtualization	硬直通
SRH	Segment Routing Header	段路由扩展头
SR-TE	Segment Routing-Traffic Engineering	段路由-流量工程
SR-TP	Segment Routing-Transport Profile	段路由配置转发
SRv6	Segment Routing IPv6	基于 IPv6 的段路由
SSL	Secure Sockets Layer	安全套接层

（续表）

缩略语	英 文 全 称	中 文 对 照
STT	Stateless Transport Tunneling	无状态传输通道
SUCI	Subscription Concealed Identifier	用户隐藏标识
SUPI	Subscription Permanent Identifier	用户永久标识
SN Name	Serving Network Name	服务网名称
S-NSSAI	Single Network Slice Selection Assistance Information	单网络切片选择辅助信息
SMF	Session Management Function	会话管理功能
TE	Traffic Engineering	流量工程
TDM	Time-Division Multiplexing	时分复用
TEE	Trusted Execution Environment	可信执行环境
TE FRR	Traffic Engineering FRR	流量工程快速重路由
TLS	Transport Layer Security	传输层安全性
TM	Transparent Mode	透明模式
TPM	Trusted Platform Module	可信平台模块
TTA	Telecommunications Technology Association	（韩国）电信技术协会
UDM	Unified Data Management	统一数据管理
UDR	Unified Data Repository	统一数据储存
UDSF	Unstructured Data Storage Function	非结构化数据存储功能
UE	User Equipment	用户设备
UEG	Unified Edge Gateway	统一边缘网关
UL CL	Uplink Classifier	上行分类器
UL-SCH	Uplink Shared Channel	上行共享信道
UM	Unacknowledged Mode	非确认模式
UMTS	Universal Mobile Telecommunication System	通用移动通信系统
UPF	User Plane Function	用户面功能
uRLLC	Ultra Reliable Low Latency Communication	超高可靠低时延通信
USIM	Universal Subscriber Identity Module	通用用户身份模块
VIM	Virtualized Infrastructure Managers	虚拟化基础设施管理模块
VLAN	Virtual Local Area Network	虚拟局域网
VLR	Visitor Location Register	访问位置寄存器
VM	Virtual Machine	虚拟机
VNF	Virtualized Network Function	虚拟化网络功能
VNFC	Virtualized Network Function Component	虚拟化网络功能组件
VNFM	Virtualized Network Function Manager	虚拟化网络功能管理器
VPN	Virtual Private Network	虚拟专用网络
vSwitch	Virtual Switch，	虚拟交换机
VR	Virtual Reality	虚拟现实
VRRP	Virtual Router Redundancy Protocol	虚拟路由器冗余协议
VXLAN	Virtual Extensible Local Area Network	虚拟可扩展局域网
Web	World Wide Web	万维网

（续表）

缩略语	英文全称	中文对照
WLAN	Wireless Local Area Network	无线局域网
X-MAC	Computed MAC-I	完整性消息验证码
XMPP	Extensible Messaging and Presence Protocol	可扩展通信和表示协议
XRES	Expected Response	期待响应

参 考 文 献

[1] 3GPP. 第三代移动通信合作伙伴计划（3GPP）简介[EB/OL]. [2020-12-04]. https://www.3gpp.org/about-3gpp/about-3gpp.

[2] 邱勤，刘胜兰，韩晓露，等. 5G 应用安全参考架构与解决方案研究[J]. 信息安全研究，2020（8）：680-687.

[3] 3GPP. Security architecture and procedures for 5G system TS 33.501 V16.3.0[S]. 2020.

[4] ITU-R M. 2083-0. IMT Vision – Framework and Overall Objectives of the Future Development of IMT for 2020 and Beyond [S]. ITU-R, 2015.

[5] 商务部.欧委会通过欧盟 5G 安全工具箱[EB/OL].（2020-02-07）[2020-12-04]. http://www.mofcom.gov.cn/article/i/jyjl/m/202002/20200202934594.shtml.

[6] 美国白宫．5G 安全国家战略 [EB/OL].（2020-04-29）[2020-12-04]. http://paper.cnii.com.cn/article/rmydb_15627_291336. html.

[7] 工业和信息化部．工业和信息化部关于推动 5G 加快发展的通知[R]. 2020.

[8] 邱勤，张滨，吕欣．5G 安全需求与标准体系研究[J]. 信息安全研究，2020（8）：673-679.

[9] 季新生，黄开枝，金梁，等．5G 安全技术研究综述[J]. 移动通信，2019，43（01）：34-39.

[10] 中国信息通信研究院，IMT-2020（5G）推进组．5G 安全报告[R]．2020.

[11] 闫新成，毛玉欣，赵红勋．5G 典型应用场景安全需求及安全防护对策[J]．中兴通讯技术，2019，25（4）：6-13.

[12] IMT-2020（5G）推进组．5G 网络安全需求与架构白皮书[R]. 2017.

[13] 中国移动．5G 新技术新业务安全总体要求[S]. 2019.

[14] 中国移动．中国移动 5G 垂直行业应用安全指南[R]. 2020.

[15] ENISA. EU coordinated risk assessment of the cyber security of 5G networks[R].EU, 2020.

[16] 边缘计算产业联盟，工业互联网产业联盟．边缘计算安全白皮书[R]．北京：边缘计算产业联盟（ECC），2019.

[17] XU W, TAO Y D, GUAN X. The landscap of industrial control system（ICS）devices on the internet[C]//Proceedings of 2018 Internet Conference on Cyber Situational Awareness. USA:IEEE,2018:1-8.

[18] Gartner. TOP 10 Strategic Technology Trends for 2020[R]. Gartner,2019.

[19] ISO/IEC TR 23188 Information technology-Cloud Computing-Edge Computing Landscape. IX-ISO：2020.

[20] ETSI. 多接入边缘计算（Multi-access Edge Computing，MEC）[OL].ETSI 官网.

[21] 傅耀威，孟宪佳．边缘计算技术发展现状与对策[J]. 科技中国，2019，265（10）：12-15.

[22] 工业互联网产业联盟，中国移动，中国信通院．5G 边缘计算安全白皮书[R]．北京：工业互联网产业联盟（AII），2020：11.

[23] MAO Y L, YI S H, LI Q, et al. Learning from Differentially Private Neural Activations with Edge

Computing[R]. SEC,2018: 90-102.

[24] ISO/IEC TR 30164:2020 Internet of things（IoT）–Edge Computing[S]. IX-ISO: 2020.

[25] 刘贤刚，邱勤，王晨光，等．边缘计算安全技术与标准研究[J]. 信息技术与标准化，2021.

[26] 张佳乐，赵彦超，陈兵，等．边缘计算数据安全与隐私保护研究综述[J]. 通信学报，2018.

[27] 邱勤，张滨，吕欣．5G 安全需求与标准体系研究[J]．信息安全研究，2020，6（8）：673-679.

[28] 3GPP. Security architecture and procedures for 5G System[S]. TS 33.501.

[29] CCSA. 5G 移动通信网安全技术要求[S]. YD/T 3628-2019.